Mathematische Texte
Band 7

Mathematische Texte

Studienbücher zur Lehrerausbildung
und zum Studium von Anwendungsgebieten
der Mathematik

Herausgegeben von Norbert Knoche,
Universität Essen
und Harald Scheid,
Universität Wuppertal

Band 1:
H. Scheid:
Elemente der Arithmetik und Algebra

Band 2:
J. Blankenagel:
Elemente der angewandten Mathematik
(in Vorbereitung)

Band 3:
H. Scheid:
Elemente der Geometrie

Band 4:
D. Wickmann
Bayes-Statistik
Einsicht gewinnen und
entscheiden bei Unsicherheit

Band 5:
J. Cigler
Grundideen der Mathematik

Band 6:
H. Scheid
Wahrscheinlichkeitsrechnung

Band 7:
A. Filler
Euklidische und nichteuklidische
Geometrie

Euklidische und nichteuklidische Geometrie

von
Dr. Andreas Filler,
Berlin

B·I·
Wissenschaftsverlag
Mannheim · Leipzig · Wien · Zürich

Die Deutsche Bibliothek – CIP-Einheitsaufnahme

Filler, Andreas:
Euklidische und nichteuklidische Geometrie / Andreas Filler. –
Mannheim; Leipzig; Wien; Zürich: BI-Wiss.-Verl., 1993
(Mathematische Texte; Bd. 7)
ISBN 3-411-16371-2
NE: GT

Gedruckt auf säurefreiem Papier
mit neutralem pH-Wert (bibliotheksfest)

Druck: Progressdruck GmbH, Speyer
Bindearbeit: Progressdruck GmbH, Speyer
Printed in Germany
ISBN 3-411-16371-2

Vorwort

Vor über 2300 Jahren erschienen die 13-bändigen „Elemente“ des EUKLID. Sie wurden zu den nach der Bibel am zweithäufigsten gedruckten Büchern der Weltgeschichte und haben die Entwicklung der Wissenschaften so nachhaltig beeinflußt wie kein anderes Werk. Die Elemente enthalten (neben anderem) den ersten überlieferten Versuch, die Geometrie konsequent axiomatisch-deduktiv aufzubauen. Die axiomatische Arbeitsweise wurde zu einer der wichtigsten Methoden in der Mathematik und ist es bis heute. Die auf den „Elementen“ basierende, von uns allen bereits „mit der Muttermilch eingesogene“ *euklidische Geometrie* war über mehr als 2000 Jahre das einzige geometrische System und es schien undenkbar, daß auch völlig andere Geometrien existieren könnten. Im vorigen Jahrhundert fanden drei Mathematiker heraus, daß es derartige *nichteuklidische Geometrien* gibt. Diese Erkenntnis beeinflußte maßgeblich die Entwicklung der Mathematik und Physik im ausgehenden 19. und in unserem Jahrhundert. Die Relativitätstheorie ALBERT EINSTEINS wäre ohne sie kaum möglich gewesen.

Das „Herzstück“ des vorliegenden Buches ist der *axiomatische Aufbau der euklidischen Geometrie* in Kapitel 2. Das Verständnis dafür zu wecken, ist nicht leicht, da die Axiome der euklidischen Geometrie und viele der bewiesenen Sätze zunächst äußerst selbstverständlich erscheinen, die Beweise aber teilweise recht kompliziert sind. Die Grundlagen der Geometrie werden daher häufig als trockener, reizloser Gegenstand empfunden. (An diesem Problem krankt auch oft der Geometrieunterricht an den Schulen.) Um den Einstieg in dieses Gebiet zu erleichtern, liegt dem Aufbau des Buches ein besonders einfach verständliches Axiomensystem zugrunde. Vor allem habe ich jedoch großen Wert auf die Motivierung der axiomatischen Arbeitsweise gelegt. Besonders die Kombination des Aufbaus der euklidischen Geometrie mit der Behandlung nichteuklidischer Geometrien soll den Sinn des axiomatischen Vorgehens deutlicher werden lassen. Meiner Meinung nach ist ein tiefgehendes Verständnis der euklidischen Geometrie aus heutiger Sicht nur möglich, wenn auch ein Kennenlernen nichteuklidischer Geometrien erfolgt.

Die *sphärische Geometrie* steht nicht zufällig am Anfang des Buches. Diese leicht verständliche Geometrie, die vielfältige Praxisanwendungen ermöglicht, eignet sich sehr gut, um erste Bekanntschaft mit einer nichteuklidischen Geometrie zu schließen. Mit der Behandlung der sphärischen Geometrie, die sich von der euklidischen Geometrie in grundlegenden Eigenschaften unterscheidet, verfolge ich auch das Ziel, Motive für die Behandlung der axiomatischen Grundlagen der Geometrie aufzuzeigen. Eine deduktive Abhängigkeit des zweiten vom ersten Kapitel besteht jedoch nicht (lediglich anhand von Beispielen wird mitunter darauf Bezug genommen), so daß die Lektüre des Kapitels 1 für das Verständnis von Kapitel 2 nicht unabdingbar, zur besseren Motivation und Einordnung aber empfehlenswert ist. Dagegen wird in Kapitel 3 (*Lobatschewski-Geometrie*), auf die im zweiten Kapitel behandelten Definitionen und Sätze unmittelbar aufgebaut.

Die Behandlung drei umfassender Teilgebiete der Mathematik innerhalb eines Buches bedingt natürlich Kompromisse in Bezug auf die Ausführlichkeit der Darstellung. Mein Ziel war es, einen fundierten Überblick über die behandelten Themen zu vermitteln, wobei es mir vor allem im dritten Kapitel weniger darauf ankam, *alle* Aussagen zu beweisen, sondern vielmehr darauf, die inhaltlichen Zusammenhänge zu verdeutlichen. An mathematischem Ausgangswissen reicht für das Verständnis weitester Strecken dieses Buches der Mathematikstoff der Schule. In wenigen Abschnitten mußte ich auf weitergehende Inhalte der Analysis und linearen Algebra / analytischen Geometrie aufbauen. Ich habe mich bemüht, diese Abschnitte so zu gestalten, daß die wichtigen Gedanken auch für diejenigen Leserinnen und Leser deutlich werden, die den Herleitungen nicht vollständig folgen können.

Einen wichtigen Stellenwert in diesem Buch nehmen Betrachtungen zur *Geschichte der Geometrie* ein, wurde doch die Entwicklung der Mathematik durch diejenigen Gebiete der Geometrie, welche Gegenstand dieses Buches sind, maßgeblich geprägt. Über weite Strecken der Kapitel 2 und 3 erfolgt die Behandlung des Stoffes in Anlehnung an die historische Entwicklung. Diese Art der Darstellung soll Verständnis dafür wecken, warum bestimmte Fragen aufgeworfen und Untersuchungen angestellt werden. Im dritten Kapitel werden zudem *philosophische Probleme*, die sich aus der Entstehung nichteuklidischer Geometrien ergaben, diskutiert und Ausblicke auf Anwendungen nichteuklidischer Geometrien in der *Physik* gegeben.

Mit dem vorliegenden Buch habe ich nicht zuletzt das Ziel verfolgt, (künftigen) Lehrerinnen und Lehrern Anregungen für eine fachlich fundierte und interessante Gestaltung ihres *Geometrieunterrichts* zu geben. Wenngleich ich auf didaktische Fragen nur selten explizit eingehe, so habe ich doch versucht, die Auswahl und die Art der Darstellung des Stoffes diesem Ziel entsprechend zu gestalten. (Das Literaturverzeichnis enthält eine Reihe von empfehlenswerten Veröffentlichungen, welche didaktische Probleme unmittelbar zum Thema haben.) Um Geometrie ansprechend zu unterrichten, ist es meiner Meinung nach nötig, auch Fakten, Erscheinungen und Anwendungen zu kennen, die über den unmittelbaren Schulstoff hinausgehen. Mit diesem Buch habe ich versucht, einen Einblick in das Spektrum zu geben, das *Geometrie* umfaßt.

Andreas Filler, Berlin, Januar 1993

Inhaltsverzeichnis

1 Geometrie auf der Kugeloberfläche 1

1.1 Grundlagen der sphärischen Geometrie 2

1.1.1 Kugel, Sphäre, Kugelkoordinaten 2

1.1.2 Klein- und Großkreise, diametrale Punktepaare, Geraden, Strecken und Abstände auf der Sphäre 5

1.1.3 Winkel zwischen sphärischen Geraden; Bewegungen und Kongruenz von Figuren auf der Sphäre 10

1.2 Sphärische Zwei- und Dreiecke 13

1.2.1 Sphärische Zweiecke und ihr Flächeninhalt 13

1.2.2 Sphärische Dreiecke 15

1.2.3 Flächeninhalt, Winkelsumme und Seitensumme Eulerscher Dreiecke; Polardreiecke 18

1.3 Sphärische Trigonometrie 22

1.3.1 Das rechtwinklige sphärische Dreieck 22

1.3.2 Schiefwinklige Eulersche Dreiecke 27

1.3.3 Berechnungen an sphärischen Dreiecken 30

1.4 Mathematische Geographie 33

1.4.1 Berechnung der Orthodromen und der Kurswinkel . 33

1.4.2 Loxodrome 34

1.4.3 Bestimmung des Scheitelpunktes 35

1.4.4 Die Methode der Funkpeilung 36

1.5 Sphärische Astronomie 37

1.5.1 Grundlagen, astronomische Koordinatensysteme . . 37

1.5.2 Nautisches Dreieck, Ortsbestimmung 39

1.6 Geschichte der sphärischen Geometrie 42

1.7 Wege des Aufbaus der sphärischen Geometrie 45

1.7.1 Überblick über mögliche Varianten, sphärische Geometrie zu betreiben 45

1.7.2 Vektorielle Behandlung der sphärischen Geometrie . 46

2 Axiomatischer Aufbau der Geometrie **51**
2.1 Einführung in die Axiomatik der Geometrie 51
2.1.1 Die Anfänge der Geometrie und die Herausbildung der axiomatischen Arbeitsweise 51
2.1.2 Einige Probleme bei der euklidischen Axiomatik . . 55
2.1.3 Forderungen an ein Axiomensystem; geometrische Axiomatik und Realität 58
2.1.4 Ein Axiomensystem der euklidischen Geometrie . . . 61
2.2 Inzidenzgeometrie 64
2.2.1 Folgerungen aus den Inzidenzaxiomen 65
2.2.2 Modelle der Inzidenzaxiome 67
2.3 Abstandsaxiome, Folgerungen und Modelle 73
2.3.1 Modelle der Inzidenz- und Abstandsaxiome 73
2.3.2 Folgerungen aus den Axiomengruppen I und II; Strecken und Halbgeraden 76
2.4 Anordnungsgeometrie 80
2.4.1 Folgerungen aus den Axiomengruppen I – III 80
2.4.2 Winkel 81
2.5 Bewegungen und Kongruenz 83
2.5.1 Bewegungen 83
2.5.2 Kongruenz geometrischer Figuren 89
2.5.3 Mittelpunkt, Winkelhalbierende, spezielle Winkel, Lot 92
2.5.4 Winkelgröße und Winkelmaß 97
2.5.5 Weitere Sätze der absoluten Geometrie 105
2.6 Euklidische Geometrie 110
2.6.1 Das Parallelenaxiom und einige Folgerungen 110
2.6.2 Die Strahlensätze 113
2.6.3 Ähnlichkeit geometrischer Figuren 117
2.6.4 Die Satzgruppe des Pythagoras 121
2.7 Andere Axiomensysteme 124
2.7.1 Varianten der Axiomengruppen I - V 124
Inzidenzaxiome 124
Abstandsaxiome 126
Anordnungsaxiome 127
Bewegungsaxiome 127
Parallelenaxiom 129
2.7.2 Das Hilbertsche Axiomensystem und Varianten dieses Axiomensystems 130
2.7.3 Algebraisch orientierte Axiomensysteme 134
2.7.4 Erweiterung zu einem Axiomensystem der Raumgeometrie 137
2.7.5 Ein Axiomensystem der sphärischen Geometrie . . . 139

3 Lobatschewski-Geometrie **143**
3.1 Das Parallelenproblem 145
3.1.1 Das V. Postulat von Euklid 145
3.1.2 Beweisversuche für das euklidische Parallelenaxiom . 148
Parallelenaxiom und Innenwinkelsumme 149
Die Beweisversuche von Saccheri und Lambert . . . 156
Parallelenaxiom und Ähnlichkeit 158
Zusammenfassung 159
3.2 Grundzüge der Lobatschewski-Geometrie 162
3.2.1 Entstehungsgeschichte, weltanschauliche Probleme . 162
3.2.2 Das Parallelenaxiom von Lobatschewski und erste Folgerungen 166
3.2.3 Parallele und divergierende Geraden 169
3.3 Das Poincaré-Modell 174
3.3.1 Widerspruchsfreiheit und Modelle 174
3.3.2 Punkte und Geraden im Poincaré-Modell 176
3.3.3 Abstände von Punkten im Poincaré-Modell 178
3.3.4 Bewegungen im Poincaré-Modell 182
3.3.5 Winkelmaß, Parallele und divergierende Geraden im Poincaré-Modell 191
3.3.6 Abstandslinien im Poincaré-Modell 193
3.3.7 Das Modell von Cayley und Klein 194
3.4 Die Lobatschewskische Funktion Π 196
3.4.1 Sätze über parallele und divergierende Geraden . . . 196
3.4.2 Eigenschaften der Funktion Π 197
3.4.3 Schlußfolgerungen aus den Eigenschaften der Funktion Π 202
3.5 Hyperbolische Trigonometrie 204
3.5.1 Gleichungsdarstellung der Funktion Π 204
Hyperbolische Funktionen 205
3.5.2 Beziehungen in rechtwinkligen Dreiecken 206
3.5.3 Beziehungen in schiefwinkligen Dreiecken 210
3.6 Geometrie auf Flächen konstanter Krümmung 213
3.6.1 Ebene und Sphäre als Flächen konstanter Krümmung 214
3.6.2 Der pseudoeuklidische Raum 218
3.6.3 Die Geometrie auf einer Sphäre mit imaginärem Radius als Modell der Lobatschewski-Geometrie 222
3.7 Ausblick 226
3.7.1 Entwicklung der Geometrie nach der Herausbildung nichteuklidischer Geometrien 226
3.7.2 Nichteuklidische Geometrien und unser realer Raum 230

A Lösungen der Aufgaben **233**
A.1 Lösungen der Aufgaben des 1. Kapitels 233
A.2 Lösungen der Aufgaben des 2. Kapitels 237
A.3 Lösungen der Aufgaben des 3. Kapitels 241

Literaturverzeichnis **247**

Stichwortverzeichnis **251**

Kapitel 1

Geometrie auf der Kugeloberfläche

„Die kürzeste Verbindung zwischen zwei Punkten ist die Strecke.“ Legt man diesem Satz die uns geläufige Vorstellung von einer Strecke zugrunde (wir werden auf den Begriff später noch zurückkommen), so ist die kürzeste Verbindung zwischen Berlin und Melbourne ein durch die Erdkugel gegrabener Tunnel. Diese Erkenntnis ist für die Praxis wenig hilfreich, wenn es z.B. darum geht, geeignete Routen für Schiffe oder Flugzeuge auszuwählen. Im allgemeinen bewegen wir uns auf einer Kugeloberfläche (Sphäre), was wir allerdings bei kleinen Entfernungen (z.B. innerhalb Deutschlands) vernachlässigen können, da derart kleine Teile der Kugeloberfläche noch näherungsweise als ebene Flächen aufgefaßt werden können. Für größere Entfernungen ist dies nicht mehr oder nur noch mit großen Ungenauigkeiten möglich. Aus praktischen Überlegungen heraus (Geographie, Festlegung von Schiffs- und Flugrouten) ist es daher sinnvoll, sich mit der Geometrie auf der Kugeloberfläche zu beschäftigen und unter anderem folgende Fragen zu untersuchen:

- Wie läßt sich die kürzeste Verbindung zweier Punkte auf der Sphäre (Kugeloberfläche) ermitteln?
- Wie lassen sich anhand dieser kürzesten Verbindung Reiserouten festlegen und einhalten?
- Wie läßt sich die Lage von Objekten (z.B. Flugzeugen) durch Peilung bestimmen?
- Wie können wir mit Hilfe der Sterne unseren aktuellen Aufenthaltsort ermitteln?

Die Geometrie auf der Kugeloberfläche — auch *sphärische Geometrie* genannt — ist aber nicht nur in Hinblick auf diese praktischen Anwendungen interessant. Obwohl wir beim Aufbau dieser Geometrie auf die uns wohlbekannte Geometrie der Ebene und des Raumes (die *euklidische Geometrie*) zurückgreifen werden, wird sich bei tieferem Eindringen herausstellen, daß die sphärische Geometrie als völlig unabhängige, eigenständige Theorie, als eine *nichteuklidische Geometrie* aufgefaßt werden kann, die mit der uns bekannten ebenen Geometrie wichtige Gemeinsamkeiten und Analogien, aber auch eine Reihe von Unterschieden aufweist. Ein völlig eigenständiger Aufbau der sphärischen Geometrie wird am Ende des zweiten Kapitels ansatzweise beschrieben. Zunächst jedoch werden wir uns mit einigen wesentlichen Grundbegriffen und Grundlagen der Geometrie auf der Kugeloberfläche beschäftigen und danach (innerhalb des Abschnitts 1.3) Formeln für die Lösung der obengenannten praktischen Aufgaben — die Grundformeln der sphärischen Trigonometrie — herleiten.

1.1 Grundlagen der sphärischen Geometrie

1.1.1 Kugel, Sphäre, Kugelkoordinaten

Def. 1: *Eine* **Sphäre** *(bzw. Kugeloberfläche) S mit dem Mittelpunkt O und dem Radius R ist die Menge aller Punkte P des Raumes, die vom Punkt O den Abstand R haben:*

$$S = \{P : |OP| = R\} \ .$$

Eine **(abgeschlossene) Kugel** *K mit dem Mittelpunkt O und dem Radius R ist die Menge aller Punkte P des Raumes, die von O einen Abstand haben, der kleiner oder gleich R ist:*

$$K = \{P : |OP| \leq R\} \ .$$

In der Definition 1 wird der Begriff des Abstandes zweier Punkte verwendet. Obwohl bereits jeder Schüler über eine intuitive Vorstellung von diesem Begriff verfügt (die sich vor allem mit den Eigenschaften des Meßinstruments Lineal verbindet), wollen wir hier eine Definition des Begriffs *Abstand* angeben, vor allem unter dem Gesichtspunkt der später folgenden Beschäftigung mit Abständen von Punkten auf der Sphäre und in Hinblick auf den exakten (axiomatischen) Aufbau der euklidischen und der sphärischen Geometrie im zweiten Kapitel.

Def. 2: *Mit „***Abstand zweier Punkte** *A und B“ bezeichnen wir den Funktionswert d(A, B) (oder kurz |AB|) einer Funktion d, die jedem Punktepaar eine nichtnegative reelle Zahl zuordnet und folgende Eigenschaften besitzt:*

a) Für zwei Punkte A und B gilt $|AB| = 0$ genau dann, wenn die Punkte A und B identisch sind.

b) Für zwei beliebige Punkte A und B gilt $|AB| = |BA|$.

c) Für drei beliebige Punkte A, B und C gilt stets die Dreiecksungleichung

$$|AB| + |BC| \geq |AC| .$$

Genau dann, wenn eine der drei Gleichungen

$$\begin{aligned} |AB| + |BC| &= |AC| . \\ |AC| + |CB| &= |AB| , \\ |BA| + |AC| &= |BC| \end{aligned}$$

erfüllt ist, liegen die Punkte A, B und C auf einer Geraden.

Eine Funktion d mit den angegebenen Eigenschaften a), b) und c) heißt **Abstandsfunktion**.

Aufgabe 1:

a) Es sei im Raum ein kartesisches Koordinatensystem gegeben; A und B seien Punkte mit den Koordinaten $A(x, y, z)$ sowie $B(x', y', z')$. Weisen Sie nach, daß die Funktion d mit

$$d(A, B) = |AB| = \sqrt{(x' - x)^2 + (y' - y)^2 + (z' - z)^2}$$

eine Abstandsfunktion ist!

b) Geben Sie mit Hilfe der Abstandsfunktion aus a) eine Gleichung für die Koordinaten der Punkte einer Sphäre mit dem Radius R an, und zwar sowohl für den Fall, daß der Mittelpunkt M der Sphäre im Koordinatenursprung O liegt, als auch für den Fall, daß dies nicht zutrifft!

Wenn wir im folgenden vom Abstand zweier Punkte des Raumes sprechen, gehen wir von der Abstandsfunktion aus Aufgabe 1 aus.

In der sphärischen Geometrie ist es oft günstiger, Punkte durch die aus der Erdkunde bekannten **Kugelkoordinaten** zu beschreiben, als durch kartesische Koordinaten. Dazu seien u und v zwei zueinander senkrechte Strahlen mit dem Anfangspunkt O, P ein beliebiger Punkt des Raumes und P' sein Bildpunkt bei senkrechter Parallelprojektion auf die u-v-Ebene (siehe Abbildung 1.1).

Die Lage des Punktes P im Raum wird dann durch drei Koordinaten beschrieben:

- den Abstand r der Punkte O und P,
- das Maß des orientierten Winkels λ zwischen den Strahlen u und OP' sowie
- das Maß des orientierten Winkels ϕ zwischen den Strahlen OP' und OP.

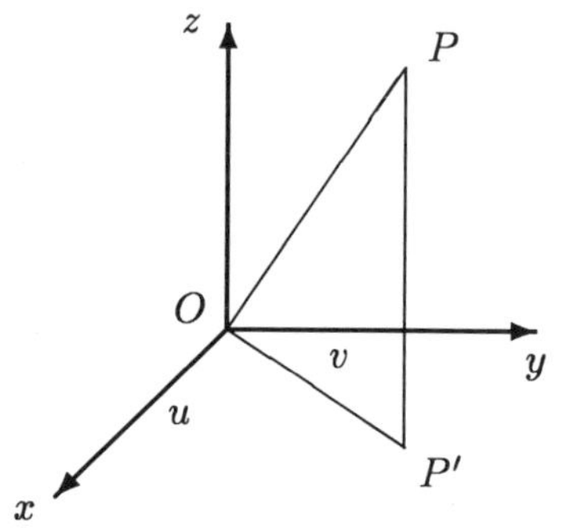

Abbildung 1.1:

Für die Punkte einer Sphäre mit dem Koordinatenursprung O als Mittelpunkt ist der Abstand r gleich dem Radius der Sphäre. Diese Punkte werden also durch lediglich zwei Koordinaten λ und ϕ beschrieben. Damit eine eineindeutige Zuordnung zwischen den Punkten der Sphäre und den Koordinatenpaaren (λ, ϕ) gegeben ist, legen wir für λ und ϕ folgende Definitionsbereiche fest, die auch in der Geographie gebräuchlich sind:

$$-180^o < \lambda \leq 180^o \; ; \quad -90^o \leq \phi \leq 90^o \; .$$

Ganz ist die Eineindeutigkeit der Zuordnung jedoch nicht realisierbar, da unabhängig von der Größe von λ für $\phi = 90^o$ und für $\phi = -90^o$ jeweils immer der gleiche Punkt beschrieben wird. Diese Punkte werden als **Nord-** bzw. **Südpol** bezeichnet. Ferner heißen die Koordinatenlinien (Punktmengen konstanter Koordinate λ oder ϕ) **Meridiane** (für $\lambda = const$) und **Breitenkreise** ($\phi = const$). Schließlich heißt λ **Längenkoordinate** (oder kurz Länge) und ϕ **Breitenkoordinate** (Breite).

Aufgabe 2: Es seien im Raum ein kartesisches Koordinatensystem und ein Kugelkoordinatensystem mit gemeinsamem Koordinatenursprung gegeben. Der Strahl u des Kugelkoordinatensystems liege auf der x-Achse, der Strahl v auf der y-Achse, wobei den Strahlen u und v jeweils die positiven Koordinatenhalbachsen auf der x- bzw. y-Achse zugeordnet werden. Leiten Sie Umrechnungsformeln von den Kugelkoordinaten (r, λ, ϕ) eines Punktes in seine kartesischen Koordinaten (x, y, z) und umgekehrt her!

1.1.2 Klein- und Großkreise, diametrale Punktepaare, Geraden, Strecken und Abstände auf der Sphäre

Für den Aufbau einer Geometrie der Sphäre haben die Kreise, welche auf der Sphäre liegen, eine besondere Bedeutung. Nachfolgend werden einige Eigenschaften dieser Kreise hergeleitet.

Satz 1: *Falls sich eine Sphäre S und eine Ebene ϵ schneiden, so haben sie entweder genau einen gemeinsamen Punkt, oder die Menge der Schnittpunkte ist ein Kreis.*

Beweis: Wir fällen vom Mittelpunkt O der Sphäre das Lot auf die Ebene ϵ und bezeichnen den Fußpunkt dieses Lotes mit M (siehe Abbildung 1.2). Falls ϵ und S nicht nur einen Punkt gemeinsam haben, gibt es wenigstens zwei Schnittpunkte P und Q. Da die Dreiecke $\overline{OPM}$ und $\overline{OQM}$ kongruent sind (Winkel bei M jeweils rechte, $|OP| = |OQ|$ wegen $P, Q \in S$, Seite $\overline{OM}$ gemeinsam), gilt $|MP| = |MQ|$. Da die Punkte P und Q beliebig gewählt wurden, liegen alle Schnittpunkte der Ebene ϵ und der Sphäre S auf einem Kreis k, dessen Mittelpunkt der Fußpunkt M des Lotes vom Mittelpunkt O der Sphäre auf die Ebene ϵ ist.

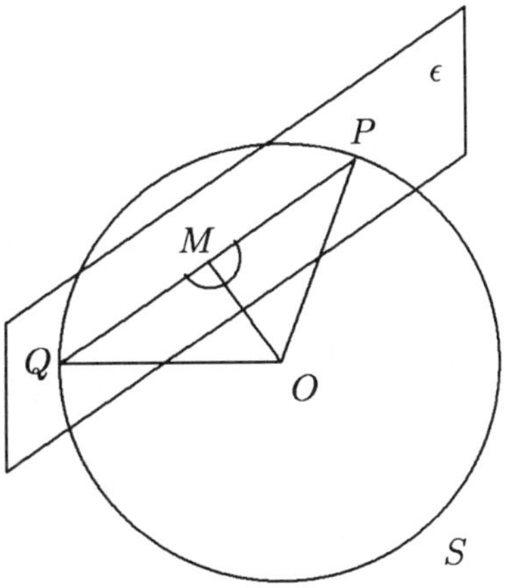

Abbildung 1.2:

Umgekehrt gehört jeder Punkt T des Kreises k der Sphäre an, da wegen der Kongruenz der Dreiecke $\overline{TOM}$ und $\overline{POM}$ (nach Kongruenzsatz „sws“) die Punkte T und P von O denselben Abstand haben. □

Der Beweis von Satz 1 führt uns auch zu einer Möglichkeit, den Radius r eines Kreises auf der Sphäre zu berechnen. Aus Abb. 1.2 entnehmen wir durch Betrachtung des Dreiecks $\overline{OPM}$:

$$r = |MP| = \sqrt{|OP|^2 - |OM|^2} = \sqrt{R^2 - |OM|^2} = R \cdot \sin \angle(POM) .$$

Der Radius eines Kreises auf der Sphäre ist also niemals größer als der Radius R der Sphäre selbst.

Def. 3: *Alle Kreise der Sphäre, deren Mittelpunkte mit dem der Sphäre identisch sind, heißen* **Großkreise**, *alle anderen werden als* **Kleinkreise** *bezeichnet.*

Def. 4: *Zwei Punkte der Sphäre heißen* **diametral**, *falls sie auf ein und demselben Durchmesser der Sphäre liegen.*

Als unmittelbare Folgerung aus Def. 3 und Def. 4 ergibt sich, daß alle Kreise, die diametrale Punktepaare enthalten, Großkreise sind.

Aus der Tatsache, daß es für drei Punkte des Raumes, die nicht auf einer Geraden liegen, genau eine Ebene gibt, welche diese drei Punkte enthält, folgt die Behauptung des folgenden Satzes.

Satz 2: *Zu zwei nichtdiametralen Punkten A, B der Sphäre existiert genau ein Großkreis, der diese beiden Punkte enthält; sind A und B diametral, so gibt es beliebig viele solcher Großkreise.*

Def. 5: *Ein Punkt A und ein Großkreis g der Sphäre heißen* **polar**, *falls A auf einer Geraden durch den Mittelpunkt der Sphäre liegt, die auf der durch g bestimmten Ebene ϵ senkrecht steht.*

Nachdem wir nun unter Nutzung der (euklidischen) Geometrie des Raumes wichtige Objekte auf der Sphäre und Beziehungen zwischen diesen Objekten eingeführt haben, werden wir im folgenden eine *innere Geometrie der Sphäre* aufbauen, d. h. nur noch solche Punkte betrachten, die auf der Kugeloberfläche liegen. (Mit „innere Geometrie der Sphäre" ist demnach keine Geometrie im Innern der Kugel, sondern im Innern der Kugeloberfläche, also der Sphäre, gemeint.) Unter dieser Voraussetzung ist es nicht möglich, zwei Punkte durch eine gewöhnliche Strecke zu verbinden. Es stellt sich also die Frage, welche Objekte der Sphäre als „Ersatz" für Strecken, Geraden usw. angesehen werden können.

Eine wichtige Eigenschaft von Strecken in der „gewöhnlichen" (euklidischen) Geometrie besteht darin, daß sie die jeweils kürzeste Verbindung zwischen zwei Punkten darstellen. Diese Eigenschaft besitzen auf der Sphäre die Großkreisbögen:

Satz 3: *Von allen Kurvenstücken der Sphäre, die zwei nichtdiametrale Punkte A und B verbinden, hat der kürzere Bogen des Großkreises durch A und B die geringste Bogenlänge. Bei zwei diametralen Punkten erfüllt diese Eigenschaft jeder Halbkreis eines Großkreises durch diese beiden Punkte.*

Ein Beweis von Satz 3 erfordert umfangreiche differentialgeometrische Kenntnisse (der Satz selbst enthält ja mit „*Bogenlänge*" bereits einen Begriff aus der Differentialgeometrie), weshalb wir uns hier auf eine Beweisidee für diesen Satz beschränken.

Ebenso wie sich jede stetige Kurve der Ebene mit beliebig guter Näherung durch einen Streckenzug (Polygonzug) beschreiben läßt (wenn nur die Unterteilung in einzelne Strecken hinreichend fein vorgenommen wird), läßt sich auch jede stetige Kurve auf der Sphäre beliebig gut durch eine Folge von Großkreisbögen (deren Anfangs- und Endpunkt mit dem Anfangs und Endpunkt der Kurve übereinstimmen) annähern.

Eine Ausnahme bilden nur die sogenannten nichtrektifizierbaren Kurven, die jedoch in dem von uns betrachteten Zusammenhang uninteressant sind.

Wir müssen also nur noch zeigen, daß der Großkreisbogen, der zwei Punkte direkt verbindet, kürzer als jede Folge von Großkreisbögen zwischen diesen beiden Punkten ist. Aus dem in Abschnitt 1.2.2 bewiesenen Satz 7 (Dreiecksungleichung) geht hervor, daß die Länge des Großkreisbogens, der zwei Punkte A und B der Sphäre verbindet, kleiner als die Summe der Längen der beiden Großkreisbögen ist, die A sowie B mit einem beliebigen Punkt C verbinden. Durch mehrfaches Anwenden dieses Satzes ergibt sich unsere Behauptung.

Für den Beweis von Satz 7 wird weder der Satz 3 noch eine Aussage, die auf Satz 3 beruht, benötigt. Daher ist es erlaubt, an dieser Stelle auf Satz 7 vorzugreifen.

Die Aussage von Satz 3 läßt nun folgende Definitionen naheliegend erscheinen:

Def. 6: *Als* **sphärische Geraden** *(bzw.* **S-Geraden***) bezeichnen wir alle Großkreise der Sphäre, als* **sphärische Strecken (S-Strecken)** *diejenigen Großkreisbögen, die nicht länger sind als ein halber Großkreis.*

Def. 7: *Es seien A und B zwei nichtdiametrale Punkte der Sphäre. Als* **sphärischer Abstand** $|AB|$ *dieser beiden Punkte wird die Bogenlänge des kürzeren Bogens des Großkreises durch diese beiden Punkte bezeichnet. Der Abstand zweier diametraler Punkte ist gleich dem halben Umfang eines Großkreises.*

Für den gewöhnlichen euklidischen Abstand zweier Punkte und ihren sphärischen Abstand wird die gleiche Bezeichnung $|AB|$ verwendet. An Stellen, wo dies zu Mißverständnissen führen könnte, erfolgt daher ein entsprechender Hinweis.

Da alle Großkreise den gleichen Radius R wie die Sphäre haben, hängt der sphärische Abstand zweier Punkte nur von R und vom Maß des Winkels α der Radien dieser beiden Punkte ab (Abbildung 1.3). Für die Einheitssphäre ($R = 1$) ist $|AB| = \hat{\alpha}$, wobei $\hat{\alpha}$ das Bogenmaß des Winkels α angibt.

Ansonsten gilt (wie aus Abbildung 1.3 leicht zu ersehen ist):

$$\begin{aligned} |AB| &= R \cdot \frac{\pi}{180^o} \cdot \alpha \\ &= R \cdot \hat{\alpha} \,. \end{aligned}$$

Vielfach ist es üblich, als den Abstand zweier Punkte das Maß des Winkels zwischen deren Radien anzugeben. An geeigneten Stellen machen wir von dieser Möglichkeit Gebrauch.

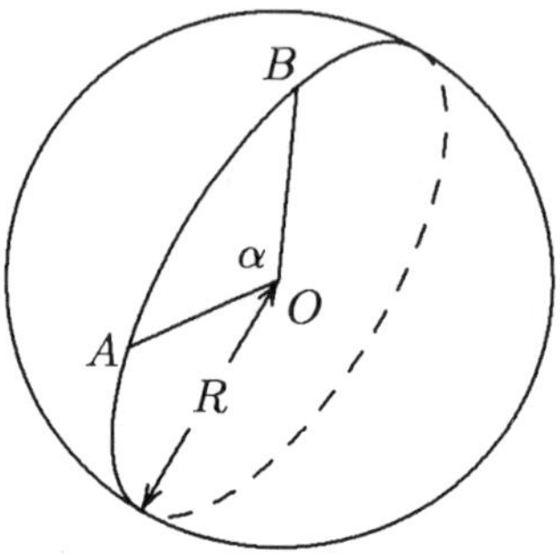

Abbildung 1.3:

Wie sehr leicht nachgeprüft werden kann, genügt der oben definierte sphärische Abstand den Bedingungen a) und b) der allgemeinen Abstandsdefinition (Def. 2). Daß auch die Dreiecksungleichung erfüllt ist, werden wir mit Satz 7 nachweisen. Ganz entspricht der sphärische Abstand jedoch nicht der Def. 2, da (wie man sich leicht anhand eines Gegenbeispiels verdeutlichen kann) für den Fall, daß drei Punkte A, B und C auf einem Großkreis, nicht jedoch auf einem halben Großkreis liegen, keine der drei Gleichungen aus Def. 2 c) erfüllt sein muß.

Dieses Problem ließe sich von vornherein vermeiden, würde man sphärische Punkte nicht wie hier als einzelne Punkte der Kugeloberfläche, sondern als diametrale Punktepaare definieren, d. h. immer zwei euklidische Punkte als einen sphärischen Punkt auffassen. Bei ansonsten gleicher Definition von Geraden, Strecken und Abständen wären die Abstandsaxiome in diesem Fall vollständig erfüllt. (Von den drei Gleichungen in Def. 2 c) würde allerdings nicht nur eine — wie in der „gewöhnlichen" euklidischen Geometrie — zutreffen, sondern es würden alle drei gelten, es wird aber auch nicht gefordert, daß *genau* eine der drei Gleichungen zutreffen soll.) Ein solches Vorgehen ist daher vielfach, vor allem in mathematisch–theoretisch motivierten Abhandlungen der sphärischen Geometrie, üblich. Aus Sicht der Praxisanwendungen der sphärischen Geometrie ist eine Definition sphärischer Punkte als diametrale Punktepaare jedoch nicht zu motivieren (warum sollen völlig verschiedene Orte auf der Erde identifiziert werden), weshalb wir hier lieber das oben beschriebene Problem bezüglich der allgemeinen Abstandsdefinition in Kauf nehmen.

Aufgabe 3: Als *sphärischer Kreis* wird die Menge all jener Punkte der Sphäre bezeichnet, die von einem gegebenen Punkt P der Sphäre den gleichen sphärischen Abstand haben (der als Radius des sphärischen Kreises bezeichnet wird).

a) Welchen maximalen Radius können sphärische Kreise haben?

b) Weisen Sie nach, daß jeder sphärische Kreis ein gewöhnlicher euklidischer Kreis ist!

Aufgabe 4: Definieren Sie in geeigneter Weise den Abstand eines Punktes P der Sphäre von einer S-Geraden! Welche Gestalt haben Abstandslinien auf der Sphäre, d. h. Mengen von Punkten, die von einer gegebenen S-Geraden den gleichen Abstand haben?

Im folgenden werden die wichtigsten Grundeigenschaften sphärischer Geraden mit den Eigenschaften euklidischer Geraden in der Ebene verglichen.

Euklidische Geometrie der Ebene	**Sphärische Geometrie**
E 1 *Geraden sind Punktmengen.*	S 1 *Geraden sind Punktmengen.*
E 2 *Zwei voneinander verschiedene Geraden haben höchstens einen gemeinsamen Punkt.*	S 2 *Zwei voneinander verschiedene S-Geraden haben genau zwei gemeinsame Punkte.*
E 3 *Durch jeden Punkt der Ebene gibt es zu jeder Geraden, die diesen Punkt nicht enthält, genau eine Parallele.*	S 3 *Es existieren keine parallelen Geraden.*
E 4 *Durch zwei Punkte wird genau eine Gerade bestimmt.*	S 4 *Durch zwei nichtdiametrale Punkte wird genau eine Gerade bestimmt; durch zwei diametrale Punkte gibt es unendlich viele Geraden.*
E 5 *Es gibt beliebig lange Strecken. Auf jedem Strahl mit dem Anfangspunkt P gibt es zu jeder nichtnegativen reellen Zahl a genau einen Punkt A mit $a = \|PA\|$.*	S 5 *Jede Strecke hat höchstens die Länge $\pi \cdot R$. Ist P ein Punkt der Sphäre, so existiert kein Punkt A mit $\|PA\| > \pi \cdot R$.*

Aufgabe 5:

a) Begründen Sie die Aussagen S 1 – S 5!

b) Begründen Sie, daß durch drei Punkte der Sphäre, von denen zwei diametral sind, stets genau eine S-Gerade verläuft!

1.1.3 Winkel zwischen sphärischen Geraden; Bewegungen und Kongruenz von Figuren auf der Sphäre

Unter einem sphärischen Winkel soll ein Teil der Sphäre verstanden werden, der durch zwei halbe Großkreise begrenzt wird (Abbildung 1.4).

Um das **Maß des Winkels zweier sphärischer Geraden** einzuführen, wird das Winkelmaß zweier euklidischer Ebenen benötigt. Dabei greifen wir auf die folgende Aussage aus der räumlichen Geometrie zurück, die wir als Hilfssatz formulieren (ohne sie hier zu beweisen):

Hilfssatz: *Es seien ϵ und δ zwei sich schneidende Ebenen mit einer Schnittgeraden g sowie P und P' zwei Punkte auf g. Ferner seien h_1 und h_1' sowie h_2 und h_2' vier Geraden, die in ϵ bzw. δ liegen, P bzw. P' enthalten und auf g senkrecht stehen (Abbildung 1.5). Dann ist das Maß des Winkels zwischen den Geraden h_1 und h_2 gleich dem Maß des Winkels zwischen h_1' und h_2'.*

Def. 8: *Es seien ϵ und δ zwei Ebenen im Raum, die sich in einer Geraden g schneiden, P ein Punkt auf g sowie h_1 und h_2 zwei zu g senkrechte, durch P verlaufende Geraden, die in ϵ bzw. δ liegen. Als* **Maß des Winkels der Ebenen** *ϵ und δ bezeichnen wir das Winkelmaß der Geraden h_1 und h_2.*

Def. 9: *Als* **Winkelmaß** *zweier sphärischer Geraden (Großkreise), die sich in einem Punkt P schneiden, bezeichnen wir das Maß des Winkels der Tangenten an diese beiden Großkreise im Punkt P.*

Der oben formulierte Hilfssatz sichert, daß das Winkelmaß zweier S-Geraden unabhängig davon ist, welcher der beiden Schnittpunkte betrachtet wird. Nach Definition 8 ist dieses Winkelmaß gleich dem Winkelmaß der beiden Ebenen, in denen die S-Geraden (Großkreise) liegen.

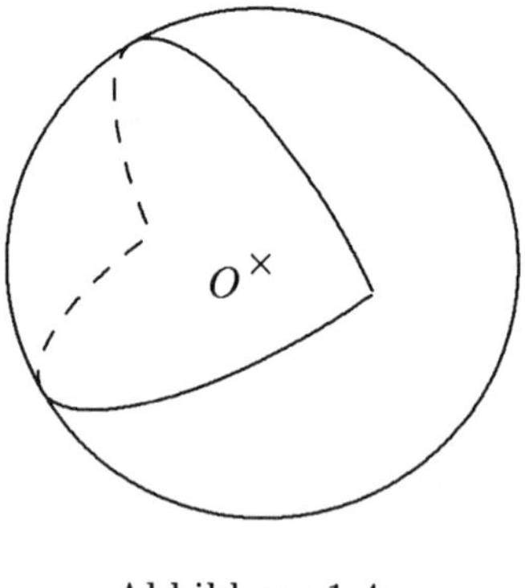

Abbildung 1.4:

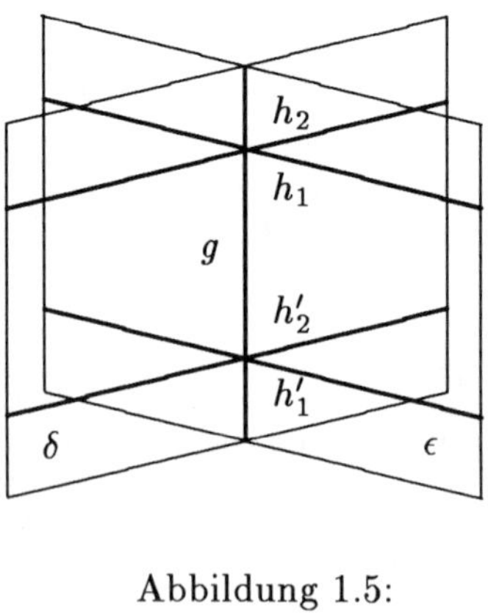

Abbildung 1.5:

Um die **Kongruenz von Figuren auf der Sphäre** definieren zu können, benötigen wir den Begriff dcr Bewegungen auf der Sphäre. Bekanntermaßen können in der Ebene Bewegungen als Hintereinanderausführungen von Verschiebungen, Drehungen und Geradenspiegelungen definiert werden. Bei der Definition der sphärischen Bewegungen werden wir in analoger Weise vorgehen.

Def. 10:

a) *Eine Abbildung ϕ der Sphäre auf sich heißt* **Spiegelung an einer S-Geraden** g, *falls*

   (i) jeder Punkt von g auf sich abgebildet wird,

   (ii) jeder nicht auf g liegende Punkt und sein Bildpunkt in unterschiedlichen Halbsphären bzgl. g liegen sowie

   (iii) für jeden Punkt A die S-Gerade h durch A und seinen Bildpunkt $\phi(A)$ auf g senkrecht steht und für die sphärischen Abstände $|PA| = |P\phi(A)|$ gilt, wobei P einer der beiden Schnittpunkte von g und h ist.

b) *Eine Abbildung ψ der Sphäre auf sich heißt* **Drehung um ein diametrales Punktepaar** Z, Z' *mit dem Drehwinkel* α, *falls*

   (i) $\psi(Z) = Z$ und $\psi(Z') = Z'$ gilt,

   (ii) jeder Punkt der Sphäre von Z den gleichen Abstand hat, wie sein Bildpunkt sowie

   (iii) für jeden (von Z und Z' verschiedenen) Punkt P der gerichtete Winkel der Geraden g und h dieselbe Größe hat wie α, wobei g und h Halbkreise mit den Endpunkten Z und Z' sind, P auf g und $\psi(P)$ auf h liegt.

Def. 11: *Hintereinanderausführungen von endlich vielen Spiegelungen an S-Geraden und Drehungen um diametrale Punktepaare werden als (sphärische)* **Bewegungen** *bezeichnet.*

Zu den zur Definition der ebenen Bewegungen neben den Drehungen und Spiegelungen genutzten Parallelverschiebungen gibt es auf der Sphäre kein Analogon, da keine parallelen Geraden existieren.

Aufgabe 6: Weisen Sie nach, daß die Abbildung, die jedem Punkt der Sphäre seinen diametralen Punkt zuordnet, eine Bewegung ist!

Satz 4: *Wenn der (sphärische) Abstand $|AB|$ zweier nichtdiametraler Punkte A und B der Sphäre von Null verschieden und gleich dem Abstand*

$|A'B'|$ zweier Punkte A' und B' ist, so existieren genau zwei sphärische Bewegungen, die A auf A' und B auf B' abbilden, wobei jede dieser Bewegungen eine durch die S-Gerade AB begrenzte Halbsphäre auf eine andere Halbsphäre bezüglich $A'B'$ abbildet.

Auf einen Beweis von Satz 4 wird an dieser Stelle verzichtet. Er kann durch eine geeignete Hintereinanderausführung von Abbildungen entsprechend Definition 10 geführt werden, wobei sich die beiden in Satz 4 genannten Bewegungen gerade um eine Spiegelung an $A'B'$ unterscheiden.

Def. 12: *Zwei Figuren der Sphäre heißen* **kongruent**, *falls eine (sphärische) Bewegung existiert, welche eine davon auf die andere abbildet.*

Abschließend sei noch vermerkt, daß der hier beschrittene Weg der Einführung der Bewegungen und der Kongruenz nicht zwingend ist, sondern daß es eine Reihe anderer Möglichkeiten dafür gibt. Eine besteht darin, auf die Einführung der Drehungen und Spiegelungen zu verzichten, Bewegungen als abstandserhaltende Abbildungen der Sphäre auf sich zu definieren und Satz 4 entweder mit Hilfe der euklidischen Geometrie zu beweisen oder (bei einem autonomen Aufbau der sphärischen Geometrie) als Axiom zu formulieren. Der Satz 4 ist dann die wichtigste über Bewegungen bekannte Aussage, mit deren Hilfe es sogar möglich ist, nachzuweisen, daß sich jede Bewegung als Hintereinanderausführung der Drehungen und Spiegelungen aus Def. 10 darstellen läßt. Eine weitere Möglichkeit bestünde darin, Bewegungen als Hintereinanderausführungen von Spiegelungen an Großkreisen zu definieren und auf die Erwähnung der Drehungen um diametrale Punktepaare in Def. 11 zu verzichten. (Die Leserinnen und Leser können sich leicht überlegen, daß jede Drehung um ein diametrales Punktepaar durch eine Hintereinanderausführung von zwei Spiegelungen an Großkreisen ersetzt werden kann.) Schließlich ist es möglich (wenn auch etwas unanschaulich), auf den Begriff der Bewegung ganz zu verzichten und die Kongruenz ohne Zugrundelegung dieses Begriffes einzuführen.

Ausführlich wird auf alle diese Fragen in Kapitel 2 (vor allem in den Abschnitten 2.5.1, 2.7.1 und 2.7.2) eingegangen. Wenngleich dies dort für die euklidische Geometrie geschieht, so sind doch die wesentlichen Vorgehensweisen auch auf die Geometrie der Sphäre übertragbar. Ein autonomer (axiomatischer) Aufbau der sphärischen Geometrie wird in Abschnitt 2.7.5 skizziert.

1.2 Sphärische Zwei- und Dreiecke

1.2.1 Sphärische Zweiecke und ihr Flächeninhalt

Durch zwei voneinander verschiedene S-Geraden wird die Sphäre in vier Teile zerlegt, die als **sphärische Zweiecke** bezeichnet werden. Die jeweils gegenüberliegenden Zweiecke sind zueinander kongruent, wie mit Hilfe der in Aufgabe 6 formulierten Eigenschaft leicht begründet werden kann. Aus dem zu Anfang des Abschnitts 1.1.3 formulierten Hilfssatz ergibt sich weiterhin, daß die beiden Winkel eines sphärischen Zweiecks (α und α' in Abb. 1.6) kongruent sind.

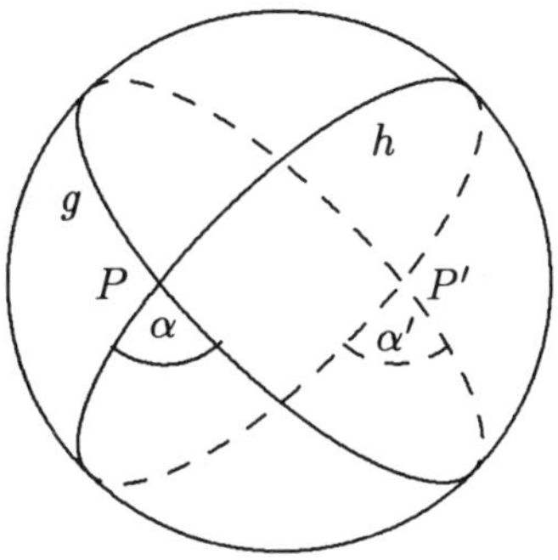

Abbildung 1.6:

Um eine Aussage über den **Flächeninhalt sphärischer Zweiecke** zu treffen, müssen wir zunächst klären, was wir unter dem Flächeninhalt einer Figur der Sphäre allgemein verstehen wollen. Dabei führen wir den Begriff Flächenmaß nicht im Sinne einer herkömmlichen Definition ein, sondern geben drei Eigenschaften vor, die der Flächeninhalt besitzen soll.

Eine ähnliche Art der Definition haben wir bereits bei der allgemeinen Abstandsdefinition verwendet, die einzelnen in der Definition aufgeführten Eigenschaften werden auch als **Axiome** bezeichnet.

Axiome des Flächeninhalts von Figuren auf der Sphäre:

(i) *Kongruente Flächenstücke haben den gleichen Flächeninhalt.*

(ii) *Ist ein Flächenstück f aus zwei Flächenstücken f_1 und f_2 zusammengesetzt, so ist der Flächeninhalt F von f gleich der Summe der Flächeninhalte von f_1 und f_2.*

(iii) *Der Flächeninhalt der Sphäre ist $4 \cdot \pi \cdot R^2$.*

Die ersten beiden dieser Axiome werden auch genutzt, um den Flächeninhalt ebener Figuren einzuführen.

Satz 5: *Für den Flächeninhalt F eines sphärischen Zweiecks Z mit einem Winkel α, der das Bogenmaß $\hat{\alpha}$ hat, gilt $F = 2 \cdot \hat{\alpha} \cdot R^2$.*

Beweis: Wir zerlegen das Zweieck Z in n kongruente Zweiecke Z_n. Diese haben dann jeweils das Winkelmaß

$$\alpha_n = \frac{\alpha}{n} \tag{1}$$

und wegen (i) und (ii) den Flächeninhalt

$$F_n = \frac{F}{n} \,. \tag{2}$$

Es sei nun k eine natürliche Zahl derart, daß

$$k \cdot \alpha_n \leq 360^o < (k+1) \cdot \alpha_n \tag{3}$$

erfüllt ist. Dann gilt wegen (ii) auch

$$k \cdot F_n \leq O < (k+1) \cdot F_n \;, \tag{4}$$

wobei O der Flächeninhalt der Sphäre sei, und wegen (2)

$$\frac{k}{n} \cdot F \leq O < \frac{k+1}{n} \cdot F \,. \tag{5}$$

Aus (1) und (3) folgt

$$\frac{k}{n} \leq \frac{2\pi}{\hat{\alpha}} < \frac{k+1}{n} \tag{6}$$

und somit

$$\lim_{n\to\infty} \frac{k}{n} = \frac{2\cdot\pi}{\hat{\alpha}} = \lim_{n\to\infty} \frac{k+1}{n} \,, \tag{7}$$

woraus sich schließlich (da der Quotient $\frac{O}{F}$ von n unabhängig ist)

$$\frac{O}{F} = \lim_{n\to\infty} \frac{O}{F} = \frac{2\pi}{\hat{\alpha}} \tag{8}$$

oder wegen (iii)

$$F = 2 \cdot \hat{\alpha} \cdot R^2 \tag{9}$$

ergibt, was gerade zu beweisen war. □

1.2.2 Sphärische Dreiecke

Als **sphärische Dreiecke** werden Teile der Sphäre bezeichnet, die durch drei sphärische Strecken begrenzt sind (Abbildung 1.7 zeigt einige Beispiele). Um die Vielfalt dieser Figuren etwas einzuschränken und um drei Punkten der Sphäre möglichst eindeutig ein Dreieck zuzuordnen, betrachten wir im folgenden nur eine spezielle Klasse sphärischer Dreiecke, die Eulerschen Dreiecke.

Def. 13: *Sphärische Dreiecke, deren sämtliche Seiten und Winkel kleiner als π sind, heißen* **Eulersche Dreiecke**.

In Abb. 1.7 ist dementsprechend nur a) ein Eulersches Dreieck. Für Eulersche Dreiecke gelten einige Sätze, die wir bereits aus der ebenen Geometrie kennen.

Satz 6: *In jedem Eulerschen Dreieck sind die Längen zweier Seiten a und b sowie die Maße der gegenüberliegenden Winkel entweder paarweise gleich oder der längeren Seite liegt der größere Winkel gegenüber.*

Beweis: Es sei $\overline{ABC}$ ein Eulersches Dreieck mit den Winkeln α, β und γ sowie den Seiten a, b, c und g die Mittelsenkrechte von c. Liegt der Punkt C auf g, so wird das Dreieck $\overline{ABC}$ durch eine Spiegelung an g auf sich selbst abgebildet und es gilt daher $a = b$ sowie $\alpha = \beta$. Es liege nun der Punkt C in einer der von g begrenzten Halbsphären, beispielsweise in der, die auch den Punkt A enthält (Abbildung 1.8). Durch g wird eine Ebene ϵ festgelegt, die auf der (euklidischen) Geraden AB senkrecht steht und die (euklidische) Strecke $\overline{AB}$ halbiert. Es sei h die Schnittgerade der Ebenen ABC und ϵ sowie S der Schnittpunkt der (euklidischen) Geraden h und BC (Abb. 1.9). Es gilt $|AC| < |AS| + |SC|$ und (da das Dreieck $\overline{ASB}$ gleichschenklig ist) $|AC| < |BS| + |SC|$ (für die euklidischen Abstände). Aufgrund des Zusammenhangs zwischen der Länge von Sehnen und dem Maß der zugehörigen Zentriwinkel folgt daraus $b < a$. Da B und C auf

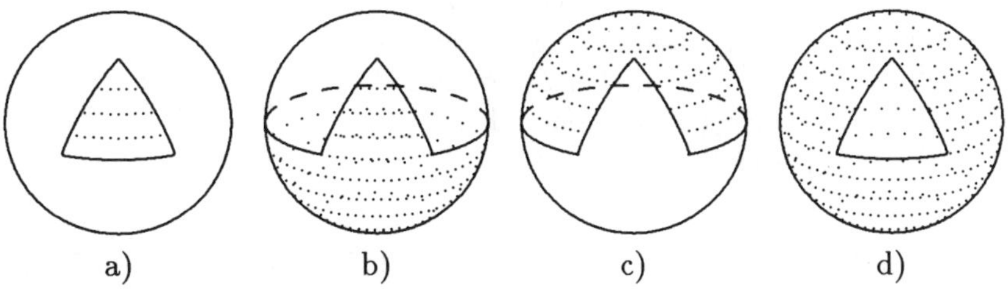

Abbildung 1.7:

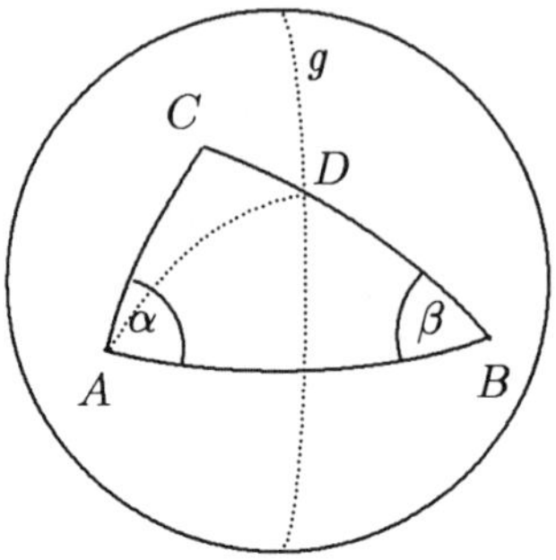

Abbildung 1.8:

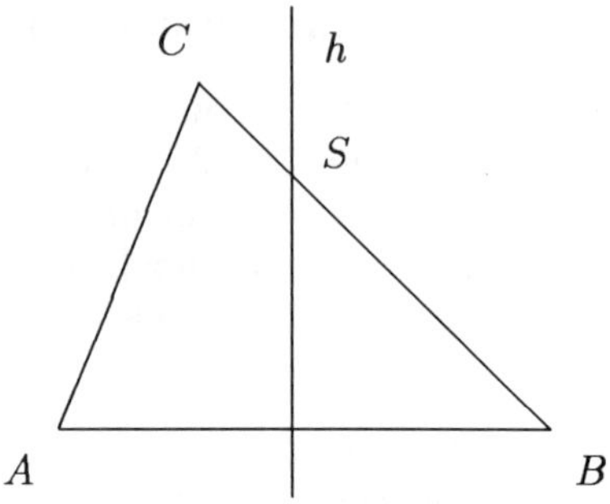

Abbildung 1.9:

unterschiedlichen Halbsphären bezüglich g liegen, schneiden sich a und g in einem Punkt D (siehe Abb. 1.8). Die sphärische Strecke $\overline{AD}$ teilt den Winkel α, da D im Inneren von α liegt. Daher ist $\angle(DAB) < \alpha$. Da das Dreieck $\overline{ADB}$ gleichschenklig ist, gilt $\angle(DAB) = \beta$ und somit $\beta < \alpha$. □

Satz 7 (Dreiecksungleichung): *Die Summe der Längen zweier Seiten eines jeden Eulerschen Dreiecks ist stets größer als die Länge der dritten Seite.*

Beweis: Wir zeigen, daß in einem beliebigen Eulerschen Dreieck $\overline{ABC}$ die Ungleichung $|AB| + |BC| > |AC|$ erfüllt ist. Falls $|AB| + |BC| \geq \pi$ ist, gilt die Behauptung wegen Def. 13 sofort. Anderenfalls verlängern wir die Seite $\overline{AB}$ um die zu $\overline{BC}$ gleichlange Strecke $\overline{BD}$. Das Dreieck $\overline{ACD}$ ist somit ein Eulersches Dreieck, das durch die Strecke $\overline{BC}$ geteilt wird (Abbildung 1.10). Nach Satz 5 sind die bei D und C liegenden Winkel des Dreiecks $\overline{BCD}$ kongruent. Bei C liegt daher ein größerer Winkel des Dreiecks $\overline{ACD}$ als bei D, somit gilt $|AD| > |AC|$ oder gleichbedeutend damit $|AB| + |BC| > |AC|$. □

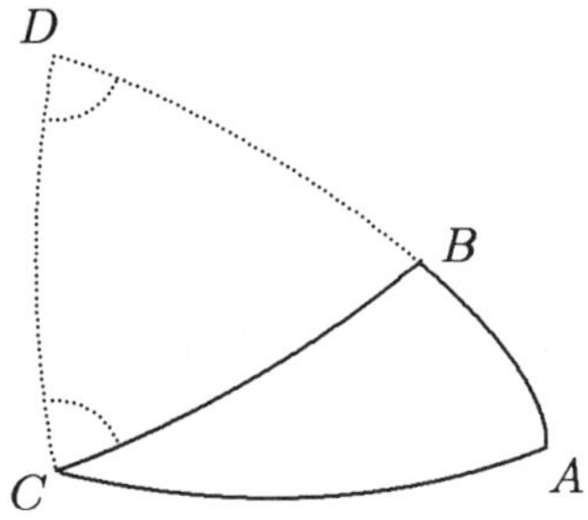

Abbildung 1.10:

Anhand von Beispielen läßt sich leicht verdeutlichen, daß die Sätze 5 und 6 für beliebige, d. h. also auch nicht-Eulersche Dreiecke im allgemeinen nicht gelten (siehe z.B. Abb. 1.7).

Satz 8 (Kongruenzsatz „sws“): *Zwei sphärische Dreiecke, die in zwei Seiten und dem von diesen beiden Seiten eingeschlossenen Winkel übereinstimmen, sind kongruent.*

Der Beweis dieses Satzes sei dem Leser überlassen. Notwendig ist es dazu, eine geeignete sphärische Bewegung zu konstruieren, welche das eine Dreieck in das andere überführt.

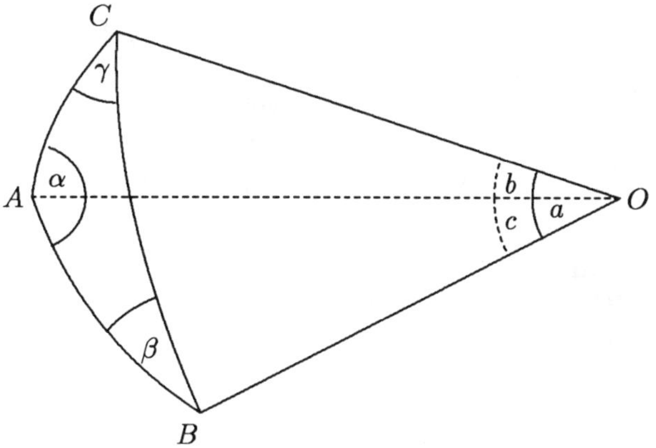

Abbildung 1.11:

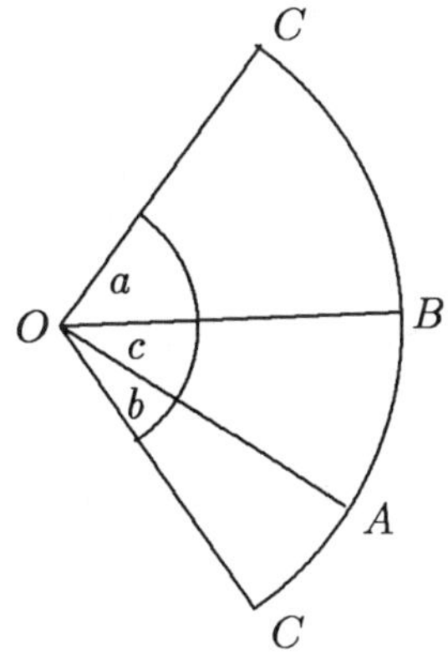

Abbildung 1.12:

Für die Herleitung der Gleichungen der sphärischen Trigonometrie und für einige von deren Anwendungen benötigen wir den Zusammenhang zwischen einem sphärischen Dreieck $\overline{ABC}$ und dem zugehörigen Dreikant $\overline{OABC}$ (Abbildung 1.11). Dieses Dreikant entsteht durch Schnitte entlang den Ebenen, in denen die Seiten des Dreiecks $\overline{ABC}$ liegen. Abbildung 1.12 zeigt die Abwicklung des Dreikants $\overline{OABC}$ in die Ebene OAB. Wie sehr leicht zu begründen ist, entsprechen die Winkelgrößen zwischen den Kanten des Dreikants den Seitenlängen des sphärischen Dreiecks $\overline{ABC}$ und die Neigungswinkel der Ebenen des Dreikants den Winkeln des Dreiecks.

1.2.3 Flächeninhalt, Winkelsumme und Seitensumme Eulerscher Dreiecke; Polardreiecke

Durch die drei Großkreise, welche durch je zwei von drei nicht auf einem Großkreis liegenden Punkten gelegt werden können, wird die Sphäre in acht Eulersche Dreiecke zerlegt (Abb. 1.13). Neben dem Dreieck $\overline{ABC}$ sind dies noch die **Scheiteldreiecke** $\overline{AB^dC^d}$, $\overline{A^dBC^d}$ und $\overline{A^dB^dC}$, die **Nebendreiecke** $\overline{A^dBC}$, $\overline{AB^dC}$ und $\overline{ABC^d}$ sowie das **Gegendreieck** $\overline{A^dB^dC^d}$, wobei A^d, B^d und C^d die zu A, B und C diametralen Punkte sind.

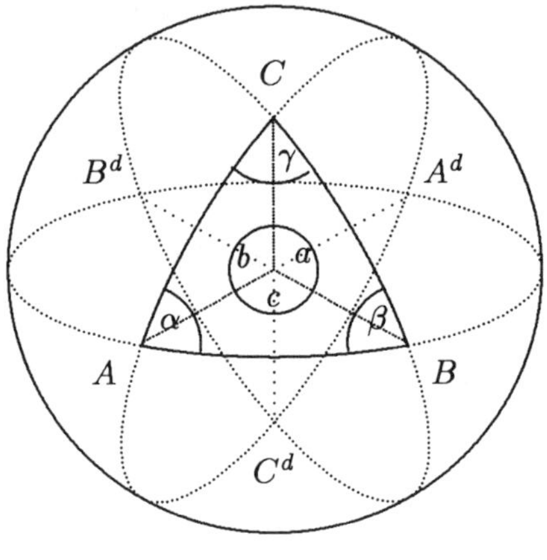

Abbildung 1.13:

Wir leiten im folgenden eine Beziehung für den **Flächeninhalt Eulerscher Dreiecke** her, die vor allem deshalb interessant ist, weil sie eine fundamentale und überraschende Folgerung hinsichtlich der Winkelsumme sphärischer Dreiecke ermöglicht.

Das Dreieck $\overline{ABC}$ und sein Gegendreieck $\overline{A^dB^dC^d}$ gehen durch eine Abbildung auseinander hervor, die jedem Punkt der Sphäre seinen diametralen Punkt zuordnet. Da eine solche Abbildung eine Bewegung ist (siehe Aufgabe 6), sind diese beiden Dreiecke kongruent und somit flächengleich. Das gleiche gilt für die Dreiecke $\overline{A^dBC}$ und $\overline{AB^dC^d}$, $\overline{AB^dC}$ und $\overline{A^dBC^d}$ sowie $\overline{ABC^d}$ und $\overline{A^dB^dC}$. Wir bezeichnen den Flächeninhalt der Dreiecke $\overline{ABC}$ und $\overline{A^dB^dC^d}$ mit F, den der Dreiecke $\overline{A^dBC}$ und $\overline{AB^dC^d}$ mit F_1, den von $\overline{AB^dC}$ und $\overline{A^dBC^d}$ mit F_2 sowie den Flächeninhalt der Dreiecke $\overline{ABC^d}$ und $\overline{A^dB^dC}$ mit F_3. Da die Dreiecke $\overline{ABC}$, $\overline{A^dBC}$, $\overline{A^dB^dC}$ und $\overline{AB^dC}$ eine Halbsphäre bedecken, gilt

$$F + F_1 + F_2 + F_3 = 2 \cdot \pi \cdot R^2 \ . \tag{1}$$

Die Dreiecke $\overline{ABC}$ und $\overline{A^dBC}$ bilden zusammen ein sphärisches Zweieck mit dem Winkel α, die Dreiecke $\overline{ABC}$ und $\overline{AB^dC}$ ein solches mit dem Winkel β und schließlich $\overline{ABC}$ und $\overline{ABC^d}$ eines mit dem Winkel γ. Dementsprechend gilt nach Satz 4:

$$F + F_1 = 2 \cdot R^2 \cdot \hat{\alpha} \ , \tag{2}$$

$$F + F_2 = 2 \cdot R^2 \cdot \hat{\beta} \quad \text{und} \tag{3}$$
$$F + F_3 = 2 \cdot R^2 \cdot \hat{\gamma} \ , \tag{4}$$

wobei $\hat{\alpha}$, $\hat{\beta}$ und $\hat{\gamma}$ die Bogenmaße der Winkel α, β und γ angeben. Aus (2), (3) und (4) folgt

$$3 \cdot F + F_1 + F_2 + F_3 = 2 \cdot R^2 \cdot (\hat{\alpha} + \hat{\beta} + \hat{\gamma}) \ , \tag{5}$$

und wegen (1) und (5) schließlich

$$F = R^2 \cdot (\hat{\alpha} + \hat{\beta} + \hat{\gamma} - \pi) \ . \tag{6}$$

Als wichtige Folgerung aus dieser Flächeninhaltsformel erhalten wir:

Satz 9: *Die Winkelsumme eines Eulerschen Dreiecks ist stets größer als zwei Rechte.*

Zu Satz 9 sei noch angemerkt, daß dessen Aussage auch für nicht-Eulersche Dreiecke gilt, die Begründung mit Hilfe der Flächeninhaltsformel (6) für diesen Fall jedoch nicht möglich ist, da sich diese auf Eulersche Dreiecke bezieht. Ein Beweis von Satz 9 für nicht-Eulersche Dreiecke kann mittels Zerlegung in Eulersche Dreiecke geführt werden.

Aufgabe 7: Untersuchen Sie einen Beweis des Innenwinkelsatzes der ebenen (euklidischen) Geometrie (zum Beispiel in einem Schullehrbuch der Sekundarstufe I) daraufhin, welche der dort genutzten Voraussetzungen in der sphärischen Geometrie nicht gegeben sind!

Def. 14: *Ist $\overline{ABC}$ ein Eulersches Dreieck mit den Innenwinkeln α, β und γ, so heißt die Größe $\epsilon := \alpha + \beta + \gamma - 180^o$* **sphärischer Exzeß** *dieses Dreiecks.*

Der sphärische Exzeß eines Dreiecks gibt somit den Überschuß der Winkelsumme über 180° an. Die Flächeninhaltsformel (6) kann daher auch in der Form

$$F = R^2 \cdot \hat{\epsilon} = R^2 \cdot \epsilon \cdot \frac{\pi}{180^o} \tag{7}$$

geschrieben werden, wobei $\hat{\epsilon}$ das Bogenmaß von ϵ bezeichent. Da der Flächeninhalt jedes Eulerschen Dreiecks stets kleiner als der einer Halbsphäre ist, muß der sphärische Exzeß stets kleiner als 360° sein.

Aufgabe 8: Leiten Sie eine Gleichung für den Flächeninhalt

a) eines sphärischen Vierecks und

b) eines sphärischen n-Ecks her!

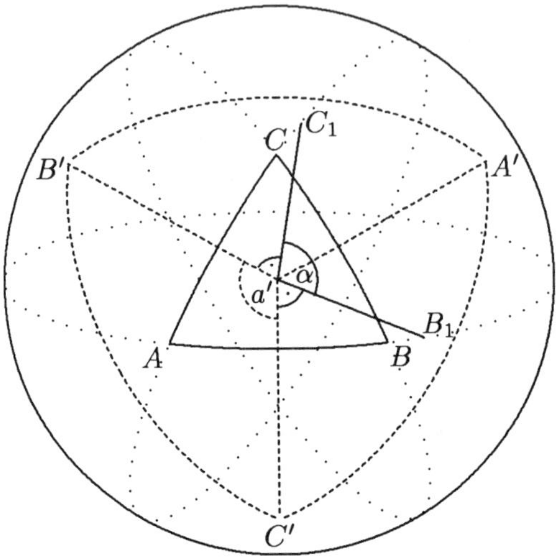

Abbildung 1.14:

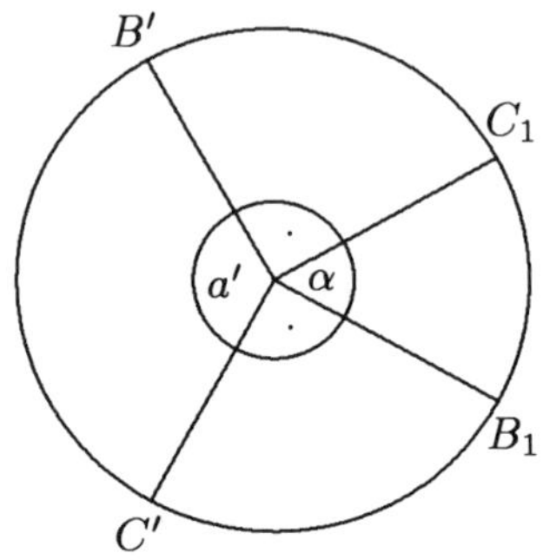

Abbildung 1.15:

Im folgenden werden wir uns mit dem Polardreieck eines Eulerschen Dreiecks beschäftigen und zwei Sätze beweisen, mit deren Hilfe wir eine interessante Aussage über die Summe der Seitenlängen in einem sphärischen Dreieck treffen können und die wir auch für die Herleitung der Grundformeln der sphärischen Trigonometrie benötigen.

Def. 15: *Als* **Polardreieck** *eines Eulerschen Dreiecks $\overline{ABC}$ wird das Dreieck $\overline{A'B'C'}$ bezeichnet, dessen Eckpunkte polar zu den Großkreisen sind, auf denen die Seiten des Ausgangsdreiecks $\overline{ABC}$ liegen und sich jeweils in der dem Dreieck $\overline{ABC}$ gegenüberliegenden Halbsphäre befinden (Abbildung 1.14).*

Der Neigungswinkel der Ebenen OAB und OAC in Abb. 1.14 hat dasselbe Maß, wie der Winkel α des sphärischen Dreiecks $\overline{ABC}$. Daher hat der Winkel der in diesen beiden Ebenen liegenden Senkrechten auf die Gerade AO (im Punkt O) ebenfalls das Maß α. Die Schenkel dieses Winkels durchstoßen die Sphäre in den Punkten B_1 und C_1. Da die Gerade OB' auf der Ebene OAC senkrecht steht, muß sie auch auf OC_1 senkrecht stehen, analog stehen OC' und OB_1 aufeinander senkrecht. Da jede der Geraden OB', OC', OB_1 und OC_1 auf OA senkrecht steht, liegen die Punkte B', C', B_1 und C_1 auf einem Großkreis, den Abbildung 1.15 zeigt. Da das Maß des Winkels zwischen den Strahlen OB' und OC' gerade die Länge der sphärischen Strecke $\overline{B'C'}$ ausdrückt, gilt die Beziehung

$$a' \quad = \quad 180^o - \alpha \qquad (8)$$

und auf analoge Weise ließe sich herleiten

$$b' = 180^o - \beta \quad \text{sowie} \tag{9}$$
$$c' = 180^o - \gamma \,. \tag{10}$$

Wird zu dem Dreieck $\overline{A'B'C'}$ das Polardreieck gesucht, so ergibt sich gerade wieder das ursprüngliche Ausgangsdreieck $\overline{ABC}$, denn wegen des Senkrechtstehens von OC' auf OAB und OB' auf OAC sind die Geraden OC' und OB' zu OA senkrecht, womit schließlich OA auf $OB'C'$ und analog OB auf $OA'C'$ sowie OC auf $OA'B'$ senkrecht steht. Damit gelten die Beziehungen (8) - (10) auch für die Seiten des Ausgangsdreiecks und die Winkel des Polardreiecks.

Wir fassen die Ergebnisse dieser Herleitung in zwei Sätzen zusammen.

Satz 10: *Jedes Eulersche Dreieck ist das Polardreieck seines Polardreiecks.*

Satz 11: *Die Seiten (Winkel) eines Eulerschen Dreiecks ergänzen sich mit den entsprechenden Winkeln (Seiten) seines Polardreiecks zu jeweils zwei Rechten.*

Unmittelbar aus diesem Satz und Satz 9 ergibt sich die folgende Aussage über die **Seitensumme Eulerscher Dreiecke**.

Satz 12: *Die Seitensumme eines jeden Eulerschen Dreiecks ist kleiner als* 360°.

Aufgabe 9: Weisen Sie nach, daß die Summe zweier Winkel eines beliebigen Eulerschen Dreiecks stets kleiner ist, als der um 180° vermehrte dritte Winkel.

1.3 Sphärische Trigonometrie

1.3.1 Das rechtwinklige sphärische Dreieck

Ebenso wie bei Behandlung der ebenen Trigonometrie in der Sekundarstufe I werden wir zunächst die trigonometrischen Beziehungen an rechtwinkligen sphärischen Dreiecken untersuchen und mit deren Hilfe dann trigonometrische Formeln für beliebige sphärische Dreiecke herleiten.

In Abschnitt 1.7 erfolgt noch eine vektorielle Herleitung der trigonometrischen Formeln. Dabei kann dann darauf verzichtet werden, zunächst Formeln für rechtwinklige Dreiecke herzuleiten. Statt dessen ist es mit Hilfe der Vektorrechnung möglich, unmittelbar den Sinussatz und die Kosinussätze für beliebige sphärische Dreiecke zu beweisen.

Um Beziehungen zwischen den Seiten und Winkeln eines bei C rechtwinkligen Eulerschen Dreiecks $\overline{ABC}$ zu finden, nutzen wir den in Abschnitt 1.2.2 herausgefundenen Zusammenhang zu dem zugehörigen Dreikant (Abbildung 1.16). Die Grundidee der Herleitung besteht darin, daß die Beziehungen zwischen den Seiten und Winkeln des Dreiecks $\overline{ABC}$ auf die trigonometrischen Beziehungen in einem geeigneten euklidischen Dreieck zurückgeführt werden. Wir betrachten dazu das Dreieck, dessen Eckpunkte der Punkt A und die Fußpunkte A' und D der Lote von A auf die (euklidischen) Geraden OC bzw. OB sind. Man kann sich leicht überlegen, daß der Punkt A' zwischen O und C sowie D zwischen O und B liegt. Da das sphärische Dreieck $\overline{ABC}$ bei C rechtwinklig ist, stehen die Ebenen OCA und OCB senkrecht aufeinander, und da AA' das Lot von A auf OC ist, steht AA' senkrecht auf OBC und somit auch auf $A'D$. Da der Winkel $\angle(AA'D)$ somit ein Rechter ist, sind die Ebenen $AA'D$ und OBC zueinander senkrecht, außerdem steht AD senkrecht auf OB. Hieraus folgt, daß

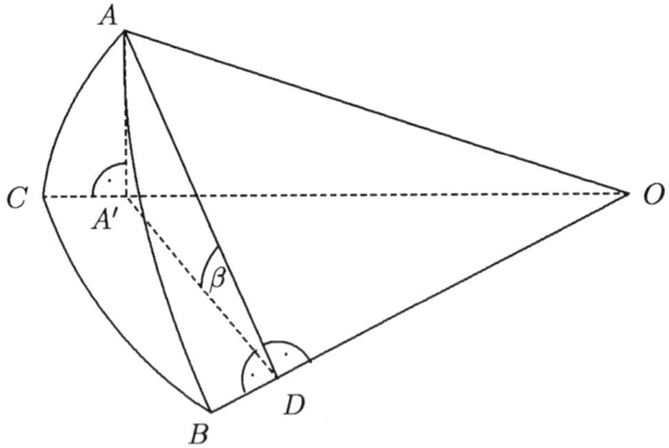

Abbildung 1.16:

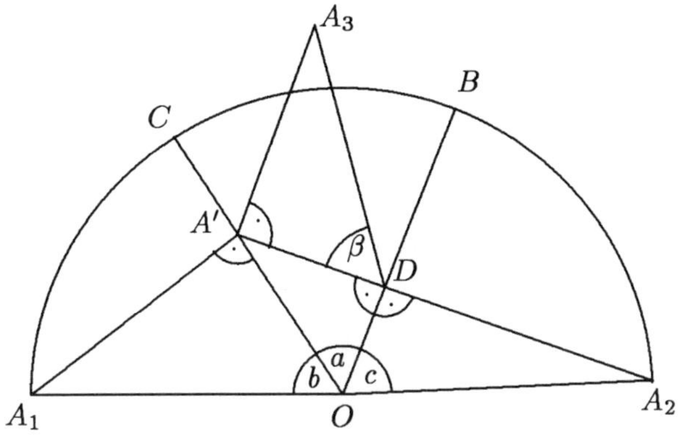

Abbildung 1.17:

OB senkrecht auf der Ebene $AA'D$ und daher auch senkrecht auf $A'D$ steht. Deshalb und wegen des Aufeinandersenkrechtstehens von AD und OB hat der Winkel $\angle(ADA')$ das gleiche Maß wie der Winkel β des sphärischen Dreiecks (siehe Abb. 1.16). In Abbildung 1.17 wurden die Ebenen OAB, OAC und ADA' in die Ebene OCB geklappt, wobei a, b und c die Längen der Seiten $\overline{BC}$, $\overline{AC}$ und $\overline{AB}$ des sphärischen Dreiecks $\overline{ABC}$ angeben. Die drei durch das Umklappen der drei Ebenen entstandenen Bilder von A sind mit A_1, A_2, und A_3 bezeichnet. Es gilt daher

$$|A'A_3| = |A'A_1| \qquad (1) \quad \text{und} \qquad |DA_2| = |DA_3| \ . \qquad (2)$$

Durch Anwendung der trigonometrischen Formeln für rechtwinklige ebene Dreiecke ergeben sich die Beziehungen:

$$\sin a = \frac{|A'D|}{|OA'|} \quad (3)\,, \qquad \sin b = \frac{|A'A_1|}{R}\,, \quad (4)$$

$$\sin c = \frac{|DA_2|}{R} \quad (5)\,, \qquad \cos a = \frac{|OD|}{|OA'|}\,, \quad (6)$$

$$\cos b = \frac{|OA'|}{R} \quad (7)\,, \qquad \cos c = \frac{|OD|}{R}\,, \quad (8)$$

$$\sin\beta = \frac{|A'A_3|}{|DA_3|} \quad (9) \ \text{sowie} \qquad \cos\beta = \frac{|A'D|}{|DA_3|}\,. \quad (10)$$

Mit Hilfe der Beziehungen (1) bis (10) werden jetzt Gleichungen hergeleitet, in denen nur noch die Stücke des sphärischen Dreiecks $\overline{ABC}$ auftreten. Zunächst ergibt sich aus (6), (7) und (8):

$$\cos a \cdot \cos b = \frac{|OD|}{|OA'|} \cdot \frac{|OA'|}{R} = \cos c\ , \qquad (11)$$

aus (2), (4), (5) und (9) folgt

$$\frac{\sin b}{\sin c} = \sin\beta \qquad (12)$$

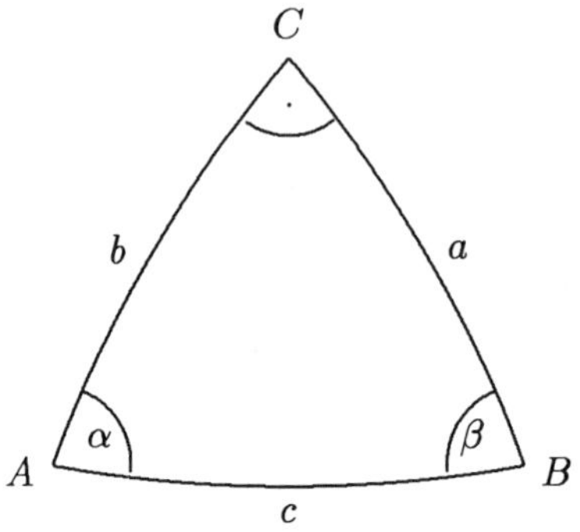

Abbildung 1.18:

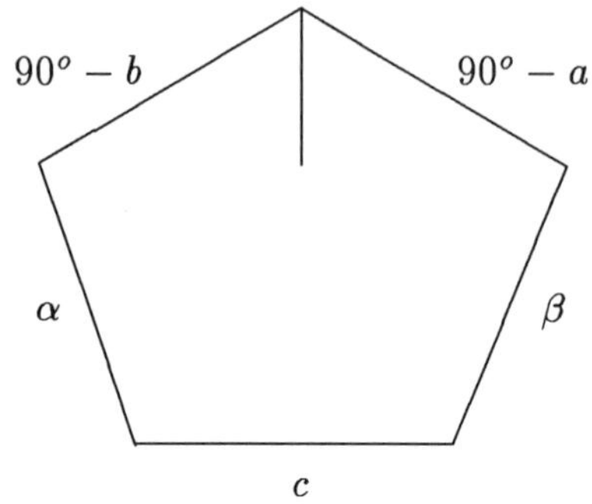

Abbildung 1.19:

und durch Vertauschen der Katheten a und b sowie der Winkel α und β

$$\frac{\sin a}{\sin c} = \sin\alpha \ . \tag{13}$$

Weiterhin gilt:

$$\cos b \cdot \sin\alpha = \cos\beta \ , \tag{14}$$

$$\cos a \cdot \sin\beta = \cos\alpha \ , \tag{15}$$

$$\cos c = \cot\alpha \cdot \cot\beta \ , \tag{16}$$

$$\sin a = \cot\beta \cdot \tan b \ , \tag{17}$$

$$\sin b = \cot\alpha \cdot \tan a \ , \tag{18}$$

$$\cos\alpha = \tan b \cdot \cot c \quad \text{und} \tag{19}$$

$$\cos\beta = \tan a \cdot \cot c \ . \tag{20}$$

Aufgabe 10: Leiten Sie die Gleichungen (14) bis (20) her und weisen Sie den folgenden Satz 13 nach, indem Sie zeigen, daß dieser Satz und die zehn Gleichungen (11) – (20) zueinander äquivalent sind!

Die recht große Zahl von trigonometrischen Beziehungen für rechtwinklige Eulersche Dreiecke (Gleichungen (11) – (20)) kann überschaubar zu dem folgenden Satz zusammengefaßt werden:

Satz 13 Nepersche Regel (John Napier, 1550 – 1617):
Werden die Stücke a, b, c, α und β eines bei C rechtwinkligen Eulerschen Dreiecks $\overline{ABC}$ in ihrer im Dreieck auftretenden Reihenfolge auf einem Ring

angeordnet (Abbildungen 1.18 und 1.19) und dabei die Seitenlängen a und b durch die Größen $90^o - a$ und $90^o - b$ ersetzt, so ist der Kosinus eines beliebigen Stückes dieses Ringes gleich

1. *dem Produkt der Kotangenten der benachbarten Stücke und*

2. *dem Produkt der Sinus der nicht benachbarten Stücke.*

Achtung:
Aufgrund der Tatsache, daß Seitenlängen und Winkelmaße Eulerscher Dreiecke im Intervall $(0, 180^o)$ liegen und der Sinus in diesem Intervall jeden Funktionswert zweimal annimmt, ist die Größe eines Stückes durch die Angabe des Sinus noch *nicht eindeutig festgelegt*! Die Berechnung von arcsin auf dem Taschenrechner ergibt zwar — falls die *gegebenen* Größen tatsächlich bei einem Eulerschen Dreieck auftreten können, d. h. nicht im Widerspruch zu Def. 13 oder einem von den Sätzen 6, 7 , 9 oder 12 stehen — stets einen Wert zwischen 0 und 90°, dieser Wert kann jedoch falsch sein. Um die Richtigkeit eines Ergebnisses zu überprüfen, sind die Sätze 6 und 7 heranzuziehen.

Sollte von Ausgangsgrößen ausgegegangen worden sein, die bei einem Eulerschen Dreieck nicht auftreten können und daher im Widerspruch zur Definition oder einem der genannten Sätze stehen, so kann dies dazu führen, daß z. B. für den Sinus eines gesuchten Stückes eine negative Zahl errechnet wird.

Beispiel 1: Von einem bei C rechtwinkligen Eulerschen Dreieck $\overline{ABC}$ mit den Seiten a, b, c und den jeweils gegenüberliegenden Innenwinkeln α, β und γ sind die Seitenlängen $b = 125^o$ und $c = 112^o$ gegeben. Gesucht ist die Größe des Winkels β.

Lösung: Nach Satz 13 oder Gleichung (12) ist

$$\sin b = \cos(90^o - b) = \sin\beta \cdot \sin c \quad \text{oder}$$

$$\sin\beta = \frac{\sin b}{\sin c} \approx 0,883 \ .$$

Wir erhalten $\arcsin 0,883 \approx 62^o$. Dieser Wert für β steht jedoch im Widerspruch zu Satz 6, wonach wegen $b > c$ der Wert für β größer als 90° sein muß. Dementsprechend ist $\beta = 180^o - 62^o = 118^o$.

Aufgabe 11: Von einem rechtwinkligen Eulerschen Dreieck mit den Kathetenlängen $a = 75,2^o$ und $b = 87,6^o$ sind der sphärische Exzeß und der Flächeninhalt $(R = 1)$ zu berechnen.

Aufgabe 12: Leiten Sie eine der Neperschen Regel entsprechende Gesetzmäßigkeit für Eulersche Dreiecke mit einer rechten *Seite* her!

Aufgabe 13: Von einem gleichschenkligen Eulerschen Dreieck sind die Seitenlängen $a = b = 46^o$ und $c = 63^o$ gegeben. Berechnen Sie die Maße der drei Winkel!

Nachdem wir den Zusammenhang zwischen einem sphärischen Dreieck und dem zugehörigen Dreikant bei der Herleitung der Neperschen Regel gebraucht haben, um Wissen aus der euklidischen Geometrie für die sphärische Trigonometrie zu nutzen, können wir jetzt vermittels dieses Zusammenhangs die sphärische Trigonometrie bei der Lösung von Aufgaben der räumlichen euklidischen Geometrie anwenden.

Beispiel 2: Wir wollen den Neigungswinkel zweier benachbarter Seitenflächen eines regulären Tetraeders berechnen.

Lösung: Das zu einem regulären Tetraeder (aufgefaßt als Dreikant) gehörende sphärische Dreieck ist ein gleichseitiges, dessen Seitenlängen den Winkeln zwischen den Kanten des Tetraeders entsprechen, welche jeweils 60° betragen, da die Begrenzungsflächen des regulären Tetraeders gleichseitige Dreiecke sind. Die Neigungswinkel der Begrenzungsflächen des Tetraeders erhalten wir also durch Winkel eines gleichseitigen sphärischen Dreiecks mit der Seitenlänge 60°, das wir in zwei kongruente rechtwinklige Dreiecke zerlegen können (Abbildung 1.20).

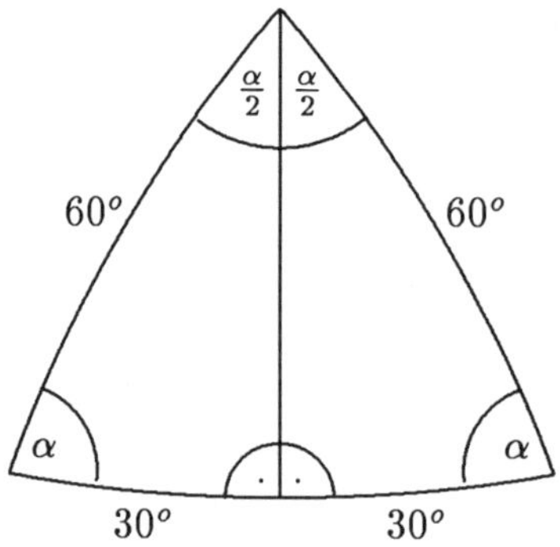

Abbildung 1.20:

Nach der Neperschen Regel ist

$$\cos\alpha = \cot 60^o \cdot \cot(90^o - 30^o) = (\cot 60^o)^2 = \frac{1}{3}$$

und somit $\alpha \approx 70,5^o$ unser gesuchter Neigungswinkel.

Aufgabe 14: Unter welchem Winkel sind zwei benachbarte Seitenflächen eines regulären Oktaeders gegeneinander geneigt?

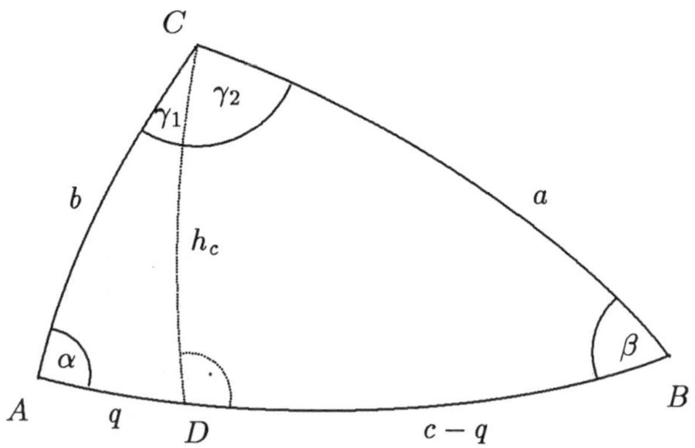

Abbildung 1.21:

1.3.2 Schiefwinklige Eulersche Dreiecke

In diesem Abschnitt werden Beziehungen zwischen den Seiten beliebiger Eulerscher Dreiecke hergeleitet, die wir (in Abgrenzung zu den rechtwinkligen) auch als **schiefwinklige Dreiecke** bezeichnen. Bei der Herleitung dieser Beziehungen lassen wir uns von der Vorgehensweise bei der Herleitung des Sinus- und Kosinussatzes der ebenen Trigonometrie leiten und zerlegen ein gegebenes beliebiges Eulersches Dreieck in zwei rechtwinklige Teildreiecke (siehe Abbildung 1.21, der Schnittpunkt der Geraden AB mit der Höhe h_c kann aber auch außerhalb der Strecke $\overline{AB}$ liegen).

Nach der Neperschen Regel gilt innerhalb des Teildreiecks $\overline{ADC}$

$$\cos(90^o - h_c) = \sin h_c = \sin a \cdot \sin\beta \tag{1}$$

und im Teildreieck $\overline{BDC}$

$$\cos(90^o - h_c) = \sin h_c = \sin b \cdot \sin\alpha \ . \tag{2}$$

woraus sich

$$\sin a \cdot \sin\beta = \sin b \cdot \sin\alpha \tag{3}$$

oder

$$\frac{\sin a}{\sin b} = \frac{\sin\alpha}{\sin\beta} \tag{4}$$

ergibt. Man kann sich leicht überlegen, daß sich diese Beziehung in analoger Weise auch für den Fall herleiten läßt, daß der Punkt D außerhalb der Strecke $\overline{AB}$ liegt. Auf gleiche Weise ergeben sich entsprechende Beziehungen für a, c, α und γ sowie für b, c, β und γ. Es gilt daher der folgende Satz:

Satz 14 (Sinussatz): *In einem beliebigen Eulerschen Dreieck mit den Seiten a, b, und c sowie den jeweils gegenüberliegenden Innenwinkeln α, β und γ gilt*

$$\frac{\sin a}{\sin \alpha} = \frac{\sin b}{\sin \beta} = \frac{\sin c}{\sin \gamma} .$$

Wegen $\lim_{x \to 0} \frac{\sin x}{x} = 1$ geht Satz 14 für sehr kleine Seitenlängen in den Sinussatz der ebenen Trigonometrie über. Für $x = 1^o$ beträgt die Abweichung zwischen x und $\sin x$ nur noch 0,005%. Somit ist für kleine Teile der Erdoberfläche die Anwendung des ebenen Sinussatzes durchaus zulässig.

Im folgenden werden die Kosinussätze für Eulersche Dreiecke hergeleitet. Dazu betrachten wir wiederum ein Dreieck mit den Bezeichnungen entsprechend Abbildung 1.21 auf Seite 27. Durch die Anwendung der Neperschen Regel auf das Teildreieck $\overline{BDC}$ ergibt sich die Beziehung

$$\cos a = \cos h_c \cdot \cos (c - q) , \tag{5}$$

die sich unter Berücksichtigung des Subtraktionstheorems für $\cos (c - q)$ auch in der Form

$$\cos a = \cos h_c \cdot \cos c \cdot \cos q + \cos h_c \cdot \sin c \cdot \sin q \tag{6}$$

schreiben läßt. Im Teildreieck $\overline{ADC}$ gilt

$$\cos b = \cos h_c \cdot \cos q , \tag{7}$$

$$\sin q = \cot \alpha \cdot \tan h_c = \frac{\cos \alpha}{\sin \alpha} \cdot \frac{\sin h_c}{\cos h_c} \quad \text{sowie} \tag{8}$$

$$\sin h_c = \sin \alpha \cdot \sin b . \tag{9}$$

Aus (8) und (9) folgt

$$\cos h_c \cdot \sin q = \sin b \cdot \cos \alpha , \tag{10}$$

und durch Einsetzen von (7) und (10) in (6) erhalten wir schließlich

$$\cos a = \cos b \cdot \cos c + \sin b \cdot \sin c \cdot \cos \alpha . \tag{11}$$

Aufgabe 15: Leiten Sie die Gleichung (11) für den Fall her, daß der Fußpunkt D der Höhe h_c außerhalb von $\overline{AB}$ liegt (siehe Abbildung 1.21 auf Seite 27).

Durch zyklische Vertauschung der Stücke in (11) ergeben sich analoge Beziehungen für $\cos b$ und $\cos c$, die wir in dem folgenden Satz zusammenfassen.

Satz 15 (Seitenkosinussatz): *In einem beliebigen Eulerschen Dreieck mit den Seiten a, b, und c sowie den jeweils gegenüberliegenden Innenwinkeln α, β und γ gelten die Beziehungen*

$$\begin{aligned}\cos a &= \cos b\cdot\cos c+\sin b\cdot\sin c\cdot\cos\alpha\ ,\\ \cos b &= \cos a\cdot\cos c+\sin a\cdot\sin c\cdot\cos\beta\quad\text{und}\\ \cos c &= \cos a\cdot\cos b+\sin a\cdot\sin b\cdot\cos\gamma\ .\end{aligned}$$

Durch Anwendung von Satz 15 auf das Polardreieck eines Eulerschen Dreiecks läßt sich der folgende Satz beweisen.

Satz 16 (Winkelkosinussatz): *In einem beliebigen Eulerschen Dreieck mit den Seiten a, b und c sowie den jeweils gegenüberliegenden Innenwinkeln α, β und γ gelten die Beziehungen*

$$\begin{aligned}\cos\alpha &= -\cos\beta\cdot\cos\gamma+\sin\beta\cdot\sin\gamma\cdot\cos a\ ,\\ \cos\beta &= -\cos\alpha\cdot\cos\gamma+\sin\alpha\cdot\sin\gamma\cdot\cos b\quad\text{und}\\ \cos\gamma &= -\cos\alpha\cdot\cos\beta+\sin\alpha\cdot\sin\beta\cdot\cos c\ .\end{aligned}$$

Aufgabe 16: Beweisen Sie Satz 16 und untersuchen Sie, ob sich durch die Anwendung der Polarbeziehung auf den Sinussatz ein weiterer Zusammenhang zwischen den Seiten und Winkeln eines Eulerschen Dreiecks ergibt!

Da die Kosinusfunktion im Intervall $(0,\pi)$ jeden Funktionswert nur einmal annimmt, ist eine Seitenlänge oder ein Winkelmaß durch die Angabe des Kosinus eindeutig bestimmt. Weiterhin ergeben sich aus dieser Tatsache die beiden folgenden Sätze.

Satz 17 (Kongruenzsatz „sss"): *Stimmen zwei Eulersche Dreiecke in allen drei Seitenlängen überein, so sind sie kongruent.*

Beweis: Es seien $\overline{ABC}$ und $\overline{A'B'C'}$ Eulersche Dreiecke mit den Seiten a, b, c und a', b', c' sowie den jeweils gegenüberliegenden Innenwinkeln α, β, γ und α', β', γ' und es gelte $a'=a$, $b'=b$ und $c'=c$. Nach Satz 15 ist

$$\cos\alpha=\frac{\cos a-\cos b\cdot\cos c}{\sin b\cdot\sin c}=\frac{\cos a'-\cos b'\cdot\cos c'}{\sin b'\cdot\sin c'}=\cos\alpha'$$

Wegen Satz 8 sind die beiden Dreiecke somit kongruent. □

Satz 18 (Kongruenzsatz „www"): *Stimmen zwei Eulersche Dreiecke in allen drei Winkelgrößen überein, so sind sie kongruent.*

Der Beweis von Satz 18 verläuft völlig analog zu dem von Satz 17.

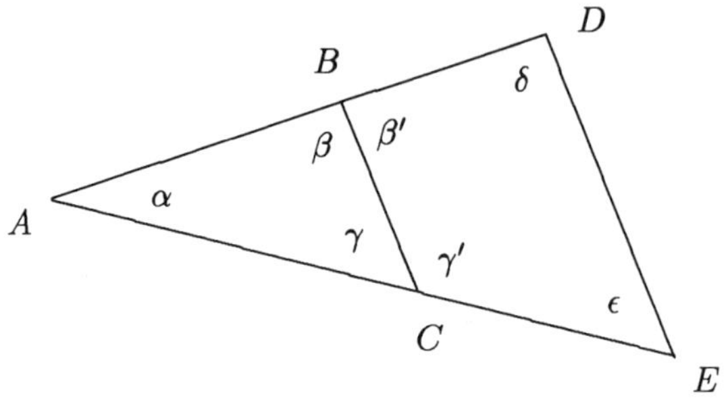

Abbildung 1.22:

Als *Folgerung aus Satz 18* ergibt sich, daß es in der sphärischen Geometrie *keine ähnlichen (und dabei nicht kongruenten) Dreiecke* gibt. Diese Tatsache steht in engem Zusammenhang zum Innenwinkelsatz und damit zur Nichtexistenz paralleler Geraden auf der Sphäre. Wären die Dreiecke $\overline{ABC}$ und $\overline{ADE}$ in Abbildung 1.22 ähnlich, so müßte nämlich $\delta = \beta$ und $\epsilon = \gamma$ gelten und somit die Innenwinkelsumme des Vierecks $\overline{BCDE}$ 360° betragen. Dies steht im Widerspruch dazu, daß jedes Dreieck auf der Sphäre ein Innenwinkelsumme von größer als 180° hat.

1.3.3 Berechnungen an sphärischen Dreiecken

Bei der Berechnung fehlender Stücke an sphärischen Dreiecken können die Fälle auftreten, daß

1. drei Seiten („sss“),
2. zwei Seiten und der eingeschlossene Winkel („sws“),
3. zwei Seiten und ein gegenüberliegender Winkel („ssw“),
4. drei Winkel („www“),
5. zwei Winkel und die dazwischenliegende Seite („wsw“) oder
6. zwei Winkel und eine gegenüberliegende Seite („wws“)

gegeben sind. In den Fällen 3. und 6. folgt aus der Gleichheit der dort gegebenen Stücke noch nicht die Kongruenz zweier Eulerscher Dreiecke (ein Dreieck wird also durch die bei „ssw“ bzw. „wws“ gegebenen Stücke nicht eindeutig bestimmt). Es gilt auch nicht der aus der ebenen Geometrie bekannte Kongruenzsatz, nach dem zwei Dreiecke, die in zwei Seiten und dem der größeren Seite gegenüberliegenden Winkel übereinstimmen, kongruent sind. Das folgende Beispiel soll dies verdeutlichen:

Beispiel 3: Zwei Dreiecke $\overline{ABC}$ und $\overline{A'B'C'}$ mit den Seitenlängen $a = a' = 105^o$ und $b = b' = 86^o$ sowie den Winkelgrößen $\alpha = \alpha' = 110^o$ sind wegen $c = 59,56^o$ und $c' = 143,55^o$ nicht kongruent.

Aufgabe 17: Berechnen Sie die weiteren Seitenlängen und Winkelmaße dieser beiden Dreiecke und prüfen Sie, ob sich bei einem davon ein Widerspruch zu einem der Sätze 6, 7, 9 oder 12 ergibt! Geben Sie eine geometrische Interpretation des Beispiels 3!

Wie bereits ausgeführt, ist eine Seitenlänge oder ein Winkelmaß eines Eulerschen Dreiecks durch die Angabe des Kosinus eindeutig bestimmt. Als Grundregel bei Berechnungen an sphärischen Dreiecken gilt daher, daß bei gleichzeitiger Möglichkeit der Anwendung des Sinussatzes oder eines der beiden Kosinussätze letztere stets zu bevorzugen sind. Bei den eingangs genannten Fällen 1., 2., 4. und 5. ist die Anwendung eines der Kosinussätze möglich, während bei 3. („ssw") und 6. („wws") auf den Sinussatz zurückgegriffen werden muß. Aus dem in Abschnitt 1.3.1 (Seite 25) genannten Grund ist die Größe eines Stückes durch die Angabe des Sinus nicht eindeutig bestimmt (siehe Beispiel 1), so daß die Berechnung von arcsin nicht immer den richtigen Wert liefert und die Sätze 6 und 7 herangezogen werden müssen. Ein weiteres möglicherweise auftretendes Problem bei Berechnungen mit Hilfe des Sinussatzes illustriert das folgende Beispiel.

Beispiel 4: Zu berechnen ist das Maß des Winkels β eines Dreiecks mit den Seiten a, b und c sowie den jeweils gegenüberliegenden Innenwinkeln α, β und γ, in dem $a = 75,1^o$, $b = 80,9^o$ und $\gamma = 84,6^o$ betragen!

Lösung: Durch Anwendung des Sinussatzes ergibt sich

$$\sin\beta = \sin\alpha \cdot \frac{\sin b}{\sin a} \approx 1,017 \ .$$

Offenbar existiert also kein Dreieck mit den gegebenen Werten, obwohl diese nicht gegen einen der Sätze 6, 7, 9 und 12 verstoßen. Eine geometrische Veranschaulichung dieses Beispiels gibt Abb. 1.23.

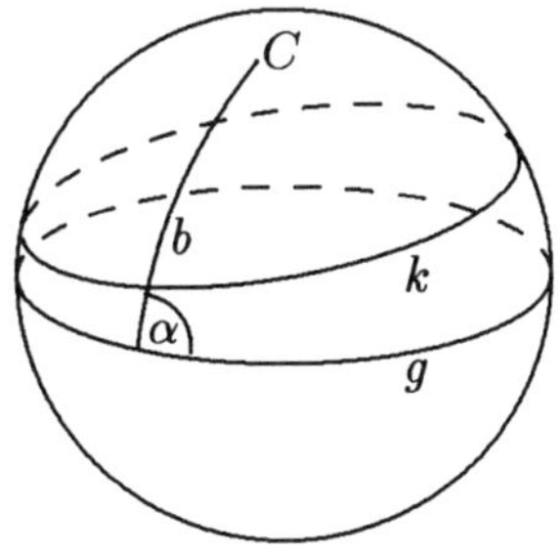

Abbildung 1.23:

Der Punkt B des sphärischen Dreiecks $\overline{ABC}$ müßte auf dem Großkreis g liegen und von C den Abstand a haben, d. h. der gesuchte Punkt B müßte ein Schnittpunkt des Großkreises g und des Kleinkreises k (der ein sphärischer Kreis mit dem sphärischen Radius a ist) sein. Ein solcher Schnittpunkt existiert jedoch nicht.

Aufgabe 18: Berechnen Sie die Maße der drei Winkel eines Eulerschen Dreiecks mit den Seitenlängen $a = 25^o$, $b = 33,6^o$ und $c = 39,5^o$!

Aufgabe 19: Drei Ebenen schneiden sich in einem Punkt unter den Neigungswinkeln $63,25^o$, $129,96^o$ und $47,70^o$. Berechnen Sie die Winkel der Schnittgeraden!

Aufgabe 20: Berechnen Sie die Seitenlänge eines gleichseitigen sphärischen Dreiecks mit dem Flächenmaß 0,25 auf der Einheitssphäre!

Aufgabe 21: Weisen Sie nach, daß zwei Eulersche Dreiecke kongruent sind, falls sie in zwei Winkeln und der dazwischenliegenden Seite übereinstimmen (Kongruenzsatz „wsw")!

Bei den am Anfang dieses Abschnitts genannten Fällen 3. und 6. ergibt sich (im Gegensatz zu allen anderen Fällen) noch ein weiteres Problem. Wurde die Länge der fehlenden gegenüberliegenden Seite (Fall 6.) oder das Maß des fehlenden gegenüberliegenden Winkels (Fall 3.) mit Hilfe des Sinussatzes berechnet, so stehen für die Berechnung der dann noch fehlenden Seitenlänge und des noch fehlenden Winkelmaßes keine Formeln zur Verfügung.

Aufgabe 22: Von einem Eulerschen Dreieck mit den Seiten a, b und c und den jeweils gegenüberliegenden Innenwinkeln α, β und γ seien die Stücke a, b, α und β gegeben. Leiten Sie mit Hilfe der Kosinussätze Gleichungen für die Berechnung der Stücke c und γ her!

Aufgabe 23: In einem Eulerschen Dreieck (Bezeichnung der Stücke wie in Aufgabe 22) sei $a = 70^o$, $b = 75^o$ und $\alpha = 60^o$. Prüfen Sie, ob durch diese Angaben ein Dreieck eindeutig bestimmt wird und berechnen Sie β, γ und c!

1.4 Mathematische Geographie

1.4.1 Berechnung der Orthodromen und der Kurswinkel

Die Erde hat die Gestalt eines Ellipsoids mit einem Äquatorradius von etwa 6378 km und einer Entfernung Erdmittelpunkt – Pol von etwa 6357 km. Sie läßt sich daher in guter Näherung als Kugel mit dem Radius $R = 6370$ km auffassen.

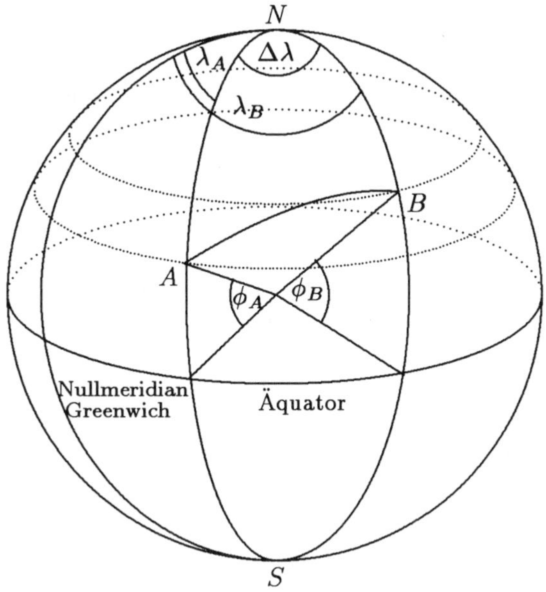

Abbildung 1.24:

Def. 16:

Die sphärische Strecke zwischen zwei Punkten A und B der Erdoberfläche wird als **Orthodrome**, *ihre Länge als* **orthodrome Entfernung** l_{ort} *zwischen den Punkten A und B bezeichnet.*

Um die orthodrome Entfernung zweier Punkte A und B (die durch ihre Koordinaten λ_A, ϕ_A sowie λ_B, ϕ_B gegeben sind) zu berechnen, betrachten wir das **Poldreieck**, dessen Eckpunkte A, B und der Nord- oder Südpol sind (siehe Abbildungen 1.24 und 1.25).

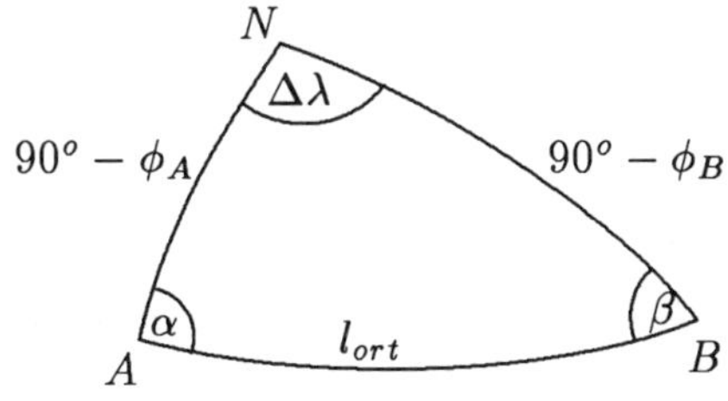

Abbildung 1.25:

Aufgabe 24: Leiten Sie anhand des Poldreiecks eine Beziehung her, welche die orthodrome Entfernung zweier Punkte in Abhängigkeit von deren Koordinaten angibt!

Aufgabe 25: Das im Jahre 1874 von der Insel Valentia ($\lambda_1 = 10,4^o W$, $\phi_1 = 51,5^o N$) nach Neufundland ($\lambda_2 = 53,4^o W$, $\phi_2 = 47,7^o N$) verlegte Kabel (erste Kabelverbindung Europa – Amerika) hatte eine Länge von 1850 Seemeilen (1 Seemeile = 1,852 km). Vergleichen Sie diese Länge mit der orthodromen Entfernung beider Orte!

Wie bereits in Abschnitt 1.1.1 erwähnt, ist es bei der Angabe der Koordinaten geographischer Orte üblich, statt der von uns bisher verwendeten Vorzeichen die Zusätze N – nördliche Breite, S – südliche Breite, W – westliche Länge und O – östliche Länge zu verwenden. Dabei entsprechen N und O den positiven sowie S und W den negativen Koordinatenwerten.

Für die Schiffahrt und das Flugwesen interessieren auch die **Kurswinkel**, unter denen zu fahren oder zu fliegen ist. Sie geben den Winkel zwischen der Kompaßnadel und der Nordrichtung an, sind also die Winkel der Orthodromen zu den betrachteten Orten auf der Erdoberfäche. Die Nordrichtung wird daher mit 0°, die Ostrichtung mit 90°, die Südrichtung mit 180° und die Westrichtung mit 270° angegeben. Der Winkel α in Abbildung 1.25 wird als **Anfangskurswinkel**, der Winkel β als **Endkurswinkel** der Reiseroute von A nach B bezeichnet. Wollte man von B aus auf derselben Orthodromen weiterreisen, so müßte man den Anfangskurswinkel $180^o - \beta$ wählen.

Aufgabe 26: Berechnen Sie für die Route von Berlin ($\lambda_1 = 13,4^o O$, $\phi_1 = 52,5^o N$) nach Melbourne ($\lambda_2 = 144,7^o O$, $\phi_2 = 38,5^o S$) die orthodrome Entfernung sowie den Anfangs- und den Endkurswinkel!

1.4.2 Loxodrome

Da sich auf der Orthodromen der Kurswinkel im allgemeinen ständig ändert, ist es in der Praxis sehr schwierig, diesen Kurs zu fahren. Es wird daher bevorzugt, zumindest abschnittsweise auf Strecken konstanten Kurswinkels, den sogenannten Loxodromen, zu fahren.

Def. 17: *Als* **Loxodrome** *werden Linien auf der Erdoberfläche bezeichnet, die alle Meridiane unter dem gleichen Winkel schneiden.*

Bei Erdkarten nach dem Mercatorentwurf (bei diesen Karten wird die Sphäre so in die Ebene abgebildet, daß Winkelmaße erhalten bleiben) werden alle Loxodrome auf Geraden abgebildet, so daß es mit Hilfe dieser Karten sehr einfach ist, loxodrome Reiserouten festzulegen. Da zur Berechnung von Länge und Verlauf der Loxodromen Hilfsmittel aus der Differentialgeometrie unerläßlich sind, beschränken wir uns hier auf zwei Spezialfälle. Haben zwei Orte die gleiche geographische Länge, so ist die Loxodrome zwischen den beiden Orten gerade der Großkreisbogen zwischen diesen beiden

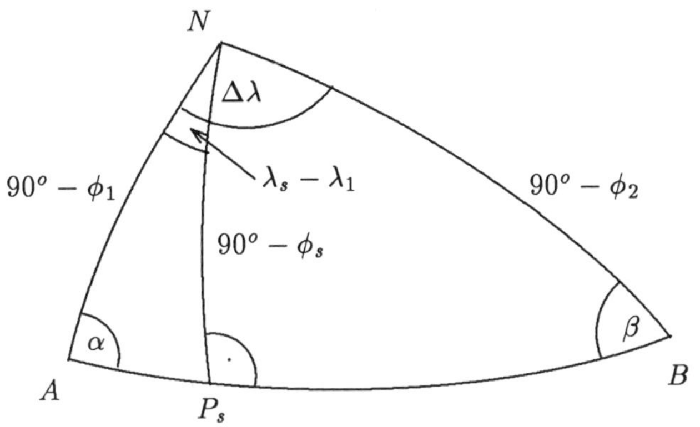

Abbildung 1.26:

Punkten, der ja in diesem Fall ein Teil des Meridians ist, auf dem beide Orte liegen. Haben zwei Orte die gleiche Breite, so ist die Loxodrome der Bogen des Breitenkreises (i. allg. also ein Kleinkreisbogen) auf dem beide Orte liegen.

Aufgabe 27: Vergleichen Sie die orthodrome Entfernung und die Länge der Loxodromen zwischen Chicago ($\lambda_1 = 89^o W$, $\phi_1 = 41^o N$) und Taschkent ($\lambda_2 = 69^o O$, $\phi_2 = 41^o N$)!

Da, wie das Beispiel aus Aufgabe 27 zeigt, die Loxodrome zwischen zwei Orten wesentlich länger als die Orthodrome sein kann, wird in der Praxis im allgemeinen auch nicht auf der Loxodromen gefahren, sondern die Orthodrome in Abschnitte aufgeteilt, in denen dann jeweils auf der Loxodromen gefahren wird. Wählt man diese Aufteilung hinreichend fein (was mit modernen elektronischen Navigationssystemen möglich ist), so kann die tatsächlich zurückzulegende Strecke bereits in die Größenordnung der orthodromen Entfernung kommen.

1.4.3 Bestimmung des Scheitelpunktes

Aus meteorologischen Gründen ist es mitunter erforderlich, den nördlichsten bzw. südlichsten Punkt einer Orthodromen zu bestimmen. Falls einer dieser Punkte innerhalb der Orthodromen liegt (also weder Anfangs- noch Endpunkt ist), wird er **Scheitelpunkt** P_s genannt und ist einer der beiden Punkte des betreffenden Großkreises, die einen Meridian unter rechtem Winkel schneiden (Abbildung 1.26).

Aufgabe 28: Leiten Sie anhand von Abb. 1.26 Gleichungen zur Berechnung der Koordinaten des Scheitelpunktes P_s her!

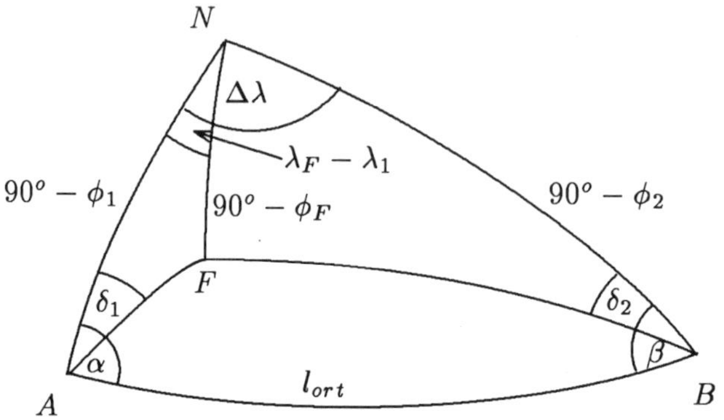

Abbildung 1.27:

Aufgabe 29: Bestimmen Sie für das Beispiel aus Aufgabe 26 die Koordinaten des Scheitelpunktes!

Aufgabe 30: Bestimmen Sie für die Strecke von Athen ($\lambda_1 = 23,7^o O$, $\phi_1 = 38,0^o N$) nach New York ($\lambda_2 = 74,0^o W$, $\phi_2 = 40,8^o N$) die orthodrome Entfernung, den Anfangskurswinkel und die Koordinaten des Scheitelpunktes!

1.4.4 Die Methode der Funkpeilung

Zur Bestimmung des aktuellen Aufenthaltsortes eines Schiffes oder Flugzeuges wird ein Funksignal des betreffenden Objekts an zwei Orten A und B aufgenommen und die jeweiligen Winkel δ_1 sowie δ_2 dieses Signal zum Meridian des entsprechenden Ortes gemessen (Antennendrehwinkel für Signalmaximum).

Aufgabe 31: Entwerfen Sie anhand von Abbildung 1.27 einen Lösungsplan zur Berechnung der Koordinaten eines Flugzeuges F anhand der Koordinaten der beiden anpeilenden Orte und der Peilungswinkel δ_1 und δ_2! Leiten Sie Gleichungen für die Stücke her, die benötigt werden!

Aufgabe 32: Berechnen Sie die Koordinaten des Aufenthaltsortes eines Flugzeuges, das von New York unter dem Winkel $\delta_1 = 38,3^o$ und von Athen unter dem Winkel $\delta_2 = 42,6^o$ angepeilt wird (Koordinaten von New York und Athen siehe Aufgabe 30)!

1.5 Sphärische Astronomie

1.5.1 Grundlagen, astronomische Koordinatensysteme

Um die sphärische Geometrie und Trigonometrie auf astronomische Sachverhalte anwenden zu können, benutzen wir das Modell von der *Himmelskugel*, auf der die Gestirne angeordnet sind.

Exakter wäre die Bezeichnung „Himmelssphäre", da die Oberfläche einer Kugel gemeint ist.

Der Mittelpunkt der Himmelskugel ist der Erdmittelpunkt, gegenüber dem Radius der Himmelskugel wird der Erdradius vernachlässigt. Dies ist insofern sinnvoll, als bereits der Abstand des nahegelegensten Sterns — der Sonne — von der Erde ungleich größer als der Erdradius ist. Um beispielsweise mit Hilfe von Fixsternen die Position von Objekten auf der Erdoberfläche bestimmen zu können, müssen den Himmelskörpern Koordinaten zugeordnet werden. Dazu betrachten wir zwei Koordinatensysteme: das vom Standpunkt des Beobachters abhängende *Horizontalsystem* und zwei *Äquatorsysteme*, von denen eines beobachterunabhängig ist.

Horizontalsystem (Abb. 1.28):

Einem Beobachter auf der Erde erscheint der Himmel als Halbsphäre, die vom Horizont begrenzt wird, d. h. vom Schnittkreis der Tangentialebene an die Erdkugel im Standpunkt des Beobachters B mit der Himmelskugel. Die Pole des Horizonts sind der **Zenit** Z senkrecht über dem Beobachter und der **Nadir** Na (Gegenpunkt des Zenits).

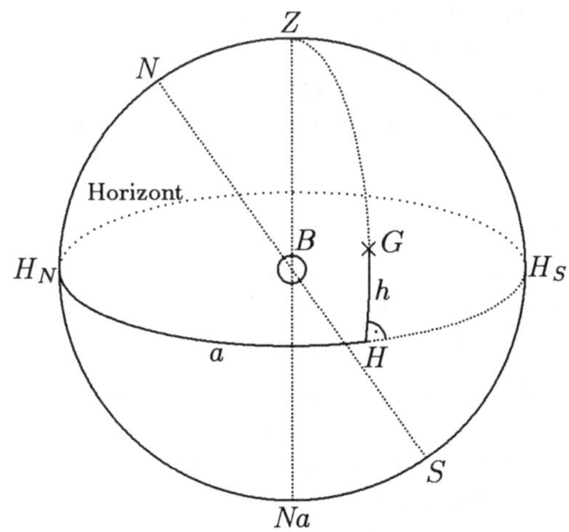

Abbildung 1.28:

Die Koordinaten eines Gestirns G bezüglich des Horizontalsystems sind die **Höhe** h und das **Azimut** a. Die **Höhe** gibt den (sphärischen) Abstand des Gestirns vom Horizont an, entspricht also der Breitenkoordinate ϕ in

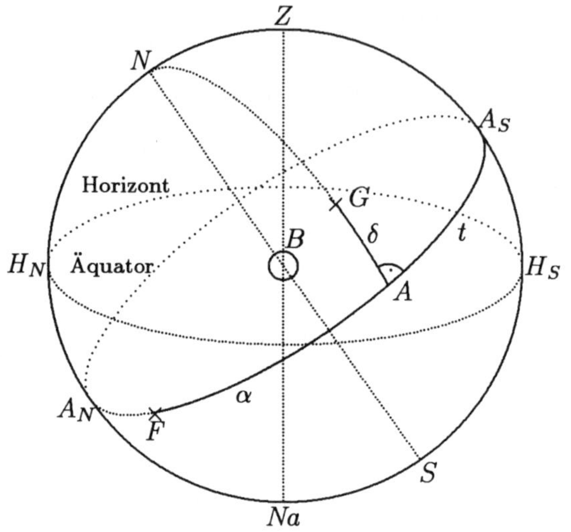

Abbildung 1.29:

einem Kugelkoordinatensystem (vgl. Abschnitt 1.1.1). Die Schnittpunkte der verlängerten Erdachse (Gerade durch Nord- und Südpol) mit der Himmelskugel werden als **Nordpunkt** N und **Südpunkt** S bezeichnet. Der Großkreis durch Z, Na, N und S heißt **Ortsmeridian** des Beobachters, seine Schnittpunkte mit dem Horizont bezeichnen wir mit H_N und H_S. **Azimut** des Gestirns G heißt der Winkel zwischen dem Ortsmeridian und dem Großkreis durch das Gestirn G und den Zenit Z und entspricht somit der Längenkoordinate λ eines gewöhnlichen Kugelkoordinatensystems.

Äquatorsysteme (Abb. 1.29):

Bezugsebene beider Äquatorsysteme ist der **Himmelsäquator**, der als Schnittkreis der Himmelskugel mit der Ebene des Erdäquators entsteht und somit beobachterunabhängig ist.

Beobachterunabhängige Koordinaten werden benötigt, da sie allgemeingültig gemessen und z. B. in astronomischen bzw. nautischen Jahrbüchern veröffentlicht werden können. Durch Berechnungen auf Grundlage dieser und im jeweiligen Fall zu messender beobachterabhängiger Koordinaten ist es dann u. a. möglich, den eigenen Aufenthaltsort zu ermitteln (siehe Abschnitt 1.5.2).

Die Pole des Himmelsäquators sind die bereits erwähnten Punkte N und S (Nord- und Südpunkt). Die Koordinaten eines Gestirns bezüglich des ersten Äquatorsystems, genannt **Stundenwinkelsystem**, sind die **Deklination** δ und der **Stundenwinkel** t. Dabei ist δ die Höhenkoordinate des Gestirns G, gibt also dessen (sphärischen) Abstand zum Äquator an und t ist der Winkel zwischen dem bereits oben betrachteten Ortsmeridian und dem Großkreis durch die Pole N, S und das Gestirn G. Die Schnittpunkte des Ortsmeridians mit dem Äquator bezeichnen wir mit A_N und A_S, den Fußpunkt des (sphärischen) Lotes von G auf den Äquator mit A.

Während die Deklination vom Beobachter unabhängig ist, hängt der Stundenwinkel vom Ortsmeridian und somit vom Standpunkt des Beobachters ab. Um ein vom Beobachter völlig unabhängiges Koordinatensystem — das **Rektaszensionssystem** — zu erhalten, wird ein fester Bezugsunkt auf dem Himmelsäquator benötigt, wofür der **Frühlingspunkt** F verwendet wird, der Punkt, in dem die Sonne bei Frühlingsanfang aufgeht.

Der ungefähre Ort des Frühlingspunktes am Himmelsäquator kann ermittelt werden, indem vom Polarstern der Großkreis durch das rechte Ende des W-förmigen Sternbildes Kassiopeia gelegt wird.

Die Koordinaten des Rektaszensionssystems sind die bereits im Stundenwinkelsystem verwendete Deklination δ und die **Rektaszension** α, die den Winkel zwischen den Meridianen (bezüglich des Äquators) des Frühlingspunktes und des Gestirns angibt und somit wie die Deklination beobachterunabhängig ist.

1.5.2 Nautisches Dreieck, Ortsbestimmung

Vereinigt man Horizontal- und Äquatorsysteme (Abbildung 1.30), so schneiden sich der Horizont und der Äquator im Ostpunkt O und im Westpunkt W. Wir betrachten insgesamt drei beobachterabhängige Koordinaten:

- Höhe: $h = |HG|$,
- Azimut: $a = |HH_N|$ und
- Stundenwinkel: $t = |A_S A|$

sowie zwei beobachterunabhängige Koordinaten:

- Deklination $\delta = |AG|$ und
- Rektaszension $\alpha = |A_S F|$.

Alle angegebenen Abstände sind sphärische Abstände, die mit einem Vorzeichen entsprechend der Himmelsrichtung behaftet sind.

Der Stundenwinkel t eines Gestirns hängt für den Beobachter von der Erddrehung und somit von der Zeit der Messung ab. Ein Winkel von 360° entspricht dabei einer Zeit von 24 Stunden. Der Winkel zwischen dem

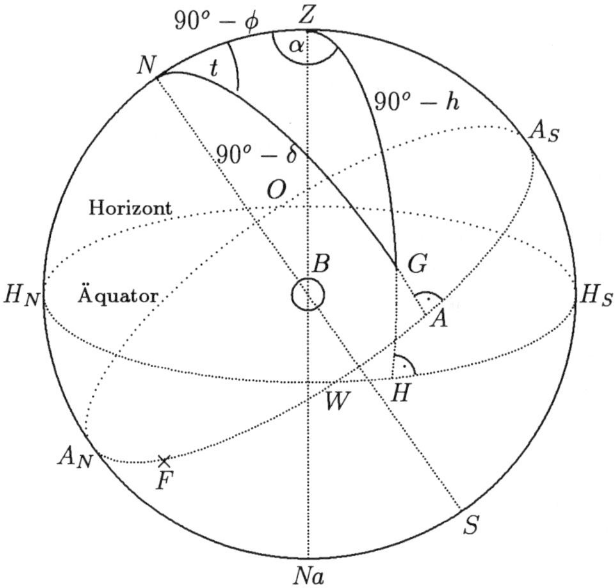

Abbildung 1.30:

Ortsmeridian und dem Meridian des Frühlingspunktes heißt **Sternzeit** t_F des Beobachters B, wobei

$$t_F = \alpha + t \tag{1}$$

ist und auch für t_F die oben erwähnte Umrechnung zwischen Winkel- und Zeitmaß gilt. Die Differenz zwischen den Sternzeiten zweier Orte entspricht somit der Differenz ihrer geographischen Längen.

Die Koordinaten von Himmelskörpern werden mit astrologischen Zeichen indiziert, so zum Beispiel δ_*, t_* für die Koordinaten eines Fixsterns und $\delta_\odot$, $t_\odot$ für die Koordinaten der Sonne. Als Spezialfall von (1) gilt $t_F = \alpha_\odot + t_\odot$, wobei $\alpha_\odot$ die Rektaszension der Sonne (die nautischen Jahrbüchern entnommen werden kann) und $t_\odot$ ihr Stundenwinkel ist, der sich auf den Beobachter bezieht und ebenfalls in das Zeitmaß umgerechnet werden kann. Der *Zeitunterschied eines Ortes zur mittleren Greenwich-Zeit* (MGZ) ergibt sich als die Differenz $MGZ - t_\odot$. Dieser Zeitunterschied entspricht der *geographischen Länge* λ des Ortes. Die *geographische Breite* ϕ eines Ortes ist der (sphärische) Abstand des Himmelspols N vom Horizont und somit gilt $|NZ| = 90^o - \phi$.

Um Berechnungen durchzuführen (z. B. Berechnung der Koordinaten des eigenen Aufenthaltsortes) betrachten wir das **nautische Dreieck** (Abbildungen 1.30 und 1.31) mit den Eckpunkten Z (Zenit), N (Himmelspol) und G (Gestirn).

Es sei nun die Deklination δ_* und die Rektaszension α_* eines Fixsterns z. B. aus einem Sternenatlas bekannt. Ein Beobachter (der seinen eigenen Aufenthaltsort bestimmen möchte) ermittelt durch Messung das Azimut a_* und die Höhe h_* dieses Fixsterns. Somit sind im nautischen Dreieck zwei Seiten und ein Gegenwinkel bekannt und es gilt nach dem Sinussatz

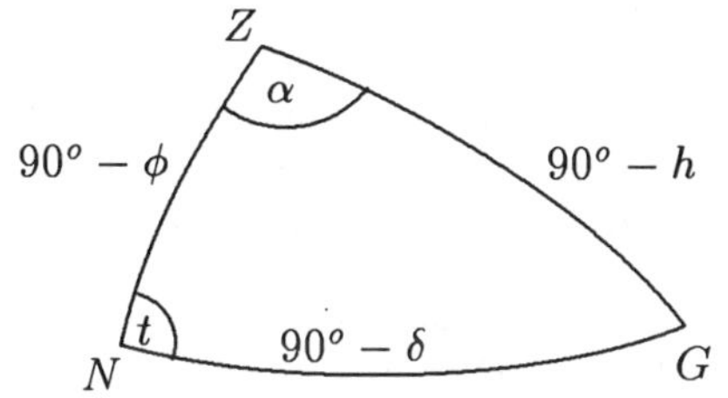

Abbildung 1.31:

$$\sin t_* = \frac{\sin a_* \cdot \cos h_*}{\cos \delta_*} \ . \qquad (2)$$

Weiterhin ist nach dem Seiten- und dem Winkelkosinussatz

$$\sin \phi = \frac{\sin \delta_* \cdot \sin h_* - \cos \delta_* \cdot \cos h_* \cdot \cos t_* \cdot \cos a_*}{1 - \cos \delta_* \cdot \cos h_* \cdot \sin t_* \cdot \sin a_*} \ . \qquad (3)$$

Aus (1) folgt $t_F = \alpha_* + t_* = \alpha_\odot + t_\odot$ und somit

$$t_\odot = \alpha_* + t_* - \alpha_\odot \ . \qquad (4)$$

Für die Berechnung von $t_\odot$ (und damit der geographischen Länge des Beobachters) wird also noch die Rektaszension $\alpha_\odot$ der Sonne benötigt, die vom Datum abhängig ist und nautischen Jahrbüchern entnommen werden kann.

Beispiel 5: Ein Beobachter mißt für den Atair ($\alpha_* = 19\ h\ 48\ min$, $\delta_* = 8,73^o$) unter dem Azimut $139,2^o$ die Höhe $56,7^o$. Seine auf MGZ eingestellte Uhr zeigt dabei die Zeit 20:53 an. Die Rektaszension der mittleren Sonne beträgt $12\,h\ 35\,min$. Gesucht sind die Koordinaten des Beobachters.

Lösung: Mittels (2) und (3) ergibt sich $\phi = 35,7^o$ und $t_* = 21,2^o$, dies entspricht $t_* = 1\ h\ 25\ min$. Wegen (4) ist $t_\odot = 8\ h\ 38\ min$ und der Zeitunterschied zwischen dem betrachteten Ort und Greenwich ($MGZ - t_\odot$) beträgt $12\ h\ 15\ min$. Dem entspricht eine geographische Länge von $183,5^o$ westlich bzw. $176,5^o$ östlich von Greenwich. Der Beobachter befindet sich also auf $35,7^o$ nördlicher Breite und $176,5^o$ östlicher Länge.

Aufgabe 33: Für die Wega ($\delta_* = 38,7^o$, $\alpha_* = 18\ h\ 34\ min$) wurde um 7:07 Uhr ($MGZ$) das Azimut $301,6^o$ und die Höhe $32,2^o$ gemessen. Die Rektaszension der (mittleren) Sonne betrug $6\ h\ 21\ min$. Gesucht sind die Koordinaten des Punktes, von dem aus gemessen wurde.

1.6 Geschichte der sphärischen Geometrie

Die sphärische Geometrie ist eine sehr alte Wissenschaftsdisziplin. Sie entstand in engem Zusammenhang mit der Astronomie im 1. und 2. Jahrhundert n. Chr., als nach den römischen Eroberungen ein enger Kontakt zwischen den griechischen und alexandrinischen Geometern und den babylonischen Astronomen hergestellt war.

Eine Beschäftigung mit Elementen der sphärischen Geometrie im weitesten Sinne erfolgte jedoch bereits früher. Das älteste bekannte Werk, in dem die Geometrie der Himmelskugel eine Rolle spielt, stammt von AUTOL'YCUS VON PITANE (ca. 330 v. Chr.) und ist zum Thema des Auf- und Untergangs von Fixsternen geschrieben. Es enthält allerdings noch keine Kenntnisse über sphärische Trigonometrie.

Im 1. Jahrhundert erschien die „Sphärik" des MENELAOS, die von KLAUDIUS PTOLOMÄUS VON ALEXANDRIA (etwa 90 bis 160 n. Chr.) sofort auf die Astronomie angewandt wurde. Dem lag das geozentrische Weltbild (auch ptolomäisches Weltbild genannt) zugrunde, welches die Himmelskörper als auf einer Sphäre um die Erde rotierend ansah. Für bestimmte Anwendungen der sphärischen Geometrie (sphärische Astronomie, Positionsbestimmung mit Hilfe von Fixsternen) wird bis heute erfolgreich das Modell von der Himmelskugel genutzt (siehe Abschnitt 1.5.1). Für geographische Anwendungen der sphärischen Geometrie stellte das geozentrische Weltbild jedoch naturgemäß ein Hindernis dar. Zwar vertraten schon Philosophen des Altertums die Ansicht, daß die Erde eine Kugel sei, doch blieben sie in der Minderheit, wenngleich der berühmte ARISTOTELES (384 - 322 v. Chr.) zu ihnen gehörte.

Als wichtigstes Theorem der antiken (griechischen) Trigonometrie wird das in der Sphärik des MENELAOS sowohl für die ebene als auch für die sphärische Geometrie formulierte *„Regula Sex Quantitatum"* angesehen. Dabei handelt es sich um folgende Beziehungen zwischen den einzelnen Seitenlängen der in den Abbildungen 1.32 und 1.33 dargestellten ebenen bzw. sphärischen Figuren:

Ebene:

$$\frac{|CE|}{|AE|} = \frac{|CF|}{|DF|} \cdot \frac{|DB|}{|AB|}$$

$$\frac{|CA|}{|AE|} = \frac{|CD|}{|DF|} \cdot \frac{|FB|}{|BE|}$$

Sphäre:

$$\frac{|\sin CE|}{|\sin AE|} = \frac{|\sin CF|}{|\sin DF|} \cdot \frac{|\sin DB|}{|\sin AB|}$$

$$\frac{|\sin CA|}{|\sin AE|} = \frac{|\sin CD|}{|\sin DF|} \cdot \frac{|\sin FB|}{|\sin BE|} .$$

Daß die angegebenen Gleichungen richtig sind, läßt sich sehr einfach mit Hilfe des ebenen bzw. sphärischen Sinussatzes zeigen. Die Bezeichnung „Regula Sex Quantitatum" für

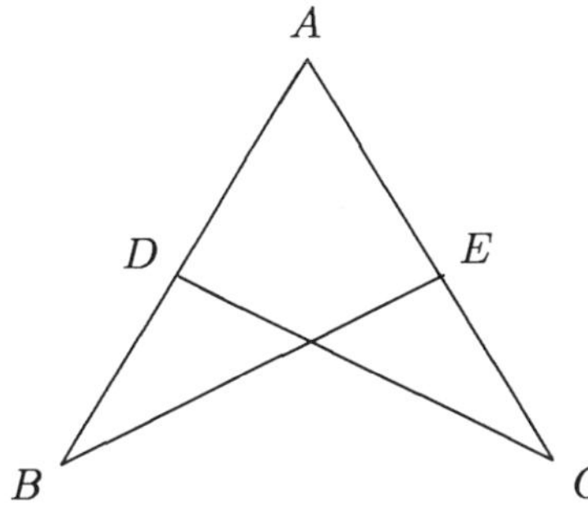

Abbildung 1.32:

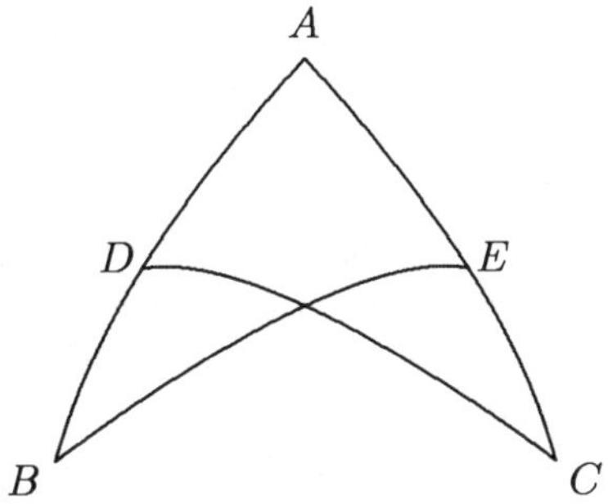

Abbildung 1.33:

diese Beziehungen kam zustande, weil in jeder der Gleichungen sechs Streckenlängen auftreten.

Mit Nikolaus Kopernikus (1473 – 1543) begann sich das heliozentrische Weltbild (auch kopernikanisches Weltbild genannt) durchzusetzen und das geozentrische Weltbild abzulösen, auch wenn die katholische Kirche dem noch lange Zeit erbitterten Widerstand entgegensetzte. Mit dem heliozentrischen Weltbild (nach dem die Erde als um die Sonne rotierende Kugel angesehen wird) und mit den großen geographischen Entdeckungen des 15. und 16. Jahrhunderts bekam die sphärische Geometrie eine wichtige Bedeutung für die Beschreibung der Erdoberfläche und wurde vielfältig in der Schiffahrt angewendet.

Entstanden ist die sphärische Trigonometrie jedoch nicht in Europa. Ihre grundlegenden Formeln wurden von Gelehrten des Ostens gefunden. Der syrische Mathematiker und Astronom Al-Battânî stellte im 9. Jahrhundert die heute durch den Seitenkosinussatz beschriebenen Beziehungen auf. Der sphärische Sinussatz wurde fast gleichzeitig von den mittelasiatischen Mathematikern und Astronomen des 10. Jahrhunderts Ibn Irak von Choresm, Abû'l Wafâ von Chorassan und Al-Chodshandi von Chodshent entdeckt. Die durch den Winkelkosinussatz beschriebenen Beziehungen fand (mit Hilfe des Polardreiecks) im 13. Jahrhundert der Aserbaidshaner Nasîr-Ed-Dîn At-Tûsi. Von ihm stammt auch die erste vollständige Darlegung der sphärischen Trigonometrie.

In Europa erfolgte erst wesentlich später eine breite Beschäftigung mit der sphärischen Trigonometrie, nämlich als hier das tiefste Mittelalter zu überwinden begonnen wurde und die Mathematik einer Blüte entgegen ging (nachdem die europäische Mathematik über Jahrhunderte nahezu Brachland war). Dazu trugen auch die oben geschilderten Rahmenbedingungen (Entstehung des kopernikanischen Weltbildes, Aufblühen der Seefahrt) bei.

Die führende mathematische Persönlichkeit des 15. Jahrhunderts in Europa war der Rechner, Instrumentenbauer, Drucker und Wissenschaftler REGIOMONTANUS (Johannes Müller, 1436 – 1476) aus Königsberg (Franken), der 1464 das Werk „De triangulis omnimodis libri quinque" verfaßte, das allerdings erst 1533(!) gedruckt wurde. Es enthält eine vollständige Einführung in die Trigonometrie und den Sinussatz für sphärische Dreiecke. Dieses Werk erlangte größten Einfluß auf die europäische Mathematik und ermöglichte die Entwicklung der Trigonometrie zu einer von der Astronomie unabhängigen, eigenständigen Wissenschaft, die von da an einen großen Aufschwung erlebte.

Einen großen Beitrag zur Entwicklung der sphärischen Trigonometrie leistete auch der Engländer JOHN NAPIER (1550 – 1617). Er entwickelte effektive Berechnungsmethoden für die trigonometrischen Funktionen und faßte weiterhin die Berechnungsregeln für rechtwinklige sphärische Dreiecke zu der nach ihm benannten Neper'schen Regel zusammen. Dies war vor allem in Hinblick darauf bedeutsam, daß die heute benutzte Kurzschreibweise für trigonometrische Funktionen noch nicht existierte. Ebenfalls von Napier unternommene Versuche, eine solche symbolhafte Kurzschreibweise einzuführen, fanden zu seiner Zeit noch keine Akzeptanz, obwohl der zu dieser Zeit bereits entwickelte algebraische Symbolismus dies möglich gemacht hätte.

Kurzzeichen für trigonometrische Funktionen wurden erst im 18. Jahrhundert gebräuchlich, als EULER seinen Einluß in dieser Richtung geltend machte.

Im Jahre 1626 verwendete ALBERT GIRARD erstmals den sphärischen Exzeß zur Berechnung des Flächeninhalts eines sphärischen Dreiecks. Ebenfalls geschah dies in den Werken „Direktorium Generale" (1632) und „Trigonometria plana und et spherica" (1643) von BONAVENTUREA CAVALIERI. In der Folgezeit hatte die sphärische Trigonometrie eine wichtige Stellung innerhalb der Mathematik inne und wurde in der ersten Hälfte unseres Jahrhunderts in vielen europäischen Ländern an den höheren Schulen gelehrt.

Heute scheint sie allmählich wieder in Vergessenheit zu geraten. So war die Redaktion einer großen Tageszeitung bei der Entführung einer Lufthansa-Maschine im Jahre 1977 nicht in der Lage, die Entfernung zwischen Bonn und Mogadischu anhand der geographischen Koordinaten dieser beiden Orte zu berechnen oder zumindest eine kundige Person zu finden, die dazu in der Lage gewesen wäre.

1.7 Wege des Aufbaus der sphärischen Geometrie

1.7.1 Überblick über mögliche Varianten, sphärische Geometrie zu betreiben

Neben dem in den Abschnitten 1.1 bis 1.3 beschrittenen Weg des Aufbaus der sphärischen Geometrie und Trigonometrie (welcher der weitaus gebräuchlichste ist) gibt es noch andere, davon zum Teil grundlegend verschiedene mögliche Vorgehensweisen. Prinzipiell kann zwischen fünf Möglichkeiten der Behandlung der sphärischen Geometrie unterschieden werden:

1. Bei der **elementargeometrisch-euklidischen Behandlung** werden die Eigenschaften und Sätze der sphärischen Geometrie sowie die Grundformeln der sphärischen Trigonometrie unter Zuhilfenahme der Zusammenhänge zwischen den geometrischen Objekten der Sphäre und denen des die Sphäre einbettenden euklidischen Raumes sowie der trigonometrischen Beziehungen in ebenen Dreiecken hergeleitet. Euklidische Behandlung heißt also nicht, daß darauf verzichtet wird, die sphärische Geometrie als eigenständige, nichteuklidische Geometrie aufzubauen, bedeutet aber, daß für den Aufbau die euklidische Geometrie genutzt wird. Der Begriff *„euklidisch“* bezieht sich also auf den Weg, nicht auf das Ergebnis der Behandlung der sphärischen Geometrie. Bei der elementargeometrisch-euklidischen Behandlung werden Mittel der euklidischen Elementargeometrie unter (zumindest weitgehendem) Verzicht auf die Vektorrechnung angewendet.

2. Bei der **vektoriellen euklidischen Behandlung** wird ebenfalls von der Geometrie des dreidimensionalen euklidischen Raumes ausgegangen, wobei dieser Raum als Punkt-Vektorraum aufgefaßt wird und die Eigenschaften der Geometrie der Sphäre mit Hilfe des Vektorkalküls hergeleitet werden. Dabei ist es durchaus möglich, Elemente eines elementargeometrischen Vorgehens nach Variante 1. und eines vektoriellen Vorgehens miteinander zu verbinden (vgl. Abschnitt 1.7.2).

3. Bei einer **nichteuklidischen synthetischen Behandlung** wird auf die Verwendung der euklidischen Geometrie und der ebenen Trigonometrie verzichtet. Statt dessen wird die sphärische Geometrie synthetisch-axiomatisch aufgebaut. Hierzu können Axiomensysteme verwendet werden, die mit herkömmlichen Axiomensysteme der euklidischen Geometrie vergleichbar sind. Verkürzt ausgedrückt werden bei diesem Vorgehen Grundeigenschaften der sphärischen Geometrie wie

z. B. S 1 bis S 5 (siehe Ende des Abschnitts 1.1), die wir uns bei der hier praktizierten Vorgehensweise mit Hilfe der Raumgeometrie hergeleitet haben, unbewiesen an den Anfang gestellt und auf Grundlage dieser *Axiome* die weiteren Eigenschaften der sphärischen Geometrie sowie die trigonometrischen Formeln hergeleitet.

Eine ausführliche Behandlung der axiomatischen Arbeitsweise in der Geometrie erfolgt im zweiten Kapitel. Insbesondere wird in Abschnitt 2.7.5 eine Möglichkeit beschrieben, die sphärische Geometrie nichteuklidisch-axiomatisch aufzubauen.

4. Auch bei einer **vektoriellen nichteuklidischen Behandlung** wird die sphärische Geometrie axiomatisch aufgebaut. Hierbei werden jedoch Axiomensysteme verwendet, die den Aufbau einer Vektorstruktur auf der Sphäre ermöglichen. Mit Hilfe der so eingeführten *Kugelvektoren* können auch die trigonometrischen Beziehungen auf der Sphäre hergeleitet werden (siehe z. B. [1]).

   Die durch derartige Axiomensysteme gegebene Vektorstruktur auf der Sphäre erfüllt jedoch nicht alle Eigenschaften eines Vektorraums (und kann dies auch prinzipiell nicht tun). In der Literatur wird dennoch der Begriff *Kugelvektor* verwendet, wenngleich dieser nicht ganz korrekt ist, da z. B. die Addition derartiger Kugelvektoren nicht kommutativ ist. Korrekter wäre es also, von einer vektorähnlichen Struktur auf der Sphäre und von vektorähnlichen Objekten zu sprechen.

5. Schließlich kann die Geometrie der Sphäre als innere Geometrie mit **differentialgeometrischen Mitteln der Flächentheorie** untersucht werden. Dabei wird davon ausgegangen, daß es sich bei der Sphäre um eine Fläche konstanter positiver Krümmung handelt (vgl. Abschnitt 3.6.1). Eine solche Vorgehensweise setzt jedoch umfangreiche Kenntnisse der Differentialgeometrie voraus.

Während sich die Varianten 1. und 2. nur durch die Art des verwendeten mathematischen Instrumentariums voneinander unterscheiden, stellen 4. und 5. eine prinzipiell andere Herangehensweise an die Betrachtung eines mathematischen Gebiets dar, die im 2. Kapitel näher erläutert wird.

1.7.2 Vektorielle Behandlung der sphärischen Geometrie

Gegenüber der elementargeometrischen Behandlung der sphärischen Geometrie und Trigonometrie ermöglicht es die Verwendung der Vektorrechnung, einige Beweise und Herleitungen einfacher und kürzer zu führen. Ein konsequent vektorieller Aufbau der sphärischen Geometrie mit dem Bestreben, alle Sätze vektoriell zu beweisen, erscheint jedoch nicht sinnvoll, da der hierfür benötigte Aufwand größer als bei dem elementargeometrischen Vorgehen ist. So wäre beispielweise ein vektorieller Beweis von Satz 1 erheblich aufwendiger als der im Abschnitt 1.1.2 geführte elementargeometrische Beweis.

Im folgenden werden wir einige Sätze der sphärischen Geometrie und Trigonometrie auf vektoriellem Wege beweisen, bei denen dies tatsächliche Vorteile gegenüber der elementargeometrischen Beweisführung bringt. Wir gehen dazu von einer Sphäre mit dem Radius $R = 1$ und einem kartesischen Koordinatensystem $(O, \vec{i}, \vec{j}, \vec{k})$ aus, dessen Koordinatenursprung O mit dem Mittelpunkt der Sphäre identisch ist. Mit $\vec{a}$, $\vec{b}$, $\vec{c}$... bezeichnen wir die Ortsvektoren von Punkten A, B, C... der Sphäre. Wegen $R = 1$ haben alle diese Ortsvektoren den Betrag $|\vec{a}| = |\vec{b}| = |\vec{c}| = 1$. Der Kosinus des Winkels zwischen zwei (beliebigen) dieser Vektoren $\vec{a}$ und $\vec{b}$ ist demzufolge gleich ihrem Skalarprodukt $\langle\vec{a}, \vec{b}\rangle$. Um Sätze der sphärischen Geometrie vektoriell zu beweisen, benötigen wir einige Eigenschaften des Vektorprodukts $\vec{a} \times \vec{b}$ zweier Vektoren, die im folgenden aufgeführt sind.

1. Für zwei beliebige Vektoren $\vec{a}$ und $\vec{b}$ steht der Vektor $\vec{a} \times \vec{b}$ senkrecht sowohl auf $\vec{a}$ als auch auf $\vec{b}$ und das Vektortripel $(\vec{a}, \vec{b}, \vec{a} \times \vec{b})$ ist positiv orientiert, hat also die gleiche Orientierung wie die Basis $(\vec{i}, \vec{j}, \vec{k})$.

2. Für beliebige Vektoren $\vec{a}$ und $\vec{b}$ gilt
$$\vec{a} \times \vec{b} = -\vec{b} \times \vec{a} \quad \text{und} \quad |\vec{a} \times \vec{b}| = |\vec{a}| \cdot |\vec{b}| \cdot |\sin \angle(\vec{a}, \vec{b})| \ .$$

3. Für drei beliebige Vektoren $\vec{a}$, $\vec{b}$ und $\vec{c}$ gilt die *Grassmann - Identität:*
$$\vec{a} \times (\vec{b} \times \vec{c}) = \langle\vec{a}, \vec{c}\rangle \cdot \vec{b} - \langle\vec{a}, \vec{b}\rangle \cdot \vec{c} \ .$$

4. Für vier beliebige Vektoren $\vec{a}$, $\vec{b}$, $\vec{c}$ und $\vec{d}$ gilt die *Lagrange - Identität:*
$$\langle\vec{a} \times \vec{b}, \vec{c} \times \vec{d}\rangle = \langle\vec{a}, \vec{c}\rangle \cdot \langle\vec{b}, \vec{d}\rangle - \langle\vec{a}, \vec{d}\rangle \cdot \langle\vec{b}, \vec{c}\rangle \ .$$

Es sei nun $\overline{ABC}$ ein beliebiges sphärisches Dreieck mit den Seiten a, b, c und den jeweils gegenüberliegenden Innenwinkeln α, β und γ. Wegen der Beziehungen zwischen den Stücken dieses Dreiecks und denen des zugehörigen Dreikants (siehe Abschnitt 1.2.2) lassen sich die Seitenlängen des Dreiecks $\overline{ABC}$ folgendermaßen ausdrücken:

$$\cos|AB| \quad = \quad \cos\angle(\vec{a}, \vec{b}) \quad = \quad \frac{\langle\vec{a}, \vec{b}\rangle}{|\vec{a}| \cdot |\vec{b}|} \quad = \quad \langle\vec{a}, \vec{b}\rangle \ , \qquad (1)$$

$$\begin{aligned}
\cos|BC| &= \langle \vec{b}, \vec{c} \rangle \,, && (2)\\
\cos|AC| &= \langle \vec{a}, \vec{c} \rangle \,, && (3)\\
\sin|AB| &= |\vec{a} \times \vec{b}| \,, && (4)\\
\sin|BC| &= |\vec{b} \times \vec{c}| \quad \text{und} && (5)\\
\sin|AC| &= |\vec{a} \times \vec{c}| \,. && (6)
\end{aligned}$$

Da die Maße der Innenwinkel eines sphärischen Dreiecks gleich den Winkelmaßen zwischen den Ebenen sind, in denen die benachbarten Dreiecksseiten liegen und sich diese als Winkel zwischen Vektoren berechnen lassen, die auf den entsprechenden Ebenen senkrecht stehen, ergibt sich

$$\begin{aligned}
\cos\alpha &= \frac{\langle \vec{a} \times \vec{b}, \vec{a} \times \vec{c} \rangle}{|\vec{a} \times \vec{b}| \cdot |\vec{a} \times \vec{c}|} \,, && (7)\\
\cos\beta &= \frac{\langle \vec{b} \times \vec{a}, \vec{b} \times \vec{c} \rangle}{|\vec{b} \times \vec{a}| \cdot |\vec{b} \times \vec{c}|} \,, && (8)\\
\cos\gamma &= \frac{\langle \vec{c} \times \vec{b}, \vec{c} \times \vec{a} \rangle}{|\vec{c} \times \vec{b}| \cdot |\vec{c} \times \vec{a}|} \,, && (9)\\
\sin\alpha &= \frac{|(\vec{a} \times \vec{b}) \times (\vec{a} \times \vec{c})|}{|\vec{a} \times \vec{b}| \cdot |\vec{a} \times \vec{c}|} \,, && (10)\\
\sin\beta &= \frac{|(\vec{b} \times \vec{a}) \times (\vec{b} \times \vec{c})|}{|\vec{b} \times \vec{a}| \cdot |\vec{b} \times \vec{c}|} \quad \text{sowie} && (11)\\
\sin\gamma &= \frac{|(\vec{c} \times \vec{b}) \times (\vec{c} \times \vec{a})|}{|\vec{c} \times \vec{b}| \cdot |\vec{c} \times \vec{a}|} \,. && (12)
\end{aligned}$$

Wir beweisen zunächst die Sätze 10 und 11, deren Herleitung auf elementargeometrischem Wege recht aufwendig war (siehe Abschnitt 1.2.3).

Satz 10: *Jedes Eulersche Dreieck ist das Polardreieck seines Polardreiecks.*

Beweis: Gegeben sei ein Eulersches Dreieck $\overline{ABC}$, dessen Eckpunkte so bezeichnet seien, daß das Vektortripel $(\vec{a}, \vec{b}, \vec{c})$ der zugehörigen Ortsvektoren positive Orientierung besitzt. Nach Def. 15 und der oben aufgeführten Eigenschaft 1. des Vektorprodukts erhalten wir als Ortsvektoren der Eckpunkte des Polardreiecks $\overline{A'B'C'}$:

$$\vec{a'} = \frac{\vec{c} \times \vec{b}}{|\vec{c} \times \vec{b}|} \,, \qquad \vec{b'} = \frac{\vec{a} \times \vec{c}}{|\vec{a} \times \vec{c}|} \qquad \text{und} \qquad \vec{c'} = \frac{\vec{b} \times \vec{a}}{|\vec{b} \times \vec{a}|} \,.$$

Der Ortsvektor $\vec{a}''$ des Eckpunktes A'' des Polardreiecks zu $\overline{A'B'C'}$ steht senkrecht auf $\vec{b'}$ sowie $\vec{c'}$ und ergibt sich durch

$$\vec{a''} = \frac{(\vec{a} \times \vec{c}) \times (\vec{b} \times \vec{a})}{|\vec{a} \times \vec{c}| \cdot |\vec{b} \times \vec{a}|},$$

was nach Anwendung von Eigenschaft 3. (Grassmann - Identität) zu

$$\begin{aligned}\vec{a''} &= \frac{\langle \vec{a} \times \vec{c}, \vec{a}\rangle \cdot \vec{b} - \langle \vec{a} \times \vec{c}, \vec{b}\rangle \cdot \vec{a}}{|\langle \vec{a} \times \vec{c}, \vec{a}\rangle \cdot \vec{b} - \langle \vec{a} \times \vec{c}, \vec{b}\rangle \cdot \vec{a}|} = \frac{-\langle \vec{a} \times \vec{c}, \vec{b}\rangle \cdot \vec{a}}{|\langle \vec{a} \times \vec{c}, \vec{b}\rangle \cdot \vec{a}|} \\ &= \frac{\langle \vec{c} \times \vec{a}, \vec{b}\rangle \cdot \vec{a}}{|-\langle \vec{c} \times \vec{a}, \vec{b}\rangle| \cdot |\vec{a}|} = \frac{\vec{a}}{|\vec{a}|} = \vec{a}\end{aligned}$$

führt. Der Punkt A'' des Polardreiecks des Polardreiecks des Dreiecks $\overline{ABC}$ ist also mit dem Punkt A des Ausgangsdreiecks identisch, was sich analog für die Punkte B und B'' sowie C und C'' zeigen ließe. □

Satz 11: *Die Seiten (Winkel) eines Eulerschen Dreiecks ergänzen sich mit den entsprechenden Winkeln (Seiten) seines Polardreiecks zu jeweils zwei Rechten.*

Beweis: Unter Nutzung der bereits im Beweis von Satz 10 hergeleiteten Ausdrücke für $\vec{a'}$ und $\vec{b'}$ ergibt sich wegen (1):

$$\begin{aligned}\cos|A'B'| &= \frac{\langle \vec{a'}, \vec{b'}\rangle}{|\vec{a'}| \cdot |\vec{b'}|} = \frac{\langle \vec{c} \times \vec{b}, \vec{a} \times \vec{c}\rangle}{|\vec{c} \times \vec{b}| \cdot |\vec{a} \times \vec{c}|} \\ &= \frac{-\langle \vec{c} \times \vec{b}, \vec{c} \times \vec{a}\rangle}{|\vec{c} \times \vec{b}| \cdot |\vec{c} \times \vec{a}|} = -\cos\gamma\end{aligned}$$

und somit

$$c' = |A'B'| = 180^o - \gamma .$$

Analog ließe sich zeigen, daß $a' = 180^o - \alpha$ und $b' = 180^o - \beta$ gilt. Wegen Satz 10 ergänzen sich auch die Seiten des Dreiecks $\overline{ABC}$ mit den entsprechenden Winkeln des Polardreiecks $\overline{A'B'C'}$ zu jeweils zwei Rechten. □

Besonders vorteilhaft lassen sich mit Hilfe der Vektorrechnung die trigonometrischen Beziehungen für sphärische Dreiecke herleiten. Im Gegensatz zum elementargeometrischen Vorgehen in Abschnitt 1.3 ist es dabei nicht erforderlich, zunächst Beziehungen für rechtwinklige sphärische Dreiecke herzuleiten, der Sinussatz und die Kosinussätze können vielmehr direkt bewiesen werden. (Die trigonometrischen Formeln für rechtwinklige Dreiecke ergeben sich daraus als Spezialfälle.)

Vektorieller Beweis des Sinussatzes (Satz 14):
Es sei $\overline{ABC}$ ein sphärisches Dreieck mit den Seiten a, b, c und den jeweils gegenüberliegenden Innenwinkeln α, β, γ. Wegen (11) und (12) gilt unter Nutzung der Eigenschaft 2. des Vektorprodukts (Grassmann - Identität):

$$\begin{aligned}
\sin\beta &= \frac{|(\vec{b}\times\vec{a})\times(\vec{b}\times\vec{c})|}{|\vec{b}\times\vec{a}|\cdot|\vec{b}\times\vec{c}|} = \frac{|\langle\vec{b}\times\vec{a},\vec{c}\rangle\cdot\vec{b}-\langle\vec{b}\times\vec{a},\vec{b}\rangle\cdot\vec{c}|}{|\vec{b}\times\vec{a}|\cdot|\vec{b}\times\vec{c}|} \\
&= \frac{|\langle\vec{b}\times\vec{a},\vec{c}\rangle|\cdot|\vec{b}|}{|\vec{b}\times\vec{a}|\cdot|\vec{b}\times\vec{c}|} = \frac{|\langle\vec{b}\times\vec{a},\vec{c}\rangle|}{|\vec{b}\times\vec{a}|\cdot|\vec{b}\times\vec{c}|}
\end{aligned}$$

sowie analog dazu

$$\begin{aligned}
\sin\gamma &= \frac{|\langle\vec{c}\times\vec{b},\vec{c}\times\vec{a}\rangle|}{|\vec{c}\times\vec{b}|\cdot|\vec{c}\times\vec{a}|} = \frac{|\langle\vec{b}\times\vec{a},\vec{c}\rangle|}{|\vec{c}\times\vec{b}|\cdot|\vec{c}\times\vec{a}|} \quad \text{und somit} \\
\frac{\sin\beta}{\sin\gamma} &= \frac{|\vec{c}\times\vec{b}|\cdot|\vec{c}\times\vec{a}|}{|\vec{b}\times\vec{a}|\cdot|\vec{b}\times\vec{c}|} = \frac{|\vec{c}\times\vec{a}|}{|\vec{b}\times\vec{a}|} = \frac{\sin b}{\sin c}\,,
\end{aligned}$$

was gerade zu zeigen war. □

Vektorieller Beweis des Seitenkosinussatzes (Satz 15):
Wir beweisen die Gleichung

$$\cos a = \cos b\cdot\cos c + \sin b\cdot\sin c\cdot\cos\alpha\,,$$

die beiden anderen Gleichungen werden auf dieselbe Weise nachgewiesen. Wegen (4), (6) und (7) ist

$$\begin{aligned}
\sin b\cdot\sin c\cdot\cos\alpha &= |\vec{a}\times\vec{b}|\cdot|\vec{a}\times\vec{c}|\cdot\frac{\langle\vec{a}\times\vec{b},\vec{a}\times\vec{c}\rangle}{|\vec{a}\times\vec{b}|\cdot|\vec{a}\times\vec{c}|} \\
&= \langle\vec{a}\times\vec{b},\vec{a}\times\vec{c}\rangle\,,
\end{aligned}$$

woraus sich durch Anwendung der Lagrange - Identität und Einsetzen von (1), (2) und (3)

$$\begin{aligned}
\sin b\cdot\sin c\cdot\cos\alpha &= \langle\vec{a},\vec{a}\rangle\cdot\langle\vec{b},\vec{c}\rangle - \langle\vec{a},\vec{c}\rangle\cdot\langle\vec{b},\vec{a}\rangle \\
&= \langle\vec{b},\vec{c}\rangle - \langle\vec{a},\vec{c}\rangle\cdot\langle\vec{b},\vec{a}\rangle \\
&= \cos a - \cos b\cdot\cos c
\end{aligned}$$

ergibt, was gerade der zu beweisenden Gleichung entspricht. □

Der **Beweis des Winkelkosinussatzes** kann entweder völlig analog geführt oder mittels der Polarbeziehung (Sätze 10 und 11) aus dem Seitenkosinussatz abgeleitet werden.

Kapitel 2

Axiomatischer Aufbau der Geometrie

2.1 Einführung in die Axiomatik der Geometrie

2.1.1 Die Anfänge der Geometrie und die Herausbildung der axiomatischen Arbeitsweise

Bereits sehr früh in ihrer Entwicklungsgeschichte haben sich die Menschen mit Geometrie beschäftigt. Dies ist vor allem anhand von Fundstücken, auf denen Ornamente und Muster auftreten, nachweisbar. So wurden Ornamente gefunden, die aus der Steinzeit stammen und für deren Gestaltung geometrische Beziehungen zwischen Figuren wie Kongruenz, Ähnlichkeit und Symmetrie Verwendung fanden (um 4000 v. Chr.).

Die nächste Stufe in der Entwicklung der Geometrie stellten Messungen von Strecken und Winkeln sowie Messungen und Berechnungen an geometrischen Figuren wie Drei- und Vierecken dar. Bereits um 1550 v. Chr. erfolgte die Berechnung des Flächeninhalts von Dreiecken als Hälfte des Produkts der Länge der Grundseite und der Länge der entsprechenden Höhe. Der Flächeninhalt eines Kreises wurde zu dieser Zeit nach einer Vorschrift berechnet, die in unserer heutigen Schreibweise der Formel $F = (d - \frac{d}{9})^2$ entspricht, das bedeutet, daß für π der Näherungswert 3,16 Verwendung fand. Zahlreiche Sätze und Zusammenhänge der Geometrie waren im alten

Ägypten und im babylonischen Reich ebenfalls bereits bekannt, wobei diese der Anschauung entnommen wurden.

Eine völlig neue Qualität erhielt die Beschäftigung mit Mathematik (und dabei spielte die Geometrie eine herausragende Rolle) im alten Griechenland. Das Studium der Mathematik in der frühen griechischen Periode hatte das Ziel, eine *ableitbare Einsicht in die Stellung des Menschen innerhalb des Kosmos zu gewinnen.* Die Idee, intuitiv gefundene Zusammenhänge zu beweisen, ist erstmals bei THALES VON MILET (etwa 624 – 547 v. Chr.) zu finden, der als „Vater der griechischen Mathematik“ angesehen wird. Er bewies sechs geometrische Sätze, die wahrscheinlich alle schon vorher bekannt waren. Sein Verdienst bestand also nicht so sehr darin, daß er neue geometrische Zusammenhänge entdeckte, sondern vielmehr in der Entwicklung der Methode des Beweisens bestimmter Behauptungen als Mittel der Erkenntnissicherung. Die Arbeit des Thales wurde so nicht nur zur Grundlage der modernen Mathematik, sondern zu einer wesentlichen Grundlage der modernen Wissenschaft überhaupt.

Einen mathematischen Satz zu beweisen bedeutet, ihn auf bereits bekannte Aussagen, Sätze oder andere Sachverhalte zurückzuführen. So konnte beispielsweise in der Aufgabe 7 im ersten Kapitel festgestellt werden, daß für den Beweis des Innenwinkelsatzes die Sätze über Stufen-, Wechsel-, Scheitel- und Nebenwinkel und darüber hinaus eine Reihe anderer Aussagen benötigt werden, wobei letztere meist so selbstverständlich zu sein scheinen, daß man sie beim Führen eines Beweises kaum zur Kenntnis nimmt. (Bei dem angesprochenen Beispiel handelt es sich u. a. darum, daß zu jeder Geraden durch jeden nicht auf ihr liegenden Punkt genau eine Parallele existiert.) Die verwendeten Sätze können ebenfalls bewiesen, d. h. auf andere Aussagen zurückgeführt werden, die ihrerseits wiederum aus gewissen Aussagen ableitbar sind und so weiter.

Bei einem solchen Vorgehen lassen sich letztendlich alle geometrischen Zusammenhänge auf sehr einfache, der Anschauung unmittelbar zugängliche Sachverhalte zurückführen. Dabei treten jedoch insofern Probleme auf, als über die Beweisnotwendigkeit eines Satzes durchaus unterschiedliche Auffassungen bestehen können. Während eine Person der Meinung ist, ein gewisser Sachverhalt sei selbstverständlich, mag einer anderen Person diese Selbstverständlichkeit nicht einleuchten. Des weiteren können natürlich nicht alle nur denkbaren geometrischen Aussagen bewiesen werden, da für jeden Beweis bereits bekannte Aussagen nötig sind, auf welche die Behauptung zurückgeführt wird. Wollte man für jede Aussage einen Beweis angeben, so müßte man zumindest eine davon aus dem „Nichts“ beweisen. Um einen wirklich wissenschaftlichen Aufbau der Geometrie betreiben zu können, müssen also bestimmte *Grundaussagen (Axiome)* formuliert werden, die man als gegeben ansieht und aus denen dann die anderen geometrischen Eigenschaften und Sätze ableitbar sind.

Der ernsthafte Versuch, ein geordnetes System der ebenen Geometrie zu schaffen, also bestimmte Grundaussagen festzulegen („zu postulieren") und die Geometrie aus diesen Grundaussagen ohne Zuhilfenahme der Anschauung auf rein logischem Wege aufzubauen, wurde ungefähr 200 Jahre nach THALES erstmals unternommen. Eine besondere Bedeutung erlangten in diesem Zusammenhang die SOPHISTEN. Die Angehörigen dieser philosophischen Schule betrachteten mathematische Probleme sehr konsequent im Geiste des Verstehens und nur sehr untergeordnet unter dem Aspekt einer vordergründigen Nützlichkeit. Diese Herangehensweise ermöglichte es, zu den Grundlagen des exakten Denkens vorzustoßen. Leider sind fast keine mathematischen Arbeiten der SOPHISTEN überliefert. Ein Fragment eines ihrer bedeutendsten Vertreter, des HIPPOKRATES VON CHIOS, belegt jedoch den hohen wissenschaftlichen Stand, der erreicht wurde. Dieses Fragment beschäftigt sich mit den Monden oder Sicheln, die von zwei Kreisbögen begrenzt werden („Lunulae"). Das Werk belegt, daß das Prinzip der logischen Deduktion vollständig zum Tragen kam und bereits Anfänge einer geometrischen Axiomatik vorhanden waren.

Einen besonderen Einfluß auf die Nachwelt erlangten die mathematischen Arbeiten der SOPHISTEN indes nicht, um so mehr jedoch die um 325 v. Chr. geschriebenen ELEMENTE des EUKLID VON ALEXANDRIA (ca. 365 – 300 v. Chr.). Die ELEMENTE werden als das erste umfassende mathematische Lehrbuch der Weltgeschichte angesehen. Seit der Erfindung der Buchdruckerkunst (1482) sind sie in mehr als 1000 Auflagen erschienen und damit nach der Bibel das am zweithäufigsten gedruckte Buch überhaupt. Bis in das vorige Jahrhundert stellten sie die wesentliche Grundlage des Mathematikunterrichts an höheren Schulen dar. Die ELEMENTE bestehen aus 13 Büchern, in denen alle damals bekannten Gebiete der Mathematik abgehandelt werden. Sie enthalten den ersten überlieferten Versuch, die Geometrie als theoretisches System darzustellen, indem die damals bekannte Geometrie aus einer Reihe von Grundaussagen auf rein deduktivem Wege aufgebaut wird.

EUKLID teilte seine Grundlagen in drei Kategorien, die *Erklärungen* (Definitionen) der auftretenden Begriffe, die *Axiome* (Grundaussagen, die für alle Wissenschaften interessant sind) und die *Postulate* (Grundaussagen, die sich speziell auf die Geometrie beziehen). Im folgenden sind die Definitionen von EUKLID auszugsweise und seine Axiome sowie Postulate vollständig aufgeführt.

Definitionen:

1. *Was keine Teile hat, ist ein Punkt.*
2. *Eine Länge ohne Breite ist eine Linie.*
3. *Die Enden einer Linie sind Punkte.*
4. *Eine Linie ist gerade, wenn sie gegen die in ihr befindlichen Punkte auf einerlei Art gelegen ist.*
5. *Was nur Länge und Breite hat, ist eine Fläche.*

Axiome:

1. *Dinge, die demselben Dinge gleich sind, sind einander gleich.*
2. *Fügt man zu Gleichem Gleiches hinzu, so sind die Summen gleich.*
3. *Nimmt man von Gleichem Gleiches hinweg, so sind die Reste gleich.*
4. *Was zur Deckung miteinander gebracht werden kann, ist einander gleich.*
5. *Das Ganze ist größer als sein Teil.*

Postulate:

1. *Es soll gefordert werden, daß sich von jedem Punkte nach jedem Punkte eine gerade Linie ziehen lasse.*
2. *Ferner, daß sich eine begrenzte Gerade stetig in gerader Linie verlängern lasse.*
3. *Ferner, daß sich mit jedem Mittelpunkt und Halbmesser ein Kreis beschreiben lasse.*
4. *Ferner, daß alle rechten Winkel einander gleich seien.*
5. *Endlich, wenn eine Gerade zwei Geraden trifft und mit ihnen auf derselben Seite innere Winkel bildet, die zusammen kleiner sind als zwei Rechte, so sollen die beiden Geraden, ins Unendliche verlängert, schließlich auf der Seite zusammentreffen, auf der die Winkel liegen, die zusammen kleiner sind als zwei Rechte.*

Die Trennung in Axiome und Postulate ist inhaltlich nicht unbedingt sinnvoll. Die Axiome erhalten nämlich nur dann eine Relevanz für die Geometrie, wenn konkrete geometrische Begriffe eingesetzt werden. Dann handelt es sich aber wiederum um *geometrische* Aussagen. Daß ähnliche Aussagen auch in anderen Disziplinen gelten mögen, ist für die Geometrie nicht interessant. In neueren Arbeiten wird daher nicht mehr zwischen Axiomen und Postulaten unterschieden, sondern nur von Axiomen gesprochen, worunter alle unbewiesenen Grundaussagen verstanden werden. Wir werden bei unseren Betrachtungen zur Axiomatik der Geometrie ebenso verfahren.

Trotz einiger Probleme, auf die im nächsten Abschnitt näher eingegangen wird, war das System von EUKLID mehr als 2000 Jahre lang Grundlage jeglicher Beschäftigung mit der Geometrie. Das erste logisch vollständig exakte Axiomensystem stellte DAVID HILBERT (1862 – 1943) im Jahre 1899, also etwa 2300 Jahre (!) nach den ELEMENTEN des EUKLID, vor (siehe Abschnitt 2.7.2).

2.1.2 Einige Probleme bei der euklidischen Axiomatik

Das Axiomensystem von EUKLID (gemeint ist damit die Menge von Aussagen, die aus den Definitionen, den Axiomen und den Postulaten besteht) weist (zumindest aus heutiger Sicht) einige Mängel auf:

1. Das Axiomensystem ist *nicht vollständig*. Nicht alle relevanten Aussagen der Geometrie lassen sich aus den Axiomen 1. – 5. und den Postulaten 1. – 5. ableiten.

2. Die Definitionen der Begriffe Punkt, Gerade usw. genügen nicht den Ansprüchen logischer Exaktheit. Für diese Definitionen werden Begriffe wie *„Teile“*, *„Breite“*, *„Enden“* und andere benötigt, die ihrerseits nicht definiert sind und auch nicht hinreichend klar gefaßt werden können.

3. Die sprachliche Exaktheit der Formulierungen (vor allem der Axiome) genügt heutigen Ansprüchen nicht, was jedoch in Hinblick auf den Entstehungszeitraum des Systems von EUKLID kaum verwundern kann und auch recht leicht zu beheben ist.

Das interessanteste von den genannten drei Problemen ist das zweite. Die Frage der Definition grundlegender geometrischer Begriffe hat die Mathematiker (die im Altertum zumeist auch Philosophen waren) sehr lange Zeit beschäftigt. Das zeigen einige Versuche, die im Laufe der Jahrhunderte angestellt wurden, um den Begriff „Punkt“ zu definieren:

PLATO (ca. 380 v. Chr.): *Ein Punkt ist der Anfang einer Linie.*

ARISTOTELES (ca. 340 v. Chr.): *Ein Punkt ist eine unteilbare Einheit, die eine Position besitzt.*

EUKLID (ca. 325 v. Chr.): *Was keine Teile hat, ist ein Punkt.*

HERON (ca. 50 n. Chr.): *Ein Punkt ist, was keine Teile hat oder eine Begrenzung ohne Dimension oder die Grenze einer Linie.*

SIMPLICIUS (6. Jh. n. Chr.): *Punkte sind Anfänge von Größen und das, woraus diese erwachsen. Weiterhin sind Punkte die einzigen Objekte, die über eine Position verfügen.*

Offenbar genügt keine dieser Definitionen den Ansprüchen logischer Exaktheit, sie stellen vielmehr alle den Versuch dar, den Begriff Punkt zu *beschreiben.* Für die Verwendung in mathematischen Beweisen sind alle diese Definitionen ungeeignet. Diese Tatsache muß EUKLID bereits bemerkt haben. In seinen Beweisen und Herleitungen greift er nämlich auf die Definitionen nie zurück, sondern benutzt nur die Axiome und Postulate. Erst im 19. Jahrhundert stellte man fest, daß die angegebenen Definitionen gänzlich überflüssig sind, mehr noch: Es ist überhaupt nicht möglich, alle mathematischen Begriffe in der uns vertrauten (expliziten) Weise zu definieren. Um dies zu verdeutlichen, müssen wir uns zunächst ansehen, wie eine mathematische Definition im allgemeinen aufgebaut ist.

Die meisten Definitionen bestehen aus einem Oberbegriff und artbestimmenden Merkmalen, d. h. Begriffe werden definiert, indem von bereits bekannten Objekten (die allgemeiner sind als die zu definierenden Objekte) bestimmte Eigenschaften gefordert werden, die den zu definierenden Begriff bestimmen. Bei genauem Hinschauen zeigt sich, daß alle Definitionen von EUKLID und auch alle im vergangenen Abschnitt aufgeführten Definitionen des Begriffes Punkt nach diesem Schema aufgebaut sind, falls man

Ein Punkt ist, was keine Teile hat.

als

Ein Punkt ist ein Ding (Objekt), das keine Teile hat.

liest. Hier offenbart sich schon die Schwierigkeit bei der Definition so grundlegender Begriffe wie zum Beispiel „Punkt" und „Gerade": Es stehen noch keine Oberbegriffe (was ist ein *Ding* oder *Objekt*?) und auch keine Eigenschaften, die zur Definition genutzt werden könnten, zur Verfügung (was bedeutet *„keine Teile haben"*?).

Kurz gesagt: Bestimmte Objekte und Relationen müssen *„aus dem Nichts“* definiert werden. Erst wenn einige grundlegende Begriffe zur Verfügung stehen, kann die Definition anderer Objekte auf die bekannte Weise erfolgen.

Wie aber erfolgt eine Definition *„aus dem Nichts“*, also ohne Zurückführung des zu definierenden Begriffs auf andere, bereits bekannte Begriffe? Das geschieht, indem Eigenschaften *postuliert* (gefordert) werden, denen die auf diese Weise zu bestimmenden Objekte genügen sollen. Konkret bedeutet dies, daß die grundlegenden Begriffe durch die Axiome festgelegt werden. Sie werden also *axiomatisch definiert*, was aber keiner Definition im gewöhnlichen Sinne entspricht. Die so eingeführten Begriffe heißen daher *nichtdefinierte Begriffe* oder *Grundbegriffe*.

Beispiel 1: Die Objekte *Punkt* und *Gerade* werden beispielsweise durch die Eigenschaften (Axiome) E 1 bis E 4 aus Abschnitt 1.1.2. ausgezeichnet. Die Bestimmung dieser Begriffe kann also folgendermaßen vorgenommen werden:

Es existieren Punkte und Geraden. Diese besitzen folgende Eigenschaften:

E 1: *Geraden sind Mengen von Punkten.*

E 2: *Zwei voneinander verschiedene Geraden haben höchstens einen gemeinsamen Punkt.*

E 3: *Durch jeden Punkt der Ebene gibt es zu jeder Geraden, die diesen Punkt nicht enthält, genau eine Gerade, die mit der gegebenen Geraden keinen gemeinsamen Punkt hat.*

E 4: *Zu zwei verschiedenen Punkten existiert genau eine Gerade, die diese beiden Punkte enthält.*

Die Forderung „Es existieren...“ ist aus dem Grunde sinnvoll, daß es ansonsten möglich sein könnte, über gar nicht vorhandene Objekte zu sprechen, was der Mühe nicht wert sein dürfte. Daß es allerdings tatsächlich Objekte gibt, welche die entsprechenden Eigenschaften erfüllen, ist damit noch nicht abgesichert. Werden nämlich Forderungen gestellt, die einander widersprechen, dann können offenbar keine Objekte existieren, welche die geforderten Eigenschaften besitzen. Beispielweise existieren keine Punkte und keine Geraden, welche den Axiomen E 1 – E 4 und zusätzlich der Forderung:

E 5: *Geraden sind keine Punktmengen.*

genügen. Die Axiome E 1 und E 5 stehen zueinander im Widerspruch. Dadurch hat das ganze System aus den Axiomen E 1 – E 5 keinen Sinn, denn es beschreibt *nichts*, da keine entsprechenden Objekte mit diesen Eigenschaften existieren können. Eine grundlegende Forderung an ein Axiomensystem ist daher die nach der *Widerspruchsfreiheit*. Oftmals sind allerdings Widersprüche innerhalb eines Axiomensystems nicht so leicht zu erkennen wie in diesem Beispiel. Die Überprüfung der Widerspruchsfreiheit eines Axiomensystems ist eine wichtige Aufgabe bei der Beschäftigung mit Axiomatik und mitunter sehr kompliziert. Vor allem im dritten Kapitel werden wir uns mit dieser Frage noch zu beschäftigen haben.

2.1.3 Forderungen an ein Axiomensystem; geometrische Axiomatik und Realität

Neben der Widerspruchsfreiheit ist eine weitere wichtige (wenn auch nicht unbedingt notwendige) Forderung an ein Axiomensystem die nach der *Unabhängigkeit* bzw. *Minimalität*. Dies bedeutet, daß ein Axiomensystem nur so viele Axiome enthalten soll, wie notwendig sind, um daraus alle relevanten Aussagen der entsprechenden Theorie abzuleiten. Aussagen, die aus anderen Axiomen beweisbar sind, sollen entsprechend dieser Forderung nicht als Axiome formuliert, sondern als Sätze bewiesen werden. Die Eigenschaft E 2 aus dem Beispiel 1 aus Abschnitt 2.1.2 ist eine Aussage, die aus den anderen Eigenschaften (E 1, E 3 und E 4) beweisbar ist:

Behauptung: Die Aussage E 2 (Zwei voneinander verschiedene Geraden haben höchstens einen gemeinsamen Punkt.) kann auf der Grundlage von E 1, E 3 und E 4 bewiesen werden.

Beweis: Wir führen den Beweis indirekt und nehmen an, es mögen zwei verschiedene Geraden g und h und zwei verschiedene Punkte P und Q existieren mit $P \in g, Q \in g, P \in h$ und $Q \in h$. Nach E 4 existiert zu den beiden Punkten P und Q genau eine Gerade, die diese beiden Punkte enthält. Die Geraden g und h müssen somit identisch sein, was im Widerspruch zur Annahme steht.

Da die Aussage E 2 aus E 1, E 3 und E 4 beweisbar ist (benötigt wird für den Beweis nur E 4), ist es nicht nötig, sie als Axiom zu formulieren, sondern sie kann als Satz bewiesen werden. Das System aus den Aussagen E 1 – E 4 ist damit nicht unabhängig bzw. nicht minimal, denn es ist mit dem (kleineren) System aus den Aussagen E 1, E 3 und E 4 äquivalent.

Auch die Untersuchung der Unabhängigkeit eines Axiomensystems kann mitunter sehr schwierig sein. Mit der Frage, ob das System von Euklid unabhängig ist, haben sich Mathematiker über 2000 Jahre lang beschäftigt. Konkret ging es dabei darum, ob das 5. Postulat (Parallelenpostulat) aus den anderen Axiomen und Postulaten ableitbar ist. Im dritten Kapitel werden wir uns ausgiebig mit diesem Problem (dem sogenannten Parallelenproblem) befassen.

Die dritte der grundlegenden Forderungen an ein Axiomensystem ist schließlich die nach der *Vollständigkeit*. Ein Axiomensystem ist im Sinne der mathematischen Logik vollständig, wenn es die Axiome ermöglichen, alle formulierbaren Aussagen der axiomatisch aufzubauenden Theorie zu beweisen oder zu widerlegen (d. h. ihr Gegenteil zu beweisen). Die vier Axiome aus Beispiel 1 sind offenbar kein vollständiges Axiomensystem der Geometrie. So kann beispielsweise die Aussage

Jede Gerade enthält mindestens drei Punkte.

auf der Grundlage dieser Axiome weder bewiesen noch widerlegt werden.

Welche Aussagen überhaupt formuliert werden können, hängt von der Menge der verwendeten Begriffe ab. Selbst wenn die Axiome aus Beispiel 1 zu einem vollständigen Axiomensystem (in Bezug auf die dort verwendeten Begriffe) erweitert würden, ließen sich daraus noch keine Aussagen über Abstände oder die Kongruenz geometrischer Figuren ableiten. Der oben beschriebene Vollständigkeitsbegriff im Sinne der mathematischen Logik reicht also nicht aus, um zu gewährleisten, daß tatsächlich alle interessierenden geometrischen Aussagen aus einem Axiomensystem abgeleitet werden können. Dazu ist es neben der logischen Vollständigkeit des Axiomensystems notwendig, daß ein hinreichendes System von Begriffen betrachetet wird. Die Forderung nach der Vollständigkeit in diesem inhaltlichen Sinne ist also (anders als die nach der Widerspruchsfreiheit oder die nach der Unabhängigkeit) keine rein logische Forderung. Die Zielstellung bei der Axiomatisierung der Geometrie besteht ja gerade darin, ein Axiomensystem zu schaffen, aus dem sich die aus der Anschauung bekannten und durch praktische Verfahren (z. B. Messungen) erhaltenen Eigenschaften und Sätze der Geometrie ableiten lassen. Die axiomatisch aufgebaute Geometrie soll also den uns umgebenden Raum beschreiben.

An dieser Stelle drängt sich die Frage nach dem *Verhältnis einer axiomatisch-deduktiv aufgebauten Theorie und der Realität*, also dem Verhältnis von axiomatischer Geometrie und dem real existierenden Raum sowie der Anschauungsgeometrie, auf.

Wir differenzieren an dieser Stelle nicht zwischen dem realen Raum und unserer Anschauung von diesem Raum. Dies bedeutet aber nicht, daß Raum und Anschauung a priori gleichzusetzen wären. Die Frage, mit welcher Genauigkeit uns unsere Anschauung tatsächlich ein getreues Abbild des Raumes liefert, muß durchaus diskutiert werden. Wir werden uns damit im dritten Kapitel beschäftigen. Wenn wir jetzt vom realen Raum sprechen, meinen wir damit zunächst den Anschauungsraum. Dieses Raumverständnis ist für die Beschäftigung mit der euklidischen Geometrie sinnvoll.

Wie im vorangegangenen Abschnitt ausgeführt, entstand die axiomatische Methode, um Geometrie losgelöst von der Anschauung auf rein deduktivem Wege betreiben zu können. Sätze der Geometrie werden also nicht mehr der Anschauung entnommen oder durch „Experimente" gewonnen, sondern sie werden nach logischen Regeln aus den Axiomen abgeleitet. Hat die Geometrie damit also ihren Bezug zur Realität verloren? Diese Frage kann verneint werden, denn bei der Aufstellung eines Axiomensystems spielt die Betrachtung der Realität bzw. die Anschauung eine wichtige Rolle, und das in zweierlei Hinsicht:

1. Die Axiome müssen den Gegebenheiten des realen Raumes (bzw. unseren Erfahrungen damit, also unserer Anschauung) Rechnung tragen und dürfen diesen nicht widersprechen.

2. Die Axiome müssen „ausreichend" sein, um alle uns aus der Anschaung oder der Praxis bekannten geometrischen Eigenschaften abzuleiten.

Diese beiden Gesichtspunkte müssen bei der Aufstellung eines Axiomensystems der Geometrie beachtet werden. Dabei ist die Formulierung *der Geometrie* nicht unproblematisch, denn *die* Geometrie gibt es nicht. Das Axiomensystem hängt also immer davon ab, welche geometrischen Strukturen und Sachverhalte beschrieben werden sollen. Im ersten Kapitel haben wir bereits gesehen, daß es sinnvoll sein kann, sich mit einer ganz anderen als der „gewöhnlichen" Geometrie zu beschäftigen, wobei dann natürlich auch andere Axiome zugrundezulegen sind. Die Geometrie, mit der wir uns in diesem Kapitel befassen, also die „normale", anschaulich zugängliche Geometrie der Ebene bzw. des Raumes wird *euklidische Geometrie* genannt.

Es soll nicht der Eindruck erweckt werden, daß die Bedingungen 1. und 2. für jedes Axiomensystem relevant sein müssen. So ist es mitunter durchaus sinnvoll, mathematische Theorien zu untersuchen und axiomatisch aufzubauen, die zunächst keinen unmittelbaren praktischen oder anschaulichen Bezug haben. Im dritten Kapitel werden wir uns mit einer Geometrie beschäftigen, für die das Axiom

E 3': *Es existiert eine Gerade g und ein Punkt P, der g nicht angehört, so daß durch P zwei verschiedene Geraden verlaufen, die zu g parallel sind.*

zutrifft. Die Beschäftigung mit einer solchen Geometrie war zunächst rein innermathematisch motiviert. Der Anschauung widerspricht das genannte Axiom. Trotzdem hat diese *nichteuklidische Geometrie* eine Bedeutung für die Beschreibung unserer realen Welt erlangt. Der Weg, einen *bereits bekannten Gegenstand* (wie die „gewöhnliche" Geometrie) durch Axiomatisierung zu einer mathematischen Theorie zu entwickeln, ist also durchaus nicht der einzig sinnvolle. In den folgenden Abschnitten werden wir diesen Weg für die euklidische Geometrie jedoch beschreiten.

2.1.4 Ein Axiomensystem der euklidischen Geometrie

In den vorangegangenen Abschnitten haben wir herausgearbeitet, daß bei einem axiomatischen Aufbau zwei grundlegend verschiedene Arten von Begriffen auftreten:

- (undefinierte) **Grundbegriffe**, deren Inhalt durch die Axiome bestimmt wird, und
- **definierte Begriffe**, für die auf der Basis der Grundbegriffe Definitionen angegeben werden können.

Ebenso gibt es zwei Kategorien von Aussagen:

- **Axiome** (unbewiesene Grundaussagen) und
- **Sätze** (Aussagen, die aus den Axiomen auf logischem Wege abgeleitet werden).

Es ist nicht von vornherein zwingend vorgegeben, welche Begriffe als Grundbegriffe deklariert und welche definiert werden. So ist es zum Beispiel möglich, den Begriff *Kongruenz* als Grundbegriff aufzufassen und den Begriff *Bewegung* zu definieren, aber ebenso gibt es Axiomensysteme der euklidischen Geometrie, bei denen der Grundbegriff *Bewegung* auftritt und auf dieser Grundlage die Kongruenz definiert wird. Wir werden in diesem Buch einen ganz anderen Weg wählen und den Begriff *Abstand* als Grundbegriff verwenden und daraus Bewegungen und Kongruenz definieren. Auswahlmöglichkeiten bestehen auch bei der Festlegung der Axiome - hier ist zu entscheiden, welche Aussagen aus welchen Aussagen bewiesen werden sollen.

Für ein und dieselbe mathematische Theorie kann es also recht unterschiedliche Axiomensysteme geben. Für die euklidische Geometrie gibt es eine sehr große Zahl von Axiomensystemen, die alle zueinander äquivalent sind, aber völlig verschiedene Grundbegriffe und Axiome enthalten (siehe auch Abschnitt 2.7). Welches Axiomensystem benutzt wird, hängt von speziellen verfolgten Zielstellungen ab und ist auch eine „Geschmacksfrage". Oft steht „mathematische Eleganz" dem leichten Verständnis eines Axiomensystems gegenüber. So ist beispielweise die Forderung nach einem unbedingt minimalen Axiomensystem mit einigen recht schwer verständlichen Axiomen verbunden.

Im Interesse der Einfachheit unseres Axiomensystems setzen wir die Mengenlehre und die reellen Zahlen als bekannt voraus und beschränken uns zunächst auf die Geometrie der Ebene. Das Axiomensystem läßt sich aber leicht zu einem Axiomensystem der räumlichen Geometrie weiterentwickeln, worauf im Abschnitt 2.7.4 eingegangen wird. Als *Grundbegriffe* verwenden wir *Punkt, Gerade* und *Abstand*. Alle anderen Begriffe können dann definiert werden. Die Axiome lassen sich in 5 *Axiomengruppen* zusammenfassen, die sich jeweils auf bestimmte Aspekte der Geometrie beziehen:

I. **Inzidenzaxiome** (2.2.1),

II. **Abstandsaxiome** (2.3.1),

III. **Anordnungsaxiome** (2.4.1),

IV. **Bewegungsaxiom** (2.5.1) sowie

V. **Parallelenaxiom** (2.6.1).

Die Zahlen in Klammern geben an, in welchen Abschnitten die Axiome der entsprechenden Gruppen aufgeführt sind.

Die Gruppe der **Inzidenzaxime** beschäftigt sich mit der elementarsten geometrischen Relation, nämlich mit der Zusammengehörigkeit von Punkten und Geraden. Das Wort Inzidenz kommt aus dem Lateinischen (incidere) und bedeutet „Hineinfallen". Die Axiome I/1 und I/2 sind als Grundeigenschaften der euklidischen Geometrie bereits aus dem Abschnitt 1.1.2 und aus Beispiel 1. in Abschnitt 2.1.2 bekannt. Axiom I/3 ist notwendig, um zu gewährleisten, daß Geraden nicht die leere Menge sein können, während I/4 verhindert, daß alle Punkte auf einer Geraden liegen, was bedeuten würde, daß möglicherweise keine ebene sondern lediglich eine „lineare" Geometrie aufgebaut wird. Außerdem sichert I/4 erst die Existenz von Punkten und in Verbindung mit I/2 die Existenz von Geraden.

Auch die zweite Axiomengruppe (**Abstandsaxiome**) dürfte den Leserinnen und Lesern nicht ganz unbekannt sein, da die Axiome den in der Definition 2 des ersten Kapitels (allgemeine Abstandsdefinition) geforderten Eigenschaften entsprechen.

Die dritte Axiomengruppe (**Anordnungsaxiome**) enthält das Axiom III/1 der linearen Anordnung, also der Anordnung der Punkte einer Geraden und ein Axiom (III/2) der Anordnung der Punkte der Ebene. Dieses Axiom wird u. a. zur Einführung des Winkelbegriffs benötigt. In den Anordnungsaxiomen treten die Begriffe *Strahl* und *Strecke* auf. Diese beiden Begriffe sind jedoch keine Grundbegriffe, sondern werden auf der Grundlage der Axiomengruppen I und II definiert (siehe Abschnitt 2.3.2).

Die Axiomengruppe IV (**Bewegungsaxiom**) besteht nur aus einem Axiom, das wir in der sphärischen Geometrie bereits als Satz kennengelernt haben (Satz 4 in Abschnitt 1.1.3). Wir werden dieses Axiom, das die Existenz und Eindeutigkeit von Bewegungen sichert, benötigen, um Kongruenzgeometrie betreiben zu können. Auch der Begriff der Bewegung ist in unserem Axiomensystem kein Grundbegriff und kann mit Hilfe des Abstands zweier Punkte definiert werden.

Das letzte Axiom (**Parallelenaxiom**) ist eine Teilaussage von E 3 aus Abschnitt 1.1.2 (bzw. aus Beispiel 1 in Abschnitt 2.1.2). Der andere Teil der Aussage von E 3 (Existenz von Parallelen) kann aus den Axiomengruppen I – IV hergeleitet werden, so daß nur die Eindeutigkeit der Parallelen als Axiom formuliert werden muß.

Die *Reihenfolge der Axiomengruppen* ist nicht beliebig, da sie aufeinander aufbauen, zum Beispiel müssen für die Axiome der Gruppen III und IV die ersten beiden Axiomengruppen vorausgesetzt werden.

Eine Ausnahme bildet das Parallelenaxiom (Axiomengruppe V), welches auch bereits in die erste Axiomengruppe eingeordnet werden könnte. Wir tun dies deshalb nicht, weil es interessant ist, zu untersuchen, welche Aussagen aus den Axiomengruppen I – IV (ohne V) folgen und weil wir im dritten Kapitel eine Geometrie untersuchen wollen, in der alle Axiome außer dem Parallelenaxiom gelten.

Mit den Axiomengruppen I – V steht ein vollständiges Axiomensystem der (ebenen) euklidischen Geometrie zur Verfügung. Entwickelt wurde dieses Axiomensystem in den sechziger Jahren von dem russischen Mathematiker und Mathematikdidaktiker KOLMOGOROV (siehe [23]), der vor allem durch seine Arbeiten auf dem Gebiet der Wahrscheinlichkeitstheorie bekannt wurde. Wesentliche Grundideen, auf denen das Axiomensystem aufgebaut ist, wurden jedoch von KAGAN bereits 1902 vorgestellt (siehe [19]).

2.2 Inzidenzgeometrie

In diesem Abschnitt sowie in den Abschnitten 2.3 – 2.6 werden wir die wichtigsten Sätze und Eigenschaften der euklidischen Geometrie aus den Axiomen I/1 – V herleiten. Wir beginnen dabei mit denjenigen geometrischen Aussagen, die allein mit Hilfe der Inzidenzaxiome bewiesen werden können und betreiben danach durch schrittweise Hinzunahme der Gruppen II, III, IV und V einen „stufenweisen" Aufbau der Geometrie. Dieses Vorgehen hat den Vorteil, daß von einfacheren zu komplizierten Aussagen „aufgestiegen" wird und die Übersichtlichkeit besser gewahrt bleibt als dies der Fall wäre, wenn sofort alle Axiomengruppen betrachtet würden. Vor allem ist es aber auch eine sehr interessante Frage, welche Axiomengruppen für den Beweis bestimmter Sätze ausreichen. Insbesondere interessiert in Vorbereitung auf das dritte Kapitel, welche Sätze ohne das Parallelenaxiom bewiesen werden können und für welche dieses Axiom unverzichtbar ist. Dieser Frage läßt sich bei bei einem stufenweisen Aufbau sehr gut nachgehen.

Da ein logisch-deduktiver Aufbau der Geometrie aus den Axiomen betrieben werden soll, darf für Beweise und Herleitungen nicht die Anschauung herangezogen werden.

Bei einigen Beweisen wird dennoch mit Skizzen gearbeitet. Diese dienen jedoch ausschließlich der Findung der Beweisidee bzw. der Erläuterung des Beweisgedankens und sind kein Teil des eigentlichen Beweises, der durch Zurückführung der Behauptung auf Axiome oder bereits bewiesene Sätze erfolgt.

Ein streng logisch-deduktives Arbeiten stellt in der Geometrie eine besondere Schwierigkeit dar, da geometrische Begriffe immer anschauliche Vorstellungen hervorrufen, was abstraktes Arbeiten in der Geometrie erschwert. Aus dem ersten Kapitel wurde jedoch deutlich, daß Begriffe wie beispielsweise Strecke und Gerade auch in einer anderen als der zunächst naheliegenden Art gedeutet werden können.

Neben der Frage, welche Sätze der Geometrie aus bestimmten Axiomengruppen folgen, ist auch interessant, welche geometrischen Eigenschaften aus den entsprechenden Axiomen heraus noch nicht gegeben sind. Dazu werden *Modelle* einzelner Axiomengruppen betrachtet, die verdeutlichen, welche „Spielräume" diese Axiomengruppen offenlassen. Je mehr Axiome hinzugezogen werden, desto kleiner werden diese „Spielräume" und demnach die Vielfalt der möglichen Modelle.

Alle Definitionen und Sätze in diesem Kapitel sind mit einer römischen und einer arabischen Ziffer bezeichnet, wobei die Römische Ziffer angibt, auf der Grundlage welcher Axiomengruppe der entsprechende Begriff definiert oder der entsprechende Satz bewiesen wurde.

Unter *Inzidenzgeometrie* wird die Herleitung von Folgerungen aus den Inzidenzaxiomen und die Betrachtung von Modellen dieser Axiomengruppe verstanden. Darüber hinaus ist der Begriff *Inzidenzgeometrien* als Bezeichnung für einzelne konkrete Modelle der Inzidenzaxiome gebräuchlich.

2.2.1 Folgerungen aus den Inzidenzaxiomen

I. Inzidenzaxiome

I/1 *Jede Gerade ist eine Punktmenge.*

I/2 *Zu zwei beliebigen, voneinander verschiedenen Punkten gibt es genau eine Gerade, welche diese beiden Punkte enthält.*

I/3 *Jede Gerade enthält mindestens einen Punkt.*

I/4 *Es existieren (mindestens) drei Punkte, die nicht einer Geraden angehören.*

Bevor die wichtigsten Sätze auf Grundlage der Axiome I/1 – I/4 bewiesen werden, sind einige Bezeichnungen und Sprechweisen zu klären.

- Punkte werden mit Großbuchstaben $A, B, Q\ldots$, Geraden mit Kleinbuchstaben $a, b, g,\ldots$ oder durch zwei Punkte, die der entsprechenden Geraden angehören (AB, PQ usw.), bezeichnet. Die Rechtfertigung für letztere Schreibweise stellt das Axiom I/2 dar, wonach durch zwei verschiedene Punkte eine Gerade eindeutig bestimmt wird.

- **P** ist die Menge aller Punkte, **G** die Menge aller Geraden. Die Menge aller Punkte wird auch Ebene genannt.

- Folgende Schreibweisen werden synonym verwendet:

  - *Der Punkt P ist Element der Geraden g* ($P \in g$).
  - *P inzidiert mit g.*
  - *P gehört g an.*
  - *P liegt auf g.*
  - *P ist ein Punkt der Geraden g.*

- Ebenfalls synonym gebraucht werden:

  - *P ist ein gemeinsamer Punkt der Geraden g und h.*

- *P ist Schnittpunkt der Geraden g und h.*
- *$P \in g \cap h$ oder (falls g und h nur den einen Punkt gemeinsam haben, also nicht identisch sind) $\{P\} = g \cap h$.*

- Zwei Geraden *schneiden sich*, falls sie einen gemeinsamen Punkt haben und heißen *parallel*, falls sie keinen gemeinsamen Punkt haben oder identisch sind. (Identisch sind zwei Geraden, wenn es sich bei beiden um dieselbe Punktmenge handelt.)

Def. I.1: *Die Punkte P, Q, R... heißen* **kollinear**, *falls es eine Gerade g gibt, der alle diese Punkte angehören.*

Wir beweisen im folgenden die beiden einzigen einigermaßen interessanten Sätze, die sich aus den Inzidenzaxiomen ableiten lassen.

Satz I.1:

a) *Zwei Geraden, die nicht identisch sind, haben höchstens einen Punkt gemeinsam.*

b) *Sind g und h Geraden und existieren zwei voneinander verschiedene Punkte P und Q, die beide sowohl auf g als auch auf h liegen, so sind g und h identisch.*

Beweis: Die Aussage b) ist die Kontraposition zu Aussage a). Beide Aussagen sind somit äquivalent und es genügt, b) zu zeigen. Wegen Axiom I/2 existiert *genau eine* Gerade, die P und Q enthält. Daher muß es sich bei g und h um ein- und dieselbe Gerade handeln. □

Satz I.2: *Es existieren (mindestens) drei paarweise voneinander verschiedene Geraden.*

Beweis:

- Nach Axiom I/4 existieren drei Punkte A, B und C, die nicht kollinear sind.

- Diese Punkte sind paarweise voneinander verschieden, denn wäre beispielsweise $A = B$, so würde B auf der (nach I/2 existierenden) Geraden AC liegen, die Punkte A, B und C wären somit kollinear. Ebenso kann nicht $B = C$ oder $A = C$ sein.

- Durch A und B gibt es nach I/2 eine Gerade AB, durch A und C eine Gerade AC sowie durch B und C eine Gerade BC.

- Die Geraden AB und AC sind voneinander verschieden, denn wären sie identisch, so würden die Punkte A, B und C auf einer Geraden liegen. Diese drei Punkte sollten aber gerade nichtkollineare Punkte sein. Mit derselben Begründung gilt auch, daß AB und BC sowie AC und BC voneinander verschieden sind. Die Geraden AB, AC und BC erfüllen also unsere Behauptung. □

Zugegebenermaßen enthalten die Sätze 1 und 2 keine besonders „weltbewegenden" Aussagen. Das liegt daran, daß die Inzidenzaxiome allein zu „schwach" sind, um interessantere geometrische Sachverhalte daraus abzuleiten. Um dies zu verdeutlichen, betrachten wir im folgenden einige *Modelle* dieser Axiomengruppe.

2.2.2 Modelle der Inzidenzaxiome

Unter einem Modell einer mathematischen Theorie (im hier vorliegenden Fall der Axiome I/1 – I/4) verstehen wir die Interpretation dieser Theorie in einer bereits bekannten (mathematischen oder nichtmathematischen) Struktur. Das bedeutet, daß die in der Theorie verwendeten Grundbegriffe innerhalb der bekannten Struktur eine konkrete Bedeutung zugewiesen bekommen und untersucht wird, ob bei dieser Interpretation der Grundbegriffe die Axiome der Theorie erfüllt sind. Wir betrachten dazu ein Beispiel:

Modell 1:
Gegeben seien vier Halbkugeln $H_1 \ldots H_4$. Setzt man zwei dieser Halbkugeln H_i und H_j zusammen, so ergibt sich daraus eine Kugel K_{ij}, wobei wir die Halbkugeln als Elemente der Kugel und die Kugel als Vereinigungsmengen jeweils zweier Halbkugeln auffassen ($K_{12} = H_1 \cup H_2$). Unsere Struktur besteht also aus vier Halbkugeln und der „Operation", Halbkugeln zu Kugeln zusammenzufügen. Diese Struktur darf als (zumindest intuitiv) bekannt vorausgesetzt werden. Die Grundbegriffe unserer Theorie interpretieren wir in dieser Struktur folgendermaßen:

P := Menge der Halbkugeln $H_1, \ldots H_4$,

G := Menge aller möglichen Kugeln, die sich durch diese vier Halbkugeln zusammensetzen lassen, also $K_{12}, K_{13}, K_{14}, K_{23}, K_{24}$ und K_{34}.

Die Axiome der Gruppe I sagen für dieses Modell nun folgendes aus:

I/1 Jede Kugel ist eine Menge von Halbkugeln.

I/2 Zu zwei beliebigen, voneinander verschiedenen Halbkugeln gibt es genau eine Kugel, welche diese beiden Halbkugeln enthält.

I/3 Jede Kugel enthält mindestens eine Halbkugel.

I/4 Es existieren (mindestens) drei Halbkugeln, die nicht einer Kugel angehören.

Offensichtlich gelten alle diese Aussagen. Modell 1 ist also tatsächlich ein Modell der Inzidenzaxiome.

Innerhalb des Modells 1 wurden die Grundbegriffe „Punkt“ und „Gerade“ *definiert.* Können *Grundbegriffe* also doch *definiert* werden? Die Antwort auf diese Frage ergibt sich daraus, daß die Definitionen für Punkt und Gerade nur auf das spezielle Modell bezogen sind. Es handelt sich dabei also nicht um allgemeingültige Definitionen dieser Begriffe sondern lediglich um *modellbezogene Interpretationen.* In anderen Modellen werden diese Begriffe völlig anders definiert (interpretiert).

Eine Verständnisschwierigkeit dürfte sich aus der Formulierung „Interpretation in einer *bekannten* Struktur“ ergeben. Während für den theoretisch-axiomatischen Aufbau der Geometrie die streng deduktive Herleitung aller Aussagen gefordert wird, machen wir innerhalb des Modells von anschaulich einleuchtenden Tatsachen Gebrauch. Dies ist daher gerechtfertigt, daß mit der Betrachtung von Modellen ein völlig anderes Ziel verfolgt wird, als mit dem axiomatischen Aufbau einer Theorie. Da wir bei dem Aufbau einer Theorie bildlich gesprochen „Neuland“ betreten, ist hierbei, also bei der Ableitung allgemeingültiger Schlußfolgerungen, ein besonders exaktes Vorgehen nötig. Bei der Betrachtung von Modellen bewegen wir uns hingegen auf „vertrautem Terrain“. Ein Ziel der Betrachtung von Modellen besteht in der Veranschaulichung bestimmter Aspekte einer Theorie. Aus dem Modell können unter keinen Umständen allgemeingültige Schlußfolgerungen für die Theorie abgeleitet werden.

Ein zweites Ziel bei der Betrachtung von Modellen besteht darin, die *Widerspruchsfreiheit* einer Theorie zu belegen. Lassen sich nämlich die Grundbegriffe einer Theorie innerhalb einer bekannten Struktur in einer Weise interpretieren, daß die Axiome wahre Aussagen ergeben, dann kann diese Theorie keine Widersprüche enthalten, falls nicht in der Struktur an sich Widersprüche auftreten. In Hinblick auf den Aspekt des Nachweises der Widerspruchsfreiheit ist es also günstig, auf „abgesichertere“ Strukturen zurückzugreifen als im Modell 1. Dafür bietet sich beispielsweise die Mengenlehre an.

Modell 2:

Wir betrachten eine Menge $\mathbf{M}$, die aus vier Elementen A, B, C und D besteht. Diese Elemente nennen wir *Punkte*, alle Zweiermengen von (verschiedenen) Elementen dieser Menge *Geraden.* Mit den zu Beginn des Abschnitts eingeführten Bezeichnungen ist also

$$\mathbf{P} := \mathbf{M} \quad \text{und}$$

$$\mathbf{G} \;:=\; \{\{A,B\},\{A,C\},\{A,D\},\{B,C\},\{B,D\},\{C,D\}\}\ .$$

Der Leser kann sich leicht davon überzeugen, daß auch für das Modell 2 die Axiome I/1 – I/4 erfüllt sind, es handelt sich bei diesem Modell lediglich um eine „schmucklose" Version von Modell 1.

Zur Veranschaulichung von Modellen werden häufig Skizzen genutzt. Eine mögliche Veranschaulichung von Modell 2 zeigt die Abbildung 2.1. Die Punkte des Modells sind dabei als Punkte der Zeichenebene dargestellt und die Zweiermengen von Punkten (Geraden) durch Verbindungsstriche zwischen den Punkten angedeutet.

Es sei an dieser Stelle noch einmal auf die nunmehr drei verschiedenen Bedeutungen des Begriffs *Punkt* verwiesen:

- *Punkt* in der Theorie = Durch die Axiome bestimmte Objekte,
- *Punkt* im Modell 2 = Element einer beliebigen Vierermenge sowie
- *Punkt* in der Zeichnung = „Farbhügel" auf dem Papier.

Aufgabe 1: Weisen Sie nach, daß durch $\mathbf{P} = \{A, B, C, D\}$ (beliebige vierelementige Menge) und $\mathbf{G} = \{\{A, B, C\}, \{A, B, D\}, \{A, C, D\}, \{B, C, D\}\}$ (alle dreielementigen Teilmengen von **P**) kein Modell der Axiomengruppe I gegeben ist! Welche Axiome der Gruppe I sind nicht erfüllt?

In jedem Modell der Axiomengruppe I müssen selbstverständlich die Sätze 1 und 2 gelten, da diese Sätze allgemeingültig aus den Axiomen bewiesen wurden.

Die Gültigkeit der genannten Sätze innerhalb der Modelle ließe sich leicht nachprüfen, diese Überprüfung ist jedoch nicht notwendig.

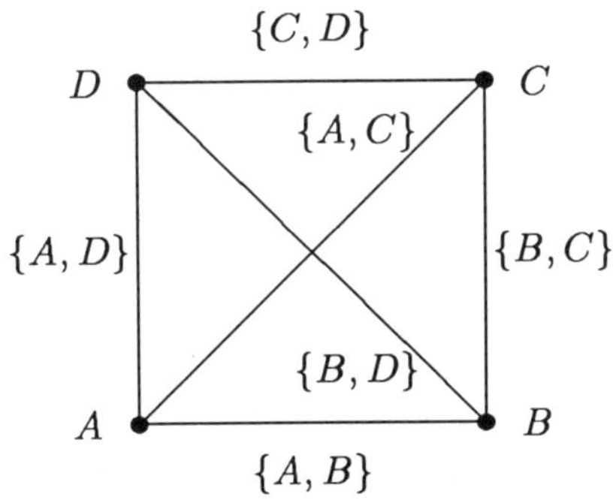

Abbildung 2.1:

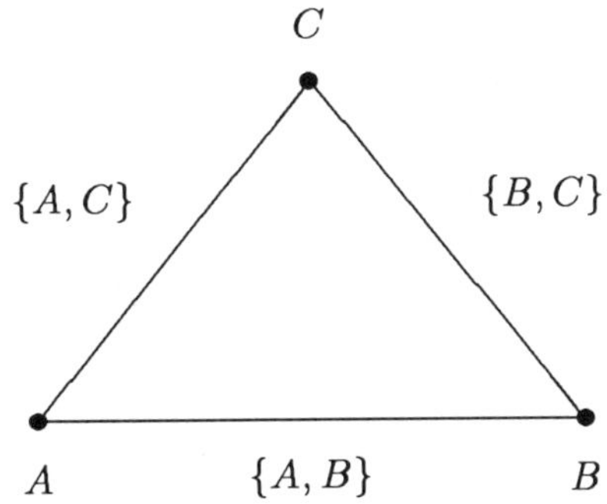

Abbildung 2.2:

Prinzipiell gelten in einer Struktur, in der eine Menge von Axiomen erfüllt ist, auch alle Folgerungen aus diesen Axiomen. Diese Tatsache ist vor allem deshalb interessant, weil daraus resultiert, daß Aussagen, die in irgendeinem Modell nicht zutreffen, aus den Axiomen *nicht herleitbar* sein können. (Wären sie nämlich allgemeingültig herleitbar, so müßten sie in *jedem* Modell gelten.)

In den Modellen 1 und 2 existieren 4 Punkte und 6 Geraden, wobei jede Gerade zwei Punkte enthält. Diese Eigenschaften der beiden Modelle sind natürlich nicht allgemeingültig aus den Axiomen ableitbar (in anderen Modellen gibt es andere Anzahlen von Punkten, Geraden usw.). Trotzdem lassen sich aus der Tatsache, daß es in einem konkreten Modell nur endliche Anzahlen von Punkten und Geraden gibt, interessante Schlußfolgerungen ziehen:

Es kann aus den Axiomen I/1 – I/4 *nicht* abgeleitet werden, daß

- unendlich viele Punkte existieren,
- unendlich viele Geraden existieren und
- jede Gerade unendlich viele Punkte enthält.

Mit Hilfe von Modellen lassen sich also *Nichtableitbarkeitsaussagen* treffen. Da unser letztendliches Ziel darin besteht, eine mathematische Theorie aufzubauen, welche die *Anschauungsgeometrie* widerspiegelt, wird es also notwendig sein, durch weitere Axiomengruppen die Existenz von unendlich vielen Punkten, Geraden usw. zu sichern. Zunächst wenden wir uns jedoch der Frage zu, ob die Modelle 1 und 2 *minimal* sind oder ob noch weniger Punkte und Geraden existieren können. Dazu untersuchen wir noch ein weiteres Modell.

Modell 3:
Es sei $\mathbf{M} = \{A, B, C\}$ eine beliebige dreielementige Menge. Die Elemente von $\mathbf{M}$ seien Punkte, alle zweielementigen Teilmengen von M Geraden:

$$\begin{aligned} \mathbf{P} &:= \mathbf{M}\,, \\ \mathbf{G} &:= \{\{A,B\},\{A,C\},\{B,C\}\} \quad \text{(siehe Abb. 2.2).} \end{aligned}$$

Aufgabe 2:

a) Begründen Sie, daß in Modell 3 die Axiome der Gruppe I gelten!

b) Begründen Sie, daß es keine Modelle der Axiomengruppe I geben kann, die weniger Punkte oder Geraden enthalten als Modell 3!

Bei allen bisher betrachteten Modellen handelte es sich um endliche Modelle (d. h. Modelle mit endlich vielen Punkten). Diese Modelle sollten veranschaulichen, wie vielfältig die Begriffe Punkt und Gerade interpretiert werden können, solange nur die Inzidenzaxiome betrachtet werden. Natürlich gibt es auch Modelle für diese Axiomengruppe, die „normalen" geometrischen Vorstellungen weitaus mehr entsprechen. Geeignete Strukturen, die dafür zugrundegelegt werden können, lassen sich in der linearen Algebra finden.

Modell 4:
Punkte und Geraden werden, wie in der analytischen Geometrie des $\mathbf{R}^2$ üblich, definiert, wobei mit $\mathbf{R}^2$ der zweidimensionale reelle Zahlenraum, also die Menge aller Paare reeller Zahlen bezeichnet wird:

$$\begin{aligned} \mathbf{P} &:= \mathbf{R}^2 = \{(x,y) \mid x,y \in \mathbf{R}\} , \\ \mathbf{G} &:= \{\{(x,y) \mid ax+by+c=0;\ a,b,c \in \mathbf{R};\ a^2+b^2 \neq 0\}\} . \end{aligned}$$

Aufgabe 3. Weisen Sie nach, daß Modell 4 tatsächlich ein Modell der Inzidenzaxiome ist, daß also die Axiome I/1 – I/4 erfüllt sind!

Offenbar wird der Begriff Modell in der Mathematik in recht unterschiedlicher Weise gebraucht. Im ersten Kapitel haben wir mit der sphärischen Geometrie ein mathematisches Modell für einen realen Sachverhalt entwickelt, also einen Aspekt, der uns umgebenden Wirklichkeit mathematisch modelliert, während die in diesem Abschnitt betrachteten Modelle mit dem Ziel behandelt wurden, eine mathematische Theorie zu interpretieren, zu veranschaulichen und ihre Widerspruchsfreiheit nachzuweisen. Der Ausgangspunkt für die Aufstellung dieser Modelle war also ein völlig anderer (die Modelle haben auch eine gänzlich andere Funktion). Die folgende Bezugnahme auf die sphärische Geometrie soll verdeutlichen, daß es dennoch möglich ist, ein und denselben Gegenstand aus sehr verschiedenen Blickwinkeln zu betrachten. Wir werden jetzt untersuchen, inwiefern die sphärische Geometrie ein Modell der Axiomengruppe I ist oder durch leichte Variationen zu einem solchen gemacht werden kann.

Aus den Vergleichen zwischen den Grundeigenschaften der sphärischen und der ebenen Geometrie in Abschnitt 1.1.2 geht hervor, daß nicht alle Axiome der Gruppe I in der sphärischen Geometrie gelten. Durch eine andere Definition des Begriffs *Punkt* auf der Sphäre (nämlich als diametrales Punktepaar) kann die sphärische Geometrie jedoch zu einem Modell dieser Axiomengruppe „angepaßt" werden:

Modell 5:
P sei die Menge aller diametralen Punktepaare einer Sphäre. Da Großkreise zu jedem Punkt der Sphäre auch den dazugehörigen diametralen

Punkt enthalten, ist es gerechtfertigt, **G** als die Menge aller Großkreise zu definieren. Die Gültigkeit der Axiome I/1 – I/4 liegt bei dieser Definition von Punkten und Geraden auf der Hand.

Die Vielfalt der möglichen Modelle ist für die Axiomengruppe I also noch sehr groß. Durch die Hinzunahme weiterer Axiomengruppen in unsere Betrachtungen wird die Zahl der Modelle immer kleiner werden und die Gestalt der Modelle wird immer mehr den Vorstellungen von einer Geometrie der Ebene entsprechen.

2.3 Abstandsaxiome, Folgerungen und Modelle

2.3.1 Modelle der Inzidenz- und Abstandsaxiome

Wir untersuchen im folgenden, welche der im letzten Abschnitt behandelten Modelle zu Modellen ausgebaut werden können, die neben den Inzidenzaxiomen auch die Abstandsaxiome erfüllen.

II. Abstandsaxiome

II/1 *Zu zwei beliebigen Punkten A und B gibt es eine nichtnegative reelle Zahl d mit* $d = 0 \iff A = B$. *(Diese Zahl wird als Abstand* $|AB|$ *der Punkte A und B bezeichnet.)*

II/2 *Für zwei beliebige Punkte A und B gilt* $|AB| = |BA|$.

II/3 *Für drei beliebige Punkte A, B und C gilt*

$$|AB| + |BC| \geq |AC| .$$

Falls A, B und C auf einer Geraden liegen, so gilt eine der drei Gleichungen

$$\begin{aligned} |AB| + |BC| &= |AC| , \\ |AC| + |CB| &= |AB| , \\ |BA| + |AC| &= |BC| ; \end{aligned}$$

ist umgekehrt eine dieser drei Gleichungen erfüllt, so liegen A, B und C auf einer Geraden.

Um Modelle der Axiomengruppe I zu Modellen der Axiomengruppen I und II zu erweitern, muß in diesen Modellen der Abstandsbegriff geeignet festgelegt werden. Wir betrachten zunächst die endlichen Modelle 1, 2 und 3. Diese Modelle enthalten jeweils drei (Modell 3) bzw. vier Punkte (Modelle 1 und 2). Da sich die Modelle 2 und 3 sehr ähneln und Modell 1 lediglich einen Spezialfall von Modell 2 darstellt, definieren wir den Abstand für alle drei Modelle auf die gleiche Weise.

Definition des Abstands für die Modelle 1, 2 und 3:

Es seien $P, Q \in \mathbf{P}$, also Punkte innerhalb der entsprechenden Modelle, in Modell 1 dementsprechend Halbkugeln sowie in den Modellen 2 und 3

Elemente einer beliebigen vier- bzw. dreielementigen Menge. Als Abstand $|PQ|$ der Punkte P und Q legen wir fest:

- Die Zahl 1, falls P und Q verschieden sind.
- Die Zahl 0, falls P und Q identisch sind.

Die Leserinnen und Leser können sich leicht davon überzeugen, daß alle drei Modelle mit dieser Abstandsdefinition den Axiomen II/1 – II/3 genügen. Der zweite Teil der Aussage des Axioms II/3 wird dadurch gesichert, daß in allen drei Modellen Geraden jeweils aus nur zwei Punkten bestehen. Der Begriff des Abstands hat in diesen Modellen natürlich eine sehr abstrakte Bedeutung und nichts mit *räumlicher Entfernung* oder ähnlichem zu tun. Der Abstand zweier Punkte kann nur zwei Werte (0 und 1) annehmen und beschreibt lediglich die Tatsache, ob diese Punkte identisch oder voneinander verschieden sind.

Erweiterung des Modells 4 zu einem Modell der Inzidenz- und Abstandsaxiome:

Es seien $P, Q \in \mathbf{R}^2$ mit $P = (p_1, p_2)$ und $Q = (q_1, q_2)$. Als *Abstand der Punkte P und Q* bezeichnen wir die Zahl

$$|PQ| := \sqrt{(q_1 - p_1)^2 + (q_2 - p_2)^2}\ .$$

Aufgabe 4:

a) Weisen Sie nach, daß das Modell 4 mit dieser Festlegung des Abstands ein Modell der Axiomengruppen I und II ist!

b) Zeigen Sie, daß dies auch dann zutrifft, wenn der Abstand durch

$$|PQ| := r \cdot \sqrt{(q_1 - p_1)^2 + (q_2 - p_2)^2}$$

(mit $r \in \mathbf{R}$ und $r > 0$) definiert wird!

Im folgenden wird untersucht, ob der $\mathbf{R}^2$ auch mit einer anderen als der oben angegebenen (gemeinhin üblichen) Abstandsdefinition ein Modell der Inzidenz- und Abstandsaxiome ist. Besonders interessant ist die Frage, ob für den Abstand zweier Punkte P und Q auch

$$|PQ| := |q_1 - p_1| + |q_2 - p_2|$$

gesetzt werden kann. Eine solche Definition des Abstands kann durchaus durch praktische Überlegungen motiviert sein. Der Abstand der Punkte P und Q entspricht in diesem Falle nämlich gerade der Summe der („gewöhnlichen") Streckenlängen der (zueinander senkrechten) Strecken $\overline{PX}$ und $\overline{XQ}$, wobei X die Koordinaten (q_1, p_2) hat (siehe Abbildung 2.3). Diesen Abstand hat ein Autofahrer zurückzulegen, der in einer Stadt mit parallelen bzw. zueinander senkrechten Straßen vom Punkt P zum Punkt Q gelangen möchte (sofern nicht Verkehrsschilder Umwege erzwingen). Die Geometrie des $\mathbf{R}^2$ (oder einer diskreten Teilmenge des $\mathbf{R}^2$, z. B. $\mathbf{N}^2$ — Menge aller Paare natürlicher Zahlen) mit dieser Abstandsdefinition wird daher auch als *Taxigeometrie* bezeichnet.

Natürlich ist auch eine Stadt mit senkrechten und parallelen Straßen ein idealisierendes Modell realer Verhältnisse. Jedoch stellt die Taxigeometrie ein wesentlich besseres Modell in Hinblick auf den im Verkehr zurückzulegenden Abstand zweier Punkte dar, als die gewöhnliche ebene Geometrie, da nach deren Abstandsdefinition das Einschlagen des kürzesten Weg stets das Durchdringen von Häusern voraussetzt.

Offensichtlich genügt die *Taxigeometrie* den Abstandsaxiomen II/1 und II/2 (die Inzidenzaxiome sind ohnehin erfüllt, wie bereits im vorigen Abschnitt gezeigt wurde) und auch der erste Teil der Aussage des Axioms II/3 (Dreiecksungleichung) trifft auf dieses Modell zu. Die zweite Bedingung dieses Axioms wird jedoch verletzt, denn offensichtlich gilt für die Punkte P, Q und X in Abbildung 2.3 die Gleichung $|PX| + |XQ| = |PQ|$, wobei P, Q und X nicht auf einer Geraden liegen.

Es stellt sich die Frage, ob es für die Taxigeometrie sinnvoll ist, die Geraden anders zu definieren als in Modell 4. In der Tat erscheint die „herkömmliche“ Geradendefinition hierfür wenig geeignet, da von Strecken (die ja Teile von Geraden sind) im allgemeinen verlangt wird, daß sie die kürzeste Verbindung zwischen zwei Punkten darstellen. Eben diese Überlegung lag auch der Einführung der sphärischen Strecken im ersten Kapitel zugrunde.

In unserem axiomatischen Aufbau der Geometrie haben wir den Begriff Strecke noch nicht eingeführt. An dieser Stelle, also bei der Behandlung eines Modells, verwenden wir

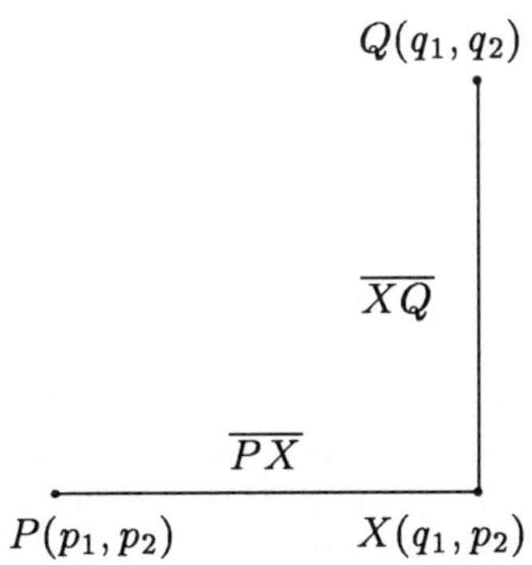

Abbildung 2.3:

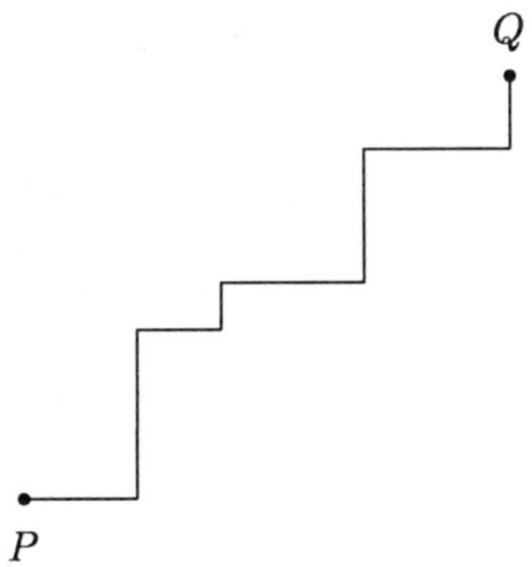

Abbildung 2.4:

diesen Begriff im Sinne der Anschauungsgeometrie bzw. der analytischen Geometrie des $\mathbf{R}^2$, die dem Modell als bereits bekannte Struktur zugrundeliegt.

Die Eigenschaft, kürzeste Verbindung zweier Punkte zu sein, besitzen die gewöhnlichen Strecken in der Taxigeometrie offensichtlich nicht. In Hinblick darauf erscheint es sinnvoller, Gebilde wie in Abbildung 2.4 auf Seite 75 als Strecken zu definieren. Dabei gehört jeder Punkt innerhalb des Rechtecks mit den (gegenüberliegenden) Eckpunkten P und Q einer Strecke mit diesen beiden Punkten als Endpunkten an.

Aufgabe 5: Geben Sie eine den vorangegangenen Überlegungen entsprechende Definition des Begriffs *Gerade* an und weisen Sie nach, daß die Taxigeometrie bei dieser Definition der Geraden alle Abstandsaxiome erfüllt!

Zu einem Modell der Axiomengruppen I und II wird die Taxigeometrie auch bei einer derartigen „praxisnahen" Definition von Strecken und Geraden nicht, da solche Geraden natürlich nicht eindeutig durch zwei Punkte festgelegt werden und somit Axiom I.2 in diesem Modell nicht gilt. Die Eindeutigkeit der Zuordnung einer Geraden zu zwei Punkten entspricht auch nicht der praktischen Intention dieses Modells, da es im allgemeinen möglich ist, den kürzesten Weg zwischen zwei Punkten auf verschiedenen Strecken zurückzulegen.

2.3.2 Folgerungen aus den Axiomengruppen I und II; Strecken und Halbgeraden

Die Tatsache, daß es möglich ist, die (gewöhnlicher geometrischer Vorstellung kaum entsprechenden) Modelle 1, 2 und 3 sowie 5 durch eine geeignete Abstandsdefinition zu Modellen der Axiomengruppen I und II auszubauen, läßt vermuten, daß auch aus diesen beiden Axiomengruppen nur wenige Folgerungen über die geometrische Struktur der Ebene abgeleitet werden können. Insbesondere die Tatsache, daß Abstände in derart abstrakter Weise aufgefaßt werden können wie in den Modellen 1 – 3, deutet darauf hin, daß kaum Eigenschaften des Abstands, die über die Axiome hinausgehen, nachweisbar sind. Dazu wird es also weiterer Axiomengruppen bedürfen. Allerdings ermöglichen es die Abstandsaxiome, die Zwischenrelation für Punkte einzuführen und darauf aufbauend die Begriffe Strecke und Halbgerade zu definieren sowie diesbezüglich einige elementare Aussagen zu beweisen. Es sei hierbei darauf verwiesen, daß diese Betrachtungen bereits in den Bereich der Anordnungsgeometrie gehören. Da wir im Gegensatz zum Aufbau anderer Axiomensysteme jedoch die Abstandsaxiome direkt nach die Inzidenzaxiome gestellt haben, ergeben sich daraus auch einige Eigenschaften der Anordnungsgeometrie, die ansonsten erst mit Hilfe der Anordnungsaxiome bewiesen werden können oder selbst als Axiome formuliert werden müssen.

Def. II.1: *Ein Punkt B* **liegt zwischen** *zwei Punkten A und C, falls* $|AB| + |BC| = |AC|$ *gilt sowie B von A und C verschieden ist. Falls B zwischen A und C liegt, so wird dafür die Schreibweise* $Zw(A, B, C)$ *verwendet.*

Folgerung II.1: *Falls ein Punkt B zwischen zwei Punkten A und C liegt, so liegt er auch zwischen C und A, aus* $Zw(A, B, C)$ *folgt also* $Zw(C, B, A)$.

Beweis: $Zw(A, B, C)$ bedeutet nach Def. II.1, daß $|AB| + |BC| = |AC|$ gilt, was wegen Axiom II.2 mit $|CB| + |BA| = |CA|$ gleichbedeutend ist, woraus sich die Behauptung sofort ergibt. □

Folgerung II.2: *Falls* $Zw(A, B, C)$ *gilt, so sind die Punkte* A, B *und C kollinear.*

Folgerung II.3: *Von drei verschiedenen kollinearen Punkten liegt stets (mindestens) einer zwischen den beiden anderen.*

Daß stets *genau* einer von drei kollinearen Punkten zwischen den beiden anderen liegt, folgt erst unter Heranziehung des Anordnungsaxioms III/1.

Aufgabe 6: Beweisen Sie die Folgerungen II.2 und II.3!

Es sei an dieser Stelle bemerkt, daß keinesfalls die *Existenz* dreier Punkte A, B und C mit $Zw(A, B, C)$ nachgewiesen werden kann. Dies läßt sich leicht dadurch begründen, daß in den Modellen 1, 2 und 3 Geraden jeweils nur zwei Punkte enthalten und drei kollineare Punkte deshalb überhaupt nicht vorhanden sind. Selbstverständlich gelten in allen Modellen der Axiomengruppen I und II die drei oben aufgeführten Folgerungen. Bei genauer Betrachtung läßt sich jedoch feststellen, daß die *Voraussetzungen* für diese Folgerungen nicht erfüllt sind, falls nicht drei kollineare Punkte existieren. Somit gelten diese Folgerungen zwar, beinhalten aber für bestimmte Modelle nur eine Aussage über die leere Menge.

Def. II.2:

a) *Als* **offene Strecke** (AB) *zwischen den (voneinander verschiedenen) Punkten A und B wird die Menge aller Punkte X bezeichnet, die zwischen A und B liegen:*

$$(AB) := \{X \mid X \in \mathbf{P};\ Zw(A, X, B)\}\ .$$

b) *Als* **abgeschlossene Strecke** $\overline{AB}$ *(oder kurz* **Strecke**) *wird die Vereinigungsmenge der offenen Strecke* (AB) *mit den Punkten A und B bezeichnet:*

$$\overline{AB} := (AB) \cup \{A, B\}\ .$$

c) *Die Punkte A und B heißen* **Endpunkte** *der Strecke* $\overline{AB}$.

d) *Eine Strecke* $\overline{AB}$ *wird auch* **Verbindungsstrecke** *der beiden Punkte A und B genannt.*

e) *Der Abstand* $|AB|$ *heißt* **Länge** *der Strecke* $\overline{AB}$.

Die Bezeichnung *Länge* der Strecke für die Zahl $|AB|$ ist nicht ganz korrekt, aber weithin verbreitet. Korrekt wäre es, diese Zahl als *Längenmaß* oder *Maßzahl* zu bezeichnen. Eine Streckenlänge ist streng genommen keine Zahl, sondern eine Äquivalenzklasse kongruenter Strecken. Um unnötige Schwierigkeiten zu vermeiden und in Anbetracht der Tatsache, daß in der Umgangssprache (aber auch im Mathematikunterricht) Längenmaßzahlen einfach nur Längen genannt werden, benutzen wir diese Bezeichnung ebenfalls.

Aufgabe 7: Formulieren Sie die Folgerungen II.1 – II.3 so, daß sie zu Aussagen über Strecken werden (statt über die Zwischenrelation von Punkten), und begründen Sie, daß die offenen Strecken (AB) und (BA) sowie die Strecken $\overline{AB}$ und $\overline{BA}$ jeweils identisch sind! Geben Sie alle Strecken an, die in den Modellen 2 und 3 auftreten!

Def. II.3: *Es seien O und A zwei verschiedene Punkte*

a) *Die Mengen* OA^+ und OA^- *mit*

$$OA^+ := \{P \mid P \in \mathbf{P},\ Zw(OAP) \vee Zw(OPA) \vee P = A\} \quad \text{und}$$

$$OA^- := \{P \mid P \in \mathbf{P},\ Zw(POA)\}$$

heißen **offene Halbgeraden** *mit dem Anfangspunkt O.*

b) *Die Vereinigungsmenge einer offenen Halbgerade mit ihrem Anfangspunkt heißt* **abgeschlossene Halbgerade**.

Statt des Begriffs Halbgerade wird auch der Begriff Strahl verwendet. Im folgenden bezeichnen wir Halbgeraden auch mit Kleinbuchstaben $p, q, \ldots$ und, wenn $p = OA^+$ ist, die Halbgerade OA^- mit p^-.

Satz II.1: *Ist O ein beliebiger Punkt einer Geraden g, A ein weiterer (von O verschiedener) Punkt dieser Geraden, dann gilt für die offenen Halbgeraden* OA^+ *und* OA^-:

a) $OA^+ \cap OA^- = \emptyset$ *und*

b) $OA^+ \cup OA^- = g \setminus \{O\}$.

Beweis:

a) Wir nehmen an, ein Punkt P möge sowohl zu OA^+ als auch zu OA^- gehören. Dann gilt nach Def. II.3 a) $Zw(OAP)$ oder $Zw(OPA)$ oder $P = A$ sowie $Zw(POA)$. Wegen Folgerung II.3 kann jedoch von drei Punkten nur einer zwischen den beiden anderen liegen, was unsere Annahme für den Fall $P \neq A$ sofort zum Widerspruch führt. Da für $O \neq A$ nicht $Zw(AOA)$ gelten kann, gehört der Punkt A nicht zu OA^- und die Behauptung ist somit bewiesen.

b) Es sei Q ein beliebiger (von O verschiedener) Punkt der Geraden g. Wiederum nach Folgerung II.3 liegt dann von den Punkten O, A und Q einer zwischen den beiden anderen oder Q ist mit A identisch. In beiden Fällen gehört Q einer der beiden Halbgeraden OA^+ und OA^- und somit der Vereinigungsmenge $OA^+ \cup OA^-$ an. Da Q beliebig gewählt war, ist damit auch die Behauptung b) gezeigt. □

Häufig läßt sich Satz II.1 auch in der folgenden Formulierung finden, die in einigen Axiomensystemen auch als Anordnungsaxiom auftritt:

Satz II.1': *Ein beliebiger Punkt O einer Geraden a teilt die Menge aller von O verschiedenen Punkte dieser Geraden in zwei disjunkte Mengen derart, daß*

a) *für zwei beliebige Punkte A und B, die verschiedenen Mengen angehören, der Punkt O zwischen den Punkten A und B liegt,*

b) *wenn die Punkte A und B ein- und derselben Menge angehören, einer von ihnen zwischen O und dem anderen Punkt liegt.*

Die beiden Mengen, über die in Satz II.1' eine Aussage getroffen wird, entsprechen gerade den in Def. II.3 definierten offenen Halbgeraden. Mit den bisher zugrundegelegten Axiomen läßt sich nicht nachweisen, daß es sich bei diesen offenen Halbgeraden um nichtleere Mengen handelt. So kann anhand der Modelle 1 – 3 nachgeprüft werden, daß Halbgeraden auch die leere Menge sein können. Dieser Fall wird erst durch die im nächsten Abschnitt behandelten Anordnungsaxiome ausgeschlossen.

2.4 Anordnungsgeometrie

2.4.1 Folgerungen aus den Axiomengruppen I – III

Neben den Inzidenz- und Abstandsaxiomen wird für die in diesem Abschnitt geführten Beweise und Herleitungen auch auf die folgenden Axiome zurückgegriffen.

III. Anordnungsaxiome

III/1 *Zu jeder nichtnegativen reellen Zahl a und jedem Punkt O der Ebene existiert auf jedem Strahl mit dem Anfangspunkt O genau ein Punkt A mit $|OA| = a$.*

III/2 *Eine beliebige Gerade g teilt die Menge der ihr nicht angehörenden Punkte der Ebene in zwei nichtleere, disjunkte Mengen derart, daß*

a) *die Verbindungsstrecke zweier beliebiger Punkte, die verschiedenen Mengen angehören, die Gerade g schneidet und*

b) *die Verbindungsstrecke zweier beliebiger Punkte, die derselben Menge angehören, die Gerade g nicht schneidet.*

Unmittelbar aus dem Axiom III.1 und den Definitionen II.2 und II.3 resultiert die nachstehende Folgerung.

Folgerung III.1: *Jede Gerade, jede Strecke und jede Halbgerade enthält unendlich viele Punkte.*

Aus dieser Folgerung ergibt sich sofort, daß die endlichen Modelle 1, 2 und 3 keine Modelle für die Axiomengruppen I – III sind. Wegen dem Axiom III.1 ist auch das Modell 5 (Sphäre) kein Modell dieser drei Axiomengruppen (siehe Eigenschaft S 5 in Abschnitt 1.1.2). So bleibt als einziges Modell für die Inzidenz-, Abstands- und Anordnungsaxiome das Modell 4.

Aufgabe 8: Weisen Sie nach, daß das Modell 4 (siehe Abschnitt 2.2.2) mit dem in Abschnitt 2.3.1 definierten Abstand ein Modell der Axiomengruppen I – III ist!

Def. III.1: *Die beiden durch Axiom III.2 ausgezeichneten nichtleeren disjunkten Mengen heißen* **offene Halbebenen** *mit der* **Randgeraden** *g.*

Sind A und B zwei Punkte der Randgeraden einer Halbebene H sowie C ein Punkt von H, so wird diese Halbebene mit ABC^+ oder gC^+ und die andere Halbebene bezüglich g mit ABC^- bzw. gC^- bezeichnet.

Def. III.2: *Falls A, B und C drei nichtkollineare Punkte sind, so heißt die Punktmenge, die aus den Punkten A, B und C sowie den offenen Strecken (AB), (BC) und (AC) besteht,* **Dreieck** $\overline{ABC}$. *Die offenen Strecken (AB), (BC) und (AC) heißen* **offene Seiten**, *die Strecken $\overline{AB}$, $\overline{BC}$ sowie $\overline{AC}$* **Seiten** *und die Punkte A, B und C* **Eckpunkte** *des Dreiecks $\overline{ABC}$.*

Satz III.1 (Satz von Pasch) *Es sei $\overline{ABC}$ ein Dreieck und g eine Gerade, die keinen der Eckpunkte dieses Dreiecks enthält. Hat g mit der Seite $\overline{AB}$ einen Punkt gemeinsam, so hat g auch mit genau einer der beiden Seiten $\overline{AC}$ und $\overline{AB}$ einen gemeinsamen Punkt.*

Beweis: Da A, B und C nicht auf g liegen und die Verbindungsstrecke $\overline{AB}$ die Gerade g schneidet, liegen A und B nach Axiom III.2 und Def. III.1 in unterschiedlichen Halbebenen bezüglich g. Der Punkt C muß nun nach dem Axiom III.2 einer dieser beiden Halbebenen angehören. Es sind also die beiden Fälle möglich, daß C mit A oder mit B in einer Halbebene bezüglich g liegt.

1. C und A liegen in einer Halbebene bezüglich g; dann schneidet $\overline{AC}$ die Gerade g nicht aber da in diesem Fall B und C in verschiedenen Halbebenen liegen müssen, hat g mit $\overline{BC}$ einen gemeinsamen Punkt.

2. Falls C mit B in einer Halbebene liegt, dann gilt $g \cap \overline{BC} = \emptyset$ und da C nicht in derselben Halbebene wie A liegt, existiert ein Punkt P mit $\{P\} = g \cap \overline{AC}$. In beiden Fällen schneidet g also genau eine der beiden Seiten $\overline{AC}$ und $\overline{BC}$. □

Der Satz von Pasch tritt in einer etwas schwächeren Formulierung in vielen Axiomensystemen als Anordnungsaxiom („*Pasch-Axiom*") auf. Ein solches Axiom kann statt unseres Axioms III.2 verwendet werden. Es ist nämlich möglich, Axiom III.2 auf Grundlage von Satz III.1 und den übrigen Axiomen zu beweisen. Die beiden Aussagen sind somit äquivalent.

2.4.2 Winkel

Def. III.3: *Eine 2-Menge $\{p, q\}$ von Halbgeraden p und q mit einem gemeinsamen Anfangspunkt O heißt* **Winkel** $\angle(p, q)$ *zwischen p und q, die Halbgeraden p und q werden als* **Schenkel**, *der Punkt O als* **Scheitel** *des Winkels $\angle(p, q)$ bezeichnet. Sind p und q verschiedene Halbgeraden einer Geraden, so wird $\angle(p, q)$* **gestreckter Winkel**, *bei $p = q$ wird $\angle(p, q)$* **Nullwinkel** *genannt. Ist (p, q) ein Paar von Halbgeraden, so heißt ihr Winkel auch* **gerichteter** *oder* **orientierter Winkel**.

Falls A ein Punkt von g und B ein Punkt von h ist, so wird für den Winkel $\angle(p,q)$ mit dem Scheitel O auch die Bezeichnung $\angle(AOB)$ verwendet.

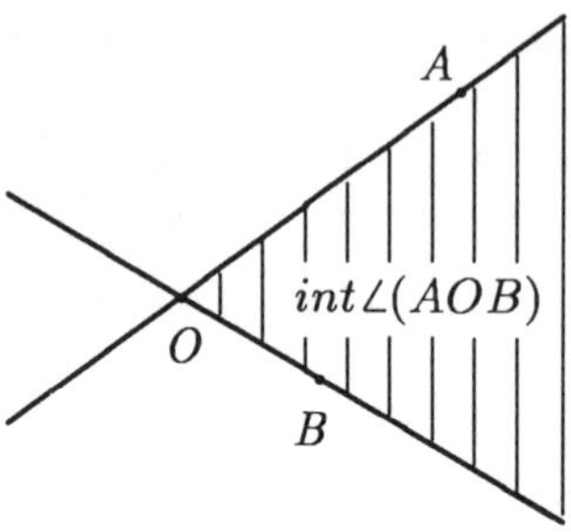

Abbildung 2.5:

Def. III.4:

Als **Inneres** *(int)* **eines Winkels** $\angle(AOB)$ *wird die Schnittmenge der Halbebenen* AOB^+ *und* BOA^+ *bezeichnet:*

$int\ \angle(AOB) := AOB^+ \cap BOA^+$

(siehe Abb. 2.5).

Bemerkungen:

1. Die Definitionen III.3 und III.4 beinhalten offenbar nicht die aus der Anschauungsgeometrie bekannten überstumpfen Winkel, sondern nur die spitzen, rechten, stumpfen und gestreckten Winkel. Um die überstumpfen Winkel in den Begriff aufzunehmen, wäre eine wesentlich kompliziertere und schwerer handhabbare Winkeldefinition erforderlich, was jedoch nicht lohnenswert erscheint, so daß wir den einfachen wenn auch etwas einschränkenden Winkelbegriff nach Definition III.3 benutzen.

   Die Begriffe spitzer, stumpfer und rechter Winkel werden erst im Abschnitt 2.2.8. eingeführt. Sie werden hier, ebenso wie der Begriff des überstumpfen Winkels nur zur Erläuterung im Sinne anschaulicher Vorstellungen genutzt.

2. Das Innere eines gestreckten Winkels $\angle(p,q)$ wird durch Definition III.4 nicht beschrieben und kann auch nicht eindeutig definiert werden. Naheliegend wäre es, darunter eine der beiden Halbebenen bezüglich der Geraden $p \cup q$ zu verstehen, allerdings ist durch $\angle(p,q)$ keine davon ausgezeichnet.

2.5 Bewegungen und Kongruenz

2.5.1 Bewegungen

Die vorangegangenen Abschnitte haben deutlich gemacht, daß unter ausschließlicher Zugrundelegung der Axiomengruppen I – III kaum interessante Aussagen der Geometrie hergeleitet werden können. Insbesondere wurde noch kein einziger Satz der Schulgeometrie bewiesen. Das liegt vor allem daran, daß die Kongruenz geometrischer Figuren noch nicht zur Verfügung stand. Wesentlich voranbringen beim axiomatischen Aufbau der Geometrie wird uns die Axiomengruppe IV, auch wenn diese aus nur einem Axiom (Bewegungsaxiom) besteht. Bevor wir dieses Axiom betrachten, werden wir zunächst definieren, was unter einer Bewegung zu verstehen ist und einige Eigenschaften von Bewegungen nachweisen.

Def. IV.1: *Als* **Bewegungen** *werden Abbildungen der Ebene auf sich bezeichnet, die Abstände beliebiger Punktepaare unverändert lassen.*

Definition IV.1 liegt der aus der Mengenlehre bekannte Abbildungsbegriff zugrunde. Eine Abbildung ϕ von $\mathbf{P}$ auf sich ist demnach eine Teilmenge des Mengenprodukts $\mathbf{P} \times \mathbf{P}$, wobei die Eindeutigkeit gegeben sein muß, d. h. falls $(A, B) \in \phi$ und $(A, C) \in \phi$, so ist $B = C$.

Satz IV.1: *Jede Bewegung ist eine eineindeutige Abbildung.*

Beweis: Es sei ϕ eine Bewegung sowie A und B zwei beliebige voneinander verschiedene Punkte. Wegen Axiom II.1 gilt dann $|AB| > 0$ und aufgrund von Definition IV.1 folgt daraus $|\phi(A)\phi(B)| = |AB| > 0$. Wiederum nach Axiom III.1 sind somit $\phi(A)$ und $\phi(B)$ zwei verschiedene Punkte, was bedeutet, daß bei einer Bewegung zwei beliebige voneinander verschiedene Punkte auf zwei ebenfalls voneinander verschiedene Punkte abgebildet werden. □

Bemerkung: Unmittelbar aus der Definition IV.1 und dem Satz IV.1 folgt, daß jede Bewegung eine *Umkehrabbildung* (inverse Abbildung) besitzt und diese wiederum eine Bewegung ist. Weiterhin ist (wie ebenfalls sehr leicht gezeigt werden kann) die Hintereinanderausführung zweier Bewegungen eine Bewegung und es gilt die Assoziativität für die Hintereinanderausführung von Bewegungen. Da die identische Abbildung selbstverständlich eine Bewegung ist, ist die Menge aller Bewegungen eine *Gruppe*.

Satz IV.2: *Bei einer beliebigen Bewegung ϕ wird*

a) jede Gerade auf eine Gerade,

b) jede Strecke auf eine Strecke, deren Endpunkte die Bilder der Endpunkte der Originalstrecke sind, sowie

c) jede Halbgerade mit einem Anfangspunkt O auf eine Halbgerade mit dem Anfangspunkt $\phi(O)$

abgebildet.

d) Falls zwei Geraden, Strecken, Halbgeraden oder zwei verschiedene dieser Figuren einen Punkt P gemeinsam haben, so haben die Bildfiguren den Punkt $\phi(P)$ gemeinsam.

Beweis: a) Es sei g eine beliebige Gerade, A und B seien zwei Punkte dieser Geraden. Durch (die wegen Satz IV.1) voneinander verschiedenen Punkte $\phi(A)$ und $\phi(B)$ wird wegen Axiom I/2 genau eine Gerade g' bestimmt. Wir weisen nach, daß die Gerade g auf die Gerade g' abgebildet wird. Dazu ist zu zeigen, daß erstens jeder Punkt von g auf einen Punkt von g' abgebildet wird und zweitens ein beliebiger Punkt auf g' ein Urbild auf g besitzt. Ist P ein beliebiger Punkt der Geraden g , so gilt nach Axiom II/3

$$\begin{aligned} |AP|+|PB| &= |AB| \quad \text{oder} \\ |AB|+|BP| &= |AP| \quad \text{oder} \\ |PA|+|AB| &= |PB|\ . \end{aligned}$$

Wegen Definition IV.1 ist dann auch eine der drei Gleichungen

$$\begin{aligned} |\phi(A)\phi(P)|+|\phi(P)\phi(B)| &= |\phi(A)\phi(B)|\ , \\ |\phi(A)\phi(B)|+|\phi(B)\phi(P)| &= |\phi(A)\phi(P)| \quad \text{und} \\ |\phi(P)\phi(A)|+|\phi(A)\phi(B)| &= |\phi(P)\phi(B)| \end{aligned}$$

erfüllt, was wiederum nach Axiom II/3 bedeutet, daß $\phi(P)$ auf der Geraden g' liegt. Ist umgekehrt Q ein Punkt von g', so kann aufgrund der Tatsache, daß die inverse Abbildung ϕ^{-1} von ϕ auch eine Bewegung ist, auf gleiche Weise gezeigt werden, daß das Urbild $\phi^{-1}(Q)$ des Punktes Q auf g liegt. □

Aufgabe 9: Beweisen Sie Satz IV.2 b), c) und d)!

Satz IV.3: *Bei jeder Bewegung ϕ wird*

a) jede Halbebene mit einer Randgeraden g auf eine Halbebene mit der Randgeraden $\phi(g)$ und

b) jeder Winkel auf einen Winkel sowie das Innere eines beliebigen Winkels auf das Innere des zugehörigen Bildwinkels abgebildet.

Beweis:

a) Es sei ABC^+ (mit $A \neq B$ und $C \notin AB$) eine beliebige Halbebene, P ein beliebiger Punkt dieser Halbebene. Dann hat die Gerade $g = AB$ mit $\overline{CP}$ nach Axiom III/2 keinen Punkt gemeinsam. Wegen Satz IV.2 d) sowie der Bemerkung zu Satz IV.1 gibt es auch keinen Schnittpunkt der Bildgeraden $g' = \phi(A)\phi(B)$ mit der Strecke $\overline{\phi(C)\phi(P)}$. Ist weiterhin Q mit $Q \notin g$ ein beliebiger Punkt, der nicht in ABC^+ liegt, so schneidet die Verbindungsstrecke $\overline{CQ}$ die Gerade g (Axiom III/2), und nach Satz IV.1 d) schneiden sich auch g' und $\overline{\phi(C)\phi(Q)}$. Alle Punkte der Halbebene ABC^+ werden also auf Punkte der Halbebene $\phi(A)\phi(B)\phi(C)^+$ abgebildet. Bildpunkte von Punkten, die nicht zu ABC^+ gehören, liegen daher auch nicht in $\phi(A)\phi(B)\phi(C)^+$. Somit wird die Halbebene ABC^+ auf die Halbebene $\phi(A)\phi(B)\phi(C)^+$ abgebildet, deren Randgerade $g' = \phi(A)\phi(B)$ die Bildgerade der Randgeraden g der Halbebene ABC^+ ist.

b) Unmittelbar aus Def. III.3 und Satz IV.2 c) und d) folgt, daß Winkel bei Bewegungen wieder auf Winkel abgebildet werden. Ist weiterhin C ein Punkt im Innern eines beliebigen Winkels $\angle(AOB)$, so liegt nach Def. III.4 C in AOB^+ sowie in BOA^+ und wegen dem soeben bewiesenen Teil a) dieses Satzes gilt $\phi(C) \in \phi(A)\phi(O)\phi(B)^+$ und $\phi(C) \in \phi(B)\phi(O)\phi(A)^+$, woraus sich wiederum nach Def. III.4 $\phi(C) \in int\angle(\phi(A)\phi(O)\phi(B))$ ergibt. Weil die Umkehrabbildung einer beliebigen Bewegung wieder eine Bewegung ist (siehe Bemerkung zu Satz IV.1), ist jeder Punkt aus $int\angle(\phi(A)\phi(O)\phi(B))$ Bildpunkt eines Punktes aus dem Inneren von $\angle(AOB)$. Das Innere des Winkels $\angle(AOB)$ wird somit auf das Innere des Winkels $\angle(\phi(A)\phi(O)\phi(B))$ abgebildet. □

Mit den Sätzen IV.1 – IV.3 haben wir einige wesentliche Eigenschaften von Bewegungen nachgewiesen, die wir beispielsweise für die Kongruenzgeometrie benötigen werden. Allerdings sind alle diese Eigenschaften gegenstandslos, falls keine Abbildungen existieren, welche der Definition IV.1 genügen. In der Tat ist die *Existenz* von Bewegungen (außer der identischen Abbildung) bisher nicht gegeben. Erst das nachfolgende Axiom sichert ab, daß tatsächlich weitere Bewegungen existieren und daß Strecken gleicher Länge stets durch eine Bewegung aufeinander abgebildet werden können, was in der Anschauungsgeometrie zwar evident ist, in unserem Aufbau unter Anwendung der bisher zur Verfügung stehenden Axiome aber nicht bewiesen werden kann.

IV. Bewegungsaxiom

Wenn der Abstand zweier Punkte A und B positiv und gleich dem Abstand zweier Punkte C und D ist, dann gibt es genau zwei Bewegungen, die A auf C und B auf D abbilden. Eine Halbebene bezüglich der Geraden AB wird bei jeder dieser beiden Bewegungen auf eine andere Halbebene bezüglich CD abgebildet.

Aufgabe 10: Weisen Sie nach, daß für das Modell 4 aus Abschnitt 2.2.2 (siehe auch Aufgabe 4 in Abschnitt 2.3.1 und Aufgabe 8 in Abschnitt 2.4.1) das Bewegungsaxiom gilt!

Hinweis: Verwenden Sie die folgende Gleichungsdarstellung für Bewegungen im $\mathbf{R}^2$, die den Zusammenhang zwischen einem Urbildpunkt $P(x, y)$ und dem zugehörigen Bildpunkt $P'(x', y')$ angibt:

$$\begin{pmatrix} x' \\ y' \end{pmatrix} = \begin{pmatrix} t_1 \\ t_2 \end{pmatrix} + \begin{pmatrix} \cos\alpha & -\sin\alpha \\ \sin\alpha & \cos\alpha \end{pmatrix} \cdot \begin{pmatrix} x \\ y \end{pmatrix} \quad \text{bzw.}$$

$$\begin{pmatrix} x' \\ y' \end{pmatrix} = \begin{pmatrix} t_1 \\ t_2 \end{pmatrix} + \begin{pmatrix} \cos\alpha & \sin\alpha \\ \sin\alpha & -\cos\alpha \end{pmatrix} \cdot \begin{pmatrix} x \\ y \end{pmatrix}$$

mit $\begin{pmatrix} t_1 \\ t_2 \end{pmatrix} \in \mathbf{R}^2, \quad \alpha \in (-\pi, \pi]$.

Um die Aussage des Bewegungsaxioms deutlicher zu machen, führen wir den Begriff der Fahne ein und beweisen danach einen zu diesem Axiom äquivalenten Satz.

Def. IV.2: *Als* **Fahne** $\mathcal{F} = (O, p, H)$ *wird die Menge bezeichnet, die aus einem Punkt O, einer offenen Halbgerade p mit O als Anfangspunkt und einer offenen Halbebene H, deren Randgerade die Halbgerade p angehört, besteht (siehe Abb. 2.6).*

Satz IV.4: *Sind* $\mathcal{F} = (O, p, H)$ *und* $\mathcal{F}' = (O', p', H')$ *zwei Fahnen, so existiert genau eine Bewegung* ϕ *, die* $\mathcal{F}$ *auf* $\mathcal{F}'$*, das heißt O auf O', p auf p' und H auf H' abbildet.*

Beweis: Es sei P ein Punkt auf p und P' ein Punkt auf p', der von O' den Abstand $\mid OP \mid$ hat (ein solcher Punkt existiert nach Axiom III.1). Wegen Axiom IV existiert genau eine Bewegung, die O auf O', P auf P' und H auf H' abbildet. Diese Bewegung bildet nach Satz IV.2 c) auch die Halbgerade $p = OP^+$ auf die Halbgerade $p' = O'P'^+$ ab. □

Es ließe sich umgekehrt zeigen, daß bei Zugrundelegung der Axiomengruppen I – III und des Satzes IV.4 das Axiom IV beweisbar ist. Das Bewe-

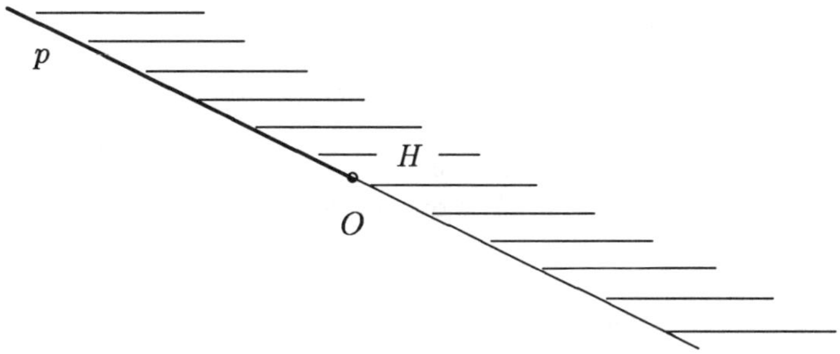

Abbildung 2.6: Fahne

gungsaxiom und der Satz IV.4 sind somit (auf der Grundlage der Axiomengruppen I – III) äquivalent. In vielen Axiomensystemen wird auch die hier als Satz IV.4 formulierte Aussage als Bewegungsaxiom verwendet.

Der Begriff der Bewegung läßt sich auch anders als hier (wo er als abstandstreue Abbildung definiert wurde) einführen. So werden im Mathematikunterricht der Sekundarstufe I zunächst spezielle Bewegungen (Verschiebungen, Spiegelungen und Drehungen) behandelt und Bewegungen als Hintereinanderausführungen dieser speziellen Abbildungen definiert, ein Weg, den wir auch im ersten Kapitel bei der Einführung der sphärischen Bewegungen gegangen sind. Bei einem solchen Weg kann dann die Abstandstreue der Bewegungen nachgewiesen werden. Unser Weg der Einführung der Bewegungen mag zwar etwas abstrakter anmuten, ist aber recht effektiv, da die Sätze der Kongruenzgeometrie auf Grundlage von Def. IV.1, Axiom IV und der Sätze IV.1 – IV.4 relativ problemlos bewiesen werden können, wie sich im nächsten Abschnitt zeigen wird. Darüberhinaus können wir auf Grundlage unseres Bewegungsbegriffs auch die speziellen Bewegungen betrachten. Die folgenden Definitionen der Verschiebungen, Drehungen und Spiegelungen, weichen von den in der Sekundarstufe I behandelten ab, da die dort zugrundegelegten Begriffe nicht zur Verfügung stehen, sie sind aber dazu äquivalent.

Def. IV.3:

a) *Eine Bewegung, bei der alle Punkte einer Geraden g auf sich und die Punkte der beiden offenen Halbebenen bezüglich g auf Punkte der jeweils anderen Halbebene abgebildet werden, heißt* **Geradenspiegelung** *an g.*

b) *Eine Bewegung, bei der genau ein Punkt P auf sich abgebildet wird,* *heißt* **Drehung** *um P.*

c) *Eine Bewegung, die alle Punkte einer Geraden g auf Punkte dieser Geraden und keinen Punkt der Ebene auf sich selbst abbildet und bei der alle Punkte einer Halbebene H bezüglich g wieder auf Punkte von H abgebildet werden, heißt* **Verschiebung** *entlang der Geraden* **g**.

Mit Hilfe der bisher behandelten Axiome können alle wichtigen bekannten Eigenschaften der Spiegelungen und Drehungen hergeleitet werden. Wir verzichten hier darauf, da wir auf diese speziellen Bewegungen nicht mehr zurückgreifen werden. Die entscheidenden Eigenschaften der Verschiebungen (mitunter auch als Parallelverschiebungen bezeichnet) lassen sich allerdings nur unter Hinzuziehung des Parallelenaxioms beweisen. Ebenfalls nur zur Information (und deshalb ohne Numerierung und ohne Beweis) sei der folgende Satz angeführt, der die Verbindung zwischen unserem Bewegungsbegriff und der in der Schule üblichen Behandlung der Bewegungen herstellt.

Satz: *Jede Bewegung läßt sich als Hintereinanderausführung höchstens einer Geradenspiegelung, einer Drehung und einer Verschiebung darstellen.*

Da sich jede Verschiebung und jede Spiegelung aus Geradenspiegelungen zusammensetzen läßt, würden diese allein bereits reichen, um Bewegungen zu charakterisieren:

Satz: *Jede Bewegung läßt sich als Hintereinanderausführung von höchstens drei Geradenspiegelungen darstellen.*

Da wir auf diesen Satz ebenfalls nicht zurückgreifen werden, verzichten wir auch hier auf einen Beweis, der zudem recht aufwendig wäre.

Ein wichtiger Hinweis zum prinzipiellen Charakter der Bewegungen erscheint an dieser Stelle notwendig. Die beiden vorangegangenen Sätze sagen aus, daß sich jede Bewegung als Hintereinanderausführung von speziellen Bewegungen darstellen läßt, und daß es dafür mehrere Möglichkeiten gibt. Eine Bewegung im Sinne einer mathematischen Abbildung wird jedoch nur durch die Menge aller Punkte und deren Bildpunkte bestimmt; sie ist also nichts anderes als eine Menge von Punktepaaren $(P, \phi(P))$. Eine Hintereinanderausführung von drei Spiegelungen und eine Hintereinanderausführung einer Spiegelung, einer Verschiebung und einer Drehung stellen also, ein- und dieselbe Bewegung dar, wenn nur alle Punkte genauso abgebildet werden. Hier liegt ein wesentlicher Unterschied zwischen einer Bewegung im Sinne einer mathematischen Abbildung und einer physikalischen Bewegung. Während bei einer physikalischen Bewegung selbstverständlich der Weg, also die Art und Weise des *„Bewegungsprozesses“*, von Bedeutung ist, wird eine solche Bewegung im mathematischen Sinne nur durch *„Anfangs- und Endzustand"* (Punkte und Bildpunkte) beschrieben.

Ein weiterer wesentlicher Unterschied zwischen einer mathematischen und einer physikalischen Bewegung (bei der beispielsweise die Bewegung eines Körpers betrachtet wird und die anderen Punkte „fest bleiben") besteht darin, daß bei einer Bewegung im hier betrachteten (mathematischen) Sinne immer *alle Punkte* der Ebene abgebildet werden. Bei einer geometrischen Bewegung wird also niemals nur ein Dreieck auf ein anderes Dreieck, eine Strecke auf eine Strecke u.s.w. abgebildet (auch wenn mitunter nur die Bildpunkte bestimmter Punktmengen von Interesse sind), sondern immer die gesamte Ebene auf die gesamte Ebene.

2.5.2 Kongruenz geometrischer Figuren

Def. IV.4: *Zwei Punktmengen* $\mathbf{M}_1$ *und* $\mathbf{M}_2$ *heißen zueinander* **kongruent** ($M_1 \equiv M_2$)*, falls eine Bewegung* ϕ *existiert, die* $\mathbf{M}_1$ *auf* $\mathbf{M}_2$ *abbildet.*

Bemerkungen:

1. Darunter, daß eine Bewegung die Punktmenge $\mathbf{M}_1$ auf die Punktmenge $\mathbf{M}_2$ abbildet, versteht man, daß jedem Punkt von $\mathbf{M}_1$ ein Punkt von $\mathbf{M}_2$ zugeordnet wird und jeder Punkt von $\mathbf{M}_2$ ein Urbild in $\mathbf{M}_1$ besitzt.

2. Statt des Begriffs Punktmenge wird auch der Begriff der geometrischen Figur verwendet, insbesondere bei „geometrisch interessanten" Punktmengen wie Strecken, Dreiecken, Kreisen u.s.w..

3. Streng genommen müßte in Definition 1 stehen „$\mathbf{M}_1$ heißt kongruent *zu* $\mathbf{M}_2$". Da jedoch die Umkehrabbildung jeder Bewegung wieder eine Bewegung ist, und daher aus der Kongruenz von $\mathbf{M}_1$ zu $\mathbf{M}_2$ sofort die Kongruenz von $\mathbf{M}_2$ zu $\mathbf{M}_1$ folgt, wurde die obige Formulierung verwendet, welche die Symmetrie der Kongruenzrelation bereits impliziert.

4. Unmittelbar aus den Gruppeneigenschaften der Bewegungen folgt, daß die Kongruenzrelation auch reflexiv und transitiv ist. Somit handelt es sich bei der Kongruenz um eine *Äquivalenzrelation.*

5. Bei der Kongruenz von Dreiecken (und analog dazu bei beliebigen n-Ecken) verwenden wir die Bezeichnung $\overline{ABC} \equiv \overline{DEF}$ nur dann, wenn der Punkt A dem Punkt D, der Punkt B dem Punkt E und der Punkt C dem Punkt F entspricht, bei der entsprechenden Bewegung

also A auf D, B auf E und C auf F abgebildet wird. Die Reihenfolge der Punkte bei der Bezeichnung eines Dreiecks ist in diesem Fall somit von Bedeutung.

6. Aus Definition IV.4 folgt sofort, daß bei Kongruenz zweier geometrischer Figuren auch alle Teilfiguren dieser Figuren (zum Beispiel Seiten und Winkel von Dreiecken) zueinander kongruent sein müssen.

Folgerung IV.1: *Zwei Strecken* $\overline{AB}$ *und* $\overline{CD}$ *sind dann und nur dann zueinander kongruent, wenn* $|AB| = |CD|$ *gilt.*

Folgerung IV.2 (Möglichkeit und Eindeutigkeit des Winkelantragens): *Zu jedem Winkel* $\angle(p,q)$ *und zu jeder Halbgeraden* p' *gibt es in jeder Halbebene bezüglich* p' *genau eine Halbgerade* q' *mit* $\angle(p',q') \equiv \angle(p,q)$.

Aufgabe 11: Beweisen Sie die Folgerungen IV.1 und IV.2!

Hinweis: Benutzen Sie für die Folgerung IV.1 die Definition der Bewegungen und das Bewegungsaxiom sowie für den Beweis der Folgerung IV.2 den Satz IV.4!

Satz IV.5 (Winkeladdition): *Es seien* p, q *und* r *Halbgeraden mit einem gemeinsamen Anfangspunkt* O *sowie* p', q' *und* r' *Halbgeraden mit einem Punkt* O' *als Anfangspunkt. Liegt die Halbgerade* r *im Innern des Winkels* $\angle(p,q)$ *und die Halbgerade* r' *im Innern des Winkels* $\angle(p',q')$ *und gilt* $\angle(p,r) \equiv \angle(p',r')$ *sowie* $\angle(r,q) \equiv \angle(r',q')$, *so sind auch die Winkel* $\angle(p,q)$ *und* $\angle(p',q')$ *zueinander kongruent (Abbildung 2.7).*

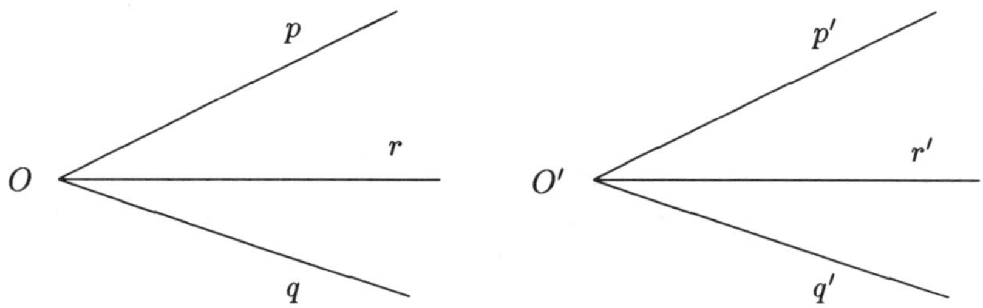

Abbildung 2.7:

Beweis: Nach Voraussetzung existiert eine Bewegung ϕ_1, die den Winkel $\angle(p,r)$ auf den Winkel $\angle(p',r')$ abbildet und eine Bewegung ϕ_2, die $\angle(r,q)$ auf $\angle(r',q')$ abbildet. Beide Bewegungen bilden r auf r' sowie O auf O' ab. ϕ_1 bildet die Halbebene bzgl. r, in der p liegt, auf die Halbebene bzgl. r'

ab, in der p' liegt. Weil q sowie q' nach Voraussetzung in jeweils anderen Halbebenen bzgl. r bzw. r' liegen, als p und p', bildet ϕ_1 die Halbebene bzgl. r, in der q liegt auf die Halbebene bzgl. r' ab, in der q' liegt. Da sich ϕ_2 in Bezug auf die Abbildung dieser Halbebene ebenso verhalten muß, handelt es sich bei ϕ_1 und ϕ_2 um dieselbe Bewegung (Axiom IV). Diese Bewegung bildet p auf p' sowie q auf q' ab und somit den Winkel $\angle(p,q)$ auf den Winkel $\angle(p',q')$. □

Satz IV.6 (Winkelsubtraktion): *Es seien p, q und r Halbgeraden mit einem gemeinsamen Anfangspunkt O sowie p', q' und r' Halbgeraden mit einem Punkt O' als Anfangspunkt. Liegt die Halbgerade q im Innern des Winkels $\angle(p,r)$ und die Halbgerade q' im Innern des Winkels $\angle(p',r')$ und gilt $\angle(p,r) \equiv \angle(p',r')$ sowie $\angle(q,r) \equiv \angle(q',r')$, so sind auch die Winkel $\angle(p,q)$ und $\angle(p',q')$ zueinander kongruent.*

Aufgabe 12: Beweisen Sie Satz IV.6!

Satz IV.7 (Kongruenzsatz „sws"): *Sind $\overline{ABC}$ und $\overline{DEF}$ zwei Dreiecke und ist $\overline{AB} \equiv \overline{DE}$, $\overline{AC} \equiv \overline{DF}$ sowie $\angle(BAC) \equiv \angle(EDF)$, so sind die beiden Dreiecke $\overline{ABC}$ und $\overline{DEF}$ kongruent zueinander.*

Beweis: Wegen $\angle(BAC) \equiv \angle(EDF)$ existiert eine Bewegung ϕ, die den Winkel $\angle(BAC)$ auf den Winkel $\angle(EDF)$ abbildet. Wegen Satz IV.2 c) bildet diese Bewegung den Punkt A auf den Punkt D, die Halbgerade AB^+ auf die Halbgerade DE^+ sowie AC^+ auf DF^+ ab. Da wegen $\overline{AB} \equiv \overline{DE}$ der Punkt E von D den Abstand $|AB|$ hat, der Bildpunkt $\phi(B)$ nach der Definition der Bewegungen ebenfalls diesen Abstand von D hat und nach Axiom III.1 auf DE^+ *genau* ein Punkt existiert, der von D den Abstand $|AB|$ hat, ist $E = \phi(B)$. Anhand derselben Überlegungen ergibt sich $F = \phi(C)$. Die Eckpunkte des Dreiecks $\overline{ABC}$ werden durch ϕ also auf die Eckpunkte des Dreiecks $\overline{DEF}$ abgebildet. Wegen Satz IV.2 b) werden somit auch die Seiten des Dreiecks $\overline{ABC}$ auf die Seiten des Dreiecks $\overline{DEF}$ abgebildet. Die beiden Dreiecke sind daher nach Definition IV.4 kongruent. □

Satz IV.8: (Kongruenzsatz „wsw"): *Sind $\overline{ABC}$ und $\overline{DEF}$ zwei Dreiecke und ist $\overline{AB} \equiv \overline{DE}$, $\angle(BAC) \equiv \angle(EDF)$ sowie $\angle(ABC) \equiv \angle(DEF)$, so sind die beiden Dreiecke $\overline{ABC}$ und $\overline{DEF}$ kongruent.*

Beweis: Ist P ein Punkt auf der Halbgeraden DF^+, der von D den Abstand $|AC|$ hat, so sind nach Satz IV.7 die Dreiecke $\overline{ABC}$ und $\overline{DEP}$ kongruent und nach Bemerkung 6 zu Def. IV.4 gilt $\angle(ABC) \equiv \angle(DEP)$. Da aber nach Voraussetzung auch die Winkel $\angle(ABC)$ und $\angle(DEF)$ kongruent sind, gilt $\angle(DEF) \equiv \angle(DEP)$. Wegen Folgerung IV.2 sind die Halbgeraden EF^+ und EP^+ somit identisch. Die Punkte F und P gehören daher beide sowohl der Gerade EP als auch der Gerade DP an. Da diese beiden

Geraden nicht identisch sind ($D \in DP$ aber $D \notin EP$, sonst wäre $\overline{DEP}$ kein Dreieck), muß nach Satz I.1 $P=F$ sein. Aus der Kongruenz der Dreiecke $\overline{ABC}$ und $\overline{DEP}$ folgt die Kongruenz der Dreiecke $\overline{ABC}$ und $\overline{DEF}$. □

Für den Beweis weiterer Kongruenzsätze werden noch einige zusätzliche Voraussetzungen benötigt, die wir in den folgenden Abschnitten herleiten. Die Kongruenzsätze „sss“ und „ssw“ werden daher erst in den Abschnitten 2.5.3. und 2.5.5. behandelt.

Satz IV.9 (Basiswinkelsatz): *Ist $\overline{ABC}$ ein Dreieck und gilt $\overline{AC} \equiv \overline{BC}$, so sind die Winkel $\angle(BAC)$ und $\angle(ABC)$ kongruent.*

Aufgabe 13: Beweisen Sie den Basiswinkelsatz! Beachten Sie dabei die Bemerkung 5 zu Definition IV.4, da die dort getroffene Vereinbarung eine sehr rationelle Beweisführung ermöglicht!

2.5.3 Mittelpunkt, Winkelhalbierende, spezielle Winkel, Lot

Def. IV.5: *Ist $\overline{AB}$ eine Strecke und P ein Punkt von $\overline{AB}$ mit $\overline{AP}\equiv\overline{PB}$, so heißt P* **Mittelpunkt** *der Strecke $\overline{AB}$.*

Satz IV.10: *Jede Strecke besitzt genau einen Mittelpunkt.*

Beweis: Für jeden Punkt P einer Strecke $\overline{AB}$ gilt nach Def. II.1 und Def. II.2: $|AP| + |PB| = |AB|$. P ist demzufolge genau dann Mittelpunkt von $\overline{AB}$, falls $|AP| = |PB| = \frac{|AB|}{2}$ gilt. Nach Axiom III.1 gibt es jedoch genau einen Punkt P der diese Bedingung erfüllt. □

Def. IV.6: *Eine Halbgerade r mit einem Anfangspunkt O heißt* **Winkelhalbierende** *eines Winkels $\angle(p,q)$ mit dem Scheitel O, falls die Winkel $\angle(p,r)$ und $\angle(r,q)$ kongruent sind.*

Um nachzuweisen, daß jeder Winkel eine Winkelhalbierende besitzt, benötigen wir den folgenden Satz.

Satz IV.11: *Gegeben sei ein Winkel $\angle(AOB)$ (der kein gestreckter Winkel ist), es gelte $\overline{OA} \equiv \overline{OB}$, und es sei P ein Punkt der Strecke $\overline{AB}$. Dann ist OP^+ genau dann Winkelhalbierende von $\angle(AOB)$, wenn P Mittelpunkt von $\overline{AB}$ ist.*

Aufgabe 14: Beweisen Sie Satz IV.11! (Verwenden Sie den Basiswinkelsatz und den Kongruenzsatz „sws“!)

Satz IV.12: *Jeder Winkel, der kein gestreckter Winkel ist, besitzt genau eine Winkelhalbierende.*

Satz IV.12 ist eine unmittelbare Folgerung aus den beiden vorangegangenen Sätzen. Der gestreckte Winkel wurde ausgenommen, da in diesem Falle Satz IV.11 nicht angewendet werden kann. Aber auch dieser Fall wird im Zusammenhang mit der Existenz rechter Winkel noch betrachtet. Zuvor führen wir jedoch einige Begriffe ein, unter anderem mit dem Ziel, rechte Winkel zu untersuchen.

Def. IV.7: *Ist $\angle(p,q)$ ein Winkel, so heißen die Winkel $\angle(p,q^-)$ und $\angle(p^-,q)$* **Nebenwinkel** *sowie der Winkel $\angle(p^-,q^-)$* **Scheitelwinkel zu** *$\angle(p,q)$ (Abbildung 2.8).*

Satz IV.13:

a) *Sind die Winkel $\angle(p,q)$ und $\angle(p',q')$ kongruent, so ist jeder Nebenwinkel des Winkels $\angle(p,q)$ zu jedem Nebenwinkel von $\angle(p',q')$ kongruent.*

b) *Jeder Winkel ist zu seinem Scheitelwinkel kongruent.*

Aufgabe 15: Beweisen Sie Satz IV.13!

Hinweis: Benutzen Sie für den Beweis von Teil a) den Satz IV.4 und wenden Sie für den Beweis von b) den Teil a) auf einen Nebenwinkel des zu untersuchenden Winkels an.

Def. IV.8: *Ein Winkel, der zu einem seiner Nebenwinkel kongruent ist, heißt* **rechter Winkel**.

Satz IV.14: *Zu jeder Halbgerade p existiert in jeder Halbebene bezüglich p genau ein rechter Winkel, dessen einer Schenkel p ist.*

Beweis: Es sei $p = OA^+$ eine Halbgerade, g die Gerade, der p angehört, H eine Halbebene bezüglich g und P ein Punkt in H, der nicht auf g liegt

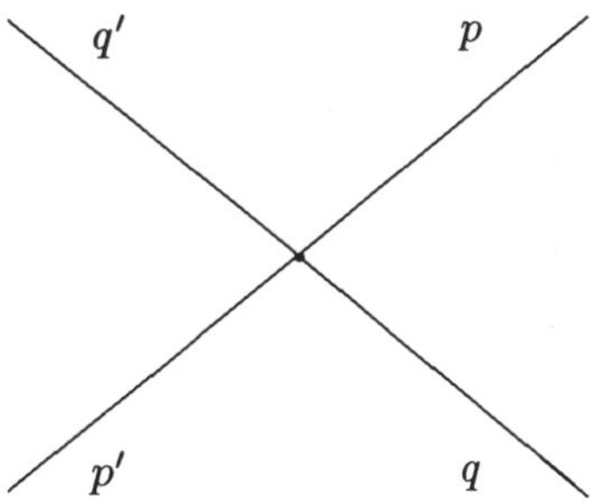

Abbildung 2.8:

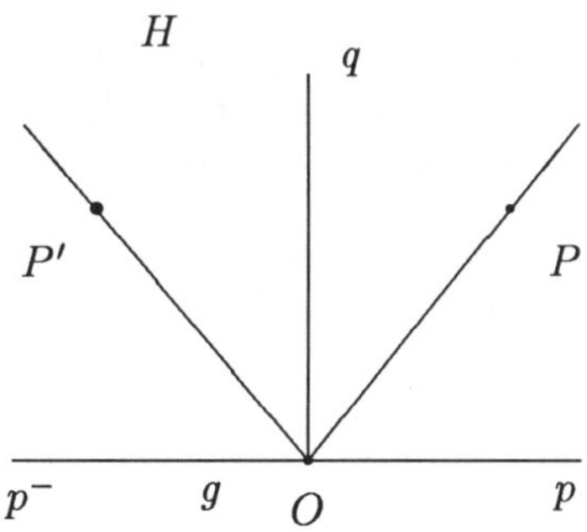

Abbildung 2.9:

(Abbildung 2.9). Wir betrachten nun die Bewegung ϕ, die O auf O, p auf p^- und H auf sich abbildet (nach Satz IV.4 existiert genau eine solche Bewegung). Es können zwei Fälle auftreten:

1. Der Punkt P wird durch die Bewegung ϕ auf sich selbst abgebildet. Dann sind die Nebenwinkel $\angle(p, OP^+)$ und $\angle(p', OP'^+)$ kongruent und somit ist $\angle(p, OP^+)$ ein rechter Winkel.

2. Das Bild von P sei ein von P verschiedener Punkt P'. Der Winkel $\angle(POP')$ ist kein gestreckter Winkel, da P und P' in derselben Halbebene H bezüglich g liegen und O ein Punkt von g ist. Dieser Winkel besitzt deshalb nach Satz IV.12 genau eine Winkelhalbierende q. Wir weisen nach, daß $\angle(p, q)$ ein rechter Winkel ist. Da die Bewegung ϕ den Punkt P auf P', O auf sich und die Halbgerade p auf p^- abbildet, sind die Winkel $\angle(p, OP^+)$ und $\angle(p^-, OP'^+)$ kongruent und da q Winkelhalbierende des Winkels $\angle(OP^+, OP'^+)$ ist, gilt $\angle(q, OP^+) \equiv \angle(q, OP^-)$. Wegen Satz IV.5 sind somit auch die Winkel $\angle(p, q)$ und $\angle(p^-, q)$ kongruent und $\angle(p, q)$ ist nach Def. IV. 7 ein rechter Winkel. □

Aufgabe 16: Weisen Sie nach, daß die rechten Winkel genau eine Äquivalenzklasse von Winkeln in Bezug auf die Kongruenzrelation bilden, daß also

a) jeder zu einem rechten Winkel kongruente Winkel wiederum ein rechter Winkel ist und

b) je zwei rechte Winkel kongruent sind!

Def. IV.9:

a) *Ein Winkel $\angle(p, q)$ heißt* **spitzer Winkel**, *falls ein rechter Winkel $\angle(p, r)$ mit gleichem Scheitel und einem gemeinsamen Schenkel p existiert, in dessen Inneren der Strahl q liegt.*

b) *Ein Winkel, der weder ein rechter noch ein spitzer noch ein gestreckter Winkel ist, heißt* **stumpfer Winkel**.

Folgerung IV.3:

a) *Jeder stumpfe Winkel enthält einen rechten Winkel.*

b) *Jeder Nebenwinkel eines spitzen Winkels ist ein stumpfer Winkel und umgekehrt.*

c) *Kein spitzer Winkel enthält einen rechten Winkel.*

Aufgabe 17: Beweisen Sie die Folgerungen IV.3 a) und b)!

Def. IV.10: *Zwei Geraden g und h heißen* **senkrecht** *aufeinander stehend* ($g \perp h$) *oder rechtwinklig zueinander, falls g eine Halbgerade p und h eine Halbgerade q enthält, so daß* $\angle(p,q)$ *ein rechter Winkel ist.*

Def. IV.11: *Es sei P ein Punkt und g eine Gerade. Dann heißt eine Gerade h mit* $P \in h$ *und* $g \perp h$ **Lot** *vom Punkt P auf die Gerade g und der Punkt Q mit* $\{Q\} = g \cap h$ *Fußpunkt des Lotes von P auf g.*

Satz IV.15: *Für jeden Punkt P und jede Gerade g existiert genau ein Lot von P auf g.*

Beweis: Falls P auf g liegt, folgt die Behauptung unmittelbar aus Satz IV.14. Anderenfalls betrachten wir eine Bewegung ϕ, die jeden Punkt von g auf sich abbildet und die beiden Halbebenen bezüglich g vertauscht. Wegen Satz IV.4 existiert genau eine solche Bewegung. Es sei nun P' der Bildpunkt von P und Q der Schnittpunkt der Geraden g und $P\phi(P)$ (Abbildung 2.10). Der Bildpunkt von Q bei ϕ ist wegen $Q \in g$ der Punkt Q selbst. Dementsprechend wird die Halbgerade QP^+ auf die Halbgerade QP'^+ und eine Halbgerade QR^+ von g auf sich abgebildet. Die Winkel $\angle(QR^+, QP^+)$ und $\angle(QR^+, QP'^+)$ sind somit kongruente Nebenwinkel, und die Existenz eines Lotes von P auf g ist gesichert. □

Aufgabe 18: Beweisen Sie die Eindeutigkeitsaussage von Satz IV.15!

Satz IV.16 (Kongruenzsatz „sss“): *Sind* $\overline{ABC}$ *und* $\overline{DEF}$ *Dreiecke mit* $\overline{AB} \equiv \overline{DE}$, $\overline{AC} \equiv \overline{DF}$ *und* $\overline{BC} \equiv \overline{EF}$, *so sind die Dreiecke* $\overline{ABC}$ *und* $\overline{DEF}$ *kongruent.*

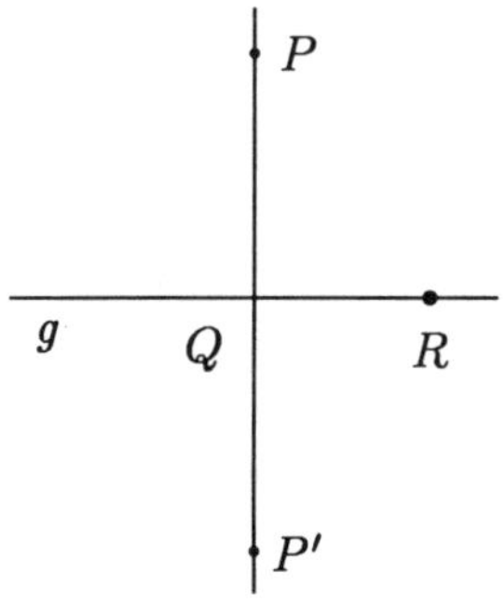

Abbildung 2.10:

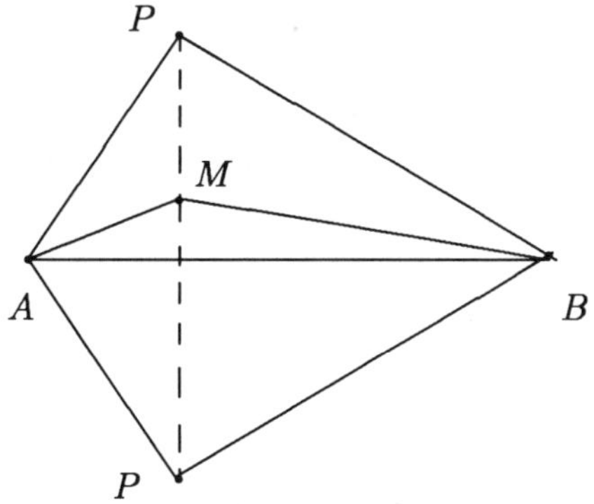

Abbildung 2.11:

Beweis: Nach Axiom IV existiert ein zu $\overline{DEF}$ kongruentes Dreieck $\overline{ABP}$, das mit $\overline{ABC}$ die Eckpunkte A sowie B gemeinsam hat, wobei P in der Halbebene ABC^- liegt. Wegen der Transitivität der Kongruenz genügt es, zu zeigen, daß die Dreiecke $\overline{ABC}$ und $\overline{AB}$ kongruent sind. Dazu sei M der Mittelpunkt der Strecke $\overline{PC}$ (Abbildung 2.11). Nach dem Basiswinkelsatz folgt, daß die Winkel $\angle(ACM)$ und $\angle(APM)$ sowie $\angle(BCM)$ und $\angle(BPM)$ jeweils zueinander kongruent sind. Aus dem Kongruenzsatz *sws* ergibt sich $\overline{ACM} \equiv \overline{APM}$ sowie $\overline{BCM} \equiv \overline{BPM}$ und somit (nach der Definition des rechten Winkels) $AM \perp PC$ sowie $BM \perp PC$. Aus der Eindeutigkeit des Lotes auf PC im Punkt M folgt $M \in AB$, woraus sich $\angle(ABC) \equiv \angle(MBC)$, $\angle(ABP) \equiv \angle(MBP)$ sowie (da aus den hergeleiteten Dreieckskongruenzen $\angle(MBP) \equiv \angle(MBC)$ resultiert) $\angle(ABC) \equiv \angle(ABP)$ ergibt. Nach dem Kongruenzsatz *sws* sind daher die Dreiecke $\overline{ABC}$ und $\overline{ABP}$ und folglich auch die Dreiecke $\overline{ABC}$ und $\overline{DEF}$ kongruent. □

Def. IV.12: *Eine Gerade g heißt* **Mittelsenkrechte** *einer Strecke $\overline{AB}$, falls g den Mittelpunkt von $\overline{AB}$ enthält und auf der Gerade AB senkrecht steht.*

Bemerkung: Unmittelbar aus den Sätzen IV.10 und IV.14 folgt, daß jede Strecke genau eine Mittelsenkrechte besitzt.

Satz IV.17: *Die Mittelsenkrechte m einer Strecke $\overline{AB}$ ist die Menge aller Punkte P mit $|AP| = |BP|$.*

Beweis: Es ist zu zeigen, daß

1. für jeden Punkt $P \in m$ die Beziehung $|AP| = |BP|$ gilt und
2. jeder Punkt Q mit $|AQ| = |BQ|$ auf m liegt.

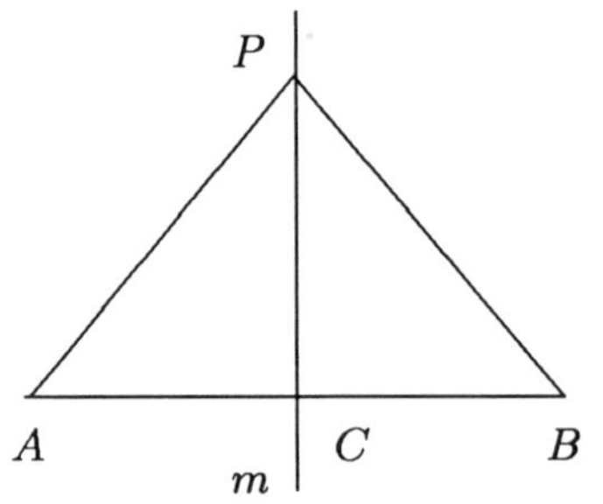

Abbildung 2.12:

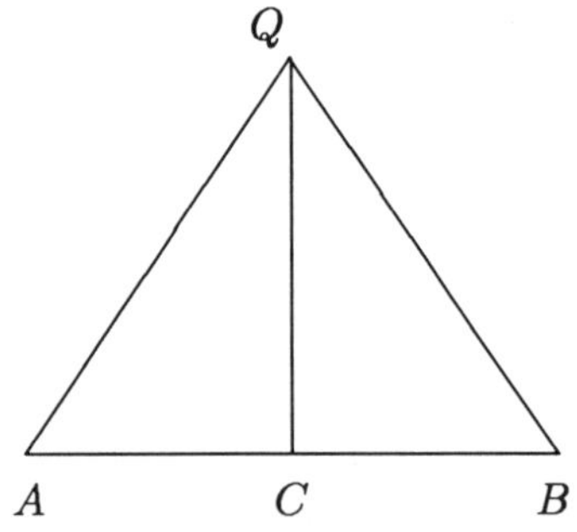

Abbildung 2.13:

1. Es sei C der Mittelpunkt der Strecke $\overline{AB}$ und $P \in m$, dann sind die Dreiecke $\overline{ACP}$ und $\overline{ABC}$ (siehe Abbildung 2.12) nach dem Kongruenzsatz *sws* kongruent und somit gilt $|AP| = |BP|$.

2. Ist Q ein beliebiger Punkt mit $|AQ| = |BQ|$, so sind nach dem Kongruenzsatz *sss* die Dreiecke $\overline{ACQ}$ und $\overline{BCQ}$ kongruent (Abbildung 2.13). Demnach gilt $\angle(ACQ) \equiv \angle(BCQ)$, nach der Definition des rechten Winkels sind also $\angle(ACQ)$ und $\angle(BCQ)$ rechte Winkel und QC Mittelsenkrechte der Strecke $\overline{AB}$. Da jede Strecke *genau* eine Mittelsenkrechte besitzt (siehe Bemerkung zu Satz IV.12), ist daher $QC = m$ und somit $Q \in m$. □

2.5.4 Winkelgröße und Winkelmaß

Wie bereits in Abschnitt 2.5.2 festgestellt wurde, ist die Kongruenz geometrischer Figuren eine Äquivalenzrelation. Durch eine solche Relation wird die Menge aller Figuren in nichtleere, disjunkte Teilmengen (Äquivalenzklassen) zerlegt, die jeweils aus zueinander kongruenten Figuren bestehen. Diese Äquivalenzklassen bezüglich der Kongruenzrelation werden auch Kongruenzklassen genannt.Wir betrachten in diesem Abschnitt die Äquivalenzklassen kongruenter Winkel. Eine spezielle dieser Klassen fand bereits im vergangenen Abschnitt Erwähnung, nämlich die der rechten Winkel. Es läßt sich weiterhin auch sehr leicht zeigen, daß die gestreckten Winkel und die Nullwinkel jeweils eine Kongruenzklasse bilden.

Def. IV.13: *Als* **Größe** $\alpha = g(\angle(p,q))$ **eines Winkels** $\angle(p,q)$ *wird die Menge aller zu* $\angle(p,q)$ *kongruenten Winkel bezeichnet (also die Kongruenzklasse des Winkels* $\angle(p,q)$ *):*

$$\alpha = g(\angle(p,q)) := \{\angle(x,y) \mid \angle(x,y) \equiv \angle(p,q)\} \quad .$$

Gehört ein Winkel $\angle(p,q)$ einer Winkelgröße α an, so heißt $\angle(p,q)$ *Repräsentant* dieser Winkelgröße. Dafür sind folgende *Sprechweisen* üblich:

- $\angle(p,q)$ *ist ein Winkel (mit) der Größe* α ,
- *die Größe des Winkels* $\angle(p,q)$ *ist* α *sowie*
- *der Winkel* $\angle(p,q)$ *hat die Größe* α.

Die Definition IV.13 mag etwas abstrakt und ungewöhnlich erscheinen, ist jedoch sinnvoll. Letztendlich beinhaltet diese Definition eine Zusammenfassung aller jeweils kongruenten Winkel zu Klassen, abstrahiert also von der konkreten Lage eines Winkels und stellt die Eigenschaft der „Größe" heraus, im Sinne der Kongruenz zu anderen Winkeln.

Der anschauliche Begriff der Größe ist dazu durchaus konform, bedeutet doch „gleichgroß" nichts anderes als kongruent. Natürlich ist die Größe eines Winkels, anders als oft aufgefaßt, im Sinne von Definition IV.13 keine Zahl, sondern zunächst eine Kongruenzklasse (Zahlen werden den Winkeln erst mit ihren Maßen zugeordnet). Jedoch ist es möglich, derartige Kongruenzklassen zu addieren, zu subtrahieren und auch zu vergleichen.

Def. IV.14: *Sind α und β Winkelgrößen, $\angle(p,q)$ und $\angle(p,r)$ Repräsentanten von α bzw. β mit einem gemeinsamen Scheitel und einem gemeinsamen Schenkel p und liegt p im Innern des Winkels $\angle(q,r)$, so heißt die Winkelgröße $\gamma = g(\angle(q,r))$* **Summe der Winkelgrößen** *α und β ($\gamma = \alpha + \beta$; siehe Abbildung 2.14).*

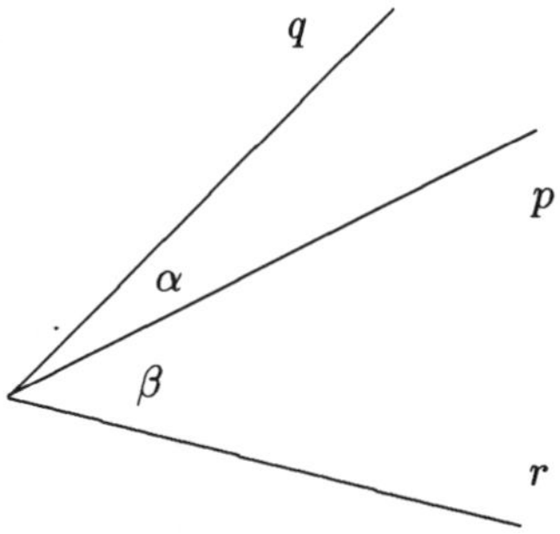

Abbildung 2.14:

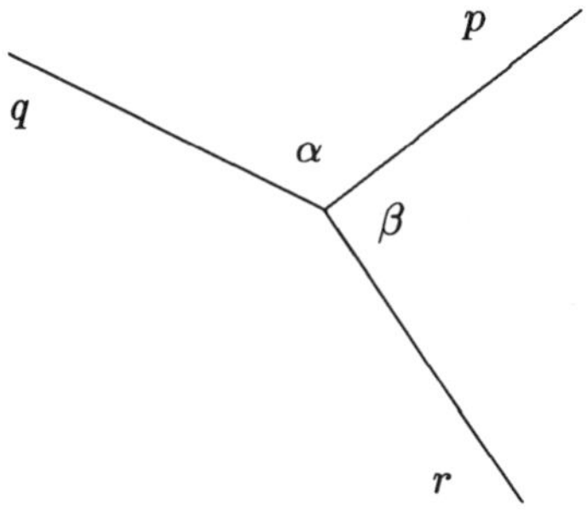

Abbildung 2.15:

Bemerkungen:

1. Aufgrund unserer Winkeldefinition (vgl. Bem. 1 zu Def. III.4) ist es nicht möglich, beliebige Winkelgrößen zu addieren (siehe Abbildung 2.15). Wenn bei der Addition zweier Winkel (z. B. zweier stumpfer Winkel) kein Winkel entsprechend Def. III.4 entsteht, dann ist die Summe der entsprechenden Winkelgrößen nicht erklärt.

2. Damit die Addition zweier Winkelgrößen überhaupt ausführbar ist, müssen beide Äquivalenzklassen Repräsentanten besitzen, die den Voraussetzungen von Def. IV.14 genügen, die also einen gemeinsamen Scheitel und einen gemeinsamen Schenkel besitzen. Nach Folgerung IV.2 (Möglichkeit und Eindeutigkeit des Winkelantragens ist diese Bedingung erfüllt.

3. Eine weitere Bedingung dafür, daß Def. IV.14 überhaupt sinnvoll ist, stellt die *Repräsentantenunabhängigkeit* dar, die bei jeder Definition

von Klassen mittels Repräsentanten zu beweisen ist. Zu Definition IV.14 muß gezeigt werden, daß die Summe der Winkelgrößen unabhängig von der Wahl der Repräsentanten $\angle(p,q)$ und $\angle(q,r)$ ist, daß also für beliebige Winkel $\angle(p',q')$ aus der Klasse $g(\angle(p,q))$ und $\angle(p',r')$ aus $g(\angle(p,r))$ auch $\angle(r',q') \in g(\angle(r,q))$ gilt. Diese Bedingung ist jedoch gleichbedeutend damit, daß aus $\angle(p',q') \equiv \angle(p,q)$ und $\angle(p',r') \equiv \angle(p,r)$ auch $\angle(r',q') \equiv \angle(r,q)$ folgt, was aber nach Satz IV.5 gegeben ist. Die Repräsentantenunabhängigkeit von Def. IV.4 wurde also mit diesem Satz schon nachgewiesen.

4. Das Zeichen „+", welches hier für die Winkelgrößenaddition verwendet wird, beschreibt eine andere Operation als das „+" bei der Addition von Zahlen, da Winkelgrößen andere Objekte sind als reelle Zahlen. (Ebenso ist das „+" bei der Vektoraddition ein anderes als bei der Addition reeller Zahlen.) Wir verwenden dieses Zeichen, da die Addition von Winkelgrößen eine Reihe von Eigenschaften hat, die mit den Eigenschaften der Addition reeller Zahlen übereinstimmen (siehe Aufgabe 19).

Aufgabe 19: Begründen Sie, daß die Addition von Winkelgrößen assoziativ und kommutativ ist!

Aufgabe 20: Definieren Sie in geeigneter Weise die Subtraktion von Winkelgrößen und begründen sie die Repräsentantenunabhängigkeit der Definition!

Def. IV.15: *Eine Winkelgröße α heißt* **kleiner** *als eine Winkelgröße β ($\alpha < \beta$), falls eine Winkelgröße γ mit $\alpha + \gamma = \beta$ existiert, wobei γ nicht die Klasse der Nullwinkel ist.*

Es kann leicht nachgewiesen werden, daß $\alpha < \beta$ genau dann erfüllt ist, falls Winkel $\angle(p,q) \in \alpha$ und $\angle(p,r) \in \beta$ mit einem gemeinsamen Scheitel und einem gemeinsamen Schenkel p existieren, so daß q im Innern des Winkels $\angle(p,r)$ liegt (Abbildung 2.16).

Ist $\angle(p,q)$ ein Winkel der Größe α sowie $\angle(r,s)$ ein Winkel der Größe β und ist $\alpha < \beta$, so ist es üblich, zu sagen, daß der Winkel $\angle(p,q)$ kleiner ist als der Winkel $\angle(r,s)$.

Zu Definition IV.15 muß weiterhin die Bemerkung gemacht werden, daß auch die „<" – Relation für Winkelgrößen nicht mit der „<" – Relation auf den reellen Zahlen gleichzusetzen ist, allerdings besitzen beide Relationen im wesentlichen die gleichen Eigenschaften, es handelt sich bei beiden Ordnungsrelationen um irreflexive, totale Ordnungen auf der jeweils betrachteten Menge.

Aufgabe 21: Weisen Sie nach, daß die „<“ – Relation auf der Menge der Winkelgrößen irreflexiv, transitiv und konnex (und damit also eine irreflexive totale Ordnung) ist!

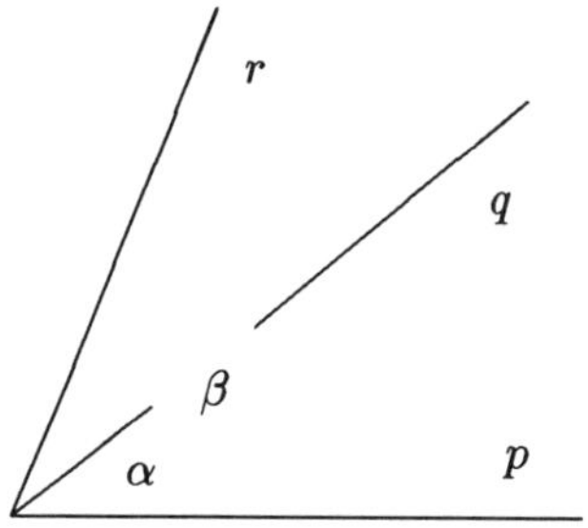

Abbildung 2.16:

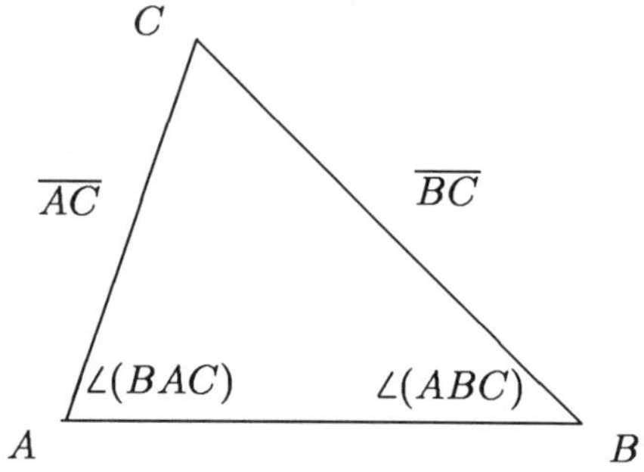

Abbildung 2.17:

Satz IV.18 (Beziehung „größere Seite — größerer Winkel“): *Ist $\overline{ABC}$ ein beliebiges Dreieck, so ist die Länge der Seite $\overline{AC}$ genau dann kleiner als die Länge der Seite $\overline{BC}$, wenn der Winkel $\angle(ABC)$ kleiner ist als der Winkel $\angle(BAC)$ (Abbildung 2.17).*

Aufgabe 22: Beweisen Sie Satz IV.18!

Wir kommen nun zur **Einführung des Winkelmaßes**. Ziel ist es dabei, jedem Winkel $\angle(p,q)$ eine reelle Zahl zuzuordnen, die wir *Maß* bzw. *Maßzahl* $m(\angle(p,q))$ dieses Winkels nennen. Dabei sollen folgende Bedingungen erfüllt sein:

1. *Kongruente Winkel (und nur diese) haben die gleiche Maßzahl.* Für zwei Winkel $\angle(p,q)$ und $\angle(r,s)$ gilt $m(\angle(p,q)) = m(\angle(r,s))$ also genau dann, wenn die Winkelgrößen $g(\angle(p,q))$ und $g(\angle(r,s))$ übereinstimmen. Jeder Winkelgröße soll somit in eineindeutiger Weise eine reelle Zahl zugeordnet werden.

2. Falls für drei Winkelgrößen $g(\angle(p,q)), g(\angle(r,s))$ und $g(\angle(u,v))$ die Beziehung $g(\angle(p,q)) + g(\angle(r,s)) = g(\angle(u,v))$ erfüllt ist (und nur dann), soll $m(\angle(p,q)) + m(\angle(r,s)) = m(\angle(u,v))$ gelten *(Additivitat des Winkelmaßes).*

3. Es soll für beliebige Winkel $\angle(p,q)$ und $\angle(r,s)$ gelten, daß, falls $g(\angle(p,q)) < g(\angle(r,s))$ erfüllt ist, auch $m(\angle(p,q)) < m(\angle(r,s))$ gilt und umgekehrt.

Zu den Bedingungen 1. – 3. sei angemerkt, daß die Bedingung 3. nach Def. IV.15 immer erfüllt ist, wenn die 2. Bedingung zutrifft. Die Bedingung 3. müßte also nicht gestellt werden. Sie wurde hier trotzdem aufgenommen, da sie eine wichtige Forderung an ein Winkelmaß darstellt und bei einer anderen Definition der „$<$" – Relation für Winkelgrößen nicht sofort aus Bedingung 2. folgen würde.

Um einem beliebigen Winkel $\angle(p,q)$ mit einem Scheitel S eine Maßzahl gemäß den oben formulierten Bedingungen 1. – 3. zuzuordnen, verwenden wir ein Verfahren, das einer *Intervallschachtelung* entspricht. Dabei werden wir eine fortlaufende Halbierung eines gestreckten Winkels vornehmen, den Winkel $\angle(p,q)$ also durch 2^i-fach geteilte gestreckte Winkel „einschachteln" und ihm natürliche Zahlen ϵ_i (die den Wert 0 oder 1 haben) zuordnen (und zwar in Abhängigkeit davon, wieviele der 2^i-fach geteilten gestreckten Winkel in das Innere von $\angle(p,q)$ „passen"). Zunächst legen wir fest:

Die Maßzahl eines gestreckten Winkels ist π, die eines Nullwinkels Null.

Ist $\angle(p,q)$ weder ein gestreckter Winkel noch ein Nullwinkel, so setzen wir:

$$p_0^0 := p\ , \quad p_0^1 := p^-\ , \quad \epsilon_0 := 0\ .$$

Weiterhin sei h_0 ein Strahl mit dem Anfangspunkt S, der zu p senkrecht ist und bezüglich p in derselben Halbebene liegt wie q (Abbildung 2.18).

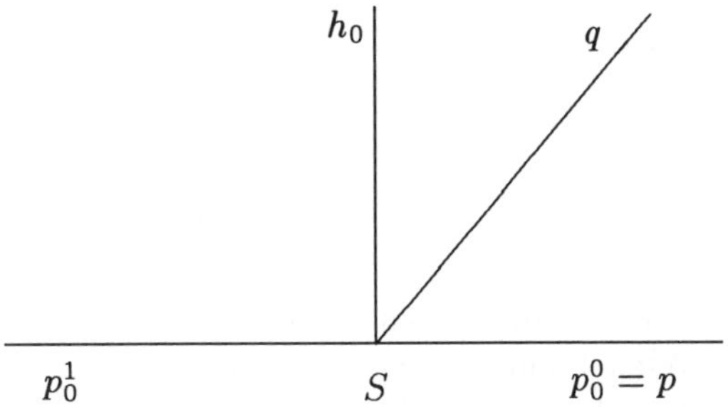

Abbildung 2.18:

Es können nun drei Fälle auftreten:

1. $q = h_0$, dann setzen wir $\epsilon_1 := 1$ und brechen das Verfahren ab,

2. $q \in int\angle(p_0^0, h_0)$, dann setzen wir

$$p_1^0 := p_0^0\ , \quad p_1^1 := h_0\ , \quad \epsilon_1 := 0 \qquad \text{(Abbildung 2.19) sowie}$$

3. $q \in int\angle(h_0, p_0^1)$, dann setzen wir

$$p_1^0 := h_0\ , \quad p_1^1 := p_0^1\ , \quad \epsilon_1 := 1 \qquad \text{(Abbildung 2.20).}$$

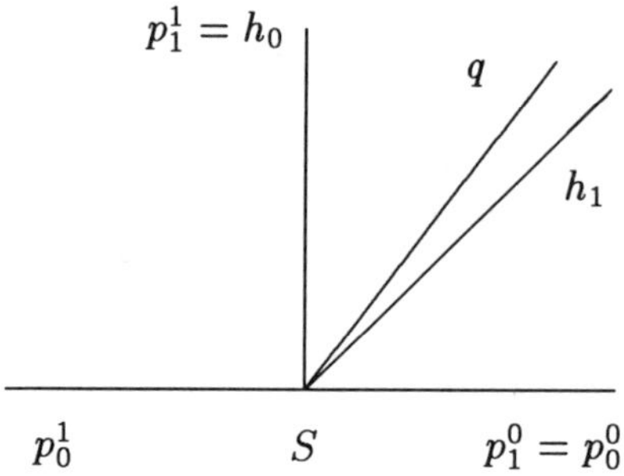

Abbildung 2.19:

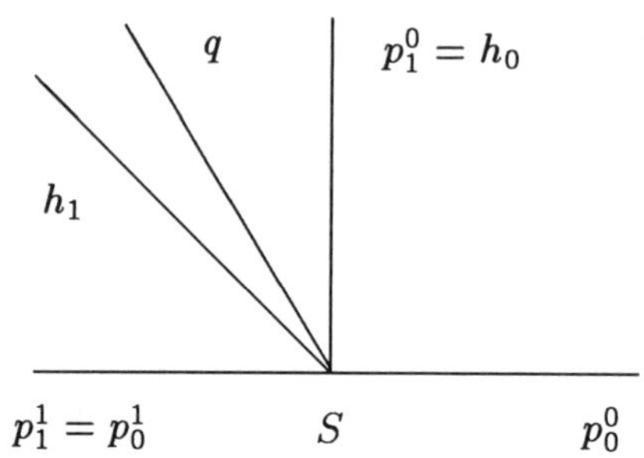

Abbildung 2.20:

In den Fällen 2 und 3 bezeichnen wir mit h_1 die Winkelhalbierende des Winkels $\angle(p_1^0, p_1^1)$.

Wir führen das Verfahren weiter, indem wir erneut drei Fälle untersuchen:

1. $q = h_1$, dann setzen wir $\epsilon_2 := 1$ und brechen das Verfahren ab,

2. $q \in int\angle(p_1^0, h_1)$, dann setzen wir

$$p_2^0 := p_1^0 \ , \quad p_2^1 := h_1 \ , \quad \epsilon_2 := 0 \quad \text{sowie}$$

3. $q \in int\angle(h_1, p_1^1)$, dann setzen wir

$$p_2^0 := h_1 \ , \quad p_2^1 := p_1^1 \ , \quad \epsilon_2 := 1 \ .$$

Bei beliebig langem Weiterführen dieses Verfahrens gibt es zwei Möglichkeiten:

(i) Das Verfahren bricht bei einem Schritt (den wir den k-ten nennen) ab indem der Strahl q mit der Winkelhalbierenden h_{k-1} zusammenfällt, das heißt beim k-ten Schritt des Verfahrens tritt der oben beschriebene Fall 1. ein. Als Maß des Winkels $\angle(p, q)$ bezeichnen wir dann die Zahl

$$m(\angle(p,q)) := \pi \cdot \sum_{i=1}^{k} \frac{\epsilon_i}{2^i} \ .$$

(ii) Das Verfahren bricht nie ab, es tritt immer einer der Fälle 2. oder 3. ein. In diesem Falle erhalten wir eine unendliche Folge von ϵ_i. Wir setzen

$$m(\angle(p,q)) := \pi \cdot \sum_{i=1}^{\infty} \frac{\epsilon_i}{2^i} \ .$$

Damit diese Definition sinnvoll ist, muß die Summe

$$\sum_{i=1}^{\infty} \frac{\epsilon_i}{2^i} = \lim_{k\to\infty} \sum_{i=1}^{k} \frac{\epsilon_i}{2^i}$$

konvergieren, was sich jedoch mit Hilfe des Majorantenkriteriums sofort aus der Konvergenz der Summe

$$\sum_{i=1}^{\infty} \frac{1}{2^i}$$

ergibt, da ϵ_i nur die Werte 0 und 1 annimmt.

Aufgabe 23: Weisen Sie nach, daß das durch (i) und (ii) definierte Winkelmaß die eingangs gestellten Bedingungen 1. – 3. erfüllt!

Wir haben mit dem beschriebenen Verfahren jedem Winkel eindeutig eine reelle Zahl aus dem abgeschlossenen Intervall $[0, \pi]$ zugeordnet. Um die Eineindeutigkeit dieser Zuordnung zu gewährleisten, benötigen wir den folgenden Satz, der hier ohne Beweis angegeben wird.

Satz IV.19: *Es sei eine Folge von Winkeln $\angle(p_n, q_n)$ mit einem gemeinsamen Scheitel S gegeben, weiterhin gelte für alle natürlichen Zahlen i die Teilmengenbeziehung $int\angle(p_i, q_i) \subset int\angle(p_{i-1}, q_{i-1})$ und schließlich existiere für jeden (vom Nullwinkel verschiedenen) Winkel $\angle(u, v)$ eine natürliche Zahl k mit $g(\angle(p_k, q_k)) \leq g(\angle(u, v))$. Dann existiert genau eine Halbgerade r, die für jeden der Winkel $\angle(p_n, q_n)$ (mit $n \in \mathbf{N}$) entweder im Innern des Winkels $\angle(p_n, q_n)$ liegt oder mit einem seiner Schenkel zusammenfällt.*

Bemerkung: Satz IV.19 ist eine Stetigkeitsaussage und weist eine Analogie zum Cantor'schen Stetigkeitsaxiom der reellen Zahlen auf. Ein Beweis dieses Satzes ist auf Grundlage der bisher behandelten Axiomengruppen I – IV möglich, aber sehr aufwendig.

Da sich jede reelle Zahl zwischen Null und Eins durch eine Summe der Form

$$\sum_{i=1}^{k} \frac{\epsilon_i}{2^i} \quad \text{oder} \quad \sum_{i=1}^{\infty} \frac{\epsilon_i}{2^i}$$

darstellen läßt, wird nach Satz IV.19 auch jeder reellen Zahl aus dem Intervall $[0, \pi]$ eine Winkelgröße (also eine Kongruenzklasse von Winkeln) zugeordnet. Die Zuordnung zwischen Winkelgrößen und Winkelmaßen ist somit eineindeutig.

Ohne Beweis vermerken wir ferner, daß für ϵ_i keine Einerperiode auftritt, d. h. der Fall, daß ab einer bestimmten Stelle alle ϵ_i Eins werden und das Verfahren trotzdem unendlich lange läuft, ist nicht möglich. Dieser Fall wäre vergleichbar mit einer Neunerperiode bei Dezimalbrüchen, die ebenfalls bei der Dezimalbruchdarstellung von Brüchen nicht vorkommt.

Die bei der Einführung des Winkelmaßes unter (i) und (ii) vorgenommene Multiplikation mit der Zahl π ist natürlich willkürlich aber dadurch sinnvoll, daß sich daraus die Länge eines entsprechenden Kreisbogens eines Einheitskreises ergibt. Das so definierte Winkelmaß wird als *Bogenmaß* bezeichnet und durch $\hat{\alpha}$, $\hat{\beta}$, $\hat{\gamma}$,... symbolisiert. Ebenso hätte sich das sogenannte *Gradmaß* einführen lassen, wobei das Bogenmaß π dem Gradmaß 180° entspricht. Für das Gradmaß eines Winkel ist die Verwendung griechischer Buchstaben α, β, γ,... üblich, für die Umrechnung zwischen Bogen- und Gradmaß gilt die Formel

$$\alpha = \frac{180^o}{\pi} \cdot \hat{\alpha} \,.$$

Mit kleinen griechischen Buchstaben werden sowohl Winkelgrößen als auch Winkelmaße und mitunter auch Winkel bezeichnet. Dies ist nicht besonders günstig, da die jeweilige Bedeutung dem Zusammenhang entnommen werden muß. Da allerdings diese Bezeichnungsweise weitverbreitet ist und auch in der Schule Verwendung findet, wurde sie hier ebenfalls genutzt. Die Unterscheidung zwischen Winkelmaß und Winkelgröße ist aus der Sicht des praktischen Umgangs häufig unwichtig und nur aus theoretischer Sicht erforderlich, da für Winkelgrößen zum großen Teil die gleichen Rechenregeln gelten, wie für die reellen Zahlen.

Der Aufwand für die Einführung von Winkelgrößen und Winkelmaßen war, gemessen am Aufwand für die Einführung der Streckenlängen und Längenmaße, erheblich. Dies liegt daran, daß die Zuordnung von reellen Zahlen zu Punktepaaren und ihre wichtigsten Eigenschaften axiomatisch gefordert wurden. In der Umgangssprache wird unter Streckenlänge und Streckenmaß ein- und dasselbe verstanden. Mathematisch korrekt ist es jedoch, die Länge einer Strecke als Kongruenzklasse von Strecken (analog zur Größe von Winkeln) und das Längenmaß als reelle Zahl (mit dem Winkelmaß vergleichbar) zu erklären. Bei den meisten Axiomensystemen müssen Streckenlänge und Längenmaß in vergleichbarer Weise eingeführt werden wie hier die Winkelgröße und das Winkelmaß (in Abschnitt 2.7.2 wird darauf näher eingegangen). Hier wurde demgegenüber ein Axiomensystem gewählt, welches durch die Abstandsaxiome wesentliche Vereinfachungen ermöglicht.

2.5.5 Weitere Sätze der absoluten Geometrie

Unter absoluter Geometrie versteht man die Axiomengruppen I – IV und die daraus ableitbaren Eigenschaften und Sätze, d. h. also alle Aussagen der Geometrie, die nicht auf dem Parallelenaxiom aufbauen. Diese Aussagen haben eine besondere Bedeutung, und es ist insbesondere in Hinblick auf die Behandlung der nichteuklidischen Geometrie (siehe 3. Kapitel) nützlich, zwischen Aussagen der absoluten Geometrie und solchen, für deren Herleitung das Parallelenaxiom benötigt wird, zu unterscheiden. Dies ist auch der Grund dafür, daß wir in diesem (wie auch in den vorangegangenen Abschnitten) Sätze auf Grundlage der Axiomengruppen I – IV beweisen, die teilweise unter Hinzuziehung des Parallelenaxioms einfacher zu beweisen wären. Ebenfalls aus diesem Grunde formulieren und beweisen wir den folgenden Satz IV.20 (Schwacher Außenwinkelsatz), obwohl auf Grundlage der Axiomengruppen I – V eine wesentlich aussagekräftigere Version dieses Satzes gilt (nämlich der gewöhnliche, auch in der Schule behandelte Außenwinkelsatz, siehe Satz V.3 in Abschnitt 2.6.1.), dessen Beweis zudem unkomplizierter ist, als an dieser Stelle der Beweis von Satz IV.20.

Def. IV.16: *Ist $\overline{ABC}$ ein Dreieck, so heißen die Winkel $\angle(AB^+, AC^+)$, $\angle(BA^+, BC^+)$ sowie $\angle(CA^+, CB^+)$* **Innenwinkel** *und alle Nebenwinkel dieser drei Winkel* **Außenwinkel** *des Dreiecks $\overline{ABC}$ (Abbildung 2.21).*

Satz IV.20 („schwacher“ Außenwinkelsatz): *Jeder Innenwinkel eines beliebigen Dreiecks $\overline{ABC}$ ist kleiner als jeder nichtanliegende Außenwinkel.*

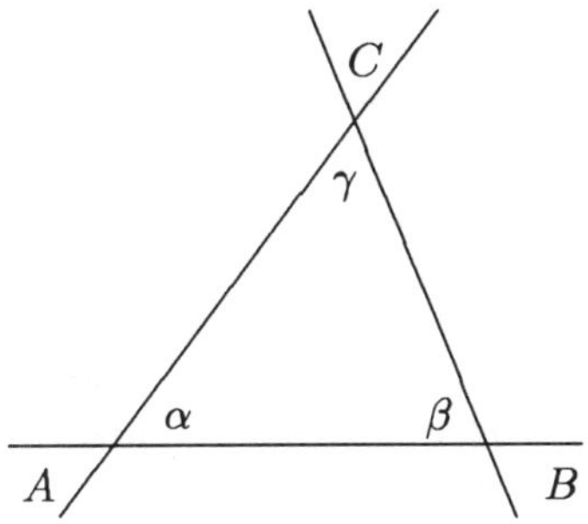

Abbildung 2.21:

Beweis: Es sei $\overline{ABC}$ ein beliebiges Dreieck. Wir beweisen, daß der Innenwinkel $\angle(AB^+, AC^+)$ kleiner ist, als der Außenwinkel $\angle(BA^+, BC^-)$, was gleichbedeutend damit ist, daß im Innern des Außenwinkels $\angle(BA^+, BC^-)$ ein Punkt P existiert mit $\angle(AB^+, AC^+) \equiv \angle(BA^+, BP^+)$. Dazu sei D der Mittelpunkt der Strecke $\overline{AB}$ und P ein Punkt der Halbgeraden DC^- mit $\overline{CD} \equiv \overline{DP}$ (Abbildung 2.22). Die Dreiecke $\overline{ADC}$ und $\overline{BDP}$ sind wegen $\overline{AD} \equiv \overline{BD}$, $\overline{DC} \equiv \overline{DP}$ und $\angle(DB^+, DP^+) \equiv \angle(DA^+, DC^+)$ (Scheitelwinkel) nach dem Kongruenzsatz *sws* kongruent. Somit sind die Winkel $\angle(AB^+, AC^+)$ und $\angle(BA^+, BP^+)$ zueinander kongruent.

Es muß also noch nachgewiesen werden, daß der Punkt P im Innern des Außenwinkels $\angle(BA^+, BC^-)$ liegt, was nach Def. III.4 bedeutet, daß P den beiden (offenen) Halbebenen BCA^+ und ABC^- angehört. Wegen $P \in DC^-$ ist D ein (innerer) Punkt der Strecke $\overline{CP}$, da D auch der Geraden AB angehört, liegen C und P in unterschiedlichen Halbebenen bezüglich dieser Geraden. Es gilt also $P \in ABC^-$.

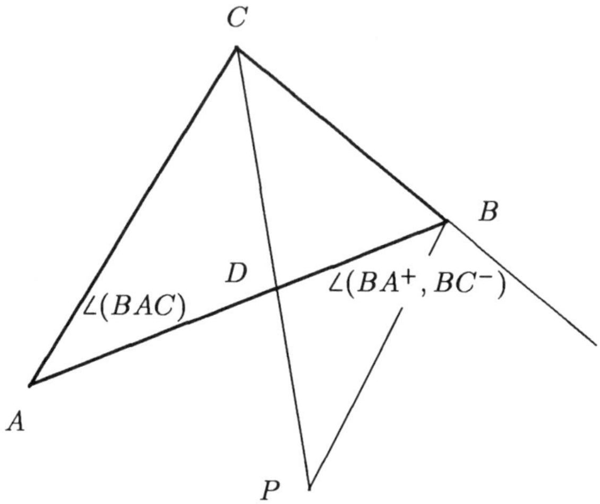

Abbildung 2.22:

Da nun weiterhin C auf der Geraden BC liegt, D der Strecke $\overline{CP}$ angehört und dementsprechend (da die Punkte C, D und P verschieden sind) nicht $C \in \overline{CP}$ sein kann, haben die Strecke $\overline{DP}$ und die Gerade BC keinen gemeinsamen Punkt. Die Punkte D und P liegen also in derselben Halbebene bezüglich dieser Geraden. Schließlich liegen auch die Punkte A und D in einer Halbebene bezüglich der Geraden BC, da der Schnittpunkt B der Geraden AB und BC nicht der Strecke $\overline{AD}$ angehört. Somit sind also A und P Punkte ein- und derselben Halbebene bezüglich BC, und es gilt $P \in BCA^+$. □

Aus dem schwachen Außenwinkelsatz ergeben sich zwei interessante Folgerungen:

Folgerung IV.4: *In jedem Dreieck sind mindestens zwei Innenwinkel spitze Winkel.*

Folgerung IV.5: *Die Summe zweier Innenwinkel eines beliebigen Dreiecks ist stets kleiner als ein gestreckter Winkel.*

Aufgabe 24: Beweisen Sie die Folgerungen IV.4 und IV.5 !

Um eine sinnvolle Definition des Abstandes eines Punktes von einer Geraden angeben zu können, (Def. IV.17) beweisen wir den folgenden Satz.

Satz IV.21: *Ist g eine Gerade, P ein Punkt, der nicht auf g liegt und Q*

der Fußpunkt des Lotes von P auf g, so existiert kein Punkt auf g, dessen Abstand von P kleiner oder gleich dem Abstand $|PQ|$ ist.

Beweis: Es sei R ein beliebiger, von Q verschiedener Punkt auf g. Nach der Folgerung IV.4 ist der Winkel $\angle(PRQ)$ ein spitzer und somit kleiner als der Winkel $\angle(PQR)$, woraus sich nach dem Satz IV.18 unmittelbar $|PR| > |PQ|$ ergibt (Abbildung 2.23). □

Def. IV.17: *Als* **Abstand eines Punktes** P **von einer Geraden** g *wird der Abstand der Punkte P und Q bezeichnet, wobei Q der Fußpunkt des Lotes von P auf g ist.*

Satz IV.22 (Kongruenzsatz „ssw"): *Sind $\overline{ABC}$ und $\overline{DEF}$ Dreiecke mit $\overline{AB} \equiv \overline{DE}$, $\overline{AC} \equiv \overline{DF}$ und $|AB| > |AC|$ sowie $\angle(ACB) \equiv \angle(DFE)$ (d. h. die der längeren Seite gegenüberliegenden Winkel sind kongruent), so gilt $\overline{ABC} \equiv \overline{DEF}$.*

Beweis: Wir weisen nach, daß die Seiten $\overline{BC}$ und $\overline{EF}$ kongruent sind, was nach dem Kongruenzsatz *sws* die Kongruenz der beiden Dreiecke nach sich zieht. Dazu sei G ein Punkt auf der Halbgeraden CB^+ mit $|CG| = |FE|$ (Abbildung 2.24). Nach dem Kongruenzsatz *sws* sind die Dreiecke $\overline{DEF}$ und $\overline{AGC}$ kongruent und es gilt deshalb $\overline{AG} \equiv \overline{DE} \equiv \overline{AB}$. Wir betrachten im folgenden den Fall, daß der Punkt G der Strecke $\overline{BC}$ angehört (siehe Abbildung 2.24), der andere mögliche Fall ($B \in \overline{GC}$) ist analog nachzuweisen. Da die Basiswinkel $\angle(ABG)$ und $\angle(AGB)$ des gleichschenkligen Dreiecks $\overline{AGB}$ kongruent sind, folgt aus der Voraussetzung $|AB| > |AC|$ nach Satz IV.18 (Beziehung größere Seite – größerer Winkel) $\angle(ACB) > \angle(AGB)$. Andererseits ergibt sich aber aus dem schwachen Außenwinkelsatz $\angle(AGB) > \angle(ACB)$, was einen Widerspruch bedeutet. Somit müssen die Punkte B und G identisch sein, woraus wegen der Kongruenz der Dreiecke $\overline{DEF}$ und $\overline{AGC}$ die Behauptung folgt. □

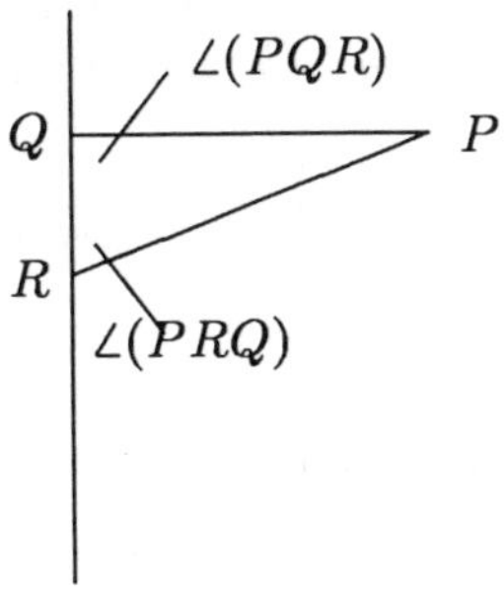

Abbildung 2.23:

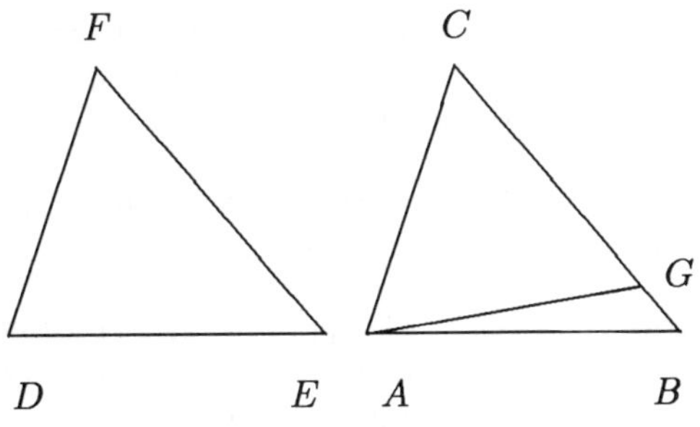

Abbildung 2.24:

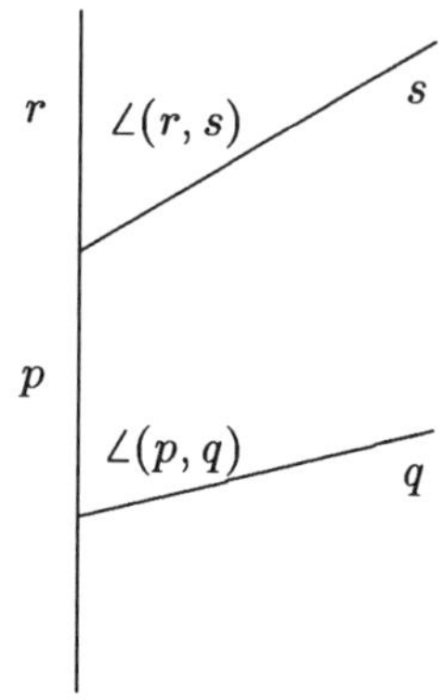

Abbildung 2.25:

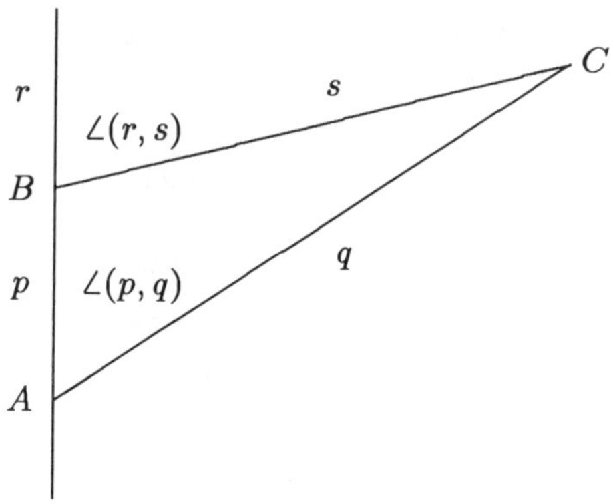

Abbildung 2.26:

Wir kommen nun zur Betrachtung paralleler Geraden und weisen dazu zwei Sätze nach, für die das Parallelenaxiom nicht benötigt wird, bei denen es sich also um Sätze der absoluten Geometrie handelt.

Def. IV.18: *Zwei Geraden g und h heißen zueinander parallel ($g \parallel h$), wenn sie keinen gemeinsamen Punkt besitzen.*

Es sei darauf verwiesen, daß die Parallelität von Geraden nur in der ebenen Geometrie nach Def. IV.18 aufgefaßt wird (für die räumliche Geometrie fordert man zusätzlich, daß die beiden Geraden in einer Ebene liegen) und daß diese Definition weiterhin auch nur in der euklidischen Geometrie gebräuchlich ist. Im 3. Kapitel werden wir noch eine andere Definition der Parallelität zweier Geraden in einer Ebene behandeln.

Def. IV.19: *Zwei Winkel $\angle(p,q)$ und $\angle(r,s)$ heißen* **Stufenwinkel**, *falls ein Schenkel r des einen Winkels eine Teilmenge eines Schenkels p des anderen Winkels ist und die anderen beiden Schenkel q und s in einer Halbebene bezüglich der Geraden g liegen, die durch die beiden Schenkel p und r gegeben ist (siehe Abbildung 2.25).*

Satz IV.23 (Umkehrung des Stufenwinkelsatzes): *Freie Schenkel an kongruenten Stufenwinkeln sind parallel.*

Beweis: Es seien $\angle(p,q)$ und $\angle(r,s)$ kongruente Stufenwinkel mit den Scheiteln A und B (Abbildung 2.26). Wir nehmen an, die Geraden, denen q und s angehören, haben einen Schnittpunkt C, der o.B.d.A. bezüglich g auf der Seite von r und s liegen möge (anderenfalls kann der Beweis wegen des Scheitelwinkelsatzes ebenso geführt werden). Der Winkel $\angle(p,q)$ ist ein Innenwinkel des Dreiecks $\overline{ABC}$, der Winkel $\angle(r,s)$ ist ein Außenwinkel dieses Dreiecks oder umgekehrt. Wegen $\angle(p,q) \equiv \angle(r,s)$ ist dies jedoch ein Widerspruch zu Satz IV.20 (schwacher Außenwinkelsatz). □

Bemerkung: Die Umkehrung von Satz IV.23, also der Stufenwinkelsatz selbst, kann nicht auf Grundlage der Axiomengruppen I – IV bewiesen werden, dazu ist das Parallelenaxiom erforderlich.

Aufgabe 25: Definieren Sie in geeigneter Weise den Begriff Wechselwinkel und weisen Sie nach, daß freie Schenkel an kongruenten Wechselwinkeln parallel sind!

Satz IV.24 (Existenz von Parallelen): *Zu jeder Geraden g und zu jedem nicht auf g liegenden Punkt P gibt es mindestens eine Gerade h, die P enthält und zu g parallel ist.*

Beweis: Es sei f eine Gerade durch P. Ist $f \cap g = \emptyset$, dann ist f eine Gerade, welche die Behauptung erfüllt. Anderenfalls sei $f \cap g = \{Q\}$, dann läßt sich wegen der Möglichkeit des Winkelantragens (Folgerung IV.2) durch P eine Gerade h derart legen, daß g und h mit f kongruente Stufenwinkel bilden. Nach Satz IV.23 sind die Geraden g und h somit parallel. □

Auch die Umkehrung von Satz IV.24 (die gerade das Parallelenaxiom beinhaltet) kann nicht auf Grundlage der bisher betrachteten Axiome nachgewiesen werden, obwohl Mathematiker dies über 2000 Jahre lang versucht haben (siehe 3. Kapitel).

2.6 Euklidische Geometrie

2.6.1 Das Parallelenaxiom und einige Folgerungen

Um eine Reihe von interessanten geometrischen Sätzen zu beweisen (u. a. auch Sätze der Schulgeometrie), sind die Axiomengruppen I – IV nicht ausreichend, wir benötigen dazu noch ein weiteres Axiom, das Parallelenaxiom.

Daß der Beweis der in diesem Abschnitt bewiesenen Sätze ohne Parallelenaxiom tatsächlich nicht möglich ist, kann allerdings an dieser Stelle noch nicht nachgeprüft werden. Dazu wäre die Betrachtung eines Modells notwendig, in dem die Axiomengruppen I – IV gelten, das Axiom V jedoch nicht zutrifft. Derartige Modelle sind erheblich komplizierter als die Modelle 1 – 4 aus dem Abschnitt 2.2.2. Wir werden uns damit deshalb erst im dritten Kapitel befassen.

V. Parallelenaxiom

Zu jeder Geraden g und zu jedem nicht auf g liegenden Punkt A gibt es höchstens eine Gerade, die durch A verläuft und zu g parallel ist.

Satz V.1 (Stufenwinkelsatz): *Stufenwinkel an geschnittenen Parallelen sind kongruent.*

Beweis: Es seien g und h zwei parallele Geraden, die von einer dritten Geraden f in den Punkten A bzw. B geschnitten werden (Abbildung 2.27). Wir nehmen an, die Stufenwinkel $\angle(PAQ)$ und $\angle(PBR)$ seien nicht kongruent. Dann muß wegen Folgerung IV.2 eine Gerade h' existieren, die durch B verläuft und mit der Geraden f einen zu $\angle(PAQ)$ kongruenten Winkel $\angle(PBS)$ bildet. Wegen Satz IV.23 (Umkehrung des Stufenwinkelsatzes) sind die Geraden g und h' parallel, was aber wegen $g \parallel h$ einen Widerspruch zu Axiom V bedeutet. □

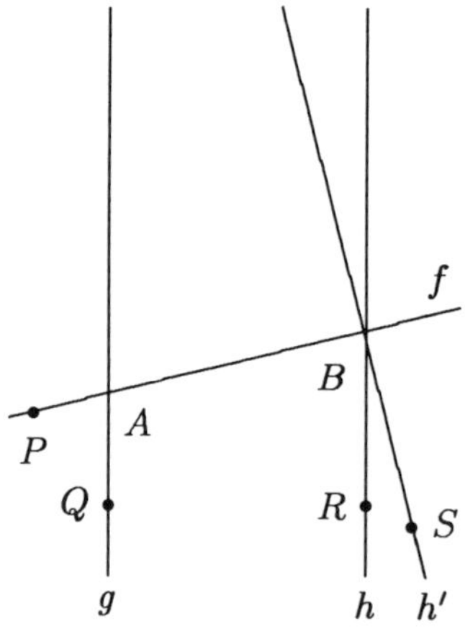

Abbildung 2.27:

Unmittelbar aus dem Stufenwinkelsatz und dem Scheitelwinkelsatz ergibt sich die nachstehende Folgerung.

Folgerung V.1 (Wechselwinkelsatz): *Wechselwinkel an geschnittenen Parallelen sind kongruent.*

Satz V.1 und Folgerung V.1 werden zusammengefaßt auch *Sätze über Winkel an geschnittenen Parallelen* genannt. Mit Hilfe dieser Sätze sowie der Sätze über Neben- und Scheitelwinkel lassen sich sehr einfach der Innenwinkelsatz und der „starke“ Außenwinkelsatz beweisen.

Satz V.2 (Innenwinkelsatz der euklidischen Geometrie): *In jedem Dreieck ist die Summe der Innenwinkel gleich zwei Rechten.*

Satz V.3 („starker“ Außenwinkelsatz): *Ein beliebiger Außenwinkel eines jeden Dreiecks ist so groß wie die Summe der beiden nichtanliegenden Innenwinkel dieses Dreiecks.*

Aufgabe 26: Beweisen Sie die Sätze V.2 und V.3!

Hinweis: Aufgrund der inzwischen zur Verfügung stehenden Sätze lassen sich die Beweise identisch oder zumindest sehr ähnlich führen wie in vielen Schulbüchern der Sekundarstufe I.

Satz V.4 (Parallelogrammregel): *Sind A, B, C und D vier nichtkollineare Punkte und sind die Geraden AB und CD sowie AD und BC zueinander parallel, dann gilt* $|AB| = |CD|$ *sowie* $|AD| = |BC|$ *(Abbildung 2.28).*

Aufgabe 27: Beweisen Sie Satz V.4 durch Betrachtung geeigneter (kongruenter) Dreiecke und Anwendung der Sätze an geschnittenen Parallelen!

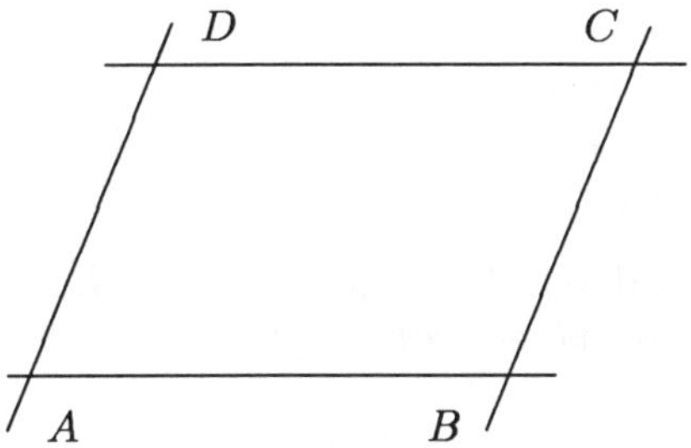

Abbildung 2.28:

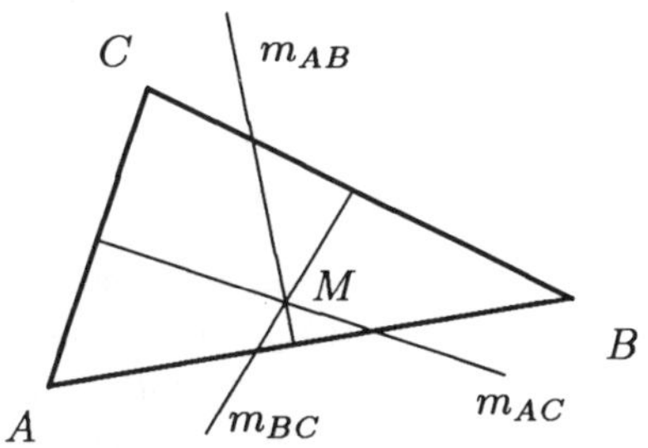

Abbildung 2.29:

Satz V.5 (Mittellotensatz): *Die Mittelsenkrechten eines beliebigen Dreiecks* $\overline{ABC}$ *schneiden einander in einem Punkt M. Dieser Punkt M hat von den Punkten A, B und C den gleichen Abstand.*

Beweis: Die Mittelsenkrechten m_{AB} und m_{AC} der Seiten $\overline{AB}$ und $\overline{AC}$ sind nicht parallel, da sonst die entsprechenden Dreiecksseiten parallel wären (Stufenwinkel). Die Seitenhalbierenden m_{AB} und m_{AC} schneiden sich daher in einem Punkt M (Abbildung 2.29). Für diesen Punkt gelten nach Satz IV.17 die Beziehungen $|AM| = |BM|$ sowie $|AM| = |CM|$ und somit $|AM| = |BM| = |CM|$, woraus wiederum nach Satz IV.17 folgt, daß M auch ein Punkt der Mittelsenkrechten m_{BC} der Seite $\overline{BC}$ ist. □

Satz V.6 (Höhenschnittpunktsatz): *Die Höhen eines beliebigen Dreiecks schneiden sich in einem Punkt.*

Aufgabe 28: Beweisen Sie Satz V.6!

Hinweis: Betrachten Sie ein Hilfsdreieck, in dem die Höhen des Ausgangsdreiecks Mittelsenkrechte sind.

Ohne Beweis vermerken wir die beiden folgenden Sätze, bei denen es sich ebenfalls um Sätze der euklidischen Geometrie handelt. Die Begriffe der Seiten- und Winkelhalbierenden eines Dreiecks werden (wie auch der Begriff der Höhe) in der allgemein üblichen (auch aus dem Schulunterricht bekannten) Weise aufgefaßt.

Satz V.7 (Satz über den Schnittpunkt der Seitenhalbierenden): *Die Seitenhalbierenden eines beliebigen Dreiecks schneiden sich in einem Punkt.*

Satz V.8 (Satz über den Schnittpunkt der Winkelhalbierenden): *Die Winkelhalbierenden eines beliebigen Dreiecks schneiden sich in einem Punkt. Dieser Punkt hat von jeder der drei Geraden, auf denen die Dreiecksseiten liegen, denselben Abstand.*

Wir kommen nun zu einem Satz, dessen Aussage trivial erscheinen mag, der aber auch nur bei Zugrundelegung des Parallelenaxioms gilt und somit keine Aussage der absoluten Geometrie ist.

Satz V.9 (Abstandslinien sind Geraden): *Ist g eine beliebige Gerade und a eine beliebige reelle Zahl, so ist die Menge aller Punkte, die von g den Abstand a haben und in einer Halbebene bezüglich g liegen, eine zu g parallele Gerade (für $a \neq 0$) bzw. die Gerade g selbst (für $a = 0$).*

Beweis: Für $a = 0$ ist die Behauptung trivial. Für $a \neq 0$ müssen wir zeigen, daß alle Punkte, die von g den Abstand a haben und in einer Halbebene bezüglich g liegen, einer zu g parallelen Gerade h angehören und daß jeder Punkt dieser Gerade von g den Abstand a hat. Wir weisen zunächst die zweite Aussage nach.

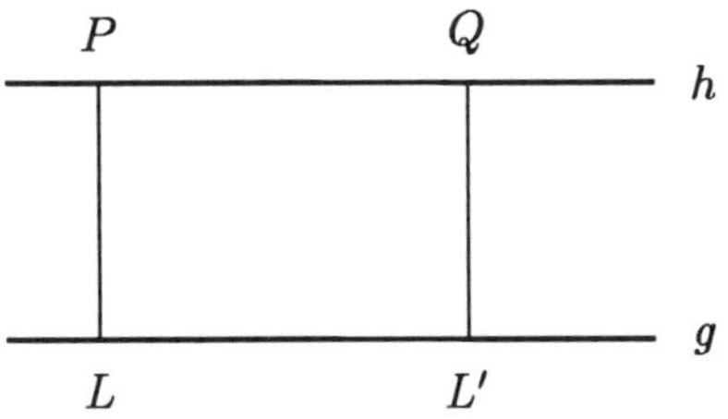

Abbildung 2.30:

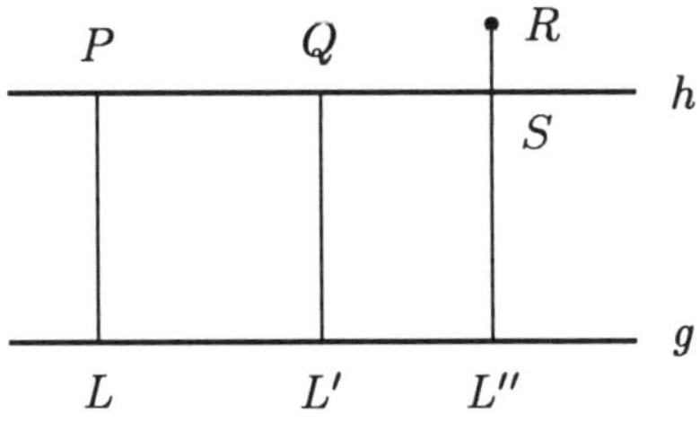

Abbildung 2.31:

Es sei P ein Punkt, der von g den Abstand a hat und h die zu g parallele Gerade durch P sowie Q ein beliebiger Punkt auf h. Ferner seien L und L' die Fußpunkte der Lote von P bzw. Q auf g (Abbildung 2.30). Die Geraden PL und QL' sind wegen Satz IV.23 (Umkehrung des Stufenwinkelsatzes) parallel und nach Satz V.4 gilt $|PL| = |QL'|$, was aber gerade bedeutet, daß P und Q von g denselben Abstand a haben. Es sei nun R ein Punkt der mit P in einer Halbebene bezüglich g liegt und von g den Abstand a hat (Abbildung 2.31). Das Lot von R auf g (mit dem Fußpunkt L'') schneidet h in einem Punkt S, der (wie bereits gezeigt) von L'' den Abstand a hat. Es gilt also $|L''S| = |L''R| = a$, was nach der Eindeutigkeitsaussage von Axiom III.1 bedeutet, daß S und R identisch sein müssen und somit R der Geraden h angehört. □

Im dritten Kapitel werden wir feststellen, daß bei Zugrundelegung lediglich der Axiomengruppen I – IV Abstandslinien etwas ganz anderes sein können als Geraden. Auch in der sphärischen Geometrie sind Abstandslinien im allgemeinen Kleinkreise und somit keine sphärischen Geraden (siehe Aufgabe 4 in Kapitel 1).

2.6.2 Die Strahlensätze

Satz V.10 (1. Strahlensatz): *Es seien p_1 und p_2 zwei Halbgeraden mit einem gemeinsamen Anfangspunkt O sowie A_1B_1 und A_2B_2 zwei parallele Geraden, welche die Strahlen p_1 in den Punkten A_1 und A_2 sowie p_2 in B_1 und B_2 schneiden. Dann gilt:*

$$\frac{|OA_1|}{|OB_1|} = \frac{|OA_2|}{|OB_2|} = \frac{|A_1A_2|}{|B_1B_2|}$$

(siehe Abbildung 2.32).

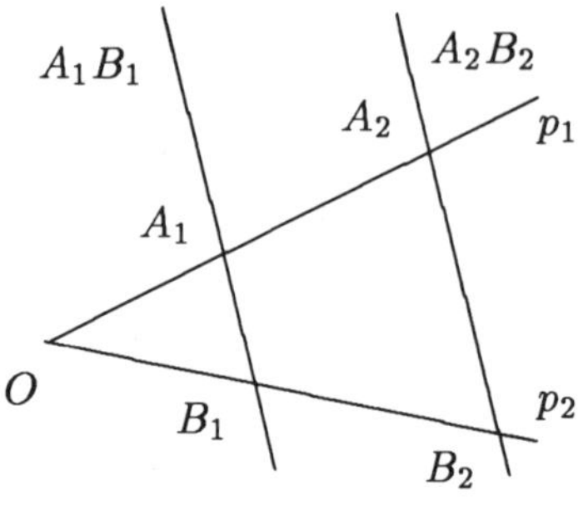

Abbildung 2.32:

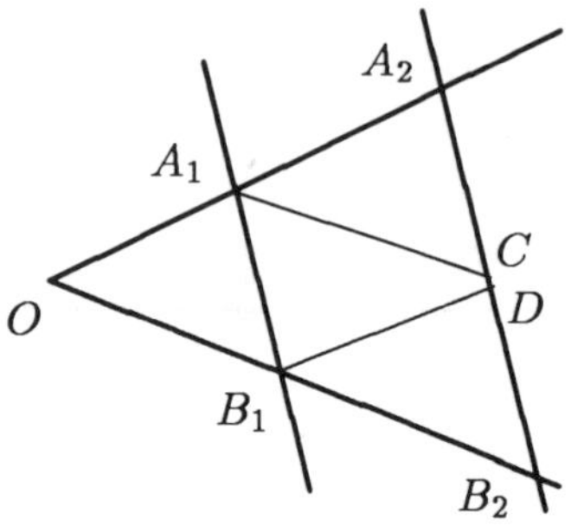

Abbildung 2.33:

Beweis: Wir beweisen die Behauptung zunächst für den Spezialfall mit $|OA_2| = 2 \cdot |OA_1|$. Dazu betrachten wir die Parallele A_1C zu B_1B_2 im Punkt A_1 (wobei C ein Punkt auf A_2B_2 sei) und die Parallele B_1D zu A_1A_2 in B_1, wobei D ebenfalls auf A_2B_2 liegen soll (Abbildung 2.33). Die Punkte C und D sind identisch, wobei wir auf den Nachweis dieser Tatsache verzichten, da wir sie für den Beweis von Satz V.10 nicht benötigen.

Durch Anwendung des Stufenwinkelsatzes und des Kongruenzsatzes *wsw* ergibt sich $\overline{OB_1A_1} \equiv \overline{A_1CA_2}$, aus dem Stufenwinkelsatz, der Parallelogrammregel und dem Kongruenzatz *wsw* folgt $\overline{A_1CA_2} \equiv \overline{B_1B_2D}$ und somit $\overline{OB_1A_1} \equiv \overline{B_1B_2D}$. Daher sind die Strecken $\overline{OB_1}$ und $\overline{B_1B_2}$ kongruent. Dementsprechend gilt $|OB_2| = 2 \cdot |OB_1|$ und die Behauptung wurde für den betrachteteten Spezialfall nachgewiesen. Da das bei diesem Beweis genutzte Verfahren mehrfach angewendet werden kann, gilt sie auch für den etwas allgemeineren Fall $|OA_2| = 2^n \cdot |OA_1|$. Auf analoge Weise läßt sie sich für $|OA_2| = k \cdot |OA_1|$ (mit $k \in \mathbf{N}$) zeigen, wovon wir im folgenden Gebrauch machen.

Wir beweisen den Satz V.10 jetzt allgemein. Dazu sei $X_1 \in OA_1^+$ mit

$$|OX_1| = \frac{|OA_1|}{2^n} \tag{1}$$

für eine beliebiges $n \in \mathbf{N}$ und $Y_1 \in OB_1^+$ mit $X_1Y_1 \parallel A_1B_1$. Dann gilt wegen des bereits bewiesenen Spezialfalls

$$|OY_1| = \frac{|OB_1|}{2^n}. \tag{2}$$

Es sei nun k eine natürliche Zahl mit

$$k \cdot |OX_1| \leq |OA_2| < (k+1) \cdot |OX_1| \tag{3}$$

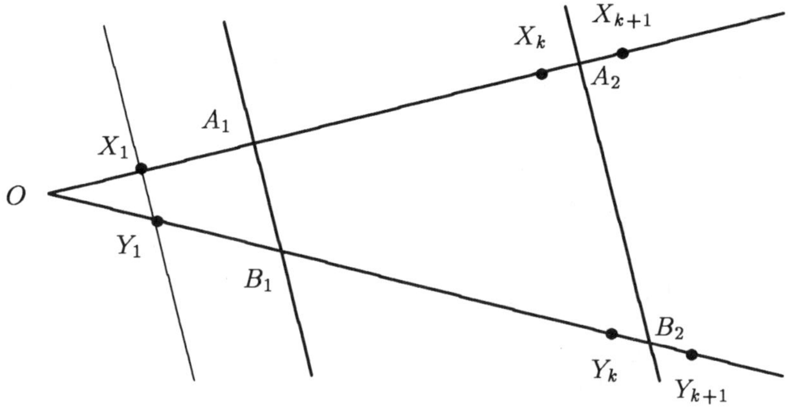

Abbildung 2.34:

beziehungsweise damit gleichbedeutend

$$\frac{k}{2^n} \cdot |OA_1| \leq |OA_2| < \frac{k+1}{2^n} \cdot |OA_1 \ . \tag{4}$$

Dann gilt die Beziehung

$$\frac{k}{2^n} \leq \frac{|OA_2|}{|OA_1|} < \frac{k+1}{2^n}, \tag{5}$$

woraus sich

$$\lim_{n \to \infty} \frac{k}{2^n} = \frac{|OA_2|}{|OA_1|}. \tag{6}$$

ergibt. Wir betrachten nun die Punkte X_k und X_{k+1} der Halbgeraden OA_1^+ mit $|OX_k| = k \cdot |OX_1|$, $|OX_{k+1}| = (k+1) \cdot |OX_1|$ sowie Y_k und Y_{k+1} auf OB_1^+ mit $X_kY_k \parallel X_1Y_1$ und $X_{k+1}Y_{k+1} \parallel X_1Y_1$ (Abbildung 2.34). Hierfür ergibt sich anhand des oben betrachteten Spezialfalls

$$|OY_k| = k \cdot |OY_1| \qquad \text{und} \tag{7}$$

$$|OY_{k+1}| = (k+1) \cdot |OY_1| \, . \tag{8}$$

Wegen $X_{k+1}Y_{k+1} \parallel X_kY_k \parallel X_1Y_1 \parallel A_2B_2$ und der Anordnung von X_k, A_2 und X_{k+1}, liegt Y_k zwischen O und B_2 sowie B_2 zwischen Y_k und Y_{k+1} oder Y_k und B_2 sind identisch. Es gilt also

$$|OY_k| \leq |OB_2| < |OY_{k+1}| \, , \tag{9}$$

beziehungsweise wegen (7) und (8)

$$k \cdot |OY_1| \leq |OB_2| < (k+1) \cdot |OY_1|, \tag{10}$$

woraus sich nach (2) die Beziehung

$$\frac{k}{2^n} \leq \frac{|OB_2|}{|OB_1|} < \frac{k+1}{2^n} \tag{11}$$

ergibt. Somit folgt

$$\lim_{n \to \infty} \frac{k}{2^n} = \frac{|OB_2|}{|OB_1|} \tag{12}$$

und wegen (6) und (12) schließlich

$$\frac{|OB_2|}{|OB_1|} = \frac{|OA_2|}{|OA_1|}. \tag{13}$$

Durch Umstellen ergibt sich daraus die Behauptung des Satzes V.10. □

Satz V.11 (2. Strahlensatz): *Es seien p_1 und p_2 zwei Halbgeraden mit einem gemeinsamen Anfangspunkt O sowie A_1B_1 und A_2B_2 zwei parallele Geraden, welche die Strahlen p_1 in den Punkten A_1und A_2 sowie p_2 in B_1 und B_2 schneiden. Dann gilt:*

$$\frac{|OA_1|}{|OA_2|} = \frac{|A_1B_1|}{|A_2B_2|}$$

(siehe Abbildung 2.32 auf Seite 114).

Aufgabe 29: Beweisen Sie den 2. Strahlensatz! Gehen Sie dabei analog zum Beweis des 1. Strahlensatzes vor!

Satz V.12 (Umkehrung des 1. Strahlensatzes): *Es seien p_1 und p_2 zwei Halbgeraden mit einem gemeinsamen Anfangspunkt O, A_1 und A_2 zwei Punkte auf p_1 sowie B_1 und B_2 Punkte auf p_2. Wenn dann die Beziehung*

$$\frac{|OA_1|}{|OB_1|} = \frac{|OA_2|}{|OB_2|}$$

erfüllt ist, so sind die Geraden A_1B_1 und A_2B_2 parallel.

Aufgabe 30: Beweisen Sie die Umkehrung des 1. Strahlensatzes! (Verwenden Sie zum Beweis den 1. Strahlensatz selbst.) Lassen sich auch andere Umkehrungen von Satz V.10 bilden und beweisen?

Der zweite Strahlensatz läßt sich nicht in der Weise umkehren, wie dies für den ersten Strahlensatz mit Satz V.12 geschehen ist. Aus der Tatsache, daß sich zwei Strahlen in einem Punkt O schneiden und der Gleichung in Satz V.11 folgt also im allgemeinen nicht die Parallelität der Geraden A_1B_1 und A_2B_2 (siehe Abbildung 2.35), die Punkte B_2 und B_2' haben von A_2 denselben Abstand).

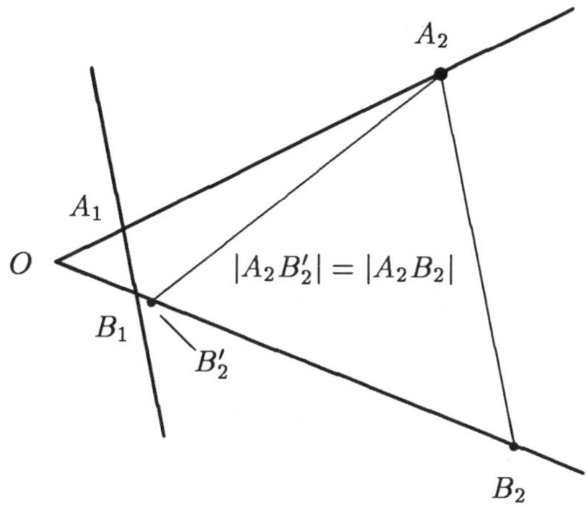

Abbildung 2.35:

Es gilt jedoch die folgende Umkehrung des zweiten Strahlensatzes.

Satz V.13 (Umkehrung des 2. Strahlensatzes): *Gegeben seien ein Strahl p_1 mit dem Anfangspunkt O, der zwei Punkte A_1 und A_2 enthält, sowie zwei weitere Punkte B_1 und B_2. Sind nun die Geraden A_1B_1 und A_2B_2 parallel und gilt*

$$\frac{| OA_1 |}{| OA_2 |} = \frac{| A_1B_1 |}{| A_2B_2 |},$$

so geht die Gerade B_1B_2 durch O.

Der Beweis von Satz V.13 läßt sich recht einfach mit Hilfe des zweiten Strahlensatzes führen, wobei die Vorgehensweise ähnlich zu der beim Beweis von Satz V.12 ist. Auf eine Darstellung des Beweises wird hier verzichtet.

2.6.3 Ähnlichkeit geometrischer Figuren

Ebenso wie wir die Kongruenz geometrischer Figuren unter Verwendung spezieller Abbildungen (nämlich der Bewegungen) eingeführt haben, werden wir auch für die Definition der Ähnlichkeit geometrische Abbildungen verwenden, die Ähnlichkeitsabbildungen. Dazu benötigen wir den Begriff der zentrischen Streckung.

Def. V.1: *Als* **zentrische Streckung** ϕ *mit dem Streckungszentrum* Z *und dem Streckungsfaktor* k $(k \neq 0)$ *wird eine Abbildung der Ebene mit folgenden Eigenschaften bezeichnet:*

1. *Ist* P *ein beliebiger Punkt, so gehört für* $k > 0$ *der Bildpunkt* $\phi(P)$ *der Halbgeraden* ZP^+ *an, für* $k < 0$ *ist* $\phi(P) \in ZP^-$.
2. *Für jeden Punkt* P *gilt* $|Z\phi(P)| = |k| \cdot |ZP|$.

Satz V.14 (Eigenschaften zentrischer Streckungen):

1. *Zentrische Streckungen sind bijektiv.*
2. *Jede zentrische Streckung mit einem von eins verschiedenen Streckungsfaktor* k *hat genau einen Fixpunkt, nämlich das Streckungszentrum.*
3. *Jede zentrische Streckung bildet Geraden auf Geraden ab, wobei Urbild- und Bildgeraden parallel zueinander sind.*
4. *Parallele Geraden werden auf parallele Geraden abgebildet. Falls sich zwei Geraden schneiden, so schneiden sich auch ihre Bildgeraden und der Bildpunkt des Schnittpunktes der beiden Geraden ist Schnittpunkt der Bildgeraden.*
5. *Das Bild einer beliebigen Strecke der Länge* a *ist eine Strecke der Länge* $|k| \cdot a$, *die Bilder der Endpunkte der Urbildstrecke sind die Endpunkte der Bildstrecke.*
6. *Halbgeraden werden auf Halbgeraden sowie Halbebenen auf Halbebenen abgebildet.*
7. *Das Bild eines beliebigen Winkels bei einer zentrischen Streckung ist ein dazu kongruenter Winkel.*

Auf die Darstellung des Beweises von Satz V.14 wird hier verzichtet. Interessierte Leser können diesen Beweis leicht führen, wobei insbesondere auf die Strahlensätze und ihre Umkehrungen zurückzugreifen ist. Für den Beweis der Surjektivität zentrischer Streckungen ist Axiom III.1 zu verwenden, für den von Eigenschaft 7. kann der Stufenwinkelsatz angewendet werden.

Satz V.15: *Sind* Z, P *und* Q *drei beliebige kollineare Punkte (wobei* P *und* Q *von* Z *verschieden sind), so existiert genau eine zentrische Streckung, die* Z *auf sich und* P *auf* Q *abbildet.*

Beweis: Ist $P = Q$, so ist nach Satz IV.13, Teil 2. die Identität ($k = 1$) die einzige zentrische Streckung, die Z auf Z und P auf Q abbildet. Für $Q \in ZP^+$ leistet dies die zentrische Streckung mit dem Zentrum Z und dem Streckungsfaktor

$$k_1 = \frac{|ZQ|}{|ZP|},$$

für $Q \in ZP^-$ muß bei gleichem Zentrum der Streckungsfaktor

$$k_2 = -\frac{|ZQ|}{|ZP|}$$

gewählt werden. Unmittelbar aus der Definition V.1 folgt, daß die durch das Streckungszentrum Z und die Streckungsfaktoren k_1 bzw. k_2 gegebenen zentrischen Streckungen das Verlangte leisten, bei der Wahl eines anderen Zentrums wird Z nicht auf sich und bei einem anderen Streckungsfaktor der Punkt P nicht auf den Punkt Q abgebildet. Somit ist also auch die Eindeutigkeit gegeben. □

Def. V.2: *Hintereinanderausführungen einer Bewegung und einer zentrischen Streckung werden als* **Ähnlichkeitsabbildungen** *bezeichnet.*

Bemerkung: Alle in Satz V.14 aufgeführten Eigenschaften von zentrischen Streckungen außer 2. und der Aussage in 3., daß Urbild- und Bildgeraden parallel sind, gelten ebenso für Bewegungen (siehe Sätze IV.1 – IV.3) und somit auch für Ähnlichkeitsabbildungen.

Der folgende Satz stellt eine zum Bewegungsaxiom analoge Aussage über Ähnlichkeitsabbildungen dar und wird für den Beweis der Ähnlichkeitssätze benötigt.

Satz V.16: *Sind A und B sowie C und D jeweils voneinander verschiedene Punkte, so existieren genau zwei Ähnlichkeitsabbildungen, die A auf C und B auf D abbilden, wobei eine Halbebene bezüglich der Gerade AB durch jede dieser beiden Ähnlichkeitsabbildungen auf eine andere Halbebene bezüglich CD abgebildet wird.*

Beweis: Es sei H eine Halbebene bezüglich der Geraden AB und H' eine Halbebene bezüglich CD. Wir weisen zunächst die *Existenz* einer Ähnlichkeitsabbildung nach, die A auf C, B auf D sowie H auf H' abbildet. Nach Satz IV.4 existiert eine Bewegung ϕ die A auf C, AB^+ auf CD^+ und H auf H' abbildet. Das Bild von B bei dieser Bewegung sei B'. Weiterhin existiert wegen Satz V.15 eine zentrische Streckung ψ die C auf sich und B' auf D abbildet, die Gerade CD (identisch mit CB') ist bei dieser zentrischen Streckung ihre eigene Bildgerade und H' wird wegen der Halbebenentreue der zentrischen Streckungen (Satz V.14, 6.) auf sich abgebildet. Die Hintereinanderausführung der Abbildungen ϕ und ψ bildet somit A auf C, B auf D sowie H auf H' ab und es bleibt zu zeigen, daß *nur eine* Ähnlichkeitsabbildung existiert, die dieses leistet. Gäbe es zwei derartige Ähnlichkeitsabbildungen, so müßte mindestens ein Punkt P existieren, der durch diese beiden Abbildungen auf voneinander verschiedene Punkte P_1 und P_2 abgebildet wird. Nach Satz V.14, 7. gilt $\angle(CDP_1) \equiv \angle(ABP) \equiv \angle(CDP_2)$ und analog $\angle(DCP_1) \equiv \angle(BAP) \equiv \angle(DCP_2)$. Wegen der Eindeutigkeit der Winkelantragung (Folgerung IV.3) und Axiom I.2 sind die Punkte P_1 und P_2 entweder identisch oder beide Punkte liegen auf der Geraden CD. Aus der Abstandstreue von Bewegungen und der Eigenschaft 5. aus Satz V.14 folgt aber, daß Verhältnisse von Streckenlängen bei Ähnlichkeitsabbildungen erhalten bleiben, es gilt also

$$\frac{|PA|}{|PB|} = \frac{|P_1C|}{|P_1D|} = \frac{|P_2C|}{|P_2D|},$$

woraus sich auch für den Fall, daß C, D, P_1 und P_2 kollinear sind, die Identität von P_1 und P_2 ergibt. □

Def. V.3: *Zwei geometrische Figuren heißen zueinander* **ähnlich**, *falls eine Ähnlichkeitsabbildung existiert, welche die eine davon auf die andere abbildet.*

Aufgabe 31: Begründen Sie, daß die Ähnlichkeit geometrischer Figuren eine Äquivalenzrelation ist!

Satz V.17 (Hauptähnlichkeitssatz): *Es seien $\overline{ABC}$ und $\overline{DEF}$ zwei Dreiecke. Falls $\angle(ABC) \equiv \angle(DEF)$ und $\angle(BAC) \equiv \angle(EDF)$ gilt, so sind die beiden Dreiecke ähnlich.*

Beweis: Nach Satz V.16 existiert genau eine Ähnlichkeitsabbildung ϕ die A auf D, B auf E und die Halbebene ABC^+ auf die Halbebene DEF^+ abbildet. Da jede Ähnlichkeitsabbildung Winkel auf kongruente Winkel abbildet, gilt dann $\angle(DE\phi(C)) \equiv \angle(ABC) \equiv \angle(DEF)$ und $\angle(ED\phi(C)) \equiv \angle(BAC) \equiv \angle(EDF)$. Wegen der Eindeutigkeit der Winkelantragung folgt, daß jeder der beiden Punkte F und $\phi(C)$ sowohl auf der Halbgerade EF^+ als auch auf DF^+ liegt, womit die beiden Punkte identisch sein müssen. Somit wird durch die Ähnlichkeitsabbildung ϕ das Dreieck $\overline{ABC}$ auf das Dreieck $\overline{DEF}$ abgebildet. □

Satz V.18 (Ähnlichkeitssätze):

a) Wenn zwei Dreiecke in einem Winkelmaß übereinstimmen und die anliegenden Seiten gleiche Längenverhältnisse bilden, so sind die beiden Dreiecke ähnlich.

b) Wenn alle drei Seiten eines Dreiecks mit je einer Seite eines anderen Dreiecks gleiche Längenverhältnisse bilden, so sind die beiden Dreiecke einander ähnlich.

c) Wenn zwei Seiten eines Dreiecks mit je einer Seite eines anderen Dreiecks gleiche Längenverhältnisse bilden und wenn die beiden Dreiecke in dem Winkel übereinstimmen, welcher der jeweils längeren dieser beiden Seiten gegenüberliegt, so sind die beiden Dreiecke einander ähnlich.

Beweis: Es seien $\overline{ABC}$ und $\overline{DEF}$ zwei Dreiecke mit $\angle(ABC) \equiv \angle(DEF)$ und $|\,\mathrm{DE}\,| : |\,AB\,| = |\,EF\,| : |\,BC\,| =: k$. Weiterhin sei ϕ eine zentrische Streckung mit dem Streckungsfaktor k und dem Zentrum B. Das Bilddreieck $\overline{A'BC'}$ des Dreiecks $\overline{ABC}$ hat die Seitenlängen $|A'B| = k \cdot |AB| = |DE|$ und $|BC'| = |EF|$ und ist (da der Winkel bei B mit dem entsprechenden Winkel des Dreiecks $\overline{ABC}$ identisch ist) nach dem Kongruenzsatz *sws* kongruent zum Dreieck $\overline{DEF}$. Die Dreiecke $\overline{ABC}$ und $\overline{DEF}$ sind also ähnlich und die Behauptung *a)* des Satzes V.18 ist somit bewiesen. Die Teile *b)* und *c)* können auf analoge Weise unter Verwendung der Kongruenzsätze *sss* bzw. *ssw* bewiesen werden. □

2.6.4 Die Satzgruppe des Pythagoras

Unter Anwendung der Ähnlichkeit geometrischer Figuren beweisen wir in diesem Abschnitt einige Sätze über rechtwinklige Dreiecke (Höhensatz, Kathetensatz und Satz des Pythagoras). Dazu benötigen wir zunächst eine Hilfssaussage.

Hilfssatz: *Ist $\overline{ABC}$ ein bei C rechtwinkliges Dreieck und D der Fußpunkt des Lotes von C auf die Gerade AB, so sind die Dreiecke $\overline{ABC}$, $\overline{ACD}$ und $\overline{CDB}$ jeweils zueinander ähnlich (Abbildung 2.36).*

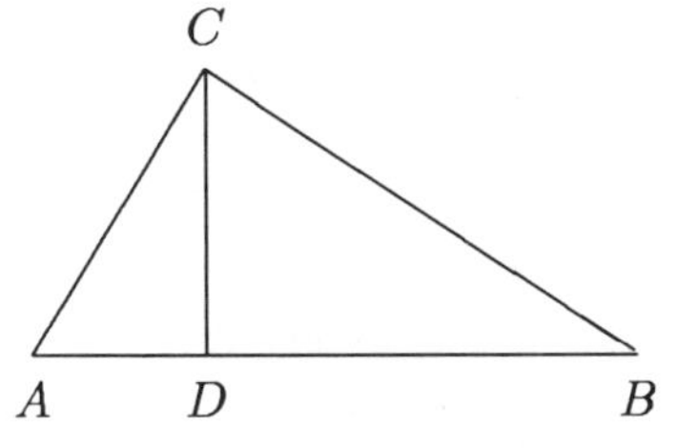

Abbildung 2.36:

Beweis: Der Punkt D liegt innerhalb der Dreiecksseite $\overline{AB}$, da wegen des Innenwinkelsatzes die Innenwinkel des Dreiecks $\overline{ABC}$ bei A und B spitz sein müssen. Ebenfalls durch Heranziehung des Innenwinkelsatz ergeben sich bei Berücksichtigung der rechten Winkel die Kongruenzbeziehungen $\angle(ABC) \equiv \angle(ACD)$ und $\angle(BCD) \equiv \angle(CAB)$. Unter Berücksichtigung der gemeinsamen Winkel der Dreiecke $\overline{ABC}$ und $\overline{ACD}$ bei A sowie der Dreiecke $\overline{ABC}$ und $\overline{CDB}$ bei B und des in jedem Dreieck auftretenden rechten Winkels (bei C bzw. D) folgt nach dem Hauptähnlichkeitssatz die Ähnlichkeit aller drei Dreiecke. □

Da die Längenverhältnisse einander entsprechender Seiten ähnlicher Dreiecke übereinstimmen, gelten die Beziehungen

$$\frac{|CD|}{|DB|} = \frac{|AD|}{|CD|}\,, \tag{1}$$

$$\frac{|BC|}{|DB|} = \frac{|AB|}{|BC|} \qquad \text{und} \tag{2}$$

$$\frac{|AC|}{|AD|} = \frac{|AB|}{|AC|}\,. \tag{3}$$

Nach Einführung der Bezeichnungen $a := |BC|$, $b := |AC|$, $c := |AB|$, $h := |CD|$, $p := |DB|$ und $q := |AD|$ erhalten (1), (2) und (3) die Gestalt

$$h^2 = pq\,, \tag{4}$$

$$a^2 = cp \qquad \text{sowie} \tag{5}$$

$$b^2 = cq\,. \tag{6}$$

Die Beziehung (4) wird als Höhensatz bezeichnet, die Beziehungen (5) und (6) bilden den Kathetensatz. Um diese Sätze verbal formulieren zu können, müssen noch einige Begriffe eingeführt werden.

Def. V.4: *Die dem rechten Winkel eines rechtwinkligen Dreiecks benachbarten Seiten heißen* **Katheten**, *die gegenüberliegende Seite heißt* **Hypotenuse**. *Die beiden Teile der Hypothenuse, die durch den Fußpunkt der entsprechenden Höhe entstehen, heißen* **Hypotenusenabschnitte**.

Satz V.19 (Höhensatz): *In jedem rechtwinkligen Dreieck ist das Quadrat des Längenmaßes der Höhe gleich dem Produkt der Längenmaße der Hypothenusenabschnitte.*

Satz V.20 (Kathetensatz): *In jedem rechtwinkligen Dreieck ist das Quadrat des Längenmaßes jeder Kathete gleich dem Produkt der Längenmaße der Hypotenuse und dem der jeweiligen Kathete benachbarten Hypotenusenabschnitt.*

Satz V.21 (Satz des Pythagoras): *In jedem rechtwinkligen Dreieck ist die Summe der Quadrate der Längenmaße der Katheten gleich dem Quadrat des Längenmaßes der Hypotenuse.*

Beweis: Es sei $\overline{ABC}$ ein rechtwinkliges Dreieck mit dem rechten Winkel bei C, wobei a, b, c, p und q die oben festgelegte Bedeutung haben. Nach dem Kathetensatz ist

$$a^2 + b^2 = c \cdot p + c \cdot q \tag{7}$$

und, da die Hypotenuse aus den beiden Hypotenusenabschnitten besteht, gilt

$$p + q = c \qquad \text{und somit} \tag{8}$$

$$a^2 + b^2 = c^2. \tag{9}$$

□

Aufgabe 32: Bilden Sie Umkehrungen der Sätze V.19 – IV.21 und beweisen Sie diese, indem Sie die jeweiligen Sätze selbst für den (indirekten) Beweis ihrer Umkehrungen nutzen!

Nicht unerwähnt soll an dieser Stelle gelassen werden, daß der Satz des Pythagoras nicht von Pythagoras (der etwa von 580 bis 500 v. Chr. lebte) gefunden und auch von ihm nicht erstmalig bewiesen wurde. Der Satz war schon weitaus früher bekannt (siehe Abschnitt 2.1.1). Der Name des Satzes könnte daher rühren, daß die pythagoreische Schule sich ausführlich mit den sogenannten pythagoreischen Zahlentripeln (Tripeln natürlicher Zahlen (k, l, m) mit $k^2 + l^2 = m^2$) befaßte und diese einen wichtige Bedeutung für die Philosophie der Pythagoreer hatten.

Die bewiesenen Sätze der euklidischen Geometrie erheben keinesfalls einen Anspruch auf Vollständigkeit, es ist auch nicht Ziel dieses Buches, möglichst alle geometrischen Sätze zu beweisen. Unter anderem wurde nicht auf die bekannten Sätze am Kreis (Peripheriewinkelsatz, Satz des Thales u. a.) eingegangen. Da wir den axiomatischen Aufbau der Geometrie inzwischen recht weit vorangebracht haben, stehen weitestgehend die Grundlagen zur Verfügung, die in der Schule für den Beweis dieser Sätze verwendet werden, so daß die Beweise hier ähnlich geführt werden könnten. Zu den genannten Sätzen sei lediglich angemerkt, daß es sich dabei nicht um Sätze der absoluten Geometrie handelt, es sind für die Beweise also aus dem Parallelenaxiom abgeleitete Sätze erforderlich.

2.7 Andere Axiomensysteme

In den vergangenen 100 Jahren ist eine unüberschaubare Zahl an Axiomensystemen der euklidischen Geometrie entwickelt worden, wobei sich viele dieser Axiomensysteme nur in Einzelheiten voneinander unterscheiden. In diesem Abschnitt wird auf einige Varianten möglicher Grundlegungen der euklidischen Geometrie sowie (in 2.7.5) der sphärischen Geometrie eingegangen, wobei im Interesse der Wahrung einer gewissen Systematik zunächst (in 2.7.1) Axiomensysteme betrachtet werden, die in ihrem Grundaufbau dem in den vergangenen Abschnitten behandelten System ähnlich sind. (Wesentliche Grundideen, auf denen diese Axiomensysteme aufgebaut sind, wurden bereits 1902 von KAGAN vorgestellt, siehe [19].) Da sich die Unterschiede zwischen den verschiedenen Axiomensystemen oftmals auf einzelne Axiomengruppen beschränken, erscheint es nicht sinnvoll, alle Systeme, auf die Bezug genommen wird, vollständig aufzuführen. Es werden daher Variationsmöglichkeiten der einzelnen Axiomengruppen beschrieben. Unter 2.7.2 wird ein Axiomensystem behandelt, das sich von dem in diesem Buch zugrundegelegten wesentlich unterscheidet. Auch dieses, von DAVID HILBERT entwickelte, Axiomensystem läßt eine Reihe von Variationen zu, auf einige davon wird eingegangen. Gegenstand des Abschnitts 2.7.3 ist ein Axiomensystem, das den Aufbau der Elementargeometrie mittels des Instrumentariums der analytischen Geometrie ermöglicht, und dafür die Begriffe des Vektorraums und des Skalarprodukts zur Verfügung stellt. Wir beschränken uns in den Abschnitten 2.7.1 – 2.7.3 auf die Betrachtung von Axiomensystemen der ebenen Geometrie, die meisten dieser Axiomensysteme lassen sich sehr leicht zu Systemen der dreidimensionalen Geometrie des euklidischen Raumes ausbauen (siehe 2.7.4).

Bei allen Axiomen, die aufgeführt werden, sind die Autoren der entsprechenden Axiomensysteme angegeben. Die Axiome wurden aus den jeweiligen Quellen jedoch teilweise nicht wörtlich übernommen, sondern es erfolgte eine Anpassung der Formulierungen an die Terminologie und Symbolik dieses Buches.

2.7.1 Varianten der Axiomengruppen I - V

Axiomengruppe I: Inzidenzaxiome

Bei unseren Inzidenzaxiomen (siehe Abschnitt 2.2.1) sind wir von der Elementbeziehung zwischen Punkten und Geraden ausgegangen (Axiom I/1). Dies ist jedoch nicht von vornherein zwingend. Es ist durchaus möglich, statt der Elementbeziehung eine zunächst völlig unbestimmte Relation zwischen Punkten und Geraden zu betrachten (nämlich gerade die „Inzidenz") und somit auf die Anwendung der Mengenlehre völlig zu verzichten. Die

Inzidenzrelation wird dann durch die Axiome bestimmt (axiomatisch definiert), wobei dieselben Axiome verwendet werden können wie hier. Statt Formulierungen, wie

ein Punkt gehört einer Geraden an

müssen dann solche der Art

ein Punkt inzidiert mit einer Geraden

gebraucht werden. Wesentliche inhaltliche Veränderungen ergeben sich dadurch nicht, denn es besteht eine Isomorphie zwischen den Geraden und den Mengen derjenigen Punkte, die mit einer entsprechenden Geraden inzidieren.

Eine wesentlich interessantere Möglichkeit, die Inzidenzaxiome zu variieren, stellt die Verwendung des Grundbegriffs *Strecke* statt des Grundbegriffs *Gerade* dar. Eine solche Fassung der Inzidenzaxiome geht auf SCHUR (siehe [42]) zurück und fand mitunter bei Axiomensystemen, die unter didaktischen Gesichtspunkten entwickelt wurden, Verwendung. Das Motiv für ein solches Vorgehen besteht darin, daß die (endlichen) Strecken anschaulich leichter faßbar sind als die (unendlichen) Geraden. A. KIRSCH verwendet in seinem 1972 vorgestellten Axiomensystem (vgl. [20]) die im folgenden aufgeführten Inzidenzaxiome unter Verwendung des Begriffs „Strecke“ als Grundbegriff.

1. *Zwei beliebigen Punkten A und B wird eineindeutig eine Verbindungsstrecke zugeordnet und A, B gehören dieser an.*

2. *Wenn der Durchschnitt zweier Strecken aus mehr als einem Punkt besteht, dann ist die Vereinigung dieser Strecken eine Strecke.*

3. *Die Menge aller Punkte ist keine Gerade.*

Dabei führt er die Kollinearität von Strecken ein (zwei Strecken sind kollinear, falls eine Strecke existiert, die beide als Teilmengen enthält) und weist nach, daß die Kollinearität von Strecken eine Äquivalenzrelation ist. Auf dieser Grundlage kann der Begriff der Geraden (vor der Formulierung des Axioms 3.) definiert werden:

Eine Gerade ist die Vereinigungsmenge einer Klasse kollinearer Strecken.

Die aufgeführten Inzidenzaxiome unter Verwendung des Grundbegriffs „Strecke“ sind mit der Axiomengruppe I in Abschnitt 2.2.1 äquivalent. Ein Problem bei der Verwendung endlicher Grundbegriffe stellt die Erweiterung zu einem Axiomensystem der Raumgeometrie dar.

Axiomengruppe II: Abstandsaxiome

Das charakteristische Merkmal der Gruppe von Axiomensystemen, die in diesem Abschnitt betrachtet werden, ist die Verwendung des Begriffs „Abstand“ als Grundbegriff und die Zurückführung der Bewegungen sowie der Kongruenz geometrischer Figuren auf Abstände von Punkten. In den meisten derartigen Axiomensystemen entsprechen die Abstandsaxiome den in Abschnitt 2.3.1 behandelten. Dabei erfolgt in didaktisch orientierten Axiomensystemen mitunter eine Motivierung dieser Axiome mittels der Eigenschaften der Zeichengeräte Zirkel und Lineal. Eine etwas andere Fassung der Abstandsaxiome enthält ein Axiomensystem von E. E. MOISE und F. L. DOWNS, JR. aus dem Jahre 1964, das die Autoren für einen Lehrgang an der High-School entwickelten (siehe [27]):

1. *Zu jedem Paar verschiedener Punkte gibt es eine eindeutig bestimmte positive Zahl (den Abstand).*

2. (Postulat von der Zahlengeraden):

   Punkte einer Gerade können mit den reellen Zahlen derart in Beziehung gesetzt werden, daß gilt:

   (a) *Zu jedem Punkt der Geraden gibt es genau eine reelle Zahl und umgekehrt.*

   (b) *Der Abstand zweier Punkte ist der Absolutbetrag der Differenz der entsprechenden Zahlen.*

   (Die beschriebene Beziehung zwischen Punkten einer Gerade und reellen Zahlen heißt *Koordinatensystem.*)

3. *Wenn P, Q zwei Punkte einer Geraden sind, dann kann das Koordinatensystem so gewählt werden, daß die Koordinate von P Null und die Koordinate von Q positiv ist.*

Aus diesen drei Abstandsaxiomen ergeben sich die Axiome II/1 – II/3 im Abschnitt 2.3.1, zusätzlich folgt daraus das Anordnungsaxiom III/1 (Axiom der linearen Anordnung, siehe Abschnitt 2.4.1), da durch das Axiom 2. die Struktur der Zahlengerade auf jede Gerade übertragen wird.

In einigen Axiomensystemen sind neben Abstandsaxiomen (die mitunter auch als Axiome des Streckenmaßes oder Axiome des Streckenmessens bezeichnet werden) **Winkelmaßaxiome** bzw. **Axiome des Winkelmessens** vorhanden. Diese sind dann notwendig, wenn statt Bewegungsaxiomen die auf S. 129 beschrieben Kongruenzaxiome Verwendung finden sollen. In dem bereits angesprochenen Axiomensystem von MOISE/DOWNS finden sich die folgenden *Axiome der Winkelmessung*:

1. *Zu jedem Winkel gibt es eine reelle Zahl zwischen* 0 *und* 180°.

2. *Zu jedem Winkel* $\angle(g,h)$ *und zu jeder Halbgeraden* g' *gibt es in jeder Halbebene bezüglich* g' *genau eine Halbgerade* h' *mit demselben Scheitel* O, *so daß den Winkeln* $\angle(g,h)$ *und* $\angle(g',h')$ *dieselbe reelle Zahl als Winkelmaß zugeordnet ist.*

3. *Sind* $\angle(p,q)$ *und* $\angle(p,r)$ *zwei Winkel mit einem gemeinsamen Scheitel* O *und dem gemeinsamen Schenkel* p *sowie* $\angle(p',q')$ *und* $\angle(p',r')$ *zwei Winkel mit einem gemeinsamen Scheitel* O' *und dem gemeinsamen Schenkel* p' *und haben die Winkel* $\angle(p,q)$ *und* $\angle(p',q')$ *sowie* $\angle(p,r)$ *und* $\angle(p',r')$ *jeweils gleiche Maße, so haben auch die Winkel* $\angle(q,r)$ *und* $\angle(q',r')$ *dasselbe Maß.*

4. *Nebenwinkel ergänzen sich zu* 180°.

Die Aussagen dieser vier Axiome können bei dem in diesem Buch praktizierten Aufbau der Geometrie nachgewiesen werden (siehe Abschnitt 2.5.4).

Axiomengruppe III: Anordnungsaxiome

Die Tatsache, daß in den hier betrachteten Axiomensystemen bei der Formulierung der Anordnungsaxiome bereits auf den Abstand von Punkten zurückgegriffen werden kann, vereinfacht die Anordnungsaxiome (und zwar speziell die Axiome der linearen Anordnung) gegenüber anderen Axiomensystemen erheblich (siehe Abschnitt 2.7.2). Neben der Möglichkeit, für die Anordnung der Punkte auf einer Geraden das Axiom III/1 (Abschnitt 2.4.1) zu formulieren, findet auch die bereits bei der Diskussion der Abstandsaxiome beschriebene Variante der Übertragung der Struktur der Zahlengerade auf jede Gerade Verwendung (Axiomensystem von MOISE/DOWNS).

Statt des in Abschnitt 2.4.1 behandelten Axioms III/2 der Anordnung der Punkte einer Ebene kann auch das sogenannte *Pasch-Axiom* Verwendung finden. Dieses entspricht dem Satz III.1 (Satz von Pasch), wobei als Axiom nur die *Existenz* eines Schnittpunktes mit einer weiteren Seite des Dreiecks gefordert werden muß, die Eindeutigkeit ist dann beweisbar.

Axiomengruppe IV: Bewegungsaxiome

Statt des Bewegungsaxioms IV in Abschnitt 2.5.1 werden häufig Axiome für spezielle Bewegungen (Spiegelungen, Verschiebungen und Drehungen) formuliert und Bewegungen dann als Hintereinanderausführungen derartiger spezieller Bewegungen eingeführt. Diesen Weg geht z. B. GRIESEL in seinem 1963 in [15] veröffentlichten Axiomensystem. Dabei werden zunächst die Begriffe Verschiebung, Drehung und Spiegelung definiert.

- *Eine isometrische Abbildung heißt* Verschiebung *entlang der Leitgeraden l, wenn Original- und Bildgeraden jeweils parallel sind und jede Parallele zur Leitgeraden (und die Leitgerade selbst) auf sich abgebildet wird.*

- *Eine isometrische Abbildung heißt* Drehung *um das Zentrum Z mit dem Drehwinkel α, wenn Z auf sich abgebildet wird und für jeden Punkt P und seinen Bildpunkt P' gilt: $\angle(PZP') \equiv \alpha$.*

- *Eine isometrische Abbildung heißt* Spiegelung *an der Geraden g, wenn jeder Punkt von g auf sich abgebildet wird und jeder Punkt der einen Halbebene bezüglich g auf einen Punkt der anderen Halbebene bezüglich g abgebildet wird.*

Unter *isometrischen Abbildungen* sind dabei längentreue Abbildungen, also Bewegungen im Sinne unserer Definition IV.1, zu verstehen. Das Bewegungsaxiom IV/1 kann dann durch die folgenden drei Axiome ersetzt werden:

1. *Zu zwei Punkten P und P' gibt es genau eine Verschiebung, die P auf P' abbildet.*

2. *Zu zwei Halbgeraden mit einem gemeinsamen Anfangspunkt gibt es genau eine Drehung, welche die eine auf die andere Halbgerade abbildet.*

3. *An jeder Geraden gibt es genau eine Spiegelung.*

Eine weitere Möglichkeit besteht darin, die Bewegungen auf Spiegelungen zurückzuführen (siehe Abschnitt 2.5.1). Von dieser Möglichkeit macht KIRSCH in seinem bereits erwähnten Axiomensystem Gebrauch. Nach der Definition des Begriffs der Isometrie (gleichzusetzen mit Bewegung) als längentreue Abbildung (vergleichbar mit Def. IV.1) beweist er den folgenden Satz:

> *Zu jeder Geraden g gibt es höchstens eine von der Identität verschiedene Isometrie, die g punktweise festläßt.*

Auf Grundlage dieses Satzes kann der Begriff der Geradenspiegelung definiert werden:

> *Diese Isometrie heißt Geradenspiegelung mit der Achse g.*

Das folgende Axiom ist dann zu Axiom IV (Abschnitt 2.5.1) äquivalent:

Zu jeder Geraden gibt es genau eine Geradenspiegelung.

Statt Bewegungsaxiomen können auch **Kongruenzaxiome** verwendet werden. In dem bereits mehrfach angesprochenen Axiomensystem von MOISE/DOWNS werden die drei Kongruenzsätze *sws*, *wsw* und *sss* als Axiome formuliert. Ein solches Vorgehen ist jedoch nur dann möglich, wenn vorher neben der Streckenmessung auch die Winkelmessung (wie auf Seite 126 beschrieben) axiomatisch eingeführt wurde. Allerdings wäre auf dieser Grundlage die Forderung eines „*sws*-Axioms" völlig ausreichend, die beiden anderen Kongruenzsätze können bewiesen werden. Das Axiomensystem von MOISE/DOWNS ist also nicht minimal. Ein minimales Axiomensystem war allerdings auch nicht das Ziel von MOISE/DOWNS, die das System unter didaktischen Gesichtspunkten für die Behandlung mit Schülern entwickelt hatten.

Viele der in diesem Abschnitt angeführten Axiomensysteme berücksichtigen didaktische Aspekte. Zum großen Teil entstanden sie zu einer Zeit, als viele Mathematikdidaktiker eine explizite Beschäftigung mit axiomatischen Grundlagen der Geometrie im Schulunterricht befürworteten. Inzwischen hat sich weitgehende Einigkeit darüber durchgesetzt, daß die Axiomatik der euklidischen Geometrie für die Behandlung mit Schülern völlig ungeeignet ist. Allerdings liegen dem Aufbau des Geometrieunterrichts in der Sekundarstufe I durchaus auch axiomatische Überlegungen zugrunde, wenngleich eine geschlossene Beschreibung des theoretischen Hintergrunds dieses Lehrgangs durch ein Axiomensystem nicht möglich ist. Das für den Aufbau dieses Buches gewählte Axiomensystem und einige andere der in diesem Abschnitt besprochenen Systeme beschreiben jedoch die Abfolge des Stoffes und die logischen Beziehungen zwischen einzelnen Stoffteilen im Geometrieunterricht zumindest teilweise recht gut. Insofern haben diese Axiomensysteme durchaus eine didaktische Bedeutung, auch wenn ihre explizite Behandlung im Unterricht nicht in Frage kommt.

Axiomengruppe V: Parallelenaxiom

Bezüglich des Parallelenaxioms treten die geringsten Unterschiede innerhalb der verschiedenen Axiomensysteme auf. Mitunter wird dieses Axiom nicht als letztes, sondern gleich im Anschluß an die Inzidenzaxiome formuliert. Bei dem Axiomensystem von GRIESEL (siehe Seite 128) und anderen Systemen, die Parallelverschiebungen für die Einführung von Bewegungen nutzen, ist dies sogar notwendig, da die benötigten Eigenschaften der Parallelverschiebungen ansonsten nicht abgeleitet werden können. Bei einer Formulierung des Parallelenaxioms gleich nach den Inzidenzaxiomen, wird meist die Existenz *und* Eindeutigkeit der Parallelen zu jeder Geraden durch jeden Punkt gefordert, während bei einem Auftreten des Parallelenaxioms als letztes Axiom die Existenz vorher bewiesen werden kann und dann die schwächere Formulierung für das Parallelenaxiom (siehe Abschnitt 2.6.1) genügt, die nur die Forderung nach der Eindeutigkeit enthält.

2.7.2 Das Hilbertsche Axiomensystem und Varianten dieses Axiomensystems

Das erste Axiomensystem der Geometrie, das strengsten logischen Ansprüchen gerecht wurde, war das Axiomensystem von DAVID HILBERT (1862 - 1943, siehe auch Abschnitt 2.1.1). Dieses Axiomensystem (vgl. [18]) ist auch heute noch das am weitesten verbreitete geometrische Axiomensystem. Im Gegensatz zu den Axiomensystemen, deren Besprechung im Abschnitt 2.7.1 erfolgte, wurde bei diesem System größter Wert auf die Minimalität der geforderten Eigenschaften gelegt, weiterhin wurde auf den Rückgriff auf Elemente der Mengenlehre und die Theorie der reellen Zahlen verzichtet. Aus diesen Gründen ist das Hilbertsche Axiomensystem in Hinblick auf seine „mathematische Eleganz“ besonders interessant. Die Beweise vieler geometrischer Eigenschaften sind jedoch erheblich aufwendiger, als die in den Abschnitten 2.2 - 2.6 geführten Beweise auf der Grundlage der in diesem Buch verwendeten Axiome. Das Hilbertsche Axiomensystem baut auf den Grundbegriffen *Punkt*, *Gerade*, *Inzidenz*, *liegt zwischen* sowie *Kongruenz* auf und enthält folgende Axiome der ebenen Geometrie (eine Erweiterung zu einem Axiomensystem der Raumgeometrie ist auch hier leicht möglich, siehe Abschnitt 2.7.4):

Inzidenzaxiome

I 1 *Zu zwei Punkten existiert genau eine Gerade, die mit diesen beiden Punkten inzidiert.*

I 2 *Mit jeder Geraden inzidieren mindestens zwei Punkte. Es existieren drei Punkte, die nicht mit einer Geraden inzidieren.*

Anordnungsaxiome

Es sei Z („liegt zwischen“) eine dreistellige Relation auf der Menge der Punkte mit folgenden Eigenschaften:

A 1 *Wenn* $(A, B, C) \in Z$, *so sind* A, B *und* C *kollinear und es gilt auch* $(C, B, A) \in Z$.

A 2 *Zu je zwei verschiedenen Punkten* A *und* B *existiert stets ein Punkt* C *mit* $(A, B, C) \in Z$.

A 3 *Von drei Punkten liegt höchstens einer zwischen den beiden anderen.*

A 4 (Pasch-Axiom)
Falls eine Gerade durch keinen der Eckpunkte eines Dreiecks verläuft sowie eine offene Seite dieses Dreiecks schneidet, so schneidet diese Gerade noch mindestens eine weitere offene Seite des Dreiecks.

Kongruenzaxiome

K 1 *Für jede Strecke* $\overline{AB}$ *existiert auf jeder Halbgeraden* PQ^+ *genau ein Punkt* R *mit* $\overline{AB} \equiv \overline{PR}$.

K 2 *Die Streckenkongruenz ist transitiv.*

K 3 *Ist* $B \in \overline{AC}$, $R \in \overline{PQ}$, $\overline{AB}$ *kongruent zu* $\overline{PR}$ *und* $\overline{BC}$ *kongruent zu* $\overline{RQ}$, *dann ist auch* $\overline{AC}$ *kongruent zu* $\overline{PQ}$.

K 4 *Zu jedem Winkel* $\angle(g,h)$ *und zu jeder Halbgeraden* g' *gibt es in jeder Halbebene bezüglich* g' *genau eine Halbgerade* h' *mit demselben Scheitel* O, *so daß die Winkel* $\angle(g,h)$ *und* $\angle(g',h')$ *zueinander kongruent sind.*

K 5 *Jeder Winkel ist zu sich selbst kongruent.*

K 6 *Wenn für zwei Dreiecke* $\overline{ABC}$ *und* $\overline{A'B'C'}$ *gilt* $\overline{AB} \equiv \overline{A'B'}$, $\overline{AC} \equiv \overline{A'C'}$ *und* $\angle(BAC) \equiv \angle(B'A'C')$, *so gilt auch* $\angle(ACB) \equiv \angle(A'B'C')$.

Stetigkeitsaxiome

S 1 (Archimedes-Axiom)
Es seien $\overline{AB}$ *und* $\overline{CD}$ *beliebige Strecken. Dann existieren Punkte* $A_1, A_2, \ldots A_n$ *auf der Halbgerade* AB^+ *derart, daß*

a) $\overline{AA_1} \equiv \overline{A_1A_2} \equiv \cdots \equiv \overline{A_{n-1}A_n} \equiv \overline{CD}$ *und* *b)* $B \in \overline{AA_n}$.

S 2 (Cantor-Axiom)
Auf einer beliebigen Geraden g *sei eine unendliche Folge von Strecken* $\overline{A_iB_i}$ *gegeben mit* $\overline{A_{i+1}B_{i+1}} \subset \overline{A_iB_i}$ *(für alle* $i \in \mathbf{N}$*), und es gebe zu jeder Strecke* $\overline{CD}$ *eine natürliche Zahl* n *mit* $l(\overline{A_nB_n}) < l(\overline{CD})$. *Dann existiert auf* g *ein Punkt* P *mit* $P \in \overline{A_iB_i}$ *für alle* $i \in \mathbf{N}$.

($l(\overline{CD})$ ist die Äquivalenzklasse aller zu $\overline{CD}$ kongruenten Strecken.)

Parallelenaxiom

PA *Zu jeder Geraden* g *und zu jedem nicht auf* g *liegenden Punkt* P *existiert höchstens eine Gerade, die zu* g *parallel ist und durch* P *verläuft.*

Während sich die **Inzidenzaxiome** von den in Abschnitt 2.2.1 behandelten nur unwesentlich unterscheiden, liegt den **Anordnungsaxiomen** (und zwar speziell den Axiomen der linearen Anordnung A 1 – A 3) eine völlig andere Herangehensweise zugrunde, was darauf zurückzuführen ist, daß der Begriff des Abstands an dieser Stelle nicht zur Verfügung steht. Statt der Axiome A 1 – A 3 kann auch folgendes Axiom formuliert werden, falls auf Elemente der Mengenlehre zurückgegriffen wird:

> *Die Menge aller Punkte, die mit einer Geraden inzidieren, ist eine unbegrenzte, total geordnete Menge.*

Das Pasch-Axiom (A 4) kann (ohne sonstige Änderungen) gegen das Axiom III/2 aus Abschnitt 2.4.1 ausgetauscht werden.

Es ist möglich, die **Kongruenzaxiome** des Hilbertschen Axiomensystems durch **Bewegungsaxiome** zu ersetzen, ohne den prinzipiellen Aufbau dieses Axiomensystems grundlegend zu verändern. Das Bewegungsaxiom IV (Abschnitt 2.5.1) ist hierfür jedoch nicht geeignet, da für dieses Axiom die Definition des Begriffs der Bewegung erforderlich ist, was voraussetzt, daß der Abstand von Punkten zur Verfügung steht. Sollen im Hilbertschen Axiomensystem die Kongruenz- durch Bewegungsaxiome ersetzt werden, so muß der Begriff der Bewegung als *Grundbegriff* auftreten. Als Bewegungsaxiome sind dann z. B. die folgenden geeignet:

Bewegungsaxiome

B 1 *Jede Bewegung ist eine eineindeutige Abbildung der Ebene auf sich.*

B 2 *Bei Bewegungen werden Geraden in Geraden überführt, die Zwischenrelation bleibt erhalten.*

B 3 *Die Hintereinanderausführung von Bewegungen ist wieder eine Bewegung.*

B 4 *Zu je zwei Fahnen gibt es eine und nur eine Bewegung welche die eine Fahne auf die andere abbildet.*

Es gibt sehr viele Varianten des Hilbertschen Axiomensystems mit Bewegungsaxiomen, die sich oft nicht sehr stark voneinander unterscheiden. In einigen Axiomensystemen wird statt des Begriffs der Bewegung der Spiegelungsbegriff axiomatisch eingeführt, auf dessen Grundlage dann Bewegungen und schließlich die Kongruenz geometrischer Figuren definiert werden (siehe u. a. KLOTZEK, [21]).

Der weitaus größte Teil der geometrischen Aussagen setzt die Verwendung des Begriffs Abstand (und damit die Bezugnahme auf die reellen Zahlen) nicht voraus, wenngleich diese Bezugnahme, wie in diesem Buch praktiziert, möglich und mit einigen Erleichterungen verbunden ist. Dem Hilbertschen Axiomensystem liegt die Zielstellung zugrunde, so spät wie möglich Abstände zu betrachten. Die Einführung des Abstandsbegriffs ist mit Hilfe der **Stetigkeitsaxiome** möglich. Das Archimedes-Axiom sichert, daß durch endlich häufiges Antragen einer Einheitsstrecke $\overline{CD}$ jede Strecke $\overline{AB}$ „ausgeschöpft“ werden kann (siehe Abbildung 2.37). Die Zahl n ist dann der ganzzahlige Anteil des Abstands der Punkte A und B.

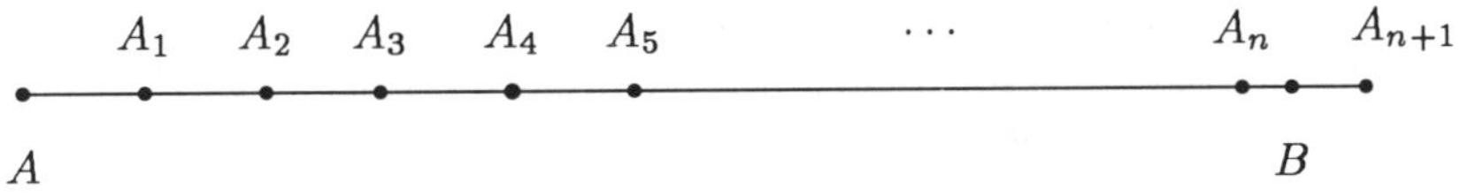

Abbildung 2.37:

Durch eine „Intervallschachtelung“ der Strecke $\overline{A_nA_{n+1}}$ wird dem verbleibenden Teil $\overline{A_nB}$ der Strecke $\overline{AB}$ eine reelle Zahl zwischen 0 und 1 zugeordnet. Die Vorgehensweise ist völlig analog zu dem Verfahren, das bei der Einführung des Winkelmaßes in Abschnitt 2.5.4 angewendet wurde. Das Cantor-Axiom sichert, daß die Punkte auf einer Geraden dicht liegen und daß zu jeder reellen Zahl a auf jeder Halbgeraden ein Punkt existiert, dessen Abstand vom Anfangspunkt der Halbgeraden a ist. Das Cantor-Axiom weist eine starke Analogie zu dem gleichnamigen Stetigkeitsaxiom für die reellen Zahlen auf. Es kann durch ein *Intervallschachtelungsaxiom* oder das *Dedekind-Axiom* ersetzt werden. Beide Axiome entsprechen den vergleichbaren, aus der Theorie der reellen Zahlen bekannten, Aussagen. Weiterhin ist die Ersetzung des Cantor-Axioms durch das folgende *Axiom der linearen Vollständigkeit* möglich:

> *Das System der Punkte einer Geraden ist keiner Erweiterung fähig, bei welcher die zwischen den vorigen Elementen bestehenden Beziehungen sowie auch die aus den Axiomen folgenden Grundeigenschaften der Inzidenz, linearen Anordnung und Kongruenz sowie das Archimedes-Axiom erhalten bleiben.*

Es soll nicht unerwähnt bleiben, daß das Hilbertsche Axiomensystem und das in diesem Buch genutzte Axiomensystem von KOLMOGOROV zueinander äquivalent sind. B. WEISSLEDER wies 1977 nach, daß auf der Grundlage des Kolmogorovschen Systems jedes Axiom des Hilbertschen Axiomensystems nachgewiesen werden kann und umgekehrt (siehe [48]).

2.7.3 Algebraisch orientierte Axiomensysteme der Geometrie

In den sechziger Jahren bestand ein starker Trend, die Mathematik und den Mathematikunterricht stärker auf der Grundlage algebraischer Strukturen aufzubauen und zu ordnen („New Math“, siehe u. a. [7], [8], [9] und [29]). In diesem Bestreben entstanden einige Axiomensysteme der euklidischen Geometrie, die es ermöglichen, auf einer recht frühen Stufe der Behandlung der Geometrie mit Vektorräumen und Skalarprodukten zu arbeiten. Ein solches Axiomensystem von CHOQUET (siehe ausführlich in [8]) wird im folgenden kurz beschrieben.

Die erste Axiomengruppe dieses Axiomensystems enthält die bereits bekannten **Axiome der Inzidenz** und das **Parallelenaxiom**, wobei in letzterem gefordert wird, daß zu jeder Geraden durch jeden nicht auf ihr liegenden Punkt *genau* eine Parallele existiert. Weiterhin enthält das System die beiden folgenden **Ordnungsaxiome**:

II a *Jeder Geraden g sind zwei Ordnungsrelationen zugeordnet, die einander entgegengesetzt sind.*

Gemeint sind totale reflexive Ordnungen auf der Menge der Punkte einer Geraden („$\leq$“ und „$\geq$“). Die Aussage dieses Axioms ist auch in unserem Axiom III/1 enthalten, durch welches zwangsläufig die Ordnung der reellen Zahlen auf jede Gerade übertragen wird.

II b *Für jedes Paar (a, b) paralleler Geraden und für alle Punkte A und A' von a sowie B und B' von b schneidet jede Parallele zu a bzw. b, die AB schneidet, auch $A'B'$ (siehe Abbildung 2.38).*

Mit Hilfe des Axioms IIb ist es möglich, die Ordnungsstrukturen auf verschiedenen Geraden zueinander in Beziehung zu setzen. Eine Gerade, für die eine der beiden entgegengesetzten Ordnungen ausgezeichnet wurde, heißt *orientierte Gerade.*

Durch die beiden Axiome der Gruppe III (**Axiome der affinen Struktur**) wird auf jeder Geraden eine additive Struktur (Abstand) geschaffen:

III a *Der Ebene ϵ wird eine Abbildung $d : \epsilon \times \epsilon \to \mathbf{R}^*$ mit folgenden Eigenschaften zugeordnet:*

(a) $d(X, Y) = d(Y, X)$ *f. a.* $X, Y \in \epsilon$

(b) Für jede orientierte Gerade g, jeden Punkt $X \in g$ und jede Zahl $l \geq 0$ existiert auf g genau ein Punkt Y mit $X \leq Y$ und $d(X, Y) = l$.

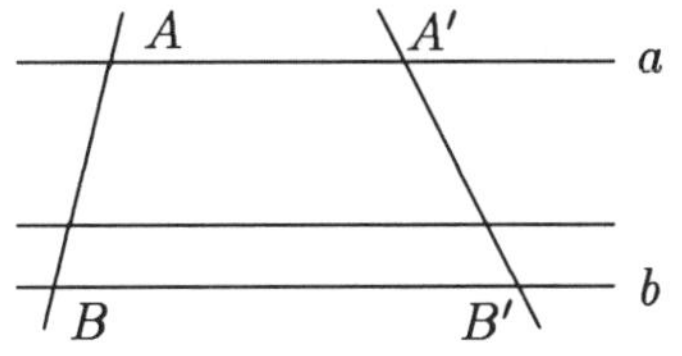

Abbildung 2.38:

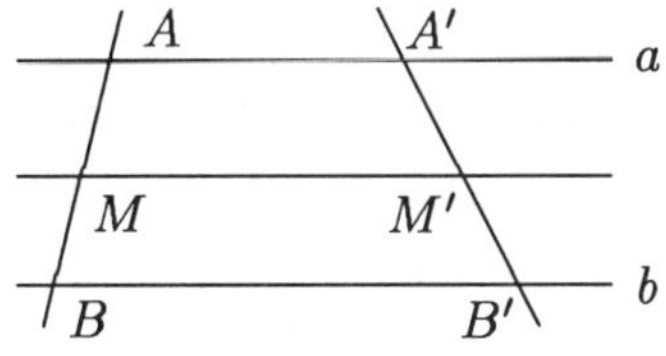

Abbildung 2.39:

(c) *Falls ein Punkt X einer Strecke* $\overline{AB}$ *angehört, so gilt:* $d(A, X) + d(X, B) = d(A, B)$.

Auf der Grundlage dieses Axioms kann nun in gewohnter Weise der Begriff „*Mittelpunkt einer Strecke*“ definiert werden, die im folgenden Axiom auftreten. Statt der Bezeichnung $d(A, B)$ verwenden wir im folgenden $|AB|$.

III b *Für jedes Paar* (a, b) *paralleler Geraden und für alle Punkte* A *und* A' *von* a *sowie* B *und* B' *von* b *verläuft die Parallele zu* a *und* b *durch den Mittelpunkt* M *der Strecke* $\overline{AB}$ *auch durch den Mittelpunkt* M' *von* $\overline{A'B'}$. *(siehe Abbildung 2.39).*

Analog zu dem Axiom II b, das die Ordnungsstrukturen einer Geraden auf andere Geraden überträgt, erfolgt durch das Axiom III b eine Übertragung der in III a eingeführten additiven Struktur.

Mit Hilfe der beiden Axiome III a und III b kann nun der Begriff der *Translation* eingeführt werden, worauf wiederum die Definition des Begriffs *Vektor* (nämlich als Translation) beruht. Somit ist bereits auf der Grundlage der bisher behandelten Axiome die Schaffung einer Vektorraumstruktur und das Betreiben affiner Geometrie in der aus der linearen Algebra / analytischen Geometrie vertrauten Weise möglich. Dies dürfte auch den Namen der Axiomengruppe III erklären. Ansonsten mag die Bezeichnung „*affine* Struktur“ für die mit den Axiomen III a und III b eingeführte additive Struktur etwas verwundern, handelt es sich doch um einen Abstand, also eine *Metrik*. Allerdings wird damit nur auf jeder Geraden für sich genommen eine metrische Struktur eingeführt. Um eine Metrik der gesamten Ebene zu schaffen, müssen die Metriken der verschiedenen Geraden zueinander in Beziehung gebracht werden, was mittels Orthogonalprojektion geschieht. Dazu wird das folgende **1. Axiom der metrischen Struktur** benötigt.

IV a Axiom des Senkrechtstehens:

Das Senkrechtstehen ($\perp$) *ist eine binäre Relation auf der Menge aller Geraden mit folgenden Eigenschaften:*

(a) *Falls a auf b senkrecht steht, so steht auch b auf a senkrecht.*

(b) *Falls zwei Geraden a und b aufeinander senkrecht stehen, so sind diese beiden Geraden nicht parallel.*

(c) *Zu jeder Geraden a existiert mindestens eine Gerade b mit* $a \perp b$.

(d) *Für je zwei Geraden a und b mit* $a \perp b$ *und eine beliebige Gerade c ist* $b \parallel c$ *genau dann wenn, wenn* $a \perp c$ *gilt.*

Gestützt auf das Axiom IVa ist es möglich, den Begriff der *senkrechten Parallelprojektion* zu definieren. Mit $c(a,b)$ wird der *Projektionsmaßstab* von einer Geraden b auf eine Gerade a bezeichnet, wobei $c(a,b)$ durch

$$|O\phi(X)| = c(a,b) \cdot |OX|$$

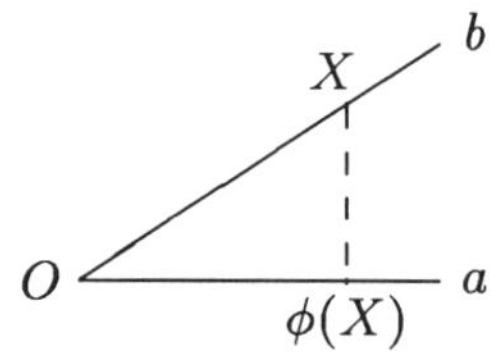

Abbildung 2.40:

gegeben ist. Dabei ist O der Schnittpunkt der Geraden a und b, X ein beliebiger Punkt von b und $\phi(X)$ der Bildpunkt von X bei einer senkrechten Parallelprojektion auf a (Abbildung 2.40). Die Abstände $|OX|$ und $|O\phi(X)|$ müssen als orientierte Abstände aufgefaßt werden.

Offenbar entspricht der so definierte Projektionsmaßstab gerade dem Kosinus des Winkels der Geraden a und b. Da jedoch Winkelmaße aufgrund der zur Verfügung stehenden Axiome noch nicht erklärt werden können, ist eine derartige Einführung der Zahl $c(a,b)$ notwendig. Um damit das Skalarprodukt zweier Vektoren sinnvoll zu definieren, muß schließlich in einem **2.Axiom der metrischen Struktur** die Symmetrie des Projektionsmaßstabs gefordert werden:

IV b Symmetrieaxiom:

Für jedes Paar (a,b) gilt $c(a,b) = c(b,a)$.

Nun kann unter Anwendung der (mit Hilfe des Abstands von Punkten zu definierenden) Norm zweier Vektoren $\vec{x}$ und $\vec{y}$ (die als Ortsvektoren zweier Punkte X und Y bezüglich des Ursprungs O aufzufassen sind) und des Projektionsmaßstabes in gewohnter Weise das Skalarprodukt zweier Vektoren erklärt werden:

$$\vec{x} \cdot \vec{y} = |\vec{x}| \cdot |\vec{y}| \cdot c\,(OX, OY) \quad \text{mit} \quad |\vec{x}| = |OX| \quad \text{und} \quad |\vec{y}| = |OY|\,.$$

Damit sind mit verhältmäßig wenigen (dafür aber sehr starken) Axiomen die Voraussetzungen dafür geschaffen, innerhalb eines synthetischen Aufbaus die (sehr mächtigen) Hilfsmittel der analytischen Geometrie nutzen zu können. Für diesen Weg spricht, daß viele geometrische Sätze mittels der Hilfsmittel der analytischen Geometrie sehr viel einfacher nachzuweisen sind, als beispielweise mit dem „klassischen“ Instrumentarium der Dreieckskongruenzsätze. Der von DIEUDONNE, PAPY, CHOQUET und anderen Mathematikern gebrauchte Begriff „Königsweg“ für diese Art der Behandlung der Geometrie mag insofern seine Berechtigung haben. In den sechziger bis Anfang der siebziger Jahre gab es (wie eingangs bereits erwähnt) starke Bestrebungen, diesen Weg zur Grundlage des Geometrieunterrichts in der Sekundarstufe I zu machen. So sehr jedoch die mathematische Eleganz dieser hier nur sehr kurz vorgestellten Gedanken faszinieren kann, so wenig erwies sich dieser Weg als geeignet, 12. . . 15 – jährige Schüler in die Geometrie einzuführen, so daß sich recht bald die Forderung „Back to Euklid!“ wieder durchsetzen konnte.

2.7.4 Erweiterung zu einem Axiomensystem der Raumgeometrie

Wie bereits erwähnt, kann sowohl das in diesem Buch verwendete Axiomensystem als auch das System von Hilbert (wie auch alle ähnlich aufgebauten Axiomensysteme) sehr leicht zu einem Axiomensystem der Geometrie des (dreidimensionalen) Raumes erweitert werden.

Auch für das im vorangangenen Abschnitt vorgestellte algebraisch orientierte Axiomensystem ist dies möglich (siehe [8]), worauf hier allerdings nicht eingegangen wird.

Um das in diesem Buch behandelte oder eines der in den Abschnitten 2.7.1 und 2.7.2 beschriebenen Axiomensysteme zu einem System der Raumgeometrie zu erweitern, muß vor allem die Gruppe der **Inzidenzaxiome** erweitert werden, was durch die folgenden vier Axiome geschehen kann.

I/5 *Zu je drei nicht auf einer Geraden liegenden Punkten gibt es genau eine Ebene, die diese drei Punkte enthält. Jede Ebene enthält (wenigstens) einen Punkt.*

I/6 *Wenn zwei Punkte einer Geraden g in einer Ebene ϵ liegen, so liegt jeder Punkt von g in ϵ.*

I/7 *Wenn zwei Ebenen einen Punkt gemeinsam haben, so haben sie noch mindestens einen weiteren Punkt gemeinsam.*

I/8 *Es gibt vier Punkte, die nicht in einer Ebene liegen.*

Bei Einfügung dieser vier Axiome ist das Hilbertsche Axiomensystem bereits ein vollständiges Axiomensystem der Raumgeometrie. Um dies für das in den Abschnitten 2.2 - 2.6 behandelte Axiomensystem zu erreichen, ist es zusätzlich notwendig, das Anordnungsaxiom III/2 und das Bewegungsaxiom IV geringfügig zu verändern. Bei dem Axiom III/2 besteht die Möglichkeit, statt dessen das Pasch-Axiom oder eines der beiden folgenden Axiome zu verwenden:

III/2' *Eine beliebige Gerade g teilt die Menge der ihr nicht angehörenden Punkte einer beliebigen, g enthaltenden Ebene in zwei nichtleere, disjunkte Teilmengen (Halbebenen) derart, daß*

a) die Verbindungsstrecke zweier beliebiger Punkte, die verschiedenen Mengen angehören, g schneidet und

b) die Verbindungsstrecke zweier beliebiger Punkte, die derselben Menge angehören, g nicht schneidet.

III/2" *Eine beliebige Ebene ϵ teilt die Menge der ihr nicht angehörenden Punkte des Raumes in 2 nichtleere, disjunkte Teilmengen (Halbebenen) derart, daß*

a) dic Verbindungsstrecke zweier beliebiger Punkte, die verschiedenen Mengen angehören, ϵ schneidet und

b) die Verbindungsstrecke zweier beliebiger Punkte, die derselben Menge angehören, ϵ nicht schneidet.

(Diese beiden Mengen werden offene Halbräume genannt.)

Der Unterschied zwischen den Axiomen III/2 und III/2' kann leicht übersehen werden. Er besteht darin, daß sich das Axiom III/2 auf *die* (in der ebenen Geometrie einzig existierende) Ebene und das Axiom III/2' auf *jede* Ebene des Raumes bezieht.

Bei einer Erweiterung zu einem räumlichen Axiomensystem kann schließlich das Axiom IV (Bewegungsaxiom) durch das folgende Axiom ersetzt werden, wobei vorher der Begriff des Halbraumes zu definieren oder Axiom III/2" als Anordnungsaxiom zu verwenden ist.

IV' *Es seien $\overline{ABC}$ und $\overline{A'B'C'}$ zwei Dreiecke, wobei der Abstand je zweier Punkte des Dreiecks $\overline{ABC}$ gleich dem Abstand der entsprechenden Punkte des Dreiecks $\overline{A'B'C'}$ ist. Dann existieren genau zwei Bewegungen, die A auf A', B auf B' sowie C auf C' abbilden. Jede dieser beiden Bewegungen bildet einen Halbraum bezüglich der Ebene ABC auf einen anderen Halbraum bezüglich der Ebene $A'B'C'$ ab.*

Die Bezeichnung von Ebenen durch drei Punkte ist wegen des Axioms I/5 gerechtfertigt.

2.7.5 Ein Axiomensystem der sphärischen Geometrie

Im ersten Kapitel haben wir die sphärische Geometrie und Trigonometrie durch Anwendung der euklidischen Geometrie des Raumes und der ebenen Trigonometrie aufgebaut. Wie bereits in Abschnitt 1.7.1 erwähnt, kann auch ein völlig eigenständiger („nichteuklidischer") Aufbau der sphärischen Geometrie auf axiomatischer Grundlage erfolgen. Im folgenden werden wir uns mit einem dafür geeigneten Axiomensystem befassen.

1. Inzidenzaxiome

I 1 *Geraden sind Punktmengen.*

I 2 *Zwei verschiedene Geraden haben stets genau zwei Punkte gemeinsam.*

Die beiden Schnittpunkte zweier Geraden werden als **diametrale** Punkte bezeichnet.

I 3 *Durch zwei nichtdiametrale Punkte verläuft genau eine Gerade.*

I 4 *Jede Gerade enthält mindestens einen Punkt.*

I 5 *Es existieren 3 Punkte die nicht einer Geraden angehören.*

Diese Axiome sind bis auf das Axiom I 2 mit den aus Abschnitt 2.2.1 bekannten Inzidenzaxiomen der euklidischen Geometrie vergleichbar, wobei in I 3 die für die sphärische Geometrie charakteristische Einschränkung gemacht wurde (siehe Vergleich zwischen den Grundeigenschaften der sphärischen und denen der ebenen euklidischen Geometrie in Abschnitt 1.1.2). Das Axiom I 2 ersetzt das in der euklidischen Geometrie geltende **Parallelenaxiom**.

Der größte Unterschied zwischen der euklidischen und der sphärischen Geometrie besteht bei der **Anordnung der Punkte einer Geraden**. In der euklidischen Geometrie sind die Punkte auf einer Geraden *linear angeordnet.* Diese Anordnung wird bei dem in diesem Buch verwendeten Axiomensystem durch das Axiom III/1 vorgegeben, das die Ordnung der Zahlengeraden auf jede Gerade überträgt. Im Hilbertschen Axiomensystem geschieht dies durch die Axiome der Zwischenrelation (A 1 – A 3). In der sphärischen Geometrie sind die Punkte einer Geraden jedoch nicht linear sondern *zyklisch angeordnet.* Eine Übertragung der Ordnung der reellen Zahlen auf (sphärische) Geraden ist daher nicht möglich, und auch die Anwendung der Zwischenrelation als Grundbegriff scheidet aus.

Es ist leicht zu überlegen, daß von drei Punkten einer sphärischen Geraden jeder Punkt zwischen den beiden jeweils anderen Punkten liegt.

Es muß also nach einem anderen Weg gesucht werden, die Anordnung in der sphärischen Geometrie zu axiomatisieren. Dazu bieten sich vor allem zwei Varianten an. Eine davon besteht in der Einführung einer *Unterteilungsrelation* für Punktepaare (siehe ausführlich in [4]). Der andere Weg (den wir gehen werden) benutzt den Begriff der *zyklischen Ordnung* (siehe u. a. [1]).

2. Axiome der Anordnung auf einer Geraden:

A 1 *Stehen drei Punkte P, Q und R einer Geraden g in zyklischer Ordnung, so sind P, Q und R verschiedene Punkte von g.*

A 2 *Sind P, Q und R drei verschieden Punkte einer Geraden g und stehen P, Q und R nicht in zyklischer Ordnung, so stehen die Punkte R, P und Q in zyklischer Ordnung.*

A 3 *Stehen P, Q und R in zyklischer Ordnung, so stehen auch Q, R und P sowie R, P und Q in zyklischer Ordnung.*

A 4 *Stehen P, Q und R sowie P, R und S in zyklischer Ordnung, so stehen auch P, Q und S in zyklischer Ordnung.*

A 5 *Zu zwei verschiedenen Punkten P und Q existiert stets genau ein Punkt R, so daß P, Q und R in zyklischer Ordnung stehen.*

Das Axiom A 5 ist mit dem Anordnungsaxiom A 2 des Hilbertschen Axiomensystems (siehe Abschnitt 2.7.2) vergleichbar und sichert unter anderem, daß jede Gerade unendlich viele Punkte enthält.

Im Gegensatz zur Anordnung der Punkte einer Geraden, kann die Anordnung der Punkte der (Kugel-) Ebene ebenso wie in der euklidischen Geometrie gefaßt werden. Das *Pasch-Axiom* (Axiom A 4 in Abschnitt 2.7.2, S. 131) oder das *Axiom der Einteilung in Halbenen* (Axiom III/2 in Abschnitt 2.4.1) würden als **Axiom A 6** die Anordnungsaxiome ergänzen.

Als völlig unproblematisch erweist sich auch die Axiomatisierung der Kongruenz und der Stetigkeit. Durch Hinzunahme der **Kongruenzaxiome K 1 – K 6** (siehe S. 131) des Hilbertschen Axiomensystems (wahlweise können statt dessen auch die Bewegungsaxiome B 1 – B 5 auf Seite 132 genutzt werden) und des **Cantor-Axioms S 2** (Seite 131) zu den Axiomen I 1 – I 5 sowie A 1 – A 6 entsteht ein vollständiges Axiomensystem der sphärischen Geometrie.

Dazu müssen natürlich Begriffe wie Strecke, Halbgerade, Halbebene, Winkel u. a. definiert werden. Hierbei treten aber keine größeren Unterschiede zur euklidischen Geometrie auf.

In den beiden letzten Axiomengruppen (Kongruenz bzw. Bewegungen und Stetigkeit) tritt nur ein Unterschied zur euklidischen Geometrie auf, der darin besteht, daß das Archimedes-Axiom (S 1 in 2.7.2, S. 131) nicht erforderlich ist, seine Aussage kann aus den anderen Axiomen abgeleitet werden. Die Ursache dafür besteht darin, daß sphärische Geraden begrenzte Gebilde sind, was aus den Axiomen der zyklischen Ordnung folgt.

Auf Grundlage der oben aufgeführten Axiome I 1 – I 5 und A 1 – A 6 sowie der Axiome K 1 – K 6 (bzw. B 1 – B 4) und S 2 aus dem Abschnitt 2.7.2 können die wesentlichen, aus dem ersten Kapitel bekannten, Eigenschaften der sphärischen Geometrie (bis hin zu den trigonometrischen Formeln) abgeleitet werden.

Die Geometrie, die bei einem derartigen axiomatischen Aufbau entsteht, ist allerdings etwas allgemeiner als die im ersten Kapitel auf „euklidischem Wege" behandelte Geometrie der Sphäre. Statt *sphärische Geometrie* wird diese Geometrie daher *elliptische Geometrie* genannt. Die wesentlichen Eigenschaften der elliptischen Geometrie entsprechen aber gerade den aus dem ersten Kapitel bekannten Eigenschaften der Geometrie auf einer Kugeloberfläche innerhalb des dreidimensionalen Raumes. Diese Geometrie ist ein *Modell* der elliptischen Geometrie. Ein weiteres Modell ist die Geometrie auf einem Ellipsoid, wovon die Kugel bekanntlich einen Spezialfall darstellt.

Die Vorgehensweise bei einem axiomatischen Aufbau der sphärisch-elliptischen Geometrie entspricht dem in den Abschnitten 2.2 – 2.6 praktizierten Vorgehen bei der Herleitung der Eigenschaften der euklidischen Geometrie. Ausführlich wird ein solcher Aufbau in [4] betrieben, wobei allerdings etwas andere Axiome zugrundegelegt sind, als hier behandelt wurden. Abschließend soll nicht unerwähnt bleiben, daß die sphärisch-elliptische Geometrie nicht auf eine zweidimensionale Geometrie beschränkt sein muß, obwohl dieser Fall mittels der Geometrie auf der Sphäre anschaulich gut faßbar ist. Eine Erweiterung zu einer dreidimensionalen Geometrie ist durch Hinzunahme einiger Axiome für die elliptische Geometrie ebenso leicht möglich wie für die euklidische Geometrie.

Kapitel 3

Lobatschewski-Geometrie

Was Kopernikus war für Ptolomäos, das war Lobatschewski für Euklid. Zwischen Kopernikus und Lobatschewski gibt es eine interessante Parallele. Kopernikus und Lobatschewski waren beide slawischer Abstammung. Jeder von ihnen rief eine Revolution in den wissenschaftlichen Ideen und Standpunkten hervor. Beide Revolutionen waren von ein und derselben Bedeutung: Sie waren Revolutionen in unserer Auffassung vom Kosmos.

W. K. Clifford

Gegenstand dieses Kapitels ist eine Geometrie, in der alle Axiome der absoluten Geometrie (also alle im zweiten Kapitel behandelten Axiome außer dem Parallelenaxiom) und die Verneinung des euklidischen Parallelenaxioms gelten. Diese Geometrie wird als *hyperbolische Geometrie*, *Lobatschewski-Geometrie* (nach NIKOLAI IWANOWITSCH LOBATSCHEWSKI, demjenigen Mathematiker, der als erster über die Grundlagen dieser Geometrie publizierte, siehe Abschnitt 3.2.1) oder auch als *nichteuklidische Geometrie* bezeichnet.

Letztere Bezeichnung ist etwas mißverständlich, da der Begriff „nichteuklidische Geometrie" ein wesentlich breiteres Spektrum beinhaltet. So ist beispielsweise auch die sphärische Geometrie eine nichteuklidische Geometrie, jedoch gelten in dieser bei weitem nicht alle Axiome der absoluten Geometrie. Allerdings wird der Begriff „nichteuklidische Geometrie" oft in einem engeren Sinne gebraucht (und zwar synonym zu „Lobatschewski-Geometrie" und „hyperbolische Geometrie"). Der Name „hyperbolische Geometrie" kommt daher zustande, daß ein Modell dieser nichteuklidischen Geometrie (wie wir in Abschnitt 3.6.3 sehen werden) die Geometrie auf einem Rotationshyperboloid ist.

Der Herausbildung der Lobatschewski-Geometrie kam eine hervorragende

Bedeutung für die Entwicklung der Mathematik zu und sie gehört aus historischer und weltanschaulicher Sicht zu den interessantesten Teilgebieten der Mathematik. (In Abschnitt 3.2.1 wird darauf näher eingegangen.) Dabei entstand diese nichteuklidische Geometrie (anders als die sphärische Geometrie) nicht aus praktischen Bedürfnissen, sondern aus der innermathematischen Auseinandersetzung mit dem System von Euklid und führte erst später zu außermathematischen Anwendungen.

Bei der Behandlung der Lobatschewski-Geometrie werden wir uns (wie schon ansatzweise im zweiten Kapitel geschehen) von der historischen Entstehung leiten lassen und diese nachvollziehen. Diese Herangehensweise soll zu einem Verständnis dafür beitragen, *warum* bestimmte Fragestellungen von Mathematikern überhaupt aufgeworfen wurden und eine Beschäftigung mit einem zunächst doch sehr fremd erscheinenden Gegenstand erfolgte. Dabei wird sich zeigen, daß die Lobatschewski-Geometrie das Resultat jahrhundertelanger Bemühungen ist, die als Ziel genau das Gegenteil dessen anstrebten, was letztendlich erreicht wurde. Ausgangspunkt für die Herausbildung der Lobatschewski-Geometrie war nämlich der von vielen Mathematikern unternommene Versuch, das Parallelenaxiom (bzw. das Parallelenpostulat von Euklid) zu beweisen, was (ungewollt) bereits eine Reihe von Eigenschaften einer Geometrie, in der alle Axiome der absoluten Geometrie und die Verneinung des Parallelenaxioms gelten, zu Tage brachte. Die letztendlich von drei Mathematikern nahezu gleichzeitig gewonnene Erkenntnis, daß das Parallelenpostulat nicht beweisbar ist, stellte letztendlich die Geburtsstunde dieser nichteuklidischen Geometrie dar. Ihre Entwicklung ist somit engstens mit dem sogenannten *Parallelenproblem*, d. h. mit der Frage nach der Beweisbarkeit des Parallenpostulats verbunden.

Die **Abbildungen** in diesem Kapitel (mit Ausnahme derer im Abschnitt 3.3) werden zunächst paradox erscheinen, da parallele Geraden als Strecken dargestellt werden, von denen der „gesunde Menschenverstand" weiß, daß sie sich bei Verlängerung schneiden. Das kann nicht anders sein, wenn Sachverhalte einer nichteuklidischen Geometrie auf einem Blatt Papier illustriert werden, das wir von vornherein als „euklidisch" empfinden. Die Zeichnungen zeigen daher nicht, wie die nichteuklidische Geometrie „aussehen" könnte, sondern sollen lediglich das Verständnis der Abhandlungen (insbesondere der Beweisführungen) durch Illustration der auftretenden Objekte und ihrer Bezeichnungen erleichtern helfen. Aus den spezifischen Gegebenheiten innerhalb der Abbildungen werden — wie auch im zweiten Kapitel — keine Schlüsse gezogen, sondern die Behauptungen werden deduktiv, auf Grundlage bereits bekannter Sachverhalte begründet.

3.1 Das Parallelenproblem

3.1.1 Das V. Postulat von Euklid

In Abschnitt 2.1.1 wurde das Axiomensystem von EUKLID aufgeführt, das über einen Zeitraum von mehr als zweitausend Jahren die wichtigste Grundlage für die Beschäftigung mit Geometrie darstellte. Schon EUKLID hatte das Ziel, ein möglichst minimales (unabhängiges) Axiomensystem aufzustellen, das heißt, sowenig wie möglich Aussagen als Axiome (bzw. Postulate) vorauszusetzen, und soviele Aussagen wie möglich auf deren Grundlage zu beweisen. Unzählige Mathematiker versuchten bis in das neunzehnte Jahrhundert hinein, das Euklidische System zu „reduzieren“, also durch den Beweis eines Axioms (bzw. Postulats) dieses überflüssig zu machen. Im Mittelpunkt des Interesses stand dabei das V. Postulat (Parallelenpostulat):

V. Postulat: *Wenn eine Gerade zwei Geraden trifft und mit ihnen auf derselben Seite innere Winkel bildet, die zusammen kleiner sind als zwei Rechte, so sollen die beiden Geraden, ins Unendliche verlängert, schließlich auf der Seite zusammentreffen, auf der die Winkel liegen, die zusammen kleiner sind als zwei Rechte.*

Die Ursache dafür, daß sehr viele Mathematiker gerade dieses Postulat aus den anderen Axiomen und Postulaten beweisen wollten, dürfte u. a. darin liegen, daß das Parallelenpostulat komplizierter formuliert (und länger) ist sowie wesentlich weniger selbstverständlich erscheint, als die anderen Axiome und Postulate. Dabei besagt dieses Postulat, wenn man die Axiome der absoluten Geometrie zugrunde legt, nichts anderes als das Parallelenaxiom aus Abschnitt 2.6.1:

Parallelenaxiom: *Zu jeder Geraden g und zu jedem nicht auf g liegenden Punkt A gibt es höchstens eine Gerade, die durch A verläuft und zu g parallel ist.*

Erst gegen Ende des 18. Jahrhunderts ersetzte der englische Pädagoge JOHN PLAYFAIR das V. Postulat durch dieses wesentlich einfacher verständliche Parallelenaxiom. Er nahm diese Ersetzung in einer Schulausgabe der ELEMENTE des EUKLID vor, die teilweise noch bis in unser Jahrhundert hinein die Grundlage des Geometrieunterrichts an den höheren Schulen darstellten.

Wir werden im folgenden die Äquivalenz des Parallelenaxioms und des V. Postulats nachweisen. Dazu muß gesagt werden, daß sich die Äquivalenz zweier Aussagen immer auf bereits zugrundegelegte Aussagen bezieht (hier auf die Axiome der absoluten Geometrie, siehe Abschnitte 2.2 – 2.5). Isoliert betrachtet sind das Parallelenaxiom und das V. Postulat natürlich nicht äquivalent, zumal völlig andere Begriffe auftreten. Wenn also in diesem und in den folgenden Abschnitten von der Äquivalenz zweier Aussagen A und B gesprochen wird, so ist damit immer die Äquivalenz auf der Grundlage der Axiome der absoluten Geometrie gemeint. Exakt bedeutet das: Aus den Axiomengruppen I – IV und Aussage A kann die Aussage B bewiesen (abgeleitet) werden und aus den Axiomengruppen I – IV und Aussage B kann Aussage A bewiesen werden. Dabei ist selbstverständlich auch die Verwendung der bereits bekannten Folgerungen aus den Axiomengruppen I – IV, also aller bekannten Aussagen der absoluten Geometrie zulässig.

Satz 1: *Das V. Postulat und das Parallelenaxiom sind (auf der Grundlage der Axiomengruppen I – IV) äquivalent.*

Beweis: Wir beweisen zunächst, daß aus den Axiomen und Sätzen der absoluten Geometrie und dem Parallelenaxiom sowie den daraus abgeleiteten Sätzen das V. Postulat folgt. Mit dem Stufenwinkelsatz (Satz V.1 in Abschnitt 2.6.1 wurde gezeigt, daß zwei parallele Geraden g und h mit einer dritten Geraden f (welche g und h schneidet) kongruente Stufenwinkel bilden. Unter Beachtung des Nebenwinkelsatzes (Satz IV.13) folgt daraus, daß zwei innen auf derselben Seite von f entstehende Winkel zusammen die Größe von zwei Rechten haben. Daraus ergibt sich (als Kontraposition), daß sich die Geraden g und h schneiden, falls sie mit einer Geraden f auf einer Seite innere Winkel bilden, die zusammen kleiner sind als zwei Rechte. Es bleibt also nachzuweisen, daß sich g und h in diesem Falle auf der Seite von f (d. h. in der Halbebene F^+ bzgl. f, siehe Abb. 3.1) schneiden, auf der die Winkel α und β liegen, die zusammen kleiner sind als zwei Rechte. Da nach dem Nebenwinkelsatz die Geraden g und h mit f auf der anderen Seite von f (in der Halbebene F^- entsprechend Abb. 3.1) innere Winkel bilden, die zusammen größer sind als zwei Rechte, können sich g und h auf dieser Seite nicht schneiden, denn es würde sonst ein Dreieck mit einer Innenwinkelsumme, die größer ist als zwei Rechte, entstehen. Dies wider-

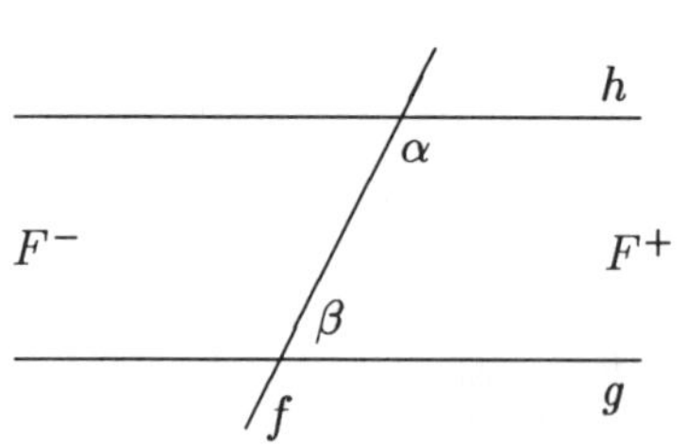

Abbildung 3.1:

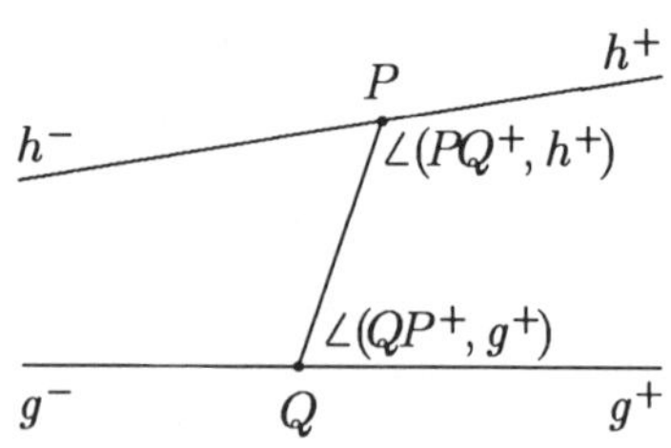

Abbildung 3.2:

spräche jedoch dem Innenwinkelsatz (Satz V.2), der eine Folgerung aus den Axiomen der absoluten Geometrie und dem Parallelenaxiom ist.

Es bleibt umgekehrt nachzuweisen, daß aus den Axiomen und Sätzen der absoluten Geometrie sowie dem V. Postulat das Parallelenaxiom folgt. (Hierfür dürfen die in Abschnitt 2.6 auf der Grundlage des Parallenaxioms beweisenen Aussagen natürlich nicht verwendet werden.) Es seien eine beliebige Gerade g und ein beliebiger Punkt P, der nicht auf g liegt, gegeben. Ferner sei Q ein Punkt der Geraden g und h eine Gerade, die durch P verläuft (siehe Abb. 3.2). Wir betrachten die Halbgeraden g^+ und g^- von g bezüglich Q sowie h^+ und h^- von h bezüglich P, wobei h^+ und g^+ in einer Halbebene bezüglich der Geraden PQ liegen mögen. Wegen der Eindeutigkeit der Winkelantragung (Folgerung IV.2 in Abschnitt 2.5.2) ist für *genau eine* Gerade h die Bedingung

$$m(\angle(QP^+, g^+)) + m(\angle(PQ^+, h^+)) = 180^o \qquad (1)$$

erfüllt. Gilt

$$m(\angle(QP^+, g^+)) + m(\angle(PQ^+, h^+)) < 180^o \ ,$$

so schneiden sich g und h nach dem V. Postulat auf der Seite der Geraden PQ, auf der g^+ und h^+ liegen. Ist aber

$$m(\angle(QP^+, g^+)) + m(\angle(PQ^+, h^+)) > 180^o \ ,$$

so folgt daraus nach dem Nebenwinkelsatz

$$m(\angle(QP^+, g^-)) + m(\angle(PQ^+, h^-)) < 180^o \ ,$$

was wegen des V. Postulats dazu führt, daß sich g und h auf der Seite von g^- und h^- schneiden. Daher existiert nur eine Gerade, die durch P verläuft und g nicht schneidet, nämlich diejenige Gerade h, welche der Bedingung (1) genügt. □

Satz 2: *Der Stufenwinkelsatz und das Parallelenaxiom sind (auf der Grundlage der Axiomengruppen I – IV) äquivalent.*

Aufgabe 1: *Beweisen Sie Satz 2!*

Als unmittelbare Folgerung aus Satz 2 ergibt sich, daß das Parallelenaxiom und der Wechselwinkelsatz ebenfalls äquivalente Aussagen sind

3.1.2 Einige Beweisversuche für das euklidische Parallelenaxiom

Von der Veröffentlichung der ELEMENTE an bis in das 19. Jahrhundert hinein versuchten unzählige Mathematiker, das V. Postulat aus den anderen Axiomen und Postulaten des EUKLID abzuleiten und damit als Postulat überflüssig zu machen. Unter anderem gehörten dazu KLAUDIUS PTOLOMÄUS VON ALEXANDRIA (ca. 90 – 160), TĀBIT IBN QURRA (9. Jahrhundert, Bagdad), NASÎR-ED-DÎN AT-TÛSI (13. Jahrhundert, Iran), JOHN WALLIS (1610 – 1703), GIROLAMO SACCHERI (1667 – 1733), JOHANN HEINRICH LAMBERT (1728 – 1777), ADRIEN MARIE LEGENDRE (1752 – 1833) und FARKAS (WOLFGANG) BOLYAI (1775 – 1856).

Begünstigt wurde die lange und erfolglose Suche nach einem Beweis für das Parallelenpostulat unter anderem durch die nicht ganz exakte Formulierung der Axiome und Postulate in den ELEMENTEN, zudem sich das Verständnis von mathematischer Strenge und konsequent axiomatisch-deduktivem Aufbau erst im 18. und zu Beginn des 19. Jahrhunderts rapide entwickelte (u. a. mit der Entwicklung des ersten völlig exakten Axiomensystems der Geometrie durch DAVID HILBERT). Den meisten der vielen vorgelegten Scheinbeweise für das Parallelenpostulat lag der (unbewußte) Rückgriff auf eine Aussage zugrunde, die zum Parallelenpostulat äquivalent ist. So basierten viele Scheinbeweise, die im ersten Jahrtausend aufgestellt wurden, auf der Annahme, daß Abstandslinien (also Mengen von Punkten, die von einer gegebenen Geraden denselben Abstand haben) Geraden sind (siehe Satz V.9 in Abschnitt 2.6.1). Dieser Satz beruht jedoch bereits auf dem Parallelenaxiom (bzw. -postulat) und folgt nicht aus den anderen Axiomen, er ist also (wie wir heute sagen) keine Aussage der absoluten Geometrie.

Die Bedeutung der Beweisversuche des Parallelenpostulats für die Herausbildung der nichteuklidischen (Lobatschewski-) Geometrie begründet sich darauf, daß fast alle diese „Beweise“ indirekt geführt wurden, d. h. man nahm an, die Axiome und Postulate (außer dem Parallelenpostulat) seien gegeben und es würde zusätzlich die Verneinung des Parallelenpostulats gelten. Aus dieser Annahme wurden Schlußfolgerungen gezogen mit dem Ziel, einen Widerspruch zu konstruieren. Auch wenn letzteres (wie wir heute wissen) nicht gelingen konnte, sind die gezogenen Schlußfolgerungen interessant, handelt es doch um Eigenschaften der uns hier interessierenden nichteuklidischen Geometrie (die ja gerade auf den Axiomen der absoluten Geometrie und der Negation des Parallelenaxioms basiert).

Die Beschäftigung mit Beweisversuchen für das Parallelenaxiom wird uns also eine Reihe zu diesem Axiom äquivalenter Aussagen aufzeigen und es werden sich bereits viele Eigenschaften der im Anschluß daran zu betrachtenden Lobatschewski-Geometrie herausstellen. Die Darstellung der Beweisversuche erfolgt weder chronologisch (sondern vielmehr nach Themengebieten geordnet) noch in den Originalfassungen, die zum größten Teil nicht der heutigen Terminologie und Symbolik entsprechen und daher nur schwer verständlich sein dürften. (Viele dieser Originaldarstellungen können in [44] nachgelesen werden.) Des weiteren greifen wir bei der Beschäftigung mit den Beweisversuchen auf die im vorangangenen Abschnitt nachgewiesene Äquivalenz zwischen dem Parallelenaxiom und dem V. Postulat zurück und legen den Betrachtungen statt der Axiome und Postulate von EUKLID die in den Abschnitten 2.2 bis 2.5 behandelten Axiome der absoluten Geometrie zugrunde.

Parallelenaxiom und Innenwinkelsumme

Der französische Mathematiker A. M. LEGENDRE versuchte gegen Ende des 18. / Anfang des 19. Jahrhunderts mehrfach, das Parallelenpostulat zu beweisen, fand jedoch in jedem seiner Beweise nach einer gewissen Zeit einen „Fehler“, d. h. die Ausnutzung einer zu diesem Postulat äquivalenten Aussage. Vor allem beschäftigte sich LEGENDRE sehr ausführlich mit dem Zusammenhang zwischen dem Parallelenpostulat und der Innenwinkelsumme von Dreiecken. Dazu stellte er drei Hypothesen über die Innenwinkelsumme eines Dreiecks auf:

1. Die Innenwinkelsumme ist größer als zwei Rechte.

2. Die Innenwinkelsumme ist kleiner als zwei Rechte.

3. Die Innenwinkelsumme ist gleich zwei Rechten.

Die erste Hypothese konnte LEGENDRE zum Widerspruch führen und weiterhin nachweisen, daß aus der dritten Hypothese das Parallelenaxiom folgt. In seinem Bemühen, einen Widerspruch zur zweiten Hypothese zu konstruieren, gelang es ihm, nachzuweisen, daß bereits die Existenz *eines einzigen* Dreiecks mit einer Innenwinkelsumme von zwei Rechten genügt, um zu folgern, daß *jedes* Dreieck diese Innenwinkelsumme besitzen muß. Es gelang ihm jedoch nicht (und konnte auch nicht gelingen), die Existenz eines solchen Dreiecks nachzuweisen. Wir vollziehen im folgenden LEGENDRE's Überlegungen nach und beweisen zunächst, daß aus der Gültigkeit der 3. Hypothese (für jedes Dreieck) die Gültigkeit des euklidischen Parallelenaxioms folgt. Zusammen mit Satz V.2 (Abschnitt 2.6.1) ergibt sich daraus sofort die **Äquivalenz des Innenwinkelsatzes und des Parallelenaxioms der euklidischen Geometrie**.

Satz 3: *Wenn die Innenwinkelsumme eines jeden Dreiecks gleich zwei Rechten ist, so gilt das euklidische Parallelenaxiom.*

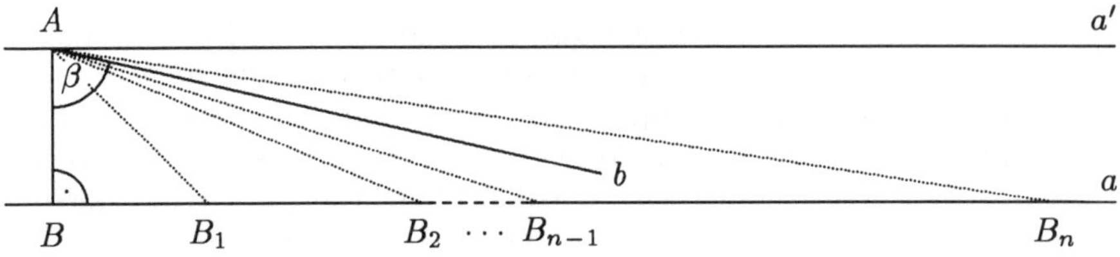

Abbildung 3.3:

Beweis: Es sei eine beliebige Gerade a und ein Punkt A außerhalb dieser Geraden gegeben, B sei der Fußpunkt des Lotes von A auf a und a' eine durch A verlaufende, zu AB senkrechte Gerade. Nach der Umkehrung des Stufenwinkelsatzes (die im Gegensatz zum Stufenwinkelsatz selbst ein Satz der absoluten Geometrie ist, siehe Abschnitt 2.5.5, Satz IV.23) sind die Geraden a und a' parallel. Wir müssen also nachweisen, daß jede andere durch A verlaufende Gerade die Gerade a schneidet. Es sei dazu b eine beliebige von a verschiedene Gerade mit $A \in b$ und b^+ diejenige Halbgerade von b, die mit AB^+ einen spitzen Winkel einschließt (den wir mit β bezeichnen). Daß eine solche Halbgerade von b existiert, folgt daraus, daß b von a verschieden ist und somit nicht senkrecht auf AB steht. Ferner seien B_1, B_2, $\ldots B_n$ Punkte auf a, die alle in derselben Halbebene bzgl. AB liegen wie b^+ (siehe Abb. 3.3) und die Bedingungen

$$\overline{BB_1} \equiv \overline{AB}\ , \quad \overline{B_1B_2} \equiv \overline{AB_1} \quad \ldots \quad \overline{B_{n-1}B_n} \equiv \overline{AB_{n-1}}\ ,$$

erfüllen. Da die Innenwinkelsumme eines jeden Dreiecks gleich zwei Rechten ist, folgt aus diesen Bedingungen nach dem Basiswinkelsatz

$$m(\angle(BAB_1)) = m(\angle(BB_1A)) = \frac{\pi - \frac{\pi}{2}}{2} = \frac{\pi}{4}\ , \quad m(\angle(B_2B_1A)) = \frac{3}{4}\pi\ ;$$

$$m(\angle(B_1AB_2)) = m(\angle(B_1B_2A)) = \frac{\pi - \frac{3}{4}\pi}{2} = \frac{\pi}{8}\ , \quad m(\angle(B_3B_2A)) = \frac{7}{8}\pi\ ;$$

und schließlich

$$m(\angle(B_{n-1}AB_n)) = m(\angle(B_{n-1}B_nA)) = \frac{1}{2}(\pi - m(\angle(B_nB_{n-1}A)) = \frac{\pi}{2^{n+1}}\ .$$

Für den Winkel zwischen AB^+ und AB_n^+ ergibt sich daraus

$$m(\angle(BAB_n)) = \frac{\pi}{2} - \frac{1}{2^n}\frac{\pi}{2}\ .$$

Da β ein spitzer Winkel ist, existiert eine reelle Zahl ϵ mit $\epsilon > 0$ und $m(\beta) = \frac{\pi}{2} - \epsilon$. Wir wählen nun n so groß, daß $\frac{1}{2^n}\frac{\pi}{2} < \epsilon$ gilt. Für ein solches n gilt $\angle(b^+, AB^+) < \angle(BAB_n)$. Die Halbgerade b^+ liegt somit im Innern des Winkels $\angle(BAB_n)$ und hat daher (wie sich mit Hilfe des Satzes von Pasch leicht zeigen läßt) mit $\overline{BB_n}$ einen gemeinsamen Punkt, schneidet also die Gerade a. Da b beliebig gewählt war, existiert tatsächlich nur eine Gerade, die durch A verläuft und a nicht schneidet (nämlich die auf AB senkrecht stehende Gerade a'). □

Um nachzuweisen, daß unter ausschließlicher Verwendung der Axiome der absoluten Geometrie die eingangs genannte 1. Hypothese widerlegt werden kann und somit die Innenwinkelsumme eines jeden Dreiecks in der absoluten Geometrie kleiner oder gleich zwei Rechten ist, benötigen wir den folgenden Hilfssatz:

Hilfssatz 1: *Ist Δ ein beliebiges Dreieck, so existiert für jeden Innenwinkel ϕ dieses Dreiecks ein Dreieck Δ', dessen Innenwinkelsumme gleich der Innenwinkelsumme von Δ ist und das einen Innenwinkel besitzt, der um mindestens die Hälfte kleiner ist als ϕ.*

Beweis: Sei $\Delta = \overline{ABC}$ beliebig vorgegeben. Wir konstruieren ein Dreieck Δ' mit derselben Innenwinkelsumme wie $\overline{ABC}$ und einem Innenwinkel, der höchstens halb so groß ist wie $\alpha := \angle(BAC)$. (Für jeden anderen Innenwinkel von $\overline{ABC}$ kann der Beweis analog geführt werden.) Sei dazu O der Mittelpunkt der Seite $\overline{BC}$ und A' ein Punkt auf der Halbgeraden OA^- mit $\overline{AO} \equiv \overline{OA'}$ (ein solcher Punkt existiert nach Axiom III/1). Wir betrachten das Dreieck $\overline{AA'C}$ (siehe Abb. 3.4). Für die Innenwinkelsummen $IWS(\overline{ABC})$ und $IWS(\overline{AA'C})$ gilt:

$$IWS(\overline{ABC}) = \alpha_1 + \alpha_2 + \beta + \gamma_1 \ , \quad IWS(\overline{AA'C}) = \alpha_1 + \alpha' + \gamma_1 + \gamma_2 \ .$$

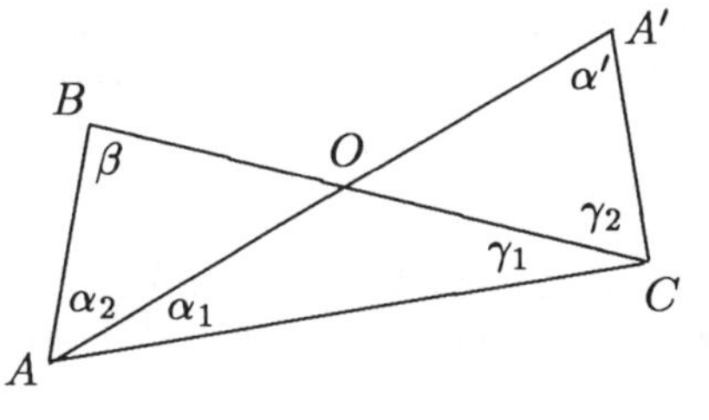

Abbildung 3.4:

Da die Dreiecke $\overline{ABO}$ und $\overline{A'CO}$ nach dem Kongruenzsatz sws kongruent sind, ist $\alpha' \equiv \alpha_2$ und $\beta \equiv \gamma_2$, woraus sich sofort die Gleichheit von $IWS(\overline{ABC})$ und $IWS(\overline{AA'C})$ ergibt. Da zumindest einer der Winkel α_1 und α_2 kleiner oder gleich der Hälfte von $\alpha = \angle(BAC)$ sein muß, gilt dies auch für mindestens einen der Innenwinkel α_1 und α' des Dreiecks $(\overline{AA'C}) =: \Delta'$, das somit die in der Behauptung des Satzes geforderten Eigenschaften besitzt. □

Satz 4 (Innenwinkelsatz der absoluten Geometrie): *Die Innenwinkelsumme eines beliebigen Dreiecks ist stets kleiner oder gleich zwei Rechten.*

Beweis: Wir nehmen an, es möge ein Dreieck Δ mit einer Innenwinkelsumme von größer als zwei rechten Winkeln existieren und schreiben diese in der Form $IWS(\Delta) = \pi + \epsilon$ (mit $\epsilon > 0$). Ist α ein beliebiger Innenwinkel von Δ, so existiert nach Hilfssatz 1 ein Dreieck Δ_1 mit der Innenwinkelsumme $\pi + \epsilon$ und einem Innenwinkel $\alpha_1 \leq \frac{\alpha}{2}$, ein Dreieck Δ_2 mit $IWS(\Delta_2) = \pi + \epsilon$ und $\alpha_2 \leq \frac{\alpha}{4}, \ldots$ sowie schließlich ein Dreieck Δ_n mit $IWS(\Delta_n) = \pi + \epsilon$ und einem Innenwinkel $\alpha_n \leq \frac{\alpha}{2^n}$. Wir wählen n so, daß $\frac{\alpha}{2^n} < \epsilon$ gilt. Die Summe der beiden anderen Innenwinkel des Dreiecks Δ_n ist somit $\pi + \epsilon - \frac{\alpha}{2^n} > \pi$. Dies steht jedoch im Widerspruch zur Folgerung IV.5 aus dem schwachen Außenwinkelsatz (siehe Abschnitt 2.5.5). □

Wir haben mit den Sätzen 3 und 4 bewiesen, daß die auf Seite 149 aufgeführte dritte Hypothese zum Parallelenaxiom führt und die erste Hypothese im Widerspruch zu den Axiomen der absoluten Geometrie steht.

Während in der sphärischen Geometrie (die sich ja von der euklidischen Geometrie nicht nur durch das Parallelenaxiom unterscheidet, sondern in der auch die Axiome der absoluten Geometrie nicht vollständig erfüllt sind) jedes Dreieck eine Innenwinkelsumme von größer als 180° hat, existieren nach Satz 4 in der absoluten Geometrie keine derartigen Dreiecke. Dies bedeutet, daß sowohl in der euklidischen Geometrie die Innenwinkelsumme beliebiger Dreiecke kleiner oder gleich 180° sein muß (was uns bereits bekannt war) als auch in einer Geometrie, in der die Axiome der absoluten Geometrie und die Verneinung des Parallelenaxioms gelten — falls eine solche Geometrie überhaupt existieren sollte.

Mit dem folgenden Satz 5 wird die Unverträglichkeit der Existenz von Dreiecken mit einer Innenwinkelsumme von kleiner als 180° und solchen mit einer Innenwinkelsumme von 180° gezeigt: Die Existenz eines Dreiecks Δ mit $IWS(\Delta) = 180^o$ genügt, damit jedes Dreieck diese Innenwinkelsumme hat und somit nach Satz 3 das Parallelenaxiom gilt. Um dies nachzuweisen, benötigen wir zwei Hilfssätze.

Hilfssatz 2: *Ist in einem bei B rechtwinkligen Dreieck $\overline{ABC}$ die Winkelsumme gleich zwei Rechten, so gilt dies auch in dem Dreieck $\overline{ABD}$ mit $D \in AC^+$ und $|AD| = 2 \cdot |AC|$.*

Beweis: Durch Antragung der Winkel $\angle(BCA)$ und $\angle(BAC)$ in den Punkten A bzw. C an die Gerade AC entsteht ein (nach dem Kongruenzsatz sws) zu $\overline{ABC}$ kongruentes Dreieck $\overline{CB'A}$ mit einem rechten Winkel bei C' sowie $\angle(BCA) \equiv \angle(CAB')$ und $\angle(CAB) \equiv \angle(ACB')$ (siehe Abb. 3.5). In dem Viereck $\overline{ABCB'}$ sind alle Winkel rechte Winkel, da sich wegen $IWS(\overline{ABC}) = IWS(\overline{CBA'}) = 180^o$ und der rechten Winkel bei B bzw. B' die Winkel $\angle(BCA)$ und $\angle(ACB')$ sowie $\angle(CAB')$ und $\angle(CAB)$ jeweils zu einem Rechten ergänzen. Durch Verlängern der Strecke $\overline{AB'}$ um die zu $\overline{AB'}$ kongruente Strecke $\overline{B'C'}$ ergibt sich mit dem Punkt D ein zu $\overline{ABCB'}$ kongruentes Viereck $\overline{B'CDC'}$. (Die Kongruenz der beiden Vierecke kann durch die Dreieckskongruenzen $\overline{ABC} \equiv \overline{B'CD}$ (*sws*) und $\overline{AB'C} \equiv \overline{B'C'D}$ (*sws* oder *wsw*) leicht nachgewiesen werden.) Das Viereck $\overline{ABDC'}$ hat somit ebenfalls vier rechte Winkel, es gilt somit $IWS(\overline{ABD})+IWS(\overline{BAC'}) = 360^o$, wegen Satz 4 muß also $IWS(\overline{ABD}) = IWS(\overline{BAC'}) = 180^o$ sein. □

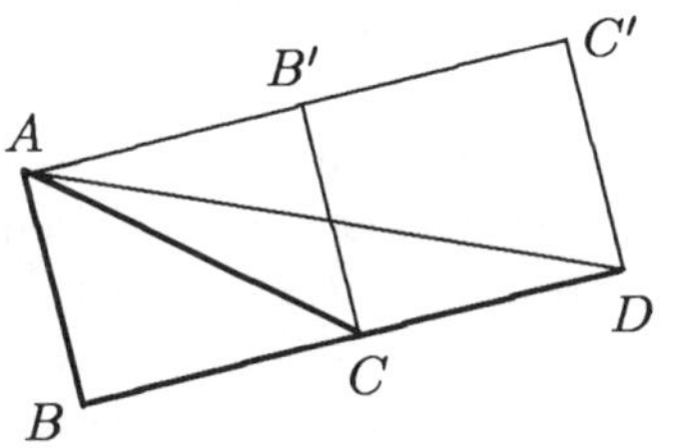

Abbildung 3.5:

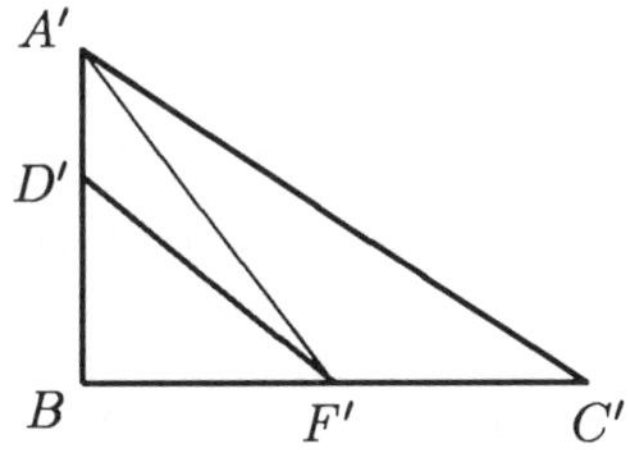

Abbildung 3.6:

Hilfssatz 3: *Existiert ein rechtwinkliges Dreieck* $\overline{ABC}$ *mit einer Innenwinkelsumme von* 180°*, so hat jedes rechtwinklige Dreieck diese Innenwinkelsumme.*

Beweis: Es sei $\overline{DEF}$ ein beliebiges, bei E rechtwinkliges, Dreieck und $\overline{A'BC'}$ ein ebenfalls rechtwinkliges Dreieck, dessen Katheten jeweils länger als die des Dreiecks $\overline{DEF}$ sind und dessen Innenwinkelsumme 180° beträgt (ein solches Dreieck läßt sich aus $\overline{ABC}$ nach Hilfssatz 2 konstruieren, falls $\overline{ABC}$ nicht schon selbst dieser Bedingung genügt). Durch Antragen von $\overline{ED}$ von B aus auf BA^+ und $\overline{DF}$ von B aus auf BC^+, ergibt sich (nach dem Kongruenzsatz *sws*) ein zu $\overline{DEF}$ kongruentes Dreieck $\overline{D'BF'}$ (siehe Abb. 3.6). Da wegen der Kongruenz die Innenwinkelsummen der Dreiecke $\overline{DEF}$ und $\overline{D'BF'}$ gleich sind, genügt es zu zeigen, daß $IWS(\overline{D'BF'}) = 180^o$ gilt. Nach Satz 4 ist die Innenwinkelsumme keines der Dreiecke $\overline{A'BF'}$ und $\overline{A'F'C'}$ größer als 180°. Wäre nun die Innenwinkelsumme eines dieser Dreiecke kleiner als 180°, so müßte auch die Innenwinkelsumme von $\overline{A'BC'}$, die sich wegen des Nebenwinkelsatzes durch

$$IWS(\overline{A'BC'}) = IWS(\overline{A'BF'}) + IWS(\overline{A'F'C'}) - 180^o$$

ausdrücken läßt, kleiner als 180° sein. Dies widerspräche jedoch der Voraussetzung bzw. der durchgeführten Konstruktion. Somit muß also die Innenwinkelsumme von $\overline{A'BF'}$ 180° betragen, woraus sich ergibt, daß die Innenwinkelsummen sowohl von $\overline{D'BF'}$ als auch von $\overline{D'A'F'}$ diesen Wert haben. □

Satz 5: *Beträgt in wenigstens einem Dreieck die Innenwinkelsumme* 180°, *so gilt dies für jedes Dreieck.*

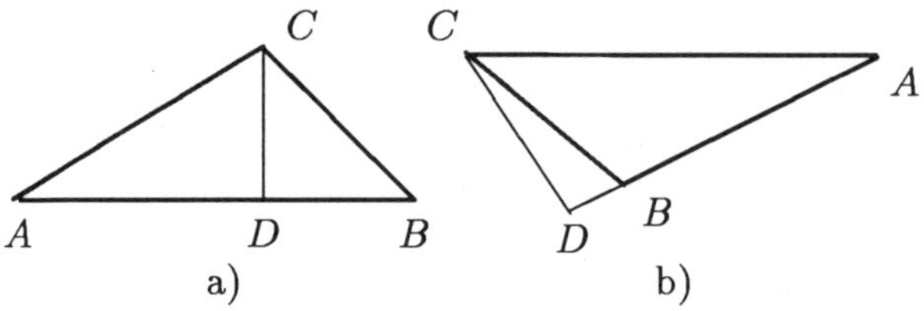

Abbildung 3.7:

Beweis: Es sei $\overline{ABC}$ ein Dreieck mit einer Innenwinkelsumme von 180°. Dieses Dreieck kann (falls es nicht schon selbst rechtwinklig ist) durch Fällen des Lotes von C auf AB in zwei rechtwinklige Teildreiecke $\overline{ACD}$ und $\overline{BCD}$ zerlegt (Abb. 3.7 a)) oder durch ein rechtwinkliges Dreieck $\overline{BCD}$ zu einem rechtwinkligen Dreieck $\overline{ACD}$ ergänzt werden (siehe Abb. 3.7 b)). In beiden Fällen ist nach dem Nebenwinkelsatz $IWS(\overline{ACD}) + IWS(\overline{BCD}) = 360^o$ und daher wegen Satz 4 $IWS(\overline{ACD}) = IWS(\overline{BCD}) = 180^o$, womit die Voraussetzung von Hilfssatz 3 erfüllt ist. Ist nun Δ ein beliebiges Dreieck, so kann Δ (falls nicht schon selbst rechtwinklig) wieder in zwei rechtwinklige Teildreiecke zerlegt (bzw., wie für $\overline{ABC}$ beschrieben, ergänzt) werden, welche nach dem Hilfssatz 3 beide eine Innenwinkelsumme von 180° besitzen, woraus sich sofort ergibt, daß auch die Innenwinkelsumme von Δ diesen Wert hat. □

Aufgrund der Sätze 3, 4 und 5 würde es nun genügen, auf der Grundlage der Axiome der absoluten Geometrie die Existenz eines einzigen Dreiecks mit einer Innenwinkelsumme von 180° zu zeigen, und das Parallelenaxiom wäre damit nachgewiesen. LEGENDRE beschäftigte sich mit diesem Problem sehr ausführlich und veröffentlichte mehrere derartige Beweise von denen der nachfolgend wiedergegebene wohl der „glaubwürdigste" ist. Um diesen Beweis nachzuvollziehen, wird noch der folgende Hilfssatz benötigt.

Hilfssatz 4: *Ist ein Dreieck* Δ *in* n *Teildreiecke* $\Delta_1 \ldots \Delta_n$ *zerlegt, so gilt*

$$\pi - IWS(\Delta) = \sum_{i=1}^{n} (\pi - IWS\,(\Delta_i)) \ .$$

Aufgabe 2: Beweisen Sie den Hilfssatz 4! Beachten Sie dabei, daß nur Aussagen genutzt werden dürfen, die aus den Axiomen der absoluten Geometrie folgen!

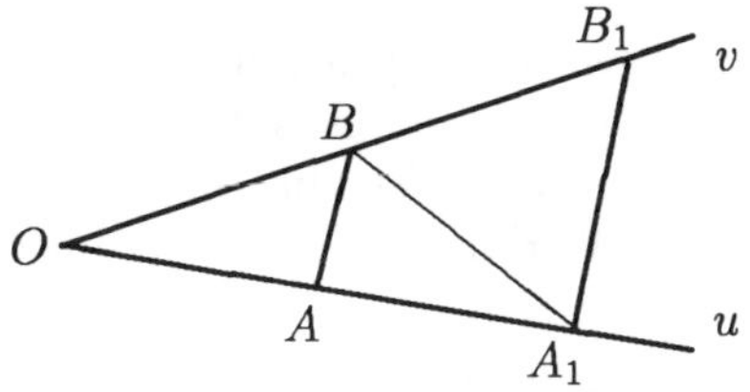

Abbildung 3.8:

„Nachweis" der Existenz eines Dreiecks mit einer Innenwinkelsumme von 180°**:**

Es sei ein spitzer Winkel $\angle(u, v)$ mit einem Scheitel O gegeben, A ein beliebiger Punkt auf dem Schenkel u und B der Schnittpunkt der in A auf u errichteten Senkrechten mit dem anderen Schenkel v (siehe Abb. 3.8). Es können dabei zwei Fälle auftreten: 1. $IWS(\overline{OAB}) = 180^o$ (womit die Behauptung schon gilt) und 2. $IWS(\overline{OAB}) < 180^o$, dann setzen wir $\epsilon := 180^o - IWS(\overline{OAB})$. Ist nun A_1 ein Punkt auf u mit $|OA| = |AA_1|$, so folgt aus der Kongruenz der Dreiecke $\overline{OAB}$ und $\overline{A_1AB}$ (die sich unmittelbar nach dem Kongruenzsatz sws ergibt) $IWS(\overline{A_1AB}) = IWS(\overline{OAB}) = 180^o - \epsilon$. Wir errichten nun die Senkrechte auf u im Punkt A_1 und erhalten als Schnittpunkt der Senkrechten mit v einen Punkt B_1. Das Dreieck $\overline{OA_1B_1}$ setzt sich aus den Teildreiecken $\overline{OAB}$, $\overline{A_1AB}$ und $\overline{BA_1B_1}$ zusammen, nach Hilfssatz 4 gilt somit

$$IWS(\overline{OA_1B_1}) = \pi - (\pi - IWS(\overline{OAB}) + \pi - IWS(\overline{A_1AB}) + \pi - IWS(\overline{BA_1B_1}))$$

und demnach $IWS(\overline{OA_1B_1}) \leq \pi - 2\epsilon$. Durch Fortsetzen des Verfahrens erhalten wir schließlich ein Dreieck $\overline{OA_nB_n}$ mit $IWS(\overline{OA_nB_n}) \leq \pi - 2^n \cdot \epsilon$, bei geeigneter Wahl von n ist also $IWS(\overline{OA_nB_n}) \leq 0$. Dies ist jedoch nicht möglich, also muß $IWS(\overline{OAB}) = 180^o$ sein. □

Auf den ersten Blick ist es schwierig, zu erkennen, an welcher Stelle in diesem Beweis von LEGENDRE eine Unkorrektheit auftritt oder eine zum Parallelenaxiom äquivalente Aussage verwendet wird. (Wenngleich der Beweis hier etwas knapp dargestellt wurde, ist auch der Schluß auf die Innenwinkelsumme des Dreiecks $\overline{OA_nB_n}$ völlig korrekt, was mittels vollständiger Induktion sehr einfach nachzuvollziehen ist.) Das Problem besteht (wie auch bei anderen scheinbaren Beweisen für das Parallenaxiom) darin, daß viele Aussagen, die auf dem Parallelenaxiom beruhen, so selbstverständlich erscheinen, daß man sie kaum anzweifeln dürfte. Im Falle des oben wiedergegebenen Beweises betrifft dies die verwendete Voraussetzung, daß ein spitzer Winkel existiert, für den die in jedem Punkt eines seiner Schenkel errichtete Senkrechte den anderen Schenkel trifft. Diese Aussage läßt sich aber auf Grundlage der Axiome der absoluten Geometrie (ohne Verwendung des Parallelenaxioms oder äquivalenter Aussagen) nicht nachweisen.

Wäre dies möglich, so würde es sich bei dem oben wiedergegebenen Beweis tatsächlich um einen Beweis für die Existenz eines Dreiecks mit einer Innenwinkelsumme von zwei Rechten und damit nach den Sätzen 3 und 5 um einen Beweis des Parallenaxioms handeln. In Wirklichkeit wurde jedoch nur der folgende Satz bewiesen:

Satz 6: *Wenn ein spitzer Winkel derart existiert, daß die in jedem Punkt eines seiner Schenkel errichtete Senkrechte den anderern Schenkel trifft, so gilt das Parallelenaxiom.*

Da die Umkehrung dieses Satzes ebenfalls gilt, ist die Existenz eines solchen Winkels eine zum euklidischen Parallelenaxiom äquivalente Behauptung.

Die (hier nur teilweise nachvollzogenen) Überlegungen LEGENDRES lieferten also letztendlich keinen Beweis für das Parallenaxiom, umsomehr jedoch interessante Einblicke in die gegenseitige Bedingtheit geometrischer Aussagen. Sie werden darüber hinaus unmittelbar zur Erkenntnis von Eigenschaften der Lobatschewski–Geometrie führen (siehe Satz L4 in Abschnitt 3.2.2).

Die Beweisversuche von SACCHERI und LAMBERT

GIROLAMO SACCHERI veröffentlichte 1733 seine Untersuchungen zur Beweisbarkeit des Parallenaxioms, die zu denen von LEGENDRE eine gewisse Ähnlichkeit aufweisen, so daß ihre Darstellung hier kürzer geraten kann. SACCHERI betrachtete ein Viereck $\overline{ABCD}$, das folgende Bedingungen erfüllt:

1. Die Winkel bei A und B sind Rechte.
2. Die Strecken $\overline{AD}$ und $\overline{BC}$ sind kongruent.

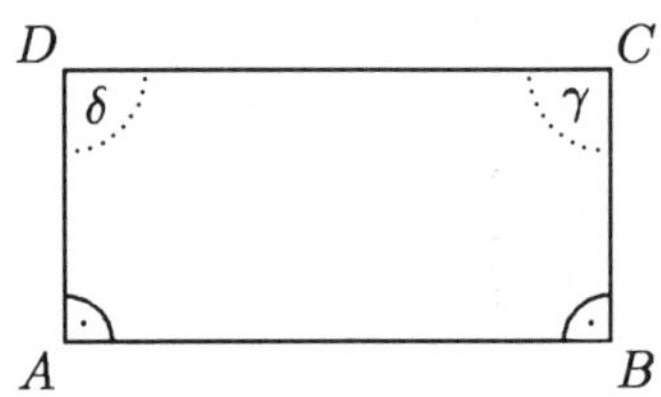

Abbildung 3.9:

Ein solches Viereck wird als **Saccherisches Viereck** bezeichnet (Abb. 3.9).

Hilfssatz 5: *Die Winkel $\angle(ADC)$ und $\angle(BCD)$ in einem Saccherischen Viereck (entsprechend Abb. 3.9) sind kongruent.*

Aufgabe 3: Beweisen Sie den Hilfssatz 5 (auf der Grundlage der Axiome und Sätze der absoluten Geometrie)!

Für die Winkel bei D und C des Saccherischen Vierecks $\overline{ABCD}$ können wiederum drei Hypothesen betrachtet werden:

1. *Hypothese vom stumpfen Winkel:* Die Winkel $\angle(ADC)$ und $\angle(BCD)$ sind stumpfe Winkel.

2. *Hypothese vom spitzen Winkel:* Die Winkel $\angle(ADC)$ und $\angle(BCD)$ sind spitze Winkel.

3. *Hypothese vom rechten Winkel:* Die Winkel $\angle(ADC)$ und $\angle(BCD)$ sind rechte Winkel.

Die Verwandtschaft dieser drei Hypothesen mit den drei Hypothesen bezüglich der Innenwinkelsumme von Dreiecken auf Seite 149 ist leicht zu erkennen. Für die Untersuchung dieser drei Hypothesen werden wir daher auf die Sätze 3 – 5 zurückgreifen (bei denen es sich ja um Sätze der absoluten Geometrie handelt). Unsere Betrachtungen werden dadurch wesentlich kürzer, als in der Originalfassung von SACCHERI. Die Grundgedanken, die dieser zugrundeliegen, sind dieselben, allerdings konnte SACCHERI (1667 – 1733) noch nicht die Erkenntnisse von LEGENDRE (1752 – 1833) nutzen.

Satz 7: *Die Hypothese vom stumpfen Winkel im Saccherischen Viereck kann auf der Grundlage der Axiome und Sätze der absoluten Geometrie widerlegt werden. Die Hypothese vom rechten Winkel gilt genau dann, wenn das Parallelenaxiom gilt.*

Beweis: Falls die Hypothese vom stumpfen Winkel zutrifft, so hat das Viereck $\overline{ABCD}$ eine Innenwinkelsumme, die größer ist als 360°. Von den beiden Teildreiecken $\overline{ACB}$ und $\overline{BDA}$ hat also mindestens eines eine Innenwinkelsumme von größer als 180°, was jedoch Satz 4 widerspricht.

Wenn das euklidische Parallelenaxiom gilt, so ist nach dem Innenwinkelsatz der euklidischen Geometrie $IWS(\overline{ACB}) = IWS(\overline{BDA}) = 180^o$ und somit $IWS(\overline{ABCD}) = 360^o$. Also gilt (da die Winkel bei A und B rechte Winkel sind) $m(\angle(ADC)) + m(\angle(BCD)) = 180^o$ und wegen Hilfssatz 5 $m(\angle(ADC)) = m(\angle(BCD)) = 90^o$. Ist umgekehrt die Hypothese vom rechten Winkel erfüllt, so folgt daraus sofort $IWS(\overline{ABCD}) = 360^o$ und somit $IWS(\overline{ACB}) + IWS(\overline{BDA}) = 360^o$. Wegen Satz 4 kann die Innenwinkelsumme keines dieser beiden Dreiecke größer als 180° sein. Folglich müssen beide Dreiecke eine Innenwinkelsumme von 180° haben, woraus nach den Sätzen 3 und 5 die Gültigkeit des Parallelenaxioms folgt. □

Bemerkung: Wir haben mit diesem Beweis sogar gezeigt, daß die *Existenz eines einzigen Saccherischen Vierecks*, auf das die Hypothese vom rechten Winkel zutrifft, für den Nachweis des Parallelenaxioms genügt. Daraus folgt sofort, daß diese Hypothese in jedem Saccherischen Viereck gilt, falls ihre Gültigkeit in einem einzigen gegeben ist.

Um das Parallelenaxiom zu beweisen, würde es also genügen, die Hypothese vom spitzen Winkel zu widerlegen, genauer: ein einziges Saccherisches Viereck zu konstruieren, auf das die Hypothese vom rechten Winkel zutrifft. Dies ist jedoch ohne die Verwendung einer zum Parallelenaxiom äquivalenten Aussage nicht möglich. Jedoch gelingt dieser Nachweis, wenn vorausgesetzt wird, daß Abstandslinien (also Mengen von Punkten, die von einer Geraden denselben Abstand haben) Geraden sind. Auch diese Aussage ist zum Parallelenaxiom äquivalent.

Satz 8: *Das Parallelenaxiom gilt genau dann, wenn eine Gerade g und drei kollineare Punkte A, B und C existieren, die nicht auf g liegen und von g denselben Abstand haben.*

Beweis: Die eine Richtung des Satzes wurde bereits mit Satz V.9 in Abschnitt 2.6.1 bewiesen: Drei Punkte, die von einer Geraden denselben Abstand haben und in einer Halbebene dieser Geraden liegen, sind danach (unter Voraussetzung des Parallelenaxioms) stets kollinear. Seien umgekehrt eine Gerade g und drei Punkte A, B und C mit $d(A,g) = d(B,g) = d(C,g)$ gegeben sowie A', B' und C' die Fußpunkte der Lote von A, B bzw. C auf g (siehe Abb. 3.10). Die Vierecke $\overline{A'B'BA}$ und $\overline{B'C'CB}$ sind wegen $|AA'| = |BB'| = |CC'|$ und der rechten Winkel bei A', B' und C' Saccherische Vierecke. Da A, B und C auf einer Geraden liegen, gilt nach dem Nebenwinkelsatz $m(\angle(ABB')) + m(\angle(CBB')) = 180^o$. Da das Auftreten eines stumpfen Winkels in einem Saccherischen Viereck nach Satz 7 ausgeschlossen ist, muß es sich bei $\angle(ABB')$ und $\angle(CBB')$ um rechte Winkel handeln, woraus nach Satz 7 (und der Bemerkung danach) die Gültigkeit des Parallelenaxioms folgt. □

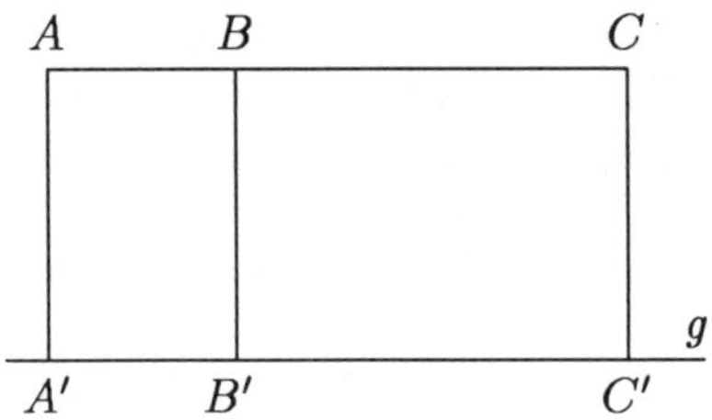

Abbildung 3.10:

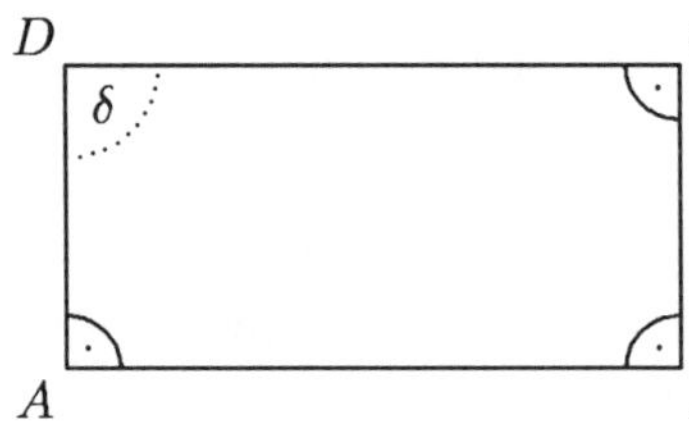

Abbildung 3.11:

Eine starke Ähnlichkeit zum Beweisversuch von SACCHERI weist der von JOHANN HEINRICH LAMBERT auf. Auch LAMBERT untersuchte spezielle Vierecke. Von diesen sogenannten *Lambertschen Vierecken* wird vorausgesetzt, daß drei Winkel rechte Winkel sind (Abb. 3.11), bezüglich der Größe des vierten Winkels δ sind wiederum drei Hypothesen zu betrachten: die *Hypothese vom stumpfen Winkel* ($\delta > 90^o$), die *Hypothese vom spitzen Winkel* ($\delta < 90^o$) und die *Hypothese vom rechten Winkel* ($\delta = 90^o$).

Aufgabe 4: Widerlegen Sie die These vom stumpfen Winkel im Lambertschen Viereck und weisen Sie nach, daß die These vom rechten Winkel äquivalent zum Parallelenaxiom ist!

Parallelenaxiom und Ähnlichkeit

JOHN WALLIS veröffentlichte (schon vor den Beweisversuchen von SACCHERI, LEGENDRE und LAMBERT) einen Scheinbeweis für das Parallelenaxiom, bei dem er die Existenz ähnlicher (und dabei nicht kongruenter) Dreiecke als selbstverständlich voraussetzte. Allerdings ist auch dies nicht zulässig, die Existenz ähnlicher Figuren setzt das Parallelenaxiom voraus (die Ähnlichkeit wurde aus diesem Grunde auch erst in Abschnitt 2.6.3 behandelt). Die Grundgedanken des Scheinbeweises von WALLIS liegen dem Beweis des folgenden Satzes zugrunde (wobei wir aber auf den Zusammenhang zwischen Parallelenaxiom und Innenwinkelsumme zurückgreifen, was WALLIS nicht tat und deshalb einen wesentlich umfangreicheren Beweis veröffentlichte).

Satz 9: *Falls zwei Dreiecke $\overline{ABC}$ und $\overline{DEF}$ existieren, die in allen drei Winkelmaßen übereinstimmen und nicht kongruent sind, so gilt das Parallelenaxiom.*

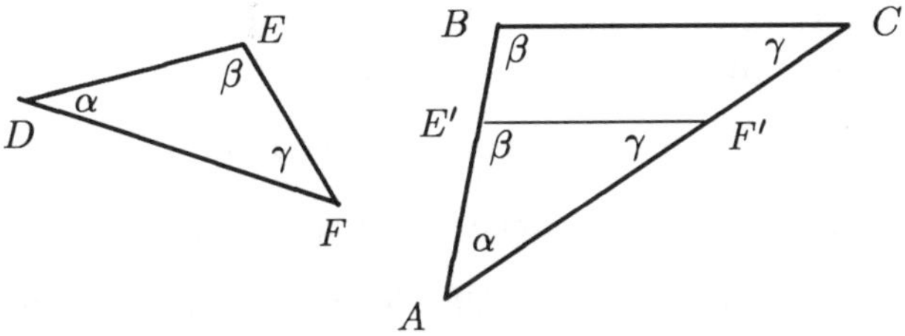

Abbildung 3.12:

Beweis: Es seien $\overline{ABC}$ und $\overline{DEF}$ zwei Dreiecke mit den Innenwinkelmaßen α (bei A und D), β (bei B und E) sowie γ (bei C und F). Ferner seien $E' \in AB^+$ und $F' \in AC^+$ zwei Punkte mit $|DE| = |AE'|$ und $|DF| = |AF'|$ (siehe Abb. 3.12). Die Dreiecke $\overline{AE'F'}$ und $\overline{DEF}$ sind kongruent (*sws*) und die Geraden BC und $E'F'$ schneiden sich nicht — letzteres folgt aus der Umkehrung des Stufenwinkelsatzes (Satz IV.23), die ein Satz der absoluten Geometrie ist. Nach dem Nebenwinkelsatz ist $m(\angle(BE'F') = 180^o - \beta$ und $m(\angle(CF'E') = 180^o - \gamma$, die Innenwinkelsumme des Vierecks $\overline{BCF'E'}$ ist demnach gleich vier Rechten, wonach (entsprechend der schon beim Beweis von Satz 7 gezogenen Schlußfolgerung) zwei Dreiecke mit einer Innenwinkelsumme von jeweils zwei Rechten existieren und somit das Parallelenaxiom gilt. □

Bemerkung: Da mit Satz V.16 (Abschnitt 2.6.3) leicht die Existenz zweier ähnlicher, nicht kongruenter Dreiecke gezeigt werden kann (Voraussetzung für die Anwendung dieses Satzes ist allerdings die Gültigkeit des Parallelenaxioms), gilt auch die Umkehrung von Satz 9.

Zusammenfassung

Als Ergebnis unserer Betrachtungen zu den verschiedenen Beweisversuchen für das Parallelenaxiom (die keinesfalls einen Anspruch auf Vollständigkeit erheben können) läßt sich der folgende Satz formulieren:

Satz 10: *Auf der Grundlage der Axiome und Sätze der absoluten Geometrie sind folgende Aussagen äquivalent:*

1. *Zu jeder Geraden g und zu jedem nicht auf g liegenden Punkt A gibt es höchstens eine Gerade, die durch A verläuft und zu g parallel ist (euklidisches Parallelenaxiom).*
2. *Es existiert eine Gerade g und ein nicht auf g liegender Punkt A, so daß es höchstens eine Gerade gibt, die durch A verläuft und zu g parallel ist.*
3. *Es gilt das Parallelenpostulat (V. Postulat von* EUKLID, *siehe S. 145).*
4. *Es gilt der Stufenwinkelsatz bzw. der Wechselwinkelsatz (Satz V.1 und Folgerung V.1 in Abschnitt 2.6.1).*
5. *In jedem Dreieck beträgt ist die Innenwinkelsumme* 180°.
6. *Es existiert ein Dreieck mit einer Innenwinkelsumme von* 180°.
7. *Es existiert ein spitzer Winkel derart, daß die in jedem Punkt eines seiner Schenkel errichtete Senkrechte den andererern Schenkel trifft.*
8. *In (mindestens) einem Saccherischen (oder in einem Lambertschen Viereck) gilt die Hypothese vom rechten Winkel.*
9. *In jedem Saccherischen und jedem Lambertschen Viereck gilt die Hypothese vom rechten Winkel.*
10. *Abstandslinien sind Geraden.*
11. *Es existieren zwei ähnliche, nicht kongruente Dreiecke.*

Die Äquivalenz jeder der Aussagen 3. – 11. mit 1. wurde in diesem Abschnitt nachgewiesen.

Aufgabe 5: Beweisen Sie die Äquivalenz der Aussagen 1. und 2. in Satz 10!

Aus Satz 10 ergeben sich eine Reihe von Schlußfolgerungen für eine Geometrie, in der die Axiome der absoluten Geometrie und die Negation des Parallelenaxioms gelten: falls eine solche Geometrie existiert, kann darin keine der Aussagen 1. – 11. erfüllt sein. In dieser Schlußfolgerung liegt aus heutiger Sicht die Bedeutung der unzähligen Beweisversuche für das Parallelenaxiom. Wenngleich die Verfasser der „Beweise“ nicht dieses Ziel verfolgten (da sie an die Existenz einer derartigen nichteuklidischen Geometrie nicht glaubten, sie nicht einmal in Erwägung zogen), waren damit wesentliche Eigenschaften der Lobatschewski-Geometrie schon vor ihrer Entstehung hergeleitet. Allerdings kann auf Grund unserer bisherigen Erkenntnisse noch nicht gefolgert werden, daß das Parallelenaxiom tatsächlich nicht beweisbar ist. Auch das Scheitern von noch so vielen Beweisversuchen kann nicht den Schluß auf die Nichtbeweisbarkeit begründen. Dieses Scheitern führte jedoch einige Mathematiker zu der Überzeugung, daß ein derartiger Beweis nicht gelingen *kann* und damit zur Entwicklung der nichteuklidischen Geometrie.

3.2 Grundzüge der Lobatschewski-Geometrie

3.2.1 Entstehungsgeschichte, weltanschauliche Probleme

Du darfst die Parallelen nicht auf jenem Wege versuchen; ich kenne diesen Weg bis an sein Ende — auch ich habe diese bodenlose Nacht durchmessen, jedes Licht, jede Freude meines Lebens sind in ihr ausgelöscht worden — ich beschwöre Dich bei Gott — laß die Lehre von den Parallelen in Frieden... sie kann Dich um all Deine Ruhe, Deine Gesundheit und um Dein ganzes Lebensglück bringen. ... Wenn ich die Parallelen hätte entdecken können, so wäre ich ein Engel geworden.... Es ist unbegreiflich, daß diese unabwendbare Dunkelheit, diese ewige Sonnenfinsternis, dieser Makel der Geometrie zugelassen wurde, diese ewige Wolke an der jungfräulichen Wahrheit.

Farkas Bolyai (in einem Brief an seinen Sohn Janos Bolyai, 1820)

Das Zitat verdeutlicht, wie groß die Bedeutung war, die viele Mathematiker der Beweisbarkeit des Parallelenaxioms beimaßen. Seine Unbewiesenheit wurde als Makel empfunden, seine Nichtbeweisbarkeit lange Zeit überhaupt nicht in Betracht gezogen. Diese hätte als Schlußfolgerung nach sich gezogen, daß das Axiomensystem, welches aus den Axiomen der absoluten Geometrie (bzw. den Axiomen und Postulaten von EUKLID, außer dem V. Postulat) und der Verneinung des Parallelenaxioms (bzw. des V. Postulats) besteht, widerspruchsfrei ist.

Eine Aussage läßt sich genau dann aus einer Theorie ableiten, wenn sich ihr Gegenteil widerlegen läßt. Ist dies nicht der Fall, ergibt auch das Gegenteil dieser Aussage zusammen mit den anderen Axiomen der Theorie ein widerspruchsfreies System. Aus der Nichtableitbarkeit des Axioms V aus I – IV würde sich also zwangsläufig die Widerspruchsfreiheit eines Axiomensystems, bestehend aus den Axiomengruppen I – IV und der Negation von V, ergeben.

Die Widerspruchsfreiheit eines solchen Axiomensystems hätte die Möglichkeit einer völlig neuartigen Geometrie eröffnet. Die Existenz einer derartigen nichteuklidischen Geometrie konnten (und wollten) sich die Mathematiker jedoch nicht vorstellen.

Aus heutiger Sicht mag es verwundern, daß die Existenz nichteuklidischer Geometrien so lange Zeit nicht einmal in Betracht gezogen wurde, gab es doch die sphärische Geometrie schon seit langer Zeit. Jedoch wurde die Geometrie auf der Kugeloberfläche nicht als eigenständige Geometrie betrachtet (geschweige denn axiomatisch entwickelt), sondern lediglich als Teil der Raumgeometrie aufgefaßt. Die „Entdeckung", daß es sich bei der sphärischen Geometrie um eine eigenständige, nichteuklidische Geometrie handelt, erfolgte erst mehr als zwei Jahrzehnte nach der Herausbildung der Lobatschewski-Geometrie durch BERNHARD RIEMANN (1826 –1866), der die sphärische Geometrie zu der allgemeineren elliptischen Geometrie entwickelte (siehe Abschnitt 2.7.5).

Neben (sicher auch aus heutiger Sicht verständlichen) Anschauungsschwierigkeiten trugen auch die dominierenden philosophischen Auffassungen dazu bei, die Existenz einer nichteuklidischen Geometrie gar nicht erst in Erwägung zu ziehen. Nach den Vorstellungen der Philosophie von IMMANUEL KANT (1724 – 1804) existiert der Raum nur als dem Menschen gegebene Orientierungshilfe, ist also nichts anderes als *Form unserer Anschauung*. Die Raumvorstellung ist nach KANT dem Menschen *a priori* gegeben, *Raum* nichts anderes als die Form, in der uns alle Erscheinungen der äußeren Sinne begegnen. Die Kategorie *Raum* haftet somit nicht an den *Dingen* (Objekten und Erscheinungen, die wir wahrnehmen), sondern die Raumvorstellung wird von uns an die Dinge *herangebracht*. Allerdings geht die KANTsche Philosophie davon aus, daß allen Menschen die gleiche Struktur der Raumanschauung gegeben ist, der Raum besitzt somit *empirische Realität*. Er ist ein Nichts, sobald die Möglichkeit aller Erfahrungen verschwindet, was KANT ausdrückt durch: „Der Raum hat transzendentale Identität."

Diese philosophische Herangehensweise (die dem Raum eine objektive Existenz unabhängig von menschlichen Empfindungen abspricht) schließt jedoch das Bestehen von Raumstrukturen, die sich der anschaulichen Vorstellung widersetzen (und um solche Strukturen handelt es sich bei nichteuklidischen Geometrien zweifellos), aus. Die euklidische Geometrie wird dadurch zu einer Denknotwendig, die Möglichkeit, Geometrie zu betreiben, beruht nicht auf Anschauung und Erforschung des Raumes (welcher objektiv überhaupt nicht existiert), sondern auf der *a priori* in den Menschen vorhandenen Vorstellungskraft, die es ermöglicht, synthetische Urteile zu bilden. Die Gewißheit der Geometrie, die Allgemeinheit und Notwendigkeit geometrischer Sätze ergibt sich daraus, daß allen Menschen die gleiche Form räumlicher Vorstellungen gegeben ist.

Trotz derartiger Hindernisse weltanschaulicher Natur führte das Fehlschlagen vieler Versuche, das Parallelenpostulat zu beweisen, drei Mathematiker nahezu gleichzeitig und weitgehend unabhängig voneinander zu der Überzeugung, daß dieses Postulat nicht bewiesen werden kann, daß es also von den andereren Axiomen und Postulaten *unabhängig* ist. Diese Mathematiker waren der Ungar JANOS (JOHANN) BOLYAI (1802 – 1860), der Deutsche CARL FRIEDRICH GAUSS (1777 – 1855) und der Russe NIKOLAI IWANOWITSCH LOBATSCHEWSKI (1792 – 1856). Hinsichtlich der eingangs des

Abschnitts wiedergegebenen Warnungen seines Vaters schrieb BOLYAI:

> *... indem dadurch, weit entfernt davon abgeschreckt zu werden, mein Interesse dafür nur umso lebhafter wurde, und meine Begierde und Energie, nach Möglichkeit um jeden Preis zu durchdringen, auf das Heftigste wuchs.*

BOLYAIS Überlegungen zur Parallelenproblematik und zur nichteuklidischen Geometrie wurden 1832 als Anhang („Appendix“, siehe [6]) eines Buches seines Vaters FARKAS BOLYAI veröffentlicht. Dieser, über die ungewöhnlichen Ansichten seines Sohnes verunsichert, schickte GAUSS diesen Anhang mit der Bitte um seine Meinung. Dieser äußerte sich anerkennend über die Arbeit des jungen BOLYAI, teilte aber mit, daß er die darin auftretenden Ideen schon vor Jahren selbst entwickelt habe (was JANOS BOLYAI sehr verbitterte). Von GAUSS stammt auch die Bezeichnung „nichteuklidische Geometrie“. Jedoch brachte GAUSS diese Ideen nicht zur Veröffentlichung — ein wichtiger Grund dafür bestand in den weitreichenden weltanschaulichen Konsequenzen seiner Erkenntnisse (derer sich GAUSS durchaus bewußt war). So schrieb er 1830 in einem Brief an BESSEL:

> *Wir müssen in Demuth zugeben, dass, wenn dic Zahl bloss unseres Geistes Product ist, der Raum auch ausser unserem Geiste eine Realität hat, der wir a priori ihre Gesetze nicht vollständig vorschreiben können. ...*
>
> *Inzwischen werde ich wohl noch lange nicht dazu kommen, meine sehr ausgedehnten Untersuchungen darüber zur öffentlichen Bekanntmachung auszuarbeiten und vielleicht wird diess auch bei meinen Lebzeiten nie geschehen, da ich das Geschrei der Böotier scheue, wenn ich meine Ansicht ganz aussprechen wollte.*

Die Veröffentlichung der Arbeiten von GAUSS zur nichteuklidischen Geometrie erfolgte erst nach seinem Tode 1856.

Als dritter Mathematiker gelangte der Kasaner Professor NIKOLAI IWANOWITSCH LOBATSCHEWSKI zu der Erkenntnis, daß das Parallelenaxiom unbeweisbar ist und eine andersartige Geometrie existiert. Die von ihm aufgestellte Theorie war der von BOLYAI sehr ähnlich, ihre Arbeiten unterschieden sich jedoch stark voneinander, wobei LOBATSCHEWSKI es vermochte, die neue Theorie weiter zu entwickeln als dies BOLYAI gelang. LOBATSCHEWSKI trug erstmals 1826 an der Kasaner Universität über seine Erkenntnisse vor, eine erste Veröffentlichung erfolgte 1829, also drei Jahre vor BOLYAIS „Appendix“. Damit war LOBATSCHEWSKI der erste Mathematiker, der zu der neuen Geometrie publizierte, woraus sich erklärt, daß sie heute seinen Namen (und nicht den von GAUSS oder BOLYAI) trägt.

Eine erste deutsche Ausgabe seines Buches erschien 1840 unter dem Titel „*Geometrische Untersuchungen zur Theorie der Parallelelinien*“ (siehe [25]). Allerdings fanden die Arbeiten von LOBATSCHEWSKI, wie auch die von BOLYAI, zu ihren Lebzeiten wenig Beachtung und wurden weithin ignoriert. Erst mit der Veröffentlichung des Nachlasses von GAUSS und den Arbeiten von RIEMANN, der den Charakter der sphärischen Geometrie als nichteuklidische Geometrie erkannte und diese sowie die Geometrie von BOLYAI, GAUSS und LOBATSCHEWSKI in einen neuen, weiter gefaßten Zusammenhang stellte (Theorie der Mannigfaltigkeiten, siehe Abschnitt 3.7.1) begann die Mehrzahl der Mathematiker die Bedeutung der nichteuklidischen Geometrien zu erkennen.

BOLYAI, GAUSS und LOBATSCHEWSKI waren insofern ihrer Zeit um einiges voraus, allerdings sollte es nicht nur dem puren Zufall zugeschrieben werden, daß drei Mathematiker nahezu gleichzeitig und weitgehend unabhängig voneinander zu einer Erkenntnis gelangten, die ein seit mehr als zweitausend Jahren offenes Problem löste. Die unzähligen erfolglosen Beweisversuche für das Parallelenaxiom (und dabei nicht zuletzt die sehr umfangreichen und systematisch geführten Überlegungen LEGENDREs) hatten ein derart großes Potential an Wissen über die Parallelenproblematik hervorgebracht, daß eine Lösung des Problems gewissermaßen „auf der Tagesordnung“ stand. Daß es dabei Wissenschaftler gibt, die ihren Zeitgenossen vorauseilen, ist in derartigen Situationen nichts ungewöhnliches. Es weist aber auch darauf hin, daß die drei genannten Mathematiker früher als andere bereit und in der Lage waren, Denk- und Vorstellungsbarrieren zu überwinden und (was allerdings nur für BOLYAI und LOBATSCHEWSKI zutrifft) den Mut besaßen, für Erkenntnisse einzutreten, die mit dem dominierenden Weltbild nicht in Einklang zu bringen waren.

Zwischen den drei Mathematikern bestanden durchaus Querverbindungen. So waren der Vater von J. BOLYAI und GAUSS Jugendfreunde und standen lange Zeit in gelegentlichem Briefwechsel. Auch zwischen GAUSS und LOBATSCHEWSKI ist eine Verbindung nachweisbar: Lobatschewski war Student bei dem 1808 nach Kasan berufenen Mathematikprofesser BARTELS. Dieser hatte bis 1806 enge Kontakte zu GAUSS und korrespondierte mit diesem auch noch in seiner Kasaner Zeit (wobei sich dieser Briefwechsel fast ausschließlich auf private Inhalte beschränkte). Die These, daß BOLYAI, GAUSS und LOBATSCHEWSKI weitgehend unabhängig voneinander zur nichteuklidischen Geometrie gelangten, kann trotz dieser Kontakte aufrechterhalten werden. Aus der Herangehensweise und dem Aufbau ihrer Arbeiten kann geschlußfolgert werden, daß die grundlegenden Erkenntnisse in jedem der drei unabhängig von den beiden anderen reiften. Daß die Beziehungen zwischen den drei Mathematikern diese inspirierten, sich mit der Thematik überhaupt zu beschäftigen, kann sicherlich nicht ausgeschlossen werden. Zu den grundlegenden Erkenntnissen gelangte jedoch jeder von ihnen unabhängig von den beiden anderen.

3.2.2 Das Parallelenaxiom von Lobatschewski und erste Folgerungen

Wie bereits erwähnt, begann LOBATSCHEWSKI seine Untersuchungen mit dem Ziel, das Parallelenaxiom zu beweisen. Er verneinte (negierte) das euklidische Parallenaxiom und zog daraus eine Reihe von Folgerungen mit dem Ziel, zu einem Widerspruch zu gelangen. Letzteres trat nicht ein, statt dessen entwickelte er die Grundzüge einer neuen Geometrie. Diese Geometrie ist also die *Menge der Aussagen, die sich aus den Axiomen der absoluten Geometrie und der Verneinung des euklidischen Parallelenaxioms ableiten lassen.* Diese Verneinung des Axioms V wird auch als *Lobatschewskisches Parallelenaxiom* bezeichnet.

V'. Lobatschewskisches Parallelenaxiom:
Es existiert eine Gerade g und ein nicht auf g liegender Punkt P, durch den mindestens zwei Geraden verlaufen, die g nicht schneiden.

Man beachte, daß die Negation des Axioms V nicht beinhaltet, daß es durch *jeden* Punkt zu *jeder* Geraden mindestens zwei Parallelen gibt. Die Negation einer *Allaussage* (wie des euklidischen Parallelenaxioms) bedeutet stets die *Existenz* von Objekten, die der Allaussage nicht genügen. Allerdings läßt sich leicht nachweisen, daß bei Zugrundelegung der Axiomengruppen I, II, III, IV und V' die oben gemachte Allaussage gelten muß:

Satz L1: *Falls die Axiome der absoluten Geometrie und V' gelten, so existieren zu jeder Geraden g und zu jedem nicht auf g liegenden Punkt P mindestens zwei Geraden, die durch P verlaufen und g nicht schneiden.*

Beweis: Wir führen den Beweis indirekt. Würden eine Gerade g und ein Punkt P existieren, durch den nur eine Gerade verläuft, die g nicht schneiden, so entspräche dies der Aussage 2 in Satz 10 (Abschnitt 3.1.2). Nach diesem Satz (der ein Satz der absoluten Geometrie ist) folgt daraus die Gültigkeit des euklidischen Parallelenaxioms, also ein Widerspruch zu V'. □

Anmerkungen:

1. Die in Satz L1 gemachte Voraussetzung „Falls die Axiome der absoluten Geometrie und V' gelten ..." könnte ersetzt werden durch „In der Lobatschewski-Geometrie gilt folgende Aussage ...". Bei künftigen Sätzen werden wir diese Voraussetzung nicht mehr erwähnen (ebenso wie wir bei den Sätzen des 2. Kapitels nicht geschrieben haben „In der euklidischen Geometrie gilt ..." oder „Falls die Axiome der euklidischen Geometrie gelten, so ..."). Um dennoch zu kennzeichnen, daß

es sich um Sätze der Lobatschewski-Geometrie handelt, numerieren wir die betreffenden Sätze mit L1, L2, ...

2. Wir verwenden für den Sachverhalt, daß zwei Geraden g und h keinen gemeinsamen Punkt haben, ab sofort nicht mehr die Formulierung „g und h sind *parallel*", obwohl dies der Definition IV.18 entspräche. Der Grund hierfür liegt darin, daß wir für die Lobatschewski-Geometrie den Begriff der Parallelität anders (eingeschränkt) definieren werden (siehe Abschnitt 3.2.3).

Satz L2: *Zu jeder Geraden g und zu jedem nicht auf g liegenden Punkt P existieren unendlich viele Geraden, die durch P verlaufen und g nicht schneiden.*

Beweis: Es seien h_1 und h_2 zwei (verschiedene) Geraden, die durch P verlaufen und g nicht schneiden, A ein beliebiger Punkt auf g sowie B_1 und B_2 Punkte auf h_1 bzw. h_2, die von P verschieden sind und in einer Halbebene bezüglich der Geraden AP liegen (siehe Abb. 3.13). Für jeden Punkt X der offenen Strecke B_1B_2 wird eine Gerade $x = PX$ festgelegt. Da B_1B_2 unendlich viele Punkte enthält, existieren unendlich viele derartige Geraden, die alle voneinander verschieden sind.

Wären zwei dieser Geraden identisch ($PX = PY$), so würde die Gerade PX zwei verschiedene Punkte der Strecke $\overline{B_1B_2}$ und damit die gesamte Strecke, also auch die Punkte B_1 und B_2 enthalten. Die Punkte P, B_1 und B_2 wären damit kollinear und die Geraden h_1 und h_2 identisch, was der Voraussetzung widerspricht.

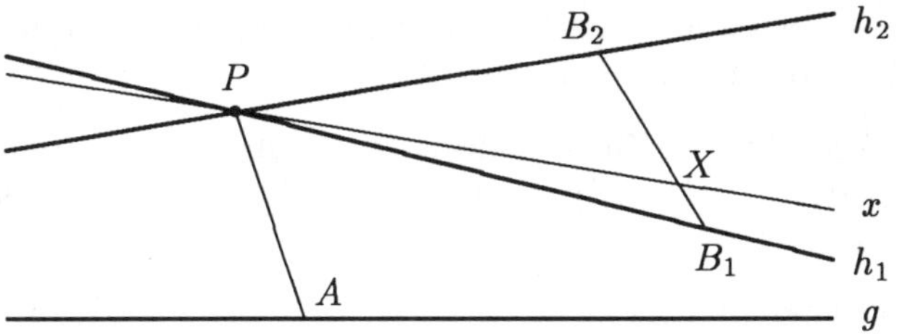

Abbildung 3.13:

Wir behaupten, daß keine der so bestimmten Geraden x die Gerade g schneidet. Dazu möge die Halbgerade $h_2^+ := OB_2^+$ in der anderen Halbebene bezüglich h_1 als g liegen (also wie in Abb. 3.13, der andere Fall läßt sich durch Umbenennung auf diesen Fall zurückführen). Wir beweisen zunächst, daß in der Halbebene APB_1^+ kein Schnittpunkt von g und einer beliebigen Geraden $x = PX$ existiert (also $x^+ := PX^+$ keinen Punkt mit g gemeinsam hat). Da der Punkt X in derselben Halbebene bezüglich h_1 liegt wie B_2 (und damit nicht in einer Halbebene mit g), müßte, wenn x und g in APB_1^+ einen gemeinsamen Punkt hätten, ein Schnittpunkt von x mit h_1 in der Halbebene APB_1^+ existieren (Axiom III.2). Dies ist jedoch nicht möglich, da P der einzige gemeinsame Punkt von h_1 und x ist (sonst wären h_1 und x identisch. Wir vermerken, daß wir damit bewiesen haben, daß alle Punkte von x^+ in derselben Halbebene bezüglich h_1 liegen wie h_2^+. Es bleibt zu zeigen, daß auch die Halbgerade $x^- := PX^-$ die Gerade g nicht schneidet. Da x^+ vollständig mit h_2^+ in einer Halbebene bezüglich h_1 liegt und sich auf gleiche Weise zeigen läßt, daß x^+ und $h_1^+ := PB_1^+$ in einer Halbebene bezüglich h_1 liegen, gehört x^- derselben Halbebene bezüglich h_2 wie h_1^- an. Weiterhin liegt (ebenfalls nach Axiom III.2) h_1^- vollständig in der anderen Halbebene bezüglich h_2 als g. Somit liegen auch g und x^- in verschiedenen Halbebenen bezüglich h_2 und können demnach keinen gemeinsamen Punkt besitzen. □

Satz L3 (Kongruenzsatz „www"): *Stimmen zwei Dreiecke in allen drei Winkelmaßen überein, so sind sie kongruent.*

Satz L4 (Innenwinkelsatz der Lobatschewski-Geometrie): *Die Innenwinkelsumme eines jeden Dreiecks ist kleiner als zwei Rechte.*

Der Satz L3 ist eine unmittelbare Folgerung aus Satz 9 bzw. aus der Äquivalenz der Aussagen 1. und 11. in Satz 10. (Wenn zwei Aussagen äquivalent sind, so gilt dies auch für die Negationen dieser beiden Aussagen.) Der Satz L4 folgt aus Satz 4 (Innenwinkelsatz der absoluten Geometrie) und der Äquivalenz von 1. und 6. in Satz 10.

Es könnten auf Grundlage von Satz 10 auch weitere Sätze der Lobatschewski-Geometrie formuliert werden (z. B. über Abstandslinien und Saccherische oder Lambertsche Vierecke). Wir beschränken uns hier auf die Sätze L3 und L4 und greifen im Bedarfsfall direkt auf Satz 10 oder die anderen Sätze in Abschnitt 3.1 zurück.

Satz L5 (Außenwinkelsatz der Lobatschewski-Geometrie): *Jeder Außenwinkel eines beliebigen Dreiecks ist größer als die Summe der beiden nichtanliegenden Innenwinkel.*

Aufgabe 6: Beweisen Sie den Satz L5!

Es sei an dieser Stelle darauf verwiesen, daß die Sätze L1 – L5 Aussagen sind, die dann eine Bedeutung haben, wenn eine nichteuklidische Geometrie, in der die Axiomengruppen I – IV und V' zutreffen, überhaupt *existiert*. Über die Existenz einer solchen Geometrie (die gleichbedeutend mit der *Nichtableitbarkeit* von Axiom V aus den Axiomen der absoluten Geometrie ist), können wir jedoch auf Grundlage unserer bisherigen Untersuchungen keine endgültige Aussage treffen. Dies wird erst in Abschnitt 3.3 möglich sein, wo ein Modell der Lobatschewski-Geometrie behandelt wird. Die hier gewählte Reihenfolge der Untersuchungen entspricht der historischen Entwicklung der Lobatschewski-Geometrie, deren Widerspruchsfreiheit erst nachgewiesen wurde, nachdem ihre Eigenschaften schon sehr weitgehend untersucht waren.

3.2.3 Parallele und divergierende Geraden

Wir haben in der ebenen euklidischen Geometrie die Parallelität von Geraden als Nichtvorhandensein eines Schnittpunktes definiert (in der Geometrie des Raumes wird zusätzlich gefordert, daß parallele Geraden in einer Ebene liegen). Diese Definition erweist sich für die Lobatschewski-Geometrie als weniger zweckmäßig, da nach Satz L3 sofort zu jeder Geraden durch jeden Punkt unendlich viele Parallelen existieren würden, die zudem bei weitem nicht so „starke" Eigenschaften besitzen wie die Parallelen in der euklidischen Geometrie (beispielsweise kann man sich leicht veranschaulichen, daß die Transitivität der Parallelität nicht gilt). Insofern ist eine eingeschränkte Definition des Begriffs der Parallelität und die Unterteilung der Geraden, die eine vorgegebene Gerade nicht schneiden, in zwei Klassen sinnvoll.

Als anschauliche Herangehensweise an die Definition der Parallelität kann die Vorstellung dienen, daß sich zwei parallele Geraden im Unendlichen treffen (eine Vorstellung, die in der projektiven Geometrie sogar exakt umgesetzt wird). Wir werden dementsprechend als Parallelen jene Geraden auszeichnen, die eine Gerade g nicht schneiden, ihr aber von allen g nicht schneidenden Geraden „am nächsten kommen".

Um die Parallelität von Geraden in der Lobatschewski-Geometrie zu definieren, führen wir zunächst den Begriff des *Parallelwinkels* ein. Es sei dazu a eine Gerade, P ein nicht auf a liegender Punkt, A der Fußpunkt des Lotes von P auf a sowie a_1 und a_2 die beiden Halbgeraden von a bezüglich A. Ferner seien A_1 und A_2 Punkte auf a_1 bzw. a_2 mit $|AA_1| = |AA_2|$ (siehe Abb. 3.14). Nach dem Kongruenzsatz *sws* sind die Dreiecke $\overline{PAA_1}$ und $\overline{PAA_2}$ und somit auch die Winkel $\angle(APA_1)$ und $\angle(APA_2)$ kongruent.

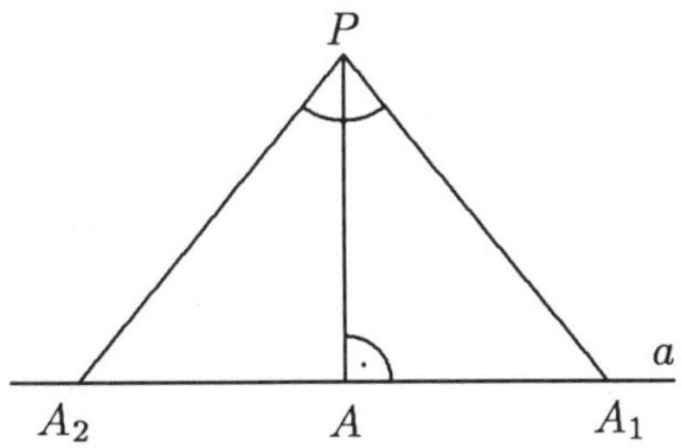

Abbildung 3.14:

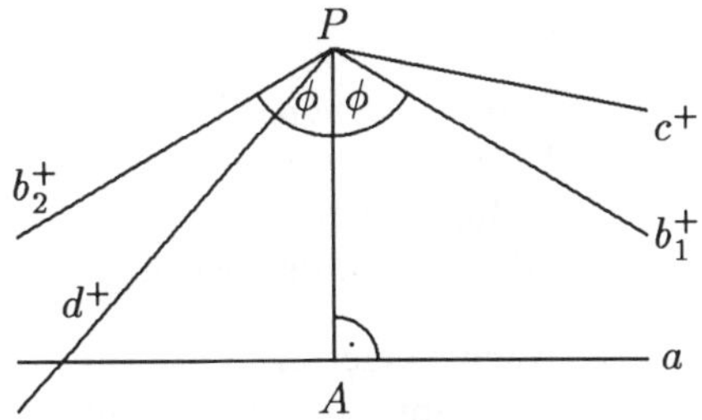

Abbildung 3.15:

Def. L1: *Als* **Grenzwinkel** *oder* **Parallelwinkel** *im Punkt P in Bezug auf die Gerade a bezeichnen wir den Winkel ϕ mit*

$$\phi := \lim_{|AA_1|\to\infty} \angle(APA_1) = \lim_{|AA_2|\to\infty} \angle(APA_2) ,$$

wobei $A \in a$ und $PA \perp a$ gilt sowie A_1 und A_2 Punkte der Geraden a sind, die auf verschiedenen Halbgeraden von a bezüglich des Punktes A liegen.

Folgerung L1: *Für jede Gerade a und jeden nicht auf a liegenden Punkt P ist der Parallelwinkel in P in Bezug auf a stets kleiner oder gleich einem rechten Winkel.*

Aufgabe 7: Beweisen Sie die Folgerung L1!

Folgerung L2: *Die beiden Halbgeraden b_1^+ und b_2^+ mit dem Anfangspunkt P, für die $\angle(PA^+, b_1^+) \equiv \angle(PA^+, b_2^+) \equiv \phi$ gilt (wobei ϕ Grenzwinkel in P in Bezug auf a und A Fußpunkt des Lotes von P auf a ist) haben mit der Geraden a keinen Punkt gemeinsam. Gleiches gilt für jede Halbgerade c^+ mit dem Anfangspunkt P und $\angle(PA^+, c^+) > \phi$. Ist dagegen d^+ eine Halbgerade mit $\angle(PA^+, d^+) < \phi$, so schneidet d^+ die Gerade a (siehe Abb. 3.15).*

Beweis: Hätte eine der beiden Halbgeraden b_1^+ und b_2^+ einen Schnittpunkt Q mit der Geraden a, so würde ein Punkt $Q' \in a$ mit $|AQ'| > |AQ|$ und $m(\angle(APQ')) = m(\angle(APQ)) + \epsilon = \phi + \epsilon$ existieren wobei ϵ positiv ist (siehe Abb. 3.16). Weiterhin gäbe es unendlich viele Punkte X der Geraden a mit $|AX| > |AQ'|$ und demnach $m(\angle(APX)) > m(\angle(APQ')) = \phi + \epsilon$, was jedoch der Definition von ϕ widerspricht. Nach diesem Beweis folgt erst recht, daß eine Halbgerade c^+ mit $\angle(PA^+, c^+) > \phi$ mit a keinen gemeinsamen Punkt haben kann. Unmittelbar aus der Definition des Grenzwerts ergibt sich schließlich, daß jede Halbgerade d^+ mit $\angle(PA^+, d^+) < \phi$ die Gerade a schneiden muß. □

Bemerkungen:

1. Aus den Folgerungen L1 und L2 geht hervor, daß die Geraden b_1 und b_2, denen die in Folg. L2 beschriebenen Halbgeraden b_1^+ und b_2^+ angehören, die Gerade a nicht schneiden. Die jeweils anderen Halbgeraden auf diesen Geraden schließen mit dem Lot PA einen Winkel ein, der wegen $\phi \leq \frac{\pi}{2}$ mindestens so groß ist wie ϕ.

2. Nach Folgerung L2 hätte der Grenzwinkel in P in Bezug auf a auch als Minimum aller Winkel zwischen Geraden, die durch den Punkt P verlaufen und a nicht schneiden, und dem Lot PA von P auf a definiert werden können:

$$\phi = \min \{\angle(PA, g) \mid P \in g,\ a \cap g = \emptyset\} \ .$$

Def. L2: *Die Geraden b_1 und b_2, die mit dem Lot PA von einem Punkt P auf eine Gerade a den Grenzwinkel ϕ (in P in Bezug auf a) einschließen,*

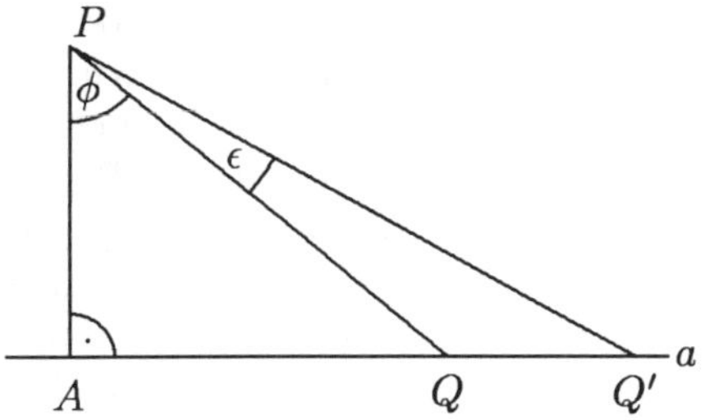

Abbildung 3.16:

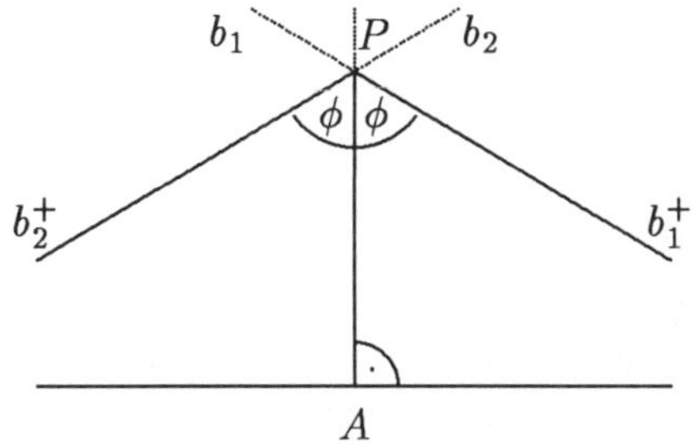

Abbildung 3.17:

heißen **Grenzgeraden in der Gesamtheit aller Geraden, die durch** P **verlaufen und** a **nicht schneiden.** *Die Gerade* b_1*, deren Halbgerade* b_1^+ *mit* PA^+ *auf der rechten Seite von PA den Grenzwinkel* ϕ *einschließt, wird als* **rechte Grenzgerade**, *die andere Grenzgerade* b_2 *als* **linke Grenzgerade** *bezeichnet (Abb. 3.17).*

In Hinblick auf ihre mathematische Exaktheit sind die Formulierungen *linke* und *rechte* Grenzgerade etwas problematisch. Exakt ließe sich dieser Sachverhalt fassen, indem beschrieben würde, in welcher Halbebene bezüglich PA sich die Halbgerade b_1^+ befindet, die mit PA^+ den Grenzwinkel ϕ einschließt und eine der Halbebenen bezüglich PA als linke, die andere als rechte Halbebene ausgezeichnet würden. Wir verzichten darauf, in jedem Falle diese (vor allem schreibintensiven) Betrachtungen vorzunehmen und verwenden die Begriffe *links* und *rechts* im vorstellungsgemäßen Sinne (mitunter werden sich auch die Charakterisierungen *oben* und *unten* als sinnvoller erweisen, wobei sich auch diese auf die Zugehörigkeit zu einer der beiden Halbebenen bezüglich PA beziehen.

Für die Definition der Parallelität von Geraden werden wir die Eigenschaft, Grenzgerade zu einer Geraden zu sein, nutzen. Allerdings bezieht sich diese Eigenschaft nur auf einen einzigen Punkt. Wir könnten also die Parallelität zu einer Geraden lediglich bezogen auf einzelne Punkte außerhalb dieser Geraden definieren (eine Gerade b ist zu einer Geraden a in einem Punkt P parallel ...). Um dies zu vermeiden, beweisen wir zunächst den folgenden Satz.

Satz L6: *Sind a und b beliebige Geraden, P und Q Punkte von b und ist b rechte (linke) Grenzgerade in der Gesamtheit aller Geraden, die durch P verlaufen und a nicht schneiden, so ist b auch rechte (linke) Grenzgerade in der Gesamtheit aller Geraden, die durch Q verlaufen und a nicht schneiden.*

Beweis: Wir führen den Beweis dafür, daß b rechte Grenzgerade ist und betrachten dabei zunächst den Fall, daß Q auf b rechts von P liegt. Es sei dazu A der Fußpunkt des Lotes von P auf a und b'^+ eine beliebige Halbgerade mit dem Anfangspunkt Q, die mit a in einer Halbebene bezüglich b

liegt (Abb. 3.18). Es ist zu zeigen, daß b'^+ die Gerade a schneidet. Dazu sei B ein beliebiger Punkt auf b'^+. Die Halbgerade PB^+ verläuft im Innern des Winkels $\angle(QPA)$, schließt also mit PA^+ einen Winkel ein, der kleiner ist als der Grenzwinkel. Somit müssen PB^+ und a einen gemeinsamen Punkt R besitzen. Nach dem Satz von Pasch (Satz III.1 in Abschnitt 2.4.1), angewendet auf das Dreieck $\overline{PAR}$, schneidet die Gerade b' eine der offenen Strecken (PA) und (AR). Ein Schnittpunkt mit (PA) kann wegen der Lage in unterschiedlichen Halbebenen bezüglich b ausgeschlossen werden, so daß ein gemeinsamer Punkt von b'^+ und (AR), also ein Schnittpunkt von b'^+ mit a, existieren muß. (Ein Schnittpunkt von b'^- mit a kommt wegen der Lage in unterschiedlichen Halbebenen bezüglich b nicht in Frage.)

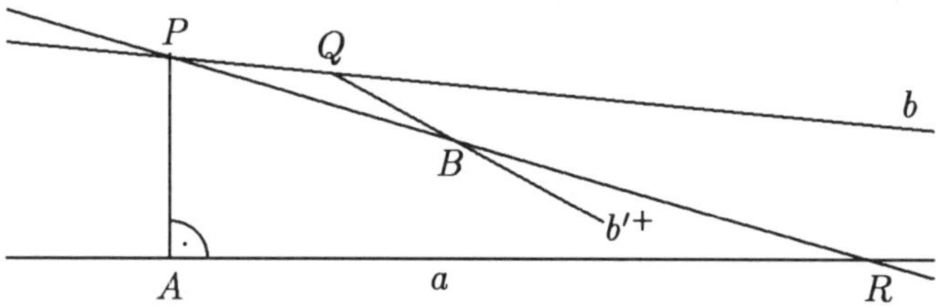

Abbildung 3.18:

Wir kommen nun zu dem Fall, daß Q auf b links von P liegt. Falls b nicht rechte Grenzgerade in der Gesamtheit aller Geraden wäre, die durch Q verlaufen und a nicht schneiden, so müßte eine Halbgerade b'^+ existieren, die im Innern des Winkels $\angle(PQA')$ verläuft und a nicht schneidet (A' sei dabei der Fußpunkt des Lotes von Q auf a, siehe Abb. 3.19). Wir weisen nach, daß jede derartige Halbgerade einen gemeinsamen Punkt mit a besitzt und betrachten dazu einen Punkt F auf der Halbgerade b'^- sowie die Verbindungsgerade PF. Mit einer völlig analogen Begründung wie im ersten Fall ergibt sich, daß ein Schnittpunkt von PF und a existiert und schließlich (Satz von Pasch) auch die Halbgerade b'^+ die Gerade a schneidet. □

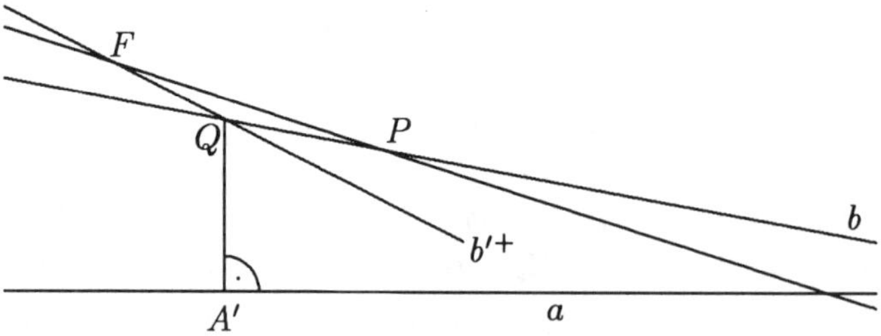

Abbildung 3.19:

Def. L3: *Eine Gerade b heißt zu einer Geraden a* **parallel**, *falls die Gerade b für einen ihrer Punkte P Grenzgerade in der Gesamtheit der Geraden ist,* *die durch P verlaufen und a nicht schneiden. Ist b linke (rechte) Grenzgerade, so heißt b zu a auch* **linksseitig (rechtsseitig) parallel**. *Zwei Geraden heißen* **divergierend**, *falls sie keinen gemeinsamen Punkt besitzen und keine der beiden Geraden zu der anderen parallel ist.*

Nach dieser Definition gibt es zu jeder Geraden durch jeden Punkt genau zwei parallele Geraden.

Folgerung L3: *Ist eine Gerade a zu einer Geraden b parallel und sind B_1 und B_2 Punkte auf B, so ist der Parallelwinkel in B_1 in Bezug auf a verschieden vom Parallelwinkel in B_2 in Bezug auf a.*

Aufgabe 8: Beweisen Sie die Folgerung L3!

Satz L7 (Symmetrie): *Sind a und b Geraden und ist a zu b parallel, so ist auch b zu a parallel (und zwar auf derselben Seite, auf der a zu b parallel ist.)*

Wegen Satz L7 können wir ab sofort davon sprechen, daß zwei Geraden *zueinander parallel* (oder einfach *parallel*) sind. Die Angabe, welche der Geraden zu welcher parallel ist, wird durch die Symmetrie der Parallelität überflüssig. Wir verwenden für die Parallelität daher auch wieder die Bezeichnung $a \| b$.

Satz L8 (Transitivität): *Gilt $a \| b$ und $b \| c$ und sind a und c zu b auf derselben Seite parallel, so sind auch a und c zueinander parallel (und zwar auf der Seite der Parallelität von a und b sowie c und b).*

Wir verzichten auf die Darstellung der (äußerst aufwendigen) Beweise für die Sätze L7 und L8. Diese Beweise können u. a. in [10], S. 85 – 90, nachgelesen werden.

Es ist zu beachten, daß die Transitivität nur für die links- und die rechtsseitige Parallelität, im Gegensatz zur Symmetrie jedoch nicht für die Parallelität an sich gilt. Für die beiden Parallelen b_1 und b_2 zu einer Geraden a in einem Punkt P (siehe Abb. 3.17 auf Seite 171) gilt $b_1 \| a$ und $a \| b_2$, aber natürlich nicht $b_1 \| b_2$. Die Transitivität gilt daher tatsächlich nur für die Parallelität nach ein und derselben Seite.

3.3 Das Poincaré-Modell

3.3.1 Widerspruchsfreiheit und Modelle der Lobatschewski-Geometrie

In den beiden vorangegangenen Abschnitten wurde bereits mehrfach das Problem der *Widerspruchsfreiheit* der Lobatschewski-Geometrie (d. h. der Widerspruchsfreiheit des aus den Axiomengruppen I – IV sowie V' bestehenden Axiomensystems) angesprochen. Von dieser Widerspruchsfreiheit hängt ab, ob eine solche Geometrie überhaupt existieren kann oder ob alle aus diesen Axiomen abgeleiteten Aussagen (beispielweise die Sätze und Folgerungen der Abschnitte 3.2.2 und 3.2.3) Aussagen „über die leere Menge" sind, also nirgends zutreffen. Durch GAUSS, BOLYAI und LOBATSCHEWSKI wurde die nichteuklidische Geometrie schon sehr weit entwickelt, bevor ein Beweis ihrer Widerspruchsfreiheit in exakter Form erfolgte (erstmals 1868 durch BELTRAMI, also 39 Jahre nach Lobatschewskis erster Veröffentlichung). Dabei begründete schon LOBATSCHEWSKI selbst die Widerspruchsfreiheit seiner Theorie, indem er sie analytisch deutete. Als heutigen Ansprüchen mathematischer Strenge standhaltender Beweis können Lobatschewskis diesbezügliche Ausführungen jedoch nicht angesehen werden.

Um die Widerspruchsfreiheit einer Theorie zu beweisen, bedarf es eines *Modells*, mittels dessen die Grundbegriffe dieser Theorie als Objekte einer bereits bekannten Theorie interpretiert werden (siehe auch Abschnitt 2.2.2). Um die Widerspruchsfreiheit der „neuen" Theorie nachzuweisen, muß gezeigt werden, daß ihre Axiome in einer bekannten Theorie Gültigkeit besitzen. Allen bekannten Modellen der Lobatschewski-Geometrie liegt als bekannte Theorie die euklidische Geometrie der Ebene oder des Raumes (bzw. die allgemeinere projektive Geometrie) zugrunde. Bei diesen Modellen werden dementsprechend die Grundbegriffe der Lobatschewski-Geometrie durch geeignete Objekte der euklidischen Geometrie *modelliert.* So kann die im ersten Kapitel behandelte sphärische Geometrie als Modell des in Abschnitt 2.7.5 enthaltenen Axiomensystems der elliptischen Geometrie aufgefaßt werden. Als „bekannte" Theorie liegt diesem Modell die Geometrie des euklidischen Raumes zugrunde.

Durch die Modellierung der Lobatschewski-Geometrie innerhalb der euklidischen Geometrie wird ihre Widerspruchsfreiheit auf die Widerspruchsfreiheit der euklidischen Geometrie zurückgeführt. Es erfolgt also ein Beweis der *relativen Widerspruchsfreiheit* der Lobatschewski-Geometrie. Würde die euklidische Geometrie bereits Widersprüche enthalten, so ließe sich mit ihrer Hilfe die Widerspruchsfreiheit eines beliebigen Axiomensystems folgern. Durch ein geeignetes Modell (z. B. innerhalb des $\mathbf{R}^2$, bzw. $\mathbf{R}^3$, siehe

Modell 4 in Abschnitt 2.2.2) läßt sich die Widerspruchsfreiheit der euklidischen Geometrie auf die Widerspruchsfreiheit der Theorie der reellen Zahlen zurückführen. Auch hier handelt es sich um den Nachweis einer relativen Widerspruchsfreiheit (falls die Theorie der reellen Zahlen widerspruchsfrei ist, so auch die euklidische Geometrie). Eine *absolute Widerspruchsfreiheit* kann nicht bewiesen werden. Jedoch kann auf der Grundlage jahrtausendelanger Erfahrung davon ausgegangen werden, daß die euklidische Geometrie keine Widersprüche enthält.

Das erste Modell der Lobatschewski-Geometrie wurde 1868 von dem italienischen Mathematiker EUGENIO BELTRAMI (1835 – 1900) vorgestellt. In diesem Modell werden die Grundbegriffe der Lobatschewski-Geometrie durch Objekte auf einer speziellen Fläche des euklidischen Raumes, der *Pseudosphäre* modelliert (siehe Abschnitt 3.6.1). Ein anderes Modell stammt von ARTHUR CAYLEY (1821 – 1895) und FELIX KLEIN (1849 – 1925) (siehe Abschnitt 3.3.6). Bei diesem Modell wird die Lobatschewski-Geometrie innerhalb eines Kreises der euklidischen Ebene aufgebaut, wobei Elemente der *projektiven Geometrie* genutzt werden. Wir befassen uns zunächst ausführlich mit dem Modell von HENRI POINCARÉ, das auf recht elementarer Grundlage behandelt werden kann.

Der Franzose HENRI POINCARÉ (1854 – 1912) gilt als vielseitigster Mathematiker seiner Zeit. Er arbeitete sehr erfolgreich auf nahezu allen Gebieten der reinen und der angewandten Mathematik. Viele seiner Arbeiten waren durch physikalische Probleme motiviert, er hielt auch Physikvorlesungen und beschäftigte sich unter anderem mit Problemen der Himmelsmechanik. Moderne Theorien der Relativitätstheorie, Wahrscheinlichkeitstheorie und Topologie sind wesentlich durch das Werk von POINCARÉ beeinflußt worden. Darüberhinaus bemühte er sich, ein breites Interesse an den Problemen der modernen Mathematik zu wecken, von ihm stammt eine Reihe populärwissenschaftlicher Veröffentlichungen. POINCARÉ kann auch insofern als Ausnahmeerscheinung unter den Mathematikern der zweiten Hälfte des 19. Jahrhunderts angesehen werden, als er sich intensiv mit philosophisch-weltanschaulichen Konsequenzen neuer mathematischer und physikalischer Erkenntnisse auseinandersetzte.

Mit der Reihenfolge unserer Betrachtungen weichen wir in diesem Abschnitt vom historischen Werdegang ab. Die Sätze der Lobatschewski-Geometrie, welche Gegenstand des Abschnitts 3.4 sind, waren bekannt, lange bevor die ersten Modelle entwickelt wurden. Ihre Behandlung verlangt jedoch ein hohes Maß an Abstraktion. Sicherlich waren für viele Leserinnen und Leser schon die Betrachtungen in Abschnitt 3.2.3 aus Gründen ihrer Unanschaulichkeit etwas schwierig nachzuvollziehen. Mit der Behandlung eines Modells wird — neben dem Nachweis der Widerspruchsfreiheit — das Ziel verfolgt, zu einer Veranschaulichung der Eigenschaften der Lobatschewski-Geometrie beizutragen.

3.3.2 Punkte und Geraden im Poincaré-Modell

Um die Widerspruchsfreiheit der Lobatschewski-Geometrie nachzuweisen, werden wir die Grundbegriffe *Punkt, Gerade* und *Abstand* als Objekte der ebenen euklidischen Geometrie definieren und für die so modellierten Grundbegriffe die Gültigkeit der Axiomengruppen I – IV und V' nachweisen.

Bezeichnungsweisen: Wir kennzeichnen die Definitionen und Sätze dieses Abschnitts mit **Def. P1**, **Satz P2** usw., um zu verdeutlichen, daß sich diese nur auf das Poincaré-Modell beziehen, also nicht allgemeingültig für die Lobatschewski-Geometrie sind. Die im Modell definierten Grundbegriffe der Lobatschewski-Geometrie bezeichnen wir als **nichteuklidische Punkte** (**N-Punkte**), **N-Geraden**, ...

Def. P1: *Es sei eine beliebige euklidische Ebene ϵ und in dieser Ebene eine Gerade u gegeben.*

a) *Als* **nichteuklidische Ebene** (**N-Ebene**) *H bezeichnen wir eine der beiden offenen Halbebenen von ϵ bezüglich u.*

b) **Nichteuklidische Punkte** (**N-Punkte**) *nennen wir alle euklidischen Punkte der unter a) ausgezeichneten offenen Halbebene.*

c) **Nichteuklidische Geraden** (**N-Geraden**) *sind alle vollständig in H liegenden offenen Halbkreise, deren Mittelpunkte der (euklidischen) Geraden u angehören, und alle in H liegenden offenen Halbgeraden, deren Anfangspunkte u angehören. Die N-Geraden, welche als euklidische Halbkreise aufgefaßt werden, nennen wir auch* **N-Geraden vom Typ 1**, *die als euklidische Halbgeraden aufgefaßten N-Geraden* **N-Geraden vom Typ 2** (siehe Abb. 3.20).

Bemerkungen:

1. Die Gerade u wird auch als **Randgerade** der nichteuklidischen Ebene H bezeichnet. Sie gehört ihr jedoch selbst nicht an, ist also in diesem Modell kein Objekt der nichteuklidischen (Lobatschewski-Geometrie). Gleiches gilt für die Mittelpunkte der unter c) beschriebenen Halbkreise und ebenso für die Anfangspunkte der Halbgeraden. Sie werden aus „euklidischer Sicht“ benötigt, um die nichteuklidischen Geraden zu definieren, sind aber aus „nichteuklidischer Sicht“ nicht vorhanden (wie wir später sehen werden, können sie als unendlich ferne Punkte aufgefaßt werden). Es handelt sich bei den auf u liegenden Punkten nicht um **innere Punkte** der zu modellierenden nichteuklidischen Geometrie.

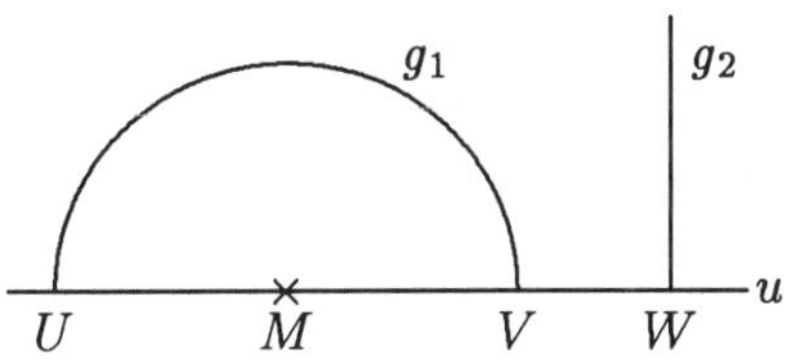

Abbildung 3.20:

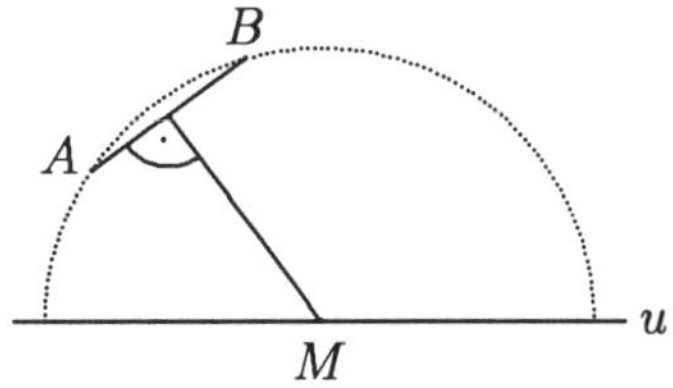

Abbildung 3.21:

2. Die Schnittpunkte der zur Definition der N-Geraden verwendeten Kreise und die Anfangspunkte der Halbgeraden werden wir als **uneigentliche Punkte** bezeichnen, da wir sie zur Beschreibung der N-Geraden des öfteren benötigen, sie aber im nichteuklidischen Sinne keine Punkte sind.

3. Auch die Unterteilung der N-Geraden in die Typen 1 und 2 erfolgt lediglich aus äußerer (euklidischer) Sicht. Aus der Sicht der nichteuklidischen Geometrie sind beide Typen von Geraden völlig gleichwertig und nicht unterscheidbar (was sich darin äußert, daß ihre Eigenschaften identisch sind, sie also denselben Axiomen genügen). Bei der Behandlung nichteuklidischer Abstände im Poincaré-Modell wird sich herausstellen, daß beide Typen von Geraden nach beiden Seiten unendlich sind, was bei äußerer Messung (also mittels euklidischer Abstände) natürlich nicht zutrifft.

Nachweis der Gültigkeit der Inzidenzaxiome im Poincaré-Modell:
Die Gültigkeit der Inzidenzaxiome I/1, I/3 und I/4 für die in Def. P1 definierten N-Punkte und N-Geraden ist unmittelbar einzusehen.

Zu I/2: Falls zwei N-Punkte A und B nicht auf einer euklidischen Geraden liegen, die zu u senkrecht ist, betrachten wir den Schnittpunkt M der Mittelsenkrechten der (euklidischen) Strecke $\overline{AB}$ mit der Randgeraden u. Das Dreieck $\overline{MAB}$ ist gleichschenklig, es gilt also $|MA| = |MB|$. Die Punkte A und B liegen somit auf einem Kreis um M, gehören also einer N-Geraden vom Typ 1 an (siehe Abb. 3.21). Falls zwei Punkte auf einer zu u senkrechten Geraden liegen, so folgt nach Def. P1 unmittelbar, daß sie einer N-Geraden vom Typ 2 angehören. Die *Existenz* einer N-Geraden durch zwei beliebige N-Punkte ist somit gesichert. Falls nun zwei Punkte A und B auf einem Kreis mit dem Mittelpunkt M liegen, so ist das Dreieck $\overline{MAB}$ gleichschenklig und die Mittelsenkrechte der Seite $\overline{AB}$ verläuft daher durch den Punkt M. Steht die (euklidische) Gerade AB senkrecht auf u, so hat diese Mittelsenkrechte keinen Schnittpunkt mit u. Es existiert also keine N-Gerade vom Typ 1, die A und B enthält, und wegen der Gültigkeit des Axioms I/2 in der euklidischen Geometrie *genau eine* N-Gerade vom Typ 2, welche diese Bedingung erfüllt. Steht AB nicht senkrecht auf u, so gehören A und B keiner N-Geraden vom Typ 2 an, und es existiert *genau ein* Schnittpunkt der Mittelsenkrechten von $\overline{AB}$ mit u und daher nur eine N-Gerade vom Typ 1, der A und B angehören. Somit ist auch die *Eindeutigkeit* der Zuordnung einer N–Geraden zu zwei N-Punkten gegeben. □

3.3.3 Abstände von Punkten im Poincaré-Modell

Es mag zunächst naheliegend erscheinen, den Abstand zweier Punkte im Poincaré-Modell „euklidisch", d. h., den Abstand zweier Punkte, die auf einer N-Geraden vom Typ 2 liegen, als „normale" Streckenlänge und den Abstand zweier Punkte auf einer N-Geraden vom Typ 1 als Länge des entsprechenden Kreisbogens zu definieren. Bei Betrachtung des Axioms III/1 fällt jedoch sofort auf, daß eine solche Definition nicht in Frage kommt: N-Geraden vom Typ 1 haben bei einer solchen Abstandsdefinition eine endliche Länge, solche des Typs 2 sind nur nach einer Seite hin unbegrenzt. Bei Wahl einer hinreichend großen Zahl a existiert auf einer vorgegebenen Halbgeraden einer N-Geraden im allgemeinen kein Punkt, der vom Anfangspunkt dieser N-Halbgeraden den Abstand a hat. (Eine Ausnahme bilden „obere" Halbgeraden von N-Geraden des Typs 2.)

Um für das Poincaré-Modell einen geeigneten Abstand einführen zu können, der allen Axiomen genügt, benötigen wir den Begriff des Doppelverhältnisses von Punkten einer Geraden und einige Eigenschaften dieses Doppelverhältnisses.

Das Doppelverhältnis hat vor allem in der projektiven Geometrie eine wichtige Bedeutung und ist kein für Modelle der Lobatschewski-Geometrie spezifischer Begriff, weshalb auf die Numerierung der folgenden Definition verzichtet wird.

Definition: *Es seien A, B, U und V vier Punkte einer Geraden g, und es sei auf g eine Richtung ausgezeichnet. Als* **Doppelverhältnis der Punkte** *A, B, U und V bezeichnen wir den Quotienten*

$$(A,B,U,V) := \frac{|AU|\,|BV|}{|BU|\,|AV|} = \frac{|AU|}{|BU|} : \frac{|AV|}{|BV|}\,,$$

wobei $|AU|$, $|BU|$, $|AV|$ und $|BV|$ gerichtete Streckenlängen sind, d. h. jede dieser Längen $|XY|$ ist positiv, falls Y rechts von X liegt und negativ, wenn X rechts von Y liegt.

Bemerkung: Das Doppelverhältnis von vier Punkten ist unabhängig von der auf der Geraden g vorgegebenen Richtung: Bei Änderung dieser Richtung ändern sich die Vorzeichen aller Streckenlängen und das Doppelverhältnis selbst bleibt daher unverändert. Da für unserer Anwendung nur positive

Doppelverhältnisse auftreten, werden wir bald zur Verwendung einfacher Streckenlängen zurückkehren können.

Eigenschaften des Doppelverhältnisses:

1. Falls vier Punkte A, B, U und V paarweise voneinander verschieden sind und jeder der Punkte A und B zwischen den Punkten U und V liegt, so gilt $(A, B, U, V) > 0$

2. Für vier beliebige (kollineare) Punkte A, B, U und V gilt

$$(A, B, U, V) = \frac{1}{(B, A, U, V)} .$$

3. Für fünf beliebige (kollineare) Punkte A, B, C, U und V gilt

$$(A, C, U, V) = (A, B, U, V) \cdot (B, C, U, V) .$$

Aufgabe 9: Weisen Sie die Gültigkeit der Eigenschaften 1. – 3. nach!

Def. P2: *Es seien A und B zwei N-Punkte, die auf einer N-Geraden vom Typ 1 mit den uneigentlichen Punkten U und V liegen sowie A' und B' die Fußpunkte der Lote von A bzw. B auf u. Weiterhin seien C und D zwei Punkte, die auf einer N-Geraden vom Typ 2 mit dem uneigentlichen Punkt $W \in u$ liegen (siehe Abb. 3.22). Als* **nichteuklidischen (N-) Abstand** *der Punkte A und B sowie der Punkte C und D bezeichnen wir*

$$|AB|_N := \frac{1}{2}\,|\ln(A', B', U, V)| \quad \text{bzw.} \quad |CD|_N := \left|\ln \frac{|DW|}{|CW|}\right| .$$

Wegen der Eigenschaft 1 des Doppelverhältnisses und der Tatsache, daß die Punkte A' und B' zwischen den Punkten U und V liegen, ist (A', B', U, V) stets positiv und $\ln(A', B', U, V)$ somit definiert. Auf das Einsetzen gerichteter Streckenlängen kann bei dieser Anwendung des Doppelverhältnisses verzichtet werden.

Folgerung P1: Falls ein kartesisches Koordinatensystem gegeben ist, dessen Abszisse auf der Randgeraden u der nichteuklidischen Ebene H liegt und A, B, C, D, U und V Punkte wie in Def. P2 beschrieben sowie (x_A, y_A), (x_B, y_B), (x_C, y_C), (x_D, y_D), $(x_U, 0)$ und $(x_V, 0)$ die Koordinaten dieser Punkte sind, so gilt

$$|AB|_N := \frac{1}{2}\left|\ln \frac{(x_U - x_A)(x_V - x_B)}{(x_U - x_B)(x_V - x_A)}\right| \text{ sowie } |CD|_N := \left|\ln \frac{|y_D|}{|y_C|}\right| .$$

Aufgabe 10: Weisen Sie nach, daß bei dieser Definition des nichteuklidischen Abstands die Abstandsaxiome II/1 und II/2 erfüllt sind.

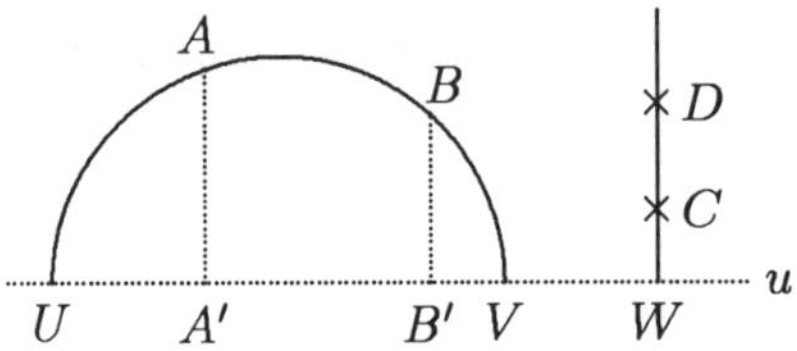

Abbildung 3.22:

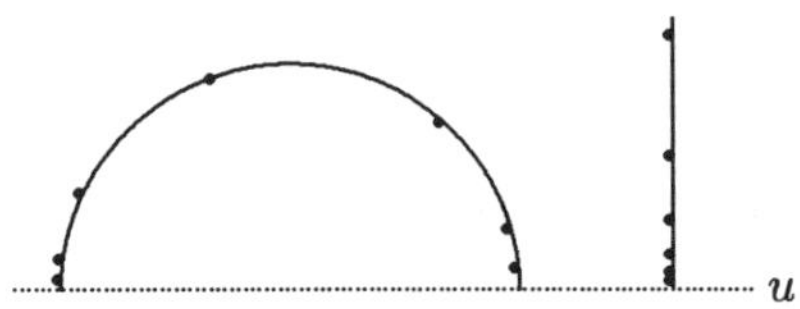

Abbildung 3.23:

Die Definition des nichteuklidischen Abstands mag zunächst etwas unmotiviert erscheinen. Bei genauerer Betrachtung zeigt sich jedoch, daß die Definition insofern sehr sinnvoll ist, da bei dieser Wahl des Abstandes aus (im euklidischen Sinne) begrenzten Objekten unbegrenzte Objekte werden. So werden in der Nähe eines uneigentlichen Punktes einer N-Geraden euklidisch kleine Abstände nichteuklidisch sehr groß: Die Abstände zwischen zwei benachbarten Punkten in Abb. 3.23 sind für alle eingezeichneten Punkte gleich.

Auf die Einfügung des Logarithmus kann in Def. P2 nicht verzichtet werden (willkürlich ist lediglich die Wahl des natürlichen Logarithmus ln, statt dessen hätte auch der Logarithmus zu einer beliebigen anderen Basis zugrundegelegt werden können). Der Logarithmus ist notwendig, damit die **Additivität des Abstands kollinearer Punkte** (und damit eine Teilaussage des **Axioms II/3**) gewährleistet ist. Wir weisen dazu nach, daß für drei kollineare Punkte A, B und C, von denen der Punkt B zwischen den Punkten A und C liegt, die Beziehung $|AB|_N + |BC|_N = |AC|_N$ gilt und betrachten zunächst den Fall, daß A, B und C auf einer N-Geraden vom Typ 1 (mit den uneigentlichen Punkten U und V) liegen. Aus der Lage der drei Punkte folgt, daß auch der Fußpunkt B' des Lotes von B auf u zwischen den Lotfußpunkten A' und C' der Lote von A bzw. C auf u liegt. Nach der Definition des Doppelverhältnisses ist daher $(A', B', U, V) \leq 1$ und $(B', C', U, V) \leq 1$ oder $(A', B', U, V) \geq 1$ und $(B', C', U, V) \geq 1$. Daraus und aus der Eigenschaft 3 des Doppelverhältnisses ergibt sich

$$\begin{aligned}
|AB|_N + |BC|_N &= \frac{1}{2}\left|\ln(A', B', U, V)\right| + \frac{1}{2}\left|\ln(B', C', U, V)\right| \\
&= \frac{1}{2}\left|\ln(A', B', U, V) + \ln(B', C', U, V)\right| \\
&= \frac{1}{2}\left|\ln\left[(A', B', U, V)\cdot(B', C', U, V)\right]\right| \\
&= \frac{1}{2}\left|\ln(A', C', U, V)\right| \quad = \quad |AC|_N\ ,
\end{aligned}$$

was wir gerade zeigen wollten. □

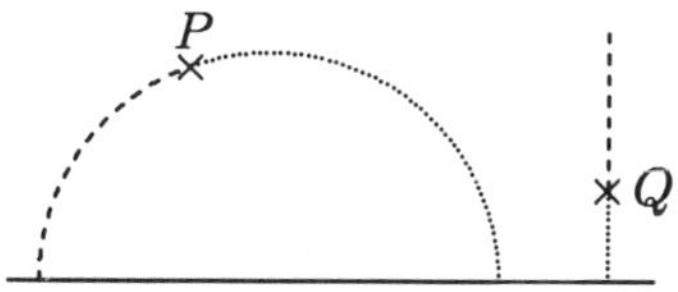

Abbildung 3.24:

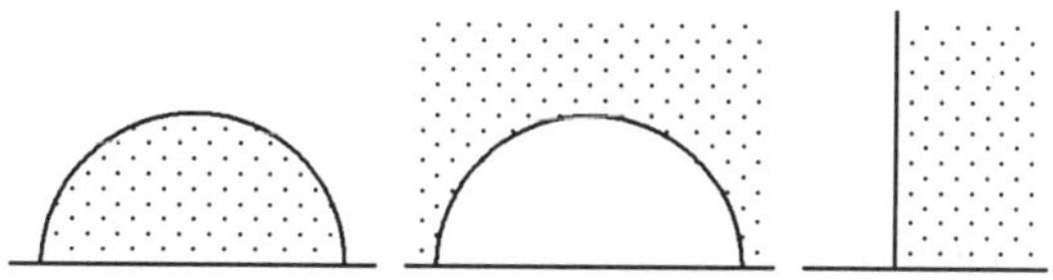

Abbildung 3.25:

Aufgabe 11: Weisen Sie nach, daß die Additivität des Abstands auch für drei Punkte auf einer N-Geraden vom Typ 2 gilt.

Auf den Nachweis der anderen in Axiom II/3 enthaltenen Aussagen verzichten wir.

Willkürlich dürfte in Definition P2 die Multiplikation mit der Konstanten $\frac{1}{2}$ bei dem ersten Fall des Abstands zweier Punkte erscheinen. Dazu sei angemerkt, daß eine verallgemeinerte Definition des Doppelverhältnisses für komplexe Zahlen möglich ist. Werden A, B, U und V als Punkte der komplexen Zahlenebene aufgefaßt, so besteht zwischen einem derartig definierten Doppelverhältnis (A, B, U, V) und dem „gewöhnlichen“ (linearen) Doppelverhältnis (A', B', U, V) der Zusammenhang $\frac{1}{2}\ln(A', B', U, V) = \ln(A, B, U, V)$. Die Notwendigkeit der Einfügung des Faktors $\frac{1}{2}$ ergibt sich (wie wir im nächsten Abschnitt sehen werden) auch daraus, daß dadurch die Abstandstreue bestimmter Abbildungen (Inversionen) gesichert wird, die N-Geraden vom Typ 1 auf solche des Typs 2 (und umgekehrt) abbilden und die wir als nichteuklidische Bewegungen definieren wollen.

Eine weitere Verallgemeinerung des Doppelverhältnisses führt zu einer einheitlichen Schreibweise für den Abstand zweier Punkte auf einer N-Geraden vom Typ 1 und den zweier Punkte auf einer N-Geraden des Typs 2. Wenn wir mit P_∞ den unendlich fernen Punkt (im euklidischen wie im nichteuklischen Sinne) bezeichnen und $\frac{|DP_\infty|}{|CP_\infty|} = 1$ setzen, so ergibt sich aus der Definition des Doppelverhältnisses $(C, D, P_\infty, W) = \frac{|DW|}{|CW|}$ und somit entsprechend Definition P1 die Gleichheit $|CD|_N = |\ln(C, D, P_\infty, W)|$.

Wir kommen nun zum **Nachweis der Gültigkeit der Anordnungsaxiome im Poincaré-Modell**. Wir verzichten auf eine präzise Einführung der Begriffe *Halbgerade* und *Halbebene* für das Modell, da diese Begriffe entsprechend der naheliegenden anschaulichen Vorstellungen verwendet werden (die Abbildungen 3.24 und 3.25 zeigen Beispiele für Halbgeraden bzw. Halbebenen). Die Gültigkeit des Axioms **III/2** liegt damit auf der Hand.

Für den Nachweis der Gültigkeit des Axioms **III/1** betrachten wir zunächst eine beliebige N-Gerade g des Typs 1 (mit den uneigentlichen Punkten U und V) und einen beliebigen Punkt O von g. Wir zeigen, daß genau zwei

Punkte P und Q existieren, die von O den Abstand a haben (wobei a eine beliebige reelle Zahl ist), und daß P und Q auf verschiedenen Halbgeraden von g bezüglich O liegen (siehe Abb. 3.26). Wie leicht einzusehen ist, wird für einen Punkt Q das Doppelverhältnis $(O', Q', U, V) := \frac{|O'U||Q'V|}{|Q'U||O'V|}$ genau dann größer als Eins, falls der Fußpunkt Q' des Lotes von Q auf u links von O' liegt und genau in diesem Fall gilt

$$|OQ|_N = \frac{1}{2} \ln \frac{|O'U|\,|Q'V|}{|Q'U|\,|O'V|} \,.$$

Aus der Bedingung $|OQ|_N = a$ ergibt sich somit

$$\frac{|O'U|\,|Q'V|}{|Q'U|\,|O'V|} = \exp(2a)$$

beziehungsweise

$$\frac{|Q'V|}{|Q'U|} = \exp(2a)\frac{|O'V|}{|O'U|} \,.$$

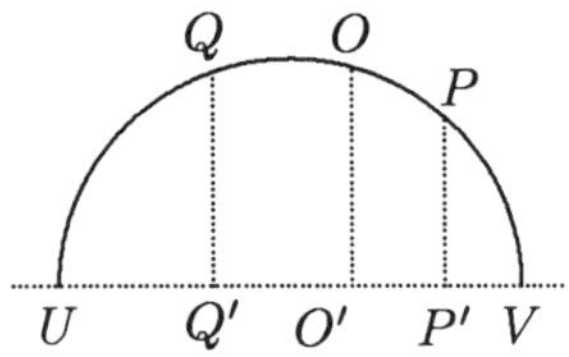

Abbildung 3.26:

Durch dieses Streckenverhältnis wird genau ein Punkt Q' und damit genau ein Punkt Q festgelegt, der von O den (nichteuklidischen) Abstand a hat und auf der linken Halbgeraden von g bezüglich O liegt. Auf völlig analoge Weise läßt sich zeigen, daß auf der rechten Halbgeraden genau ein Punkt P mit $|OP| = a$ existiert. Da für alle Punkte P, die rechts von O liegen, $(O', P', U, V) := \frac{|O'U||P'V|}{|P'U||O'V|} < 1$ ist, wird P durch

$$\frac{|O'U|\,|P'V|}{|P'U|\,|O'V|} = \exp(-2a) \quad \text{bzw.} \quad \frac{|P'V|}{|P'U|} = \exp(-2a) \cdot \frac{|O'V|}{|O'U|} \,.$$

festgelegt. □

Aufgabe 12: Weisen Sie die Gültigkeit des Axioms III/1 für N-Geraden vom Typ 2 nach!

3.3.4 Bewegungen im Poincaré-Modell

Um die Gültigkeit des Bewegungsaxioms im Poincaré-Modell nachweisen zu können, müssen wir zunächst untersuchen, welche Abbildungen nichteuklidische Abstände unverändert lassen, also im Sinne von Def. IV.1 nichteuklidische Bewegungen im Poincaré-Modell sind.

Satz P1: *Euklidische* **Verschiebungen** *entlang der Randgeraden u,* **Spiegelungen** *an zu u senkrechten Geraden und* **zentrische Streckungen**

mit einem positiven Streckungsfaktor und einem Streckungszentrum auf u bilden die nichteuklidische Ebene H auf sich ab und lassen nichteuklidische Abstände unverändert. Die Einschränkungen dieser Abbildungen auf Punkte von H sind demnach nichteuklidische Bewegungen im Poincaré-Modell.

Alle drei in Satz P1 aufgeführten Abbildungen sind Abbildungen der euklidischen Ebene ϵ. Sie auf die Punkte der nichteuklidischen Ebene H einzuschränken, bedeutet, lediglich die Punkte von H und deren Bildpunkte zu betrachten. Erst mit dieser Einschränkung kann von nichteuklidischen Abbildungen gesprochen werden.

Aufgabe 13: Beweisen Sie den Satz P1!

Offenbar können die in Satz P1 aufgeführten Bewegungen (und ihre Hintereinanderausführungen) noch nicht alle nichteuklidischen Bewegungen im Poincaré-Modell erfassen, denn jede dieser Bewegungen bildet N-Geraden des Typs 1 und des Typs 2 stets auf N-Geraden des gleichen Typs ab. Das Bewegungsaxiom fordert jedoch, daß beliebige N-Geraden (also auch solche unterschiedlichen Typs) aufeinander abgebildet werden können. Weiterhin ergibt sich aus diesem Axiom die Forderung, daß Bewegungen existieren, welche die beiden Halbebenen bezüglich einer beliebigen N-Geraden vertauschen. Für N-Geraden vom Typ 2 leisten dies die Spiegelungen. Für N-Geraden vom Typ 1 benötigen wir dafür Abbildungen, bei denen es sich (im euklidischen Sinne) um *„Spiegelungen an Kreisen“* handelt. Derartige Abbildungen werden als *Inversionen* bezeichnet. Sie haben (ähnlich wie bereits die im vorangegangenen Abschnitt behandelten Doppelverhältnisse), in der Mathematik eine Bedeutung, die weit über das Poincaré-Modell hinausgeht.

Definition: *Es sei in einer (euklidischen) Ebene ein Kreis K mit dem Mittelpunkt M und dem Radius r gegeben. Die Abbildung, die jedem Punkt A der Ebene einen Bildpunkt A' mit $A' \in AM$*

$$|MA| \cdot |MA'| = r^2 \tag{1}$$

zuordnet, wird als **Inversion am Kreis** *K bezeichnet. Der Punkt M heißt* **Inversionspol** *und der Radius r* **Inversionsradius** *dieser Inversion.*

Streng genommen, enthält diese Definition eine Unkorrektheit. Dem Mittelpunkt M wird durch die vorgegebene Abbildungsvorschrift nämlich kein Punkt der Ebene zugeordnet. Wir sagen, der Bildpunkt des Mittelpunktes ist der unendlich ferne Punkt (und umgekehrt).

Aufgabe 14: Weisen Sie nach, daß die Hintereinanderausführung zweier Inversionen mit demselben Inversionspol M eine zentrische Streckung ist und daß sich jede zentrische Streckung als eine Hintereinanderausführung zweier Inversionen darstellen läßt.

Wir leiten im folgenden eine *Koordinatendarstellung für die Inversion an einem Kreis K mit dem Radius r* her, wobei wir ein kartesisches Koordinatensystem zugrundelegen, dessen Koordinatenursprung mit dem Mittelpunkt M des Kreises K identisch ist. Da ein beliebiger Punkt A und sein Bildpunkt A' auf einer Geraden durch den Inversionspol (und damit durch den Koordinatenursprung) liegen, gilt für die Koordinaten (x, y) und (x', y') der Punkte A und A'

$$\frac{y'}{x'} = \frac{y}{x} \tag{2}$$

und nach der Definition der Inversionen ist

$$|MA| \cdot |MA'| = \sqrt{x^2 + y^2} \cdot \sqrt{x'^2 + y'^2} = r^2 \; . \tag{3}$$

Aus diesen beiden Beziehungen ergeben sich schnell die folgenden Gleichungen für die Koordinaten des Bildpunktes

$$x' = r^2 \cdot \frac{x}{x^2 + y^2} \quad \text{und} \quad y' = r^2 \cdot \frac{y}{x^2 + y^2} \; . \tag{4}$$

Da der Punkt A auch Bildpunkt des Punktes A' ist, gilt weiterhin

$$x = r^2 \cdot \frac{x'}{x'^2 + y'^2} \quad \text{und} \quad y = r^2 \cdot \frac{y'}{x'^2 + y'^2} \; . \tag{5}$$

Satz: *Bei einer beliebigen Inversion mit dem Inversionspol M werden*

1. *Geraden, die durch M verlaufen, auf sich selbst,*
2. *Geraden, die nicht durch M verlaufen auf Kreise, die durch M verlaufen,*
3. *Kreise, die durch M verlaufen auf Geraden, die nicht durch M verlaufen sowie*
4. *Kreise die nicht durch M verlaufen auf ebensolche abgebildet.*

Beweis: Wir beweisen zunächst die Behauptungen 1. und 2. und betrachten dazu ein Koordinatensystem mit dem Inversionspol M als Koordinatenursprung und eine Gerade g, die parallel zur x-Achse liegt oder mit dieser identisch ist. (Durch geeignete Wahl des Koordinatensystems läßt sich eine solche Lage für jede Gerade erreichen, so daß diese Bedingung keine Einschränkung der Allgemeinheit darstellt.) Die Gerade g wird dann durch die Gleichung $x = c$ beschrieben, wobei c eine Konstante ist. Wegen (4) gilt für beliebige Punkte $A(x, y)$ und die entsprechenden Bildpunkte $A'(x', y')$

$$x' = r^2 \cdot \frac{c}{c^2 + y^2} \quad \text{und} \quad y' = r^2 \cdot \frac{y}{c^2 + y^2}\,, \tag{6}$$

wobei r der Inversionsradius sei. Für $c = 0$ folgt $x' = 0$ und $y' = \frac{r^2}{y}$. Die 1. Behauptung ist somit unter Beachtung der zur Definition der Inversionen gemachten Bemerkung zur Abbildung von M bewiesen. Ist $c \neq 0$, so ergibt sich

$$x'^2 + y'^2 = \frac{r^4 \cdot c^2}{(y^2 + c^2)^2} + \frac{r^4 \cdot y^2}{(y^2 + c^2)^2} = \frac{r^4}{y^2 + c^2} \tag{7}$$

und unter Beachtung von (5)

$$x'^2 + y'^2 = \frac{r^4}{\frac{y'^2 \cdot r^4}{(x'^2 + y'^2)^2} + c^2} = \frac{(x'^2 + y'^2)^2}{y'^2 + \frac{c^2}{r^4}(x'^2 + y'^2)^2} \tag{8}$$

beziehungsweise

$$x'^2 = \frac{c^2}{r^4} \cdot (x'^2 + y'^2)^2\,. \tag{9}$$

Aus der Definition der Inversionen folgt, daß Urbild- und Bildpunkte stets in einer Halbebene bezüglich einer Geraden durch den Inversionspol (speziell also auch bezüglich der y-Achse) liegen, c und x' haben somit gleiche Vorzeichen. Aus (9) ergibt sich dadurch

$$x'^2 + y'^2 = \frac{r^2}{c} \cdot x' \tag{10}$$

und schließlich

$$\left(x' - \frac{r^2}{2c}\right)^2 + y'^2 = \frac{r^4}{4c^2}\,. \tag{11}$$

Das Bild der Geraden g ist somit ein Kreis mit dem Radius $\frac{r^2}{2|c|}$ und den Mittelpunktskoordinaten $(\frac{r^2}{2c}, 0)$, also ein Kreis, der durch den Koordinatenursprung und damit den Inversionspol verläuft. Da die zweimalige Nacheinanderausführung einer Inversion die identische Abbildung ist, wird ein beliebiger Kreis mit einem Radius $|R|$ und einem Mittelpunkt $P(0, R)$ auf eine Gerade mit der Gleichung $x = \frac{r^2}{2R}$ abgebildet. Damit haben wir die Behauptungen 2. und 3. bewiesen, denn durch geeignete Wahl des Koordinatensystems kann für jeden Kreis erreicht werden, daß sein Mittelpunkt auf der Abszisse liegt.

Wir kommen zum Nachweis der 4. Behauptung und betrachten einen beliebigen Kreis mit dem Mittelpunkt $(d, 0)$ und dem Radius R. (Auch hier bedeutet die Lage des Mittelpunktes auf der Abszisse keine Einschränkung der Allgemeinheit.) Die Gleichung dieses Kreises ist somit

$$(x-d)^2 + y^2 = R^2 \quad \text{bzw.} \quad x^2 + y^2 = R^2 + 2xd - d^2 \;, \tag{12}$$

wobei $|d|$ von R verschieden ist, da der Kreis nicht durch den Inversionspol verläuft. Wegen (4) und (12) gilt für die Bildkoordinaten

$$x'^2 + y'^2 = \frac{r^4}{x^2+y^2} = \frac{r^4}{R^2 + 2xd - d^2} \;, \tag{13}$$

wegen (5) folgt daraus

$$x'^2 + y'^2 = \frac{r^4}{R^2 + \frac{2r^2x'}{x'^2+y'^2x} - d^2} \;. \tag{14}$$

Durch einfache Umformungen ergibt sich aus dieser Beziehung

$$\left(x' + \frac{r^2}{R^2-d^2}\right)^2 + y'^2 = r^4 \cdot \frac{1+R^2-d^2}{(R^2-d^2)^2} \tag{15}$$

und somit die Behauptung, da aus (15) leicht zu ersehen ist, daß der Bildkreis für $|d| \neq R$ nicht durch den Inversionspol verläuft. □

Bemerkung: Wir haben mit unserem Beweis zusätzlich für die Fälle 2. und 3. gezeigt, daß die Bildgerade eines Kreises, dessen Mittelpunkt auf der x-Achse liegt, senkrecht auf der x-Achse steht und daß umgekehrt der Mittelpunkt eines Bildkreises einer auf der x-Achse senkrecht stehenden Geraden auf dieser Achse liegt. Für 4. haben wir nachgewiesen, daß der Inversionspol und die Mittelpunkte von Urbild- und Bildkreis auf einer Geraden liegen.

Folgerung P2: *Inversionen, deren Inversionspole auf der Randgeraden u der nichteuklidischen Ebene im Poincaré-Modell liegen, bilden N-Geraden stets auf N-Geraden ab.*

Satz P2: *Inversionen, deren Inversionspol auf u liegt, sind nichteuklidische Bewegungen im Poincaré-Modell.*

Beweis: Es ist nachzuweisen, daß Inversionen, deren Inversionspol auf u liegt, die N-Ebene H auf sich abbilden und N-Abstände unverändert lassen. Die erste Behauptung ergibt sich daraus, daß Inversionen Halbebenen bezüglich beliebiger Geraden durch den Inversionspol auf sich abbilden, denn Original- und Bildpunkte liegen stets auf einer Halbgeraden mit dem Inversionspol als Ursprung.

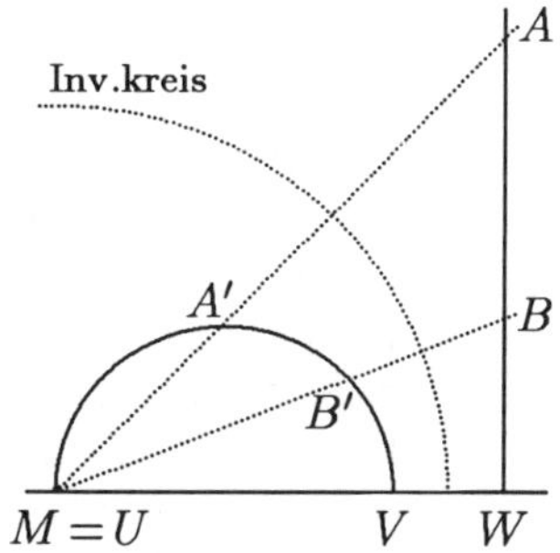

Abbildung 3.27:

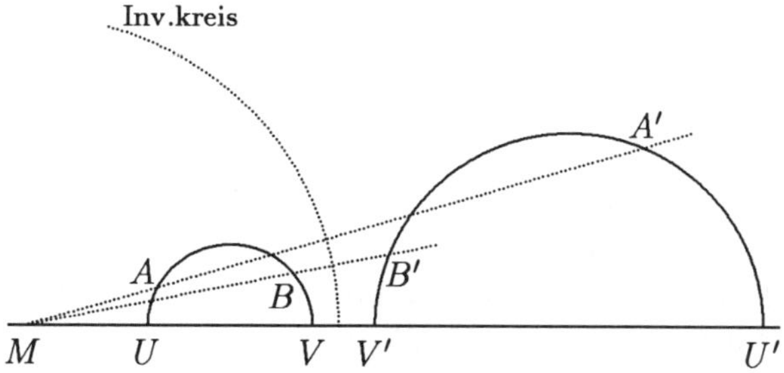

Abbildung 3.28:

Für den Nachweis der N-Abstandstreue seien $A(x_A, y_A)$ und $B(x_B, y_B)$ zwei Punkte sowie $A'(x'_A, y'_A)$ und $B'(x'_B, y'_B)$ deren Bildpunkte bei einer vorgegebenen Inversion. Die angegebenen Koordinaten sollen sich auf ein kartesisches Koordinatensystem mit dem Inversionspol M als Koordinatenursprung und der Randgeraden u als Abszisse beziehen. Wir betrachten zunächst den Fall, daß A und B auf einer N-Geraden vom Typ 2 (deren uneigentlicher Punkt W nicht der Inversionspol ist) liegen. Die Punkte A' und B' liegen dann auf einer N-Geraden vom Typ 1 mit dem Punkt M als einem uneigentlichen Punkt (siehe Abb. 3.27) und es gilt wegen der Folgerung P1

$$|A'B'|_N := \frac{1}{2}\left|\ln \frac{x'_A(x_V - x'_B)}{x'_B(x_V - x'_A)}\right| . \tag{16}$$

Da die Punkte A, B und W auf einer Senkrechten zur Abszisse liegen, ist $x_A = x_B = x_W =: x$. Wegen (4) gilt

$$x'_A = r^2 \cdot \frac{x}{x^2 + y_A^2} , \quad x'_B = r^2 \cdot \frac{x}{x^2 + y_B^2} \quad \text{und} \quad x_V = \frac{r^2}{x} , \tag{17}$$

letzteres, weil V der Bildpunkt des Punktes W bei der betrachteten Inversion (mit dem Inversionsradius r) ist. Durch einfache Umformungen ergibt sich daraus

$$\frac{1}{2}\left|\ln \frac{x'_A(x_V - x'_B)}{x'_B(x_V - x'_A)}\right| = \frac{y_B^2}{y_A^2} . \tag{18}$$

Durch Einsetzen von (18) in (16) folgt die Behauptung:

$$|A'B'|_N = \frac{1}{2}\left|\ln \frac{y_B^2}{y_A^2}\right| = \frac{1}{2}\left|\ln \left(\frac{y_B}{y_A}\right)^2\right| = \frac{1}{2}\left|2 \ln \frac{y_B}{y_A}\right| = |AB|_N . \tag{19}$$

Da jede Inversion ihre eigene Umkehrabbildung ist, haben wir die N-Abstandstreue der Inversionen auch für den Fall gezeigt, daß die Urbildpunkte A und B auf einer N-Geraden vom Typ 1 mit dem Inversionspol M als einem uneigentlichen Punkt und die Bildpunkte A', B' demnach auf einer N-Geraden vom Typ 2 liegen. Auf die Darstellung des Falles, daß A und B (und damit auch A' und B') auf einer N-Geraden vom Typ 2 mit dem Inversionspol als uneigentlichem Punkt liegen, wird aufgrund seiner Einfachheit verzichtet. Es bleibt der Fall zu betrachten, daß A und B auf einer N-Geraden vom Typ 1, deren uneigentliche Punkte U und V vom Inversionspol M verschieden sind, liegen (siehe Abb. 3.28). Die Bildpunkte A' und B' liegen dann ebenfalls auf einer N-Geraden vom Typ 1, deren uneigentliche Punkte U' und V' von M verschieden sind. Wegen (4) ist

$$x'_A = \frac{x_A \cdot r^2}{x_A^2 + y_A^2}\,,\ x'_B = \frac{x_B \cdot r^2}{x_B^2 + y_B^2}\,,\ x'_U = \frac{r^2}{x_U} \text{ und } x'_V = \frac{r^2}{x_V}. \tag{20}$$

Nach Folgerung P1 ergibt sich daraus zunächst

$$|A'B'|_N := \frac{1}{2}\left|\ln\frac{(x_U x_A - x_A^2 - y_A^2)(x_V x_B - x_B^2 - y_B^2)}{(x_U x_B - x_B^2 - y_B^2)(x_V x_A - x_A^2 - y_A^2)}\right|. \tag{21}$$

Da A und B (euklidisch betrachtet) auf einem Kreis mit dem Radius $\frac{1}{2}(x_V - x_U)$ (falls V rechts von U liegt, was wir annehmen wollen) und dem Mittelpunkt $\left(\frac{1}{2}(x_V + x_U), 0\right)$ liegen, gilt

$$\left(x_A - \frac{x_V + x_U}{2}\right)^2 + y_A^2 = \left(\frac{x_V - x_U}{2}\right)^2 \quad \text{und} \tag{22}$$

$$\left(x_B - \frac{x_V + x_U}{2}\right)^2 + y_B^2 = \left(\frac{x_V - x_U}{2}\right)^2. \tag{23}$$

Durch Einsetzen der sich aus (22) und (23) ergebenden Ausdrücke für y_A^2 sowie y_B^2 in (21) ergibt sich nach einigen Umformungen die Behauptung $|A'B'|_N = |AB|_N$. □

Aufgrund der Sätze P1 und P2 kennen wir nun folgende spezielle Bewegungen der nichteuklidischen Ebene H:

1. Verschiebungen entlang der Randgeraden u,
2. Spiegelungen an zu u senkrechten Geraden,
3. zentrische Streckungen mit einem positiven Streckungsfaktor und einem Streckungszentrum auf u sowie
4. Inversionen, deren Inversionspol auf u liegt.

Genauer gesagt, handelt es sich bei den Einschränkungen dieser Abbildungen auf Punkte von H um N-Bewegungen.

Natürlich sind auch beliebige Hintereinanderausführungen von endlich vielen derartiger Abbildungen N-Bewegungen. Umgekehrt gilt, daß sich jede N-Bewegung als Hintereinanderausführung endlich vieler dieser N-Bewegungen 1. – 4. darstellen läßt (auf einen Beweis dieser Tatsache verzichten wir). Da sich jede der Verschiebungen als Hintereinanderausführung zweier Spiegelungen und jede zentrische Streckung als Hintereinanderausführung zweier Inversionen (siehe Aufgabe 14) darstellen läßt, genügen sogar die unter 2) und 4) genannten Abbildungen (die wir einheitlich *N-Geradenspiegelungen* nennen können), um alle N-Bewegungen darzustellen.

Wir kommen zum **Nachweis der Gültigkeit des Bewegungsaxioms**. Wir beschränken uns auf den Nachweis der *Existenz* zweier nichteuklidischer Bewegungen, die zwei beliebig vorgegebene Punkte A und B auf zwei N-Punkte C und D mit $|AB|_N = |CD|_N$ abbilden und die im Bewegungsaxiom IV formulierte Bedingung hinsichtlich der Abbildung einer Halbebene bezüglich AB erfüllen. Wir betrachten zunächst den Fall, daß A und B auf einer N-Geraden g vom Typ 1 (mit den uneigentlichen Punkten U und V) sowie C und D auf einer N-Geraden h vom Typ 2 (mit dem uneigentlichen Punkt W) liegen. Dabei gehen wir davon aus, daß die uneigentlichen Punkte U und W voneinander verschieden sind (was keine Einschränkung bedeutet, da nicht beide uneigentlichen Punkte von g mit W identisch sein können) und daß V zwischen U und W liegt, falls auch V von W verschieden sein sollte (siehe Abb. 3.29).

Die Inversion ϕ_1 mit dem Inversionspol U und dem Inversionsradius $r = \sqrt{|UV||UW|}$ bildet wegen (1) den Punkt V auf den Punkt W (und umgekehrt) ab. Da der Kreis, dem die N-Gerade g angehört, durch den Inversionspol verläuft, wird dieser Kreis durch ϕ_1 auf eine Gerade abgebildet, die auf u senkrecht steht und durch den Bildpunkt von V eindeutig festgelegt wird. Die N-Gerade g wird somit auf die N-Gerade h abgebildet, insbesondere liegen die Bildpunkte A' und B' der Punkte A und B auf h.

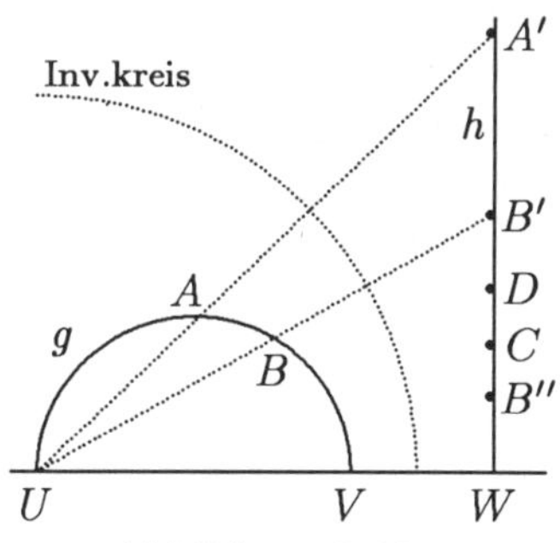

Abbildung 3.29:

Eine zentrische Streckung ϕ_2 mit dem Zentrum W und dem Streckungsfaktor $k := \frac{|WC|}{|WA'|}$ bildet h auf sich und den Punkt A' auf den Punkt $A'' = C$ ab, B'' sei der Bildpunkt des Punktes B' bei ϕ_2. Da sowohl Inversionen als auch zentrische Streckungen nichteuklidische Abstände unverändert lassen, gilt $|CD| = |AB| = |A''B''| = |CB''|$. Nach dem Axiom III/1 müssen die Punkte D und B'' entweder identisch sein oder auf unterschiedlichen Halbgeraden von h bezüglich C liegen. Im ersten dieser beiden möglichen Fälle wird durch die Hintereinanderausführung $\phi_2 \circ \phi_1$ der N-Bewegungen ϕ_1 und ϕ_2 der Punkt A auf den Punkt C und B auf D abgebildet. Im zweiten Fall sei ϕ_3 die Inversion mit dem Inversionspol W und dem Inversionsradius $|WC|$. Für die Bildpunkte A''' und B''' von A'' und B'' bei dieser Inversion gilt $A''' = A'' = C$ und $|CB'''| = |CB''| = |CD|$. Weiterhin liegen B''' und B'' auf unterschiedlichen Halbgeraden von g bezüglich C und somit D und B''' auf ein und derselben Halbgerade von h bezüglich C. Die N-Bewegung $\phi_3 \circ \phi_2 \circ \phi_1$ bildet somit den Punkt A auf den Punkt C und B auf D ab. In beiden Fällen wird durch $\phi_2 \circ \phi_1$ beziehungsweise $\phi_3 \circ \phi_2 \circ \phi_1$ die „innere" Halbebene bezüglich g auf die g gegenüberliegende (in Abb. 3.29 rechte) Halbebene bezüglich h abgebildet. Ist ϕ_4 eine Spiegelung an h, so bildet die N-Bewegung $\phi_4 \circ \phi_2 \circ \phi_1$ bzw. $\phi_4 \circ \phi_3 \circ \phi_2 \circ \phi_1$ den Punkt A auf den Punkt C, B auf D und die „innere" Halbebene bezüglich g auf die g zugewandte Halbebene bezüglich h ab. Die Existenzaussage des Bewegungsaxioms ist somit für den Fall, daß A und B auf einer N-Geraden vom Typ 1 sowie C und D auf einer N-Geraden vom Typ 2 liegen, bewiesen.

Für den Nachweis des Falls der Abbildung von einer N-Geraden des Typs 1 auf eine des Typs 2 können alle durchgeführten Betrachtungen umgekehrt werden — die Umkehrabbildungen von Inversionen und Spiegelungen sind diese Abbildungen selbst, die Umkehrabbildung einer zentrischen Streckung ist ebenfalls eine zentrische Streckung mit demselben Zentrum und reziprokem Streckungsfaktor. Falls sowohl A und B als auch C und D auf N-Geraden vom Typ 2 liegen, so existiert eine Verschiebung, welche die Gerade AB auf die Gerade CD abbildet, die Bildpunkte von A und B bei dieser Verschiebung liegen auf CD und alle weiteren Schritte des Beweises entsprechen den bei dem bereits bewiesenen Fall geführten Überlegungen zur Abbildung der Punkte A' und B' auf die Punkte C und D.

Es bleibt schließlich der Fall zu betrachten, daß sowohl A und B als auch C und D auf N-Geraden g bzw. h des Typs 1 liegen. Für eine beliebige N-Gerade x vom Typ 2 und zwei Punkte X und Y, die auf x liegen und für die $|XY| = |AB| = |CD|$ gilt, existieren (wie schon gezeigt) sowohl zwei N-Bewegungen, die A auf X und B auf Y als auch zwei N-Bewegungen, die X auf C und Y auf D abbilden. Somit gibt es wegen der Hintereinanderausführbarkeit mindestens zwei N-Bewegungen, die A auf C und B auf D abbilden, wobei leicht zu überlegen ist daß diese der in Axiom IV gestellten Forderung hinsichtlich der Abbildung einer Halbebene bezüglich g genügen. Wir haben damit die Existenzaussage des Bewegungsaxioms bewiesen. Auf den Nachweis der Eindeutigkeitsaussage, d. h. der Tatsache, daß nicht mehr als zwei N-Bewegungen existieren, die A auf C und B auf D abbilden, verzichten wir. □

3.3.5 Winkelmaß, Parallele und divergierende Geraden im Poincaré-Modell

Def. P3: *Als Maß des Winkels zweier N-Geraden g und h, die sich in einem Punkt P schneiden, bezeichnen wir das Maß des euklidischen Winkels zwischen den Tangenten an g und h im Punkt P, falls g und h N-Geraden vom Typ 1 sind, beziehungsweise das Maß des euklidischen Winkels zwischen g und der Tangente an h im Punkt P, falls g eine N-Gerade des Typs 2 ist.*

Analog dazu bezeichnen wir als Winkelmaß zwischen g und h das euklidische Winkelmaß zwischen h und der Tangente an g, falls h eine N-Gerade vom Typ 2 ist. Der Fall, daß sowohl g als auch h N-Geraden vom Typ 2 sind, ist uninteressant, da in diesem Falle g und h identisch sein müssen.

Die Winkel werden im Poincaré-Modell also euklidisch gemessen, dieses Modell wird daher auch *konformes Modell* der Lobatschewski-Geometrie genannt. Die euklidische Messung der Winkel in einem Modell einer nichteuklidischen Geometrie ist keineswegs selbstverständlich. Da sich das Winkelmaß bei Bewegungen nicht ändern soll, besteht die Voraussetzung dafür, daß Winkel euklidich gemessen werden können, in der Winkeltreue (genauer gesagt, Winkelmaßtreue) der als N-Bewegungen zugrundegelegten Abbildungen. Für die Verschiebungen, Spiegelungen und zentrischen Streckungen trifft diese selbstverständlich zu. Ohne Beweis sei angemerkt, daß auch Inversionen konforme (winkeltreue) Abbildungen sind, daß also Winkelmaße zwischen beliebigen Kurven (die als Winkelmaße der Tangenten aufgefaßt werden) bei diesen Abbildungen erhalten bleiben, insbesondere also auch Winkelmaße zwischen N-Geraden entsprechend Definition P3.

Aufgabe 15: Geben Sie eine Konstruktionsvorschrift für das Fällen des Lotes von einem Punkt P auf eine beliebige N-Gerade g an!

Wir kommen nun zum **Nachweis der Gültigkeit des Lobatschewskischen Parallelenaxioms** und zur Unterscheidung zwischen parallelen und divergierenden Geraden im Poincaré-Modell. Wir betrachten zunächst eine N-Gerade g vom Typ 1 mit den uneigentlichen Punkten U und V und einen nicht auf g liegenden N-Punkt P. Falls der Fußpunkt des (euklidischen) Lotes von P auf die Randgerade u weder der Punkt U noch der Punkt V ist, so existiert (nach dem bereits dem Beweis des Axioms I/2 zugrundeliegenden Gedankengang) für jeden der uneigentlichen Punkte U und V genau eine N-Gerade vom Typ 2, die P enthält und mit g diesen uneigentlichen Punkt

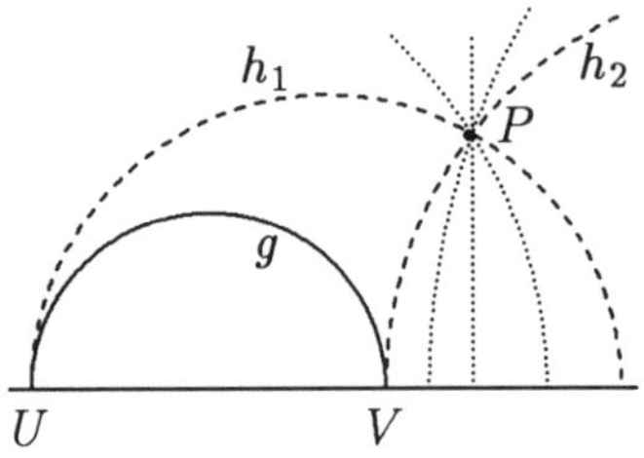

Abbildung 3.30:

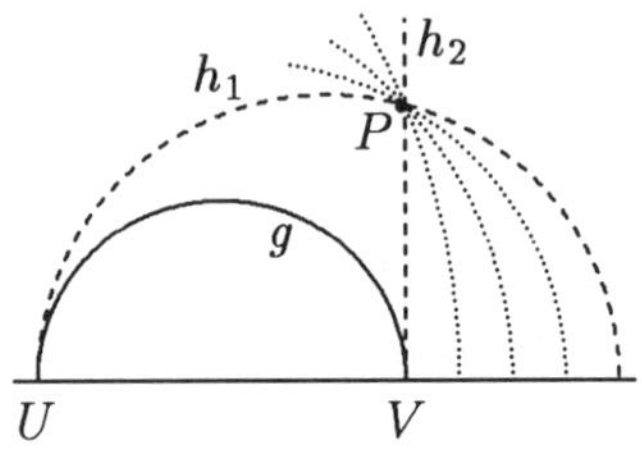

Abbildung 3.31:

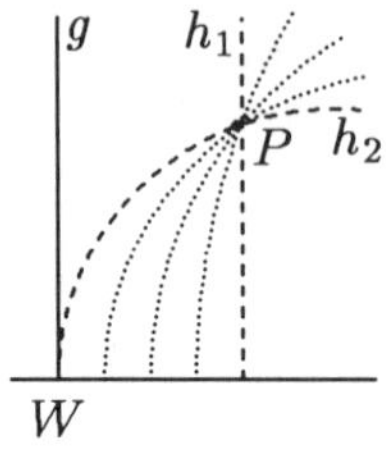

Abbildung 3.32:

gemeinsam hat (h_1 und h_2 in Abb. 3.30). Falls der Fußpunkt des Lotes von P auf u der Punkt V ist, so existiert genau eine N-Gerade vom Typ 1, die P enthält und mit g den uneigentlichen Punkt U gemeinsam hat, und eine N-Gerade vom Typ 2, der P angehört und die mit g den uneigentlichen Punkt V gemeinsam hat (siehe Abb. 3.31). Analog verhält es sich, wenn U der Fußpunkt des (euklidischen) Lotes von P auf u ist. In jedem Falle existieren also zu einer beliebigen N-Geraden g vom Typ 1 und zu einem beliebigen Punkt P, der g nicht angehört, *genau zwei N-Geraden* h_1 *und* h_2, *die* P *enthalten und mit* g *eincn uneigentlichen Punkt gemeinsam haben.* Wie leicht zu überlegen ist, schneiden diese beiden N-Geraden nicht die Gerade g, die Gültigkeit des Lobatschewskischen Parallelenaxioms ist also für diesen Fall gesichert. Des weiteren sind diese beiden Geraden h_1 und h_2 *Grenzgeraden in der Gesamtheit der Geraden, die durch* P *verlaufen und* g *nicht schneiden*, also zu g nach Def. L3 parallel. Alle Geraden, die P enthalten und mit g keinen gemeinsamen Punkt haben, schließen mit dem (nichteuklidischen) Lot von P auf g einen größeren Winkel ein als h_1 und h_2, sind also zu g *divergierende Geraden* (in Abb. 3.30 und Abb. 3.31 sind diese Geraden gepunktet dargestellt).

Wir betrachten nun eine N-Gerade g vom Typ 2 (mit dem uneigentlichen Punkt W und einen nicht auf g liegenden Punkt P. Durch P verläuft genau eine N-Gerade h_1 des Typs 1, für die der Punkt W ein uneigentlicher Punkt ist, sowie genau eine N-Gerade h_2 des Typs 2. (siehe Abb. 3.32). Die Geraden h_1 und h_2 schneiden g nicht, womit die Gültigkeit des Axioms V' auch für diesen Fall gezeigt ist. Die Geraden h_1 und h_2 sind weiterhin Grenzgeraden in der Gesamtheit der Geraden, die durch P verlaufen und g nicht schneiden, also zu g parallel. Alle anderen durch P verlaufenden, g nicht schneidenden Geraden divergieren in Bezug auf g.

Zwei N-Geraden des Typs 2 sind also stets zueinander parallel. Sieht man den unendlich fernen Punkt, den zwei derartige Geraden stets gemeinsam haben („parallele Geraden schneiden sich im Unendlichen“) als uneigentlichen Punkt an (wofür die Tatsache spricht, daß auch „normale“ uneigentliche Punkte von jedem N-Punkt im nichteuklidischen Sinne unendlich weit entfernt sind), so kann die Parallelität von Geraden im Poincare-Modell folgendermaßen zusammengefaßt werden:

Satz P3: *Zwei N-Geraden, die einen uneigentlichen Punkt gemeinsam haben, sind parallel; zwei N-Geraden, die weder einen eigentlichen noch einen uneigentlichen Punkt gemeinsam haben, divergieren.*

Aufgabe 16: Weisen Sie nach, daß zwei divergierende N-Geraden g und h stets genau eine gemeinsame Senkrechte besitzen.

Hinweis: Führen Sie den Existenzbeweis für den Fall, daß g eine N-Gerade vom Typ 1 und h eine N-Gerade vom Typ 2 ist, und begründen Sie, daß diese Wahl von g und h keine Einschränkung der Allgemeinheit bedeutet.

3.3.6 Abstandslinien im Poincaré-Modell

Aus dem Satz 10 in Abschnitt 3.1.2 folgt, daß Abstandslinien (Mengen von Punkten, die von einer gegebenen Gerade den gleichen Abstand haben) in der Lobatschewski-Geometrie keine Geraden sein können. Wir wollen hier untersuchen, welche Gestalt diese Punktmengen im Poincaré-Modell haben.

Satz P4: *Es sei g eine N-Gerade vom Typ 2 mit dem uneigentlichen Punkt W und P ein nicht auf g liegender Punkt der nichteuklidischen Ebene. Die Menge aller Punkte, die zu g den gleichen N-Abstand haben wie P und mit P in einer Halbebene bezüglich g liegen, ist die euklidische Halbgerade durch P mit dem Anfangspunkt W (siehe Abb. 3.33).*

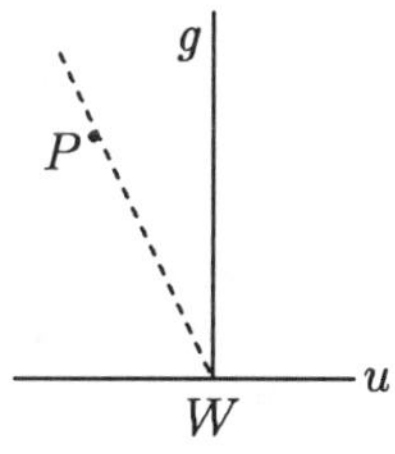

Abbildung 3.33:

Aufgabe 17: Beweisen Sie den Satz P4!

Aus Satz P4 läßt sich schnell auf die Gestalt von Abstandslinien zu einer beliebigen N-Geraden h des Typs 1 schlußfolgern. Durch eine Inversion an einem Kreis k mit einem Inversionspol, der durch einen der uneigentlichen Punkte von h verläuft, wird h auf eine N-Gerade h' des Typs 2 abgebildet (siehe Abb. 3.34). Da Inversionen nichteuklidische Bewegungen sind und somit N-Abstände unverändert lassen, werden Abstandslinien der Urbildgeraden auf Abstandslinien der Bildgeraden abgebildet und umgekehrt. Die Abstandslinien von h' werden auf Teile von Kreisen durch den Inversionspol abgebildet, die alle durch den Bildpunkt des uneigentlichen Punktes von h' verlaufen. Dieser ist aber neben dem Inversionspol einer der uneigentlichen Punkte von h. *Alle Abstandslinien zu h sind also Kreisbögen, die mit h die beiden uneigentlichen Punkte gemeinsam haben.*

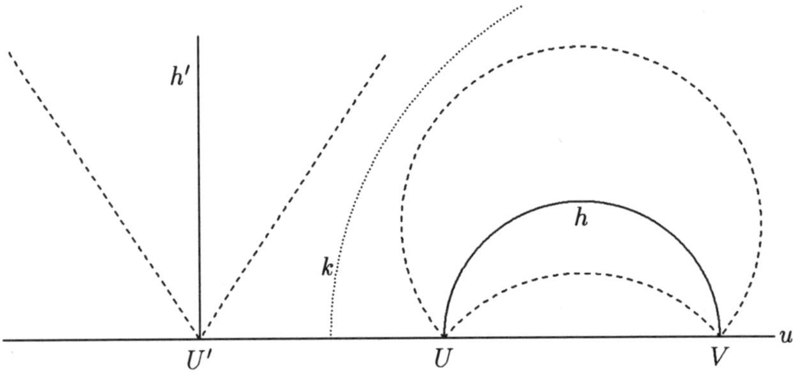

Abbildung 3.34:

3.3.7 Das Modell von Cayley und Klein

Neben dem Poincaré-Modell ist das Cayley-Kleinsche Modell (auch Kleinsches Modell genannt) das bekannteste Modell der Lobatschewski-Geometrie. Die *nichteuklidischen Punkte* sind in diesem Modell die Punkte im Innern einer euklidischen Kreisscheibe, die Punkte auf der Peripherie des die Kreisscheibe begrenzenden Kreises k (auch *Fundamentalkreis* genannt) sind uneigentliche Punkte. *Nichteuklidische Geraden* sind alle (offenen) Sehnen dieses Kreises (siehe Abb. 3.35).

Die Definition des *nichteuklidischen Abstands* zweier Punkte A und B erfolgt im Kleinschen Modell, wie schon im Poincaré-Modell, mit Hilfe des Doppelverhältnisses der Punkte A, B, U und V, wobei U und V die uneigentlichen Punkte der N-Geraden AB sind (siehe Abb. 3.36):

$$|AB|_N = C \cdot |\ln(A, B, U, V)|$$

(C ist dabei eine beliebige positive Konstante, z. B. $C = 1$).

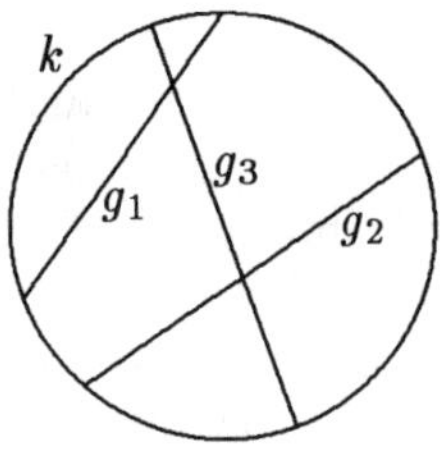

Abbildung 3.35:

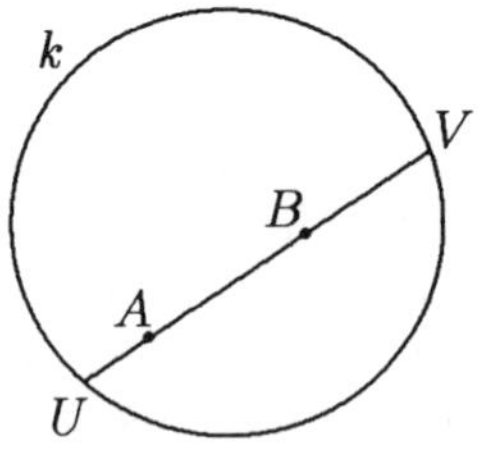

Abbildung 3.36:

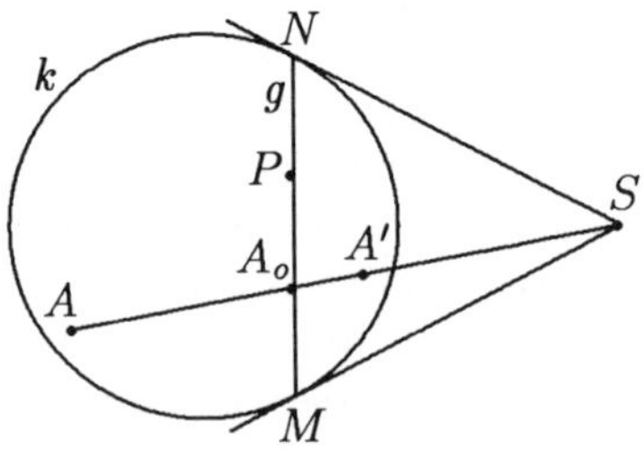

Abbildung 3.37:

Etwas komplizierter ist die Einführung der *Bewegungen* für das Cayley-Kleinsche Modell. Neben den Spiegelungen an beliebigen Durchmessern des Kreises k und den Drehungen um dessen Mittelpunkt, müssen dazu die sogenannten *polaren Homologien bezüglich des Kreises k* herangezogen werden. Diese Abbildungen sind (im nichteuklidischen Sinne) Spiegelungen an beliebigen N-Geraden. Wir betrachten dazu eine beliebige N-Gerade g (die aber kein Durchmesser des Fundamentalkreises sein soll) mit den beiden uneigentlichen Punkten M und N und den Schnittpunkt S der Tangenten an den Fundamentalkreis in den Punkten M und N. Die Gerade MN wird als *Achse*, der Punkt S als *Zentrum* der Homologie bezeichnet (siehe Abb. 3.37). Der Bildpunkt eines beliebigen Punktes A bei einer polaren Homologie mit der Achse MN und dem Zentrum S ist ein Punkt A', der mit A und S auf einer Geraden liegt und für den, falls A_o der Schnittpunkt der Geraden SA und MN ist, die Bedingung

$$(S, A, A_o, A') = 1 \qquad (1)$$

gilt. (Man sagt dazu, die Punkte S, A, A_o und A' sind *harmonische Punkte*.) Die Punkte auf der Achse der Homologie werden auf sich selbst abgebildet. Falls MN ein Durchmesser des Fundamentalkreises k ist, so existiert kein Schnittpunkt der Tangenten in M und N an k. In der projektiven Geometrie wird der Begriff des unendlich fernen Punktes exakt eingeführt, der Schnittpunkt besagter Tangenten ist dann ein unendlich ferner Punkt. Setzt man diesen für S in die Gleichung (1) ein und faßt das Doppelverhältnis von vier Punkten in der auf Seite 181 beschriebenen verallgemeinerten Weise auf, so ist die polare Homologie an dem Durchmesser MN gerade die gewöhnliche Spiegelung an MN.

Polare Homologien sind keine konformen Abbildungen, euklidische Winkelmaße bleiben bei diesen Abbildungen nicht erhalten. Beispielsweise wird bei der polaren Homologie mit der Achse MN und dem Zentrum S in Abb. 3.37 der Winkel $\angle(AA_oP)$ auf den Winkel $\angle(A'A_oP)$ abgebildet. Diese beiden Winkel sind somit (im nichteuklidischen Sinne) kongruent, und es muß ein Winkelmaß eingeführt werden, das diesen beiden Winkeln dieselbe Zahl zuordnet. Die Einführung eines Winkelmaßes, das in Bezug auf polare Homologien invariant ist, bereitet jedoch einigen Aufwand (falls nicht auf umfassende Grundlagen aus der projektiven Geometrie zurückgegriffen werden kann). Wir verzichten daher darauf und vermerken lediglich, daß das Cayley-Kleinsche Modell im Gegensatz zum Poincaré-Modell *kein konformes Modell* der Lobatschewski-Geomtrie ist.

3.4 Die Lobatschewskische Funktion Π

Nachdem wir in Abschnitt 3.2 einige grundlegende Eigenschaften der Lobatschewski-Geometrie untersucht und in Abschnitt 3.3 ihre Widerspruchsfreiheit nachgewiesen haben, kommen wir nun zur Herleitung weitergehender Eigenschaften dieser Geometrie. Im Mittelpunkt stehen dabei die Funktion Π, welche für die Lobatschewski-Geometrie eine charakteristische Bedeutung besitzt, und die trigonometrischen Grundformeln (die wir im nächsten Abschnitt behandeln). Vorerst werden wir uns jedoch der Frage zuwenden, wie sich parallele und divergierende Geraden beim Schnitt mit einer dritten Geraden verhalten und einige Sätze behandeln, die wir im weiteren noch benötigen.

3.4.1 Sätze über parallele und divergierende Geraden

Satz L9: *Es existiert keine Gerade, die auf jeder von zwei parallelen Geraden senkrecht steht.*

Beweis: Falls g und h zwei parallele Geraden sind und eine Gerade PQ (mit $P \in g$ und $Q \in h$) sowohl auf g als auch auf h senkrecht steht, so ist der Parallelwinkel im Punkt Q in Bezug auf die Gerade g ein Rechter (gleiches gilt auch für den Parallelwinkel in P in Bezug auf h). Die Gerade h ist somit sowohl linke als auch rechte Grenzgerade in der Gesamtheit aller Geraden, die durch den Punkt Q verlaufen und die Gerade g nicht schneiden. Es existiert also nur eine Gerade (nämlich h), die g nicht schneidet und durch den Punkt Q verläuft, denn nach der Folgerung L2 in Abschnitt 3.2.3 schneiden alle Geraden, die durch Q verlaufen und mit QP^+ einen Winkel einschließen, der kleiner als der Parallelwinkel ist, die Gerade g. Dies bedeutet jedoch einen Widerspruch zum Lobatschewskischen Parallelenaxiom. □

Unmittelbar aus diesem Satz und der Folgerung L1 in Abschnitt 3.2.3 ergibt sich die nachstehende Folgerung.

Folgerung L4: *Für jede Gerade a und jeden nicht auf a liegenden Punkt P ist der Parallelwinkel in P in Bezug auf a stets kleiner als ein rechter Winkel.*

Der nachstehende Satz ist eine Verallgemeinerung des Satzes L9.

Satz L10: *Es existiert keine Gerade, die mit zwei parallelen Geraden gleiche Stufenwinkel bildet.*

Beweis: Wir beweisen den Satz indirekt und nehmen an, daß zwei parallele Geraden g und h existieren, die mit einer Geraden PQ ($P \in g$, $Q \in h$) gleiche Stufenwinkel bilden.

Es sei O der Mittelpunkt der Strecke $\overline{PQ}$, A und B seien die Fußpunkte der Lote von O auf g bzw. h (siehe Abb. 3.38). Nach dem Kongruenzsatz *sww* sind die Dreiecke $\overline{OAP}$ und $\overline{OBQ}$ kongruent, woraus die Kongruenz der Winkel $\angle(POA)$ und $\angle(QOB)$ folgt. Die Punkte O, A und B liegen somit auf einer gemeinsamen Geraden, die sowohl auf g als auch auf h senkrecht steht. Dies bedeutet jedoch einen Widerspruch zu Satz L9. □

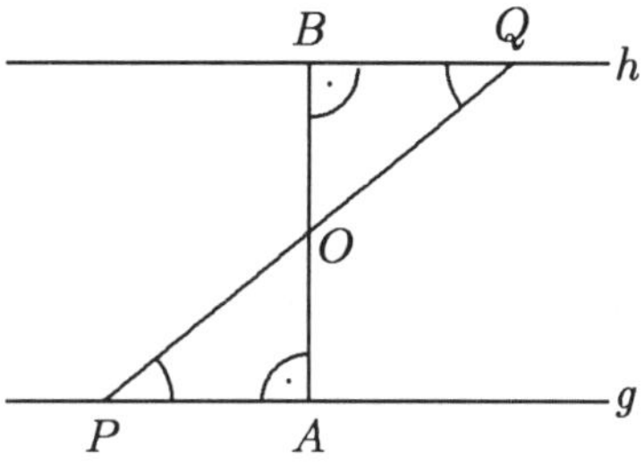

Abbildung 3.38:

Satz L11: *Zwei beliebige divergierende Geraden besitzen genau eine gemeinsame Senkrechte.*

Wir verzichten wegen des hohen Aufwands auf den allgemeingültigen Nachweis der in Satz L11 enthaltenen Existenzaussage. Für das Poincaré-Modell erfolgte dieser Nachweis mit der Aufgabe 16. (Auf seine allgemeine Gültigkeit in der Lobatschewski-Geometrie kann daraus aber nicht geschlossen werden.) Die Eindeutigkeitsaussage des Satzes L11 folgt daraus, daß mit der Existenz zweier gemeinsamer senkrechter Geraden ein Viereck mit der Innenwinkelsumme 360° entsteht, was jedoch nicht möglich ist.

Wir vermerken ebenfalls ohne Beweis, daß *zwei divergierende Geraden an der Stelle ihres gemeinsamen Lotes den geringsten Abstand voneinander haben und sich in beiden Richtungen beliebig weit voneinander entfernen.*

3.4.2 Eigenschaften der Funktion Π

Der Parallelwinkel (siehe Def. L1 in Abschnitt 3.2.3) besitzt in der Lobatschewski-Geometrie eine zentrale Bedeutung: Seine Größe charakterisiert (lokal) den Grad der Abweichung aller wichtigen geometrischen Eigenschaften der Lobatschewski-Geometrie von denen der euklidischen Geometrie. Mit dem nachfolgenden Satz schaffen wir zunächst die Voraussetzung dafür, den Parallelwinkel als Funktion des Abstands eines Punktes von einer Geraden aufzufassen.

Satz L12: *Der Parallelwinkel in einem Punkt P in Bezug auf eine Gerade g hängt nur vom Abstand des Punktes P von der Geraden g ab.*

Beweis: Wir zeigen, daß für zwei beliebige Geraden g und h und zwei beliebige Punkte P und Q die Parallelwinkel ϕ_1 im Punkt P in Bezug auf die Gerade g und ϕ_2 in Q in Bezug auf h gleich sind, wenn nur der Abstand von P zu g gleich dem Abstand von Q zu h ist, also $|PP'| = |QQ'|$ gilt, wobei P' und Q' die Fußpunkte der Lote von P auf g bzw. von Q auf h sind. Wir nehmen an, die beiden Parallelwinkel seien nicht gleich, o.B.d.A. sei $\phi_1 < \phi_2$, und tragen den Winkel ϕ_1 an der Halbgeraden QQ'^+ an. Der entstehende Schenkel schneidet die Gerade h wegen Folgerung L2 (Abschnitt 3.2.3) in einem Punkt R (siehe Abb. 3.39). Ist nun S ein Punkt auf g mit $|P'S| = |Q'R|$, so sind die Dreiecke $\overline{QRQ'}$ und $\overline{PSP'}$ kongruent. Es gilt somit $\angle(PP'^+, PS^+) = \phi_1$, was jedoch nicht möglich ist, da ein Strahl, der mit PP'^+ den Parallelwinkel in P in Bezug auf g einschließt, die Gerade g nicht schneiden kann. □

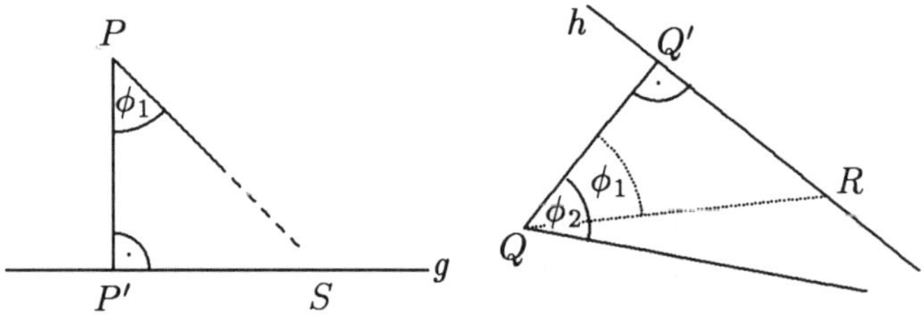

Abbildung 3.39:

Gestützt auf Satz L12 betrachten wir den **Parallelwinkel** ϕ in einem Punkt P in Bezug auf eine Gerade g fortan **als Funktion des Abstands** x von P zu g. Bereits LOBATSCHEWSKI untersuchte diese Funktion und führte für sie die Bezeichnung Π ein:

$$\phi = \Pi(x) .$$

Der **Definitionsbereich** der Lobatschewskische Funktion Π ist die Menge $\mathbf{R}_*^+$ aller positiven reellen Zahlen.

Satz L13: *Die Funktion* Π *ist auf ihrem gesamten Definitionsbereich streng monoton fallend.*

Beweis: Es seien $x, x' \in \mathbf{R}_*^+$ mit $x < x'$. Wir betrachten eine Gerade g und eine zu g senkrechte Gerade PP', Q sei der Schnittpunkt der Geraden g und PP', wobei $|QP| = x$ und $|QP'| = x'$ gelte. Die Geraden h und h' seien Geraden, die durch P bzw. P' verlaufen und zu g nach derselben Seite hin parallel sind (siehe Abb. 3.40). Es gilt somit $\angle(PQ^+, h) = \Pi(x)$ und $\angle(P'Q^+, h') = \Pi(x')$. Beide Parallelwinkel können nicht gleich sein, da in diesem Falle h und h' divergieren würden (nach Satz L10 und Satz IV.23), was aber wegen der Transitivität der Parallelität (Satz L8) im Widerspruch zu $h \parallel g$ und $h' \parallel g$ stünde. Auch kann $\angle(P'Q^+, h')$ nicht größer sein als

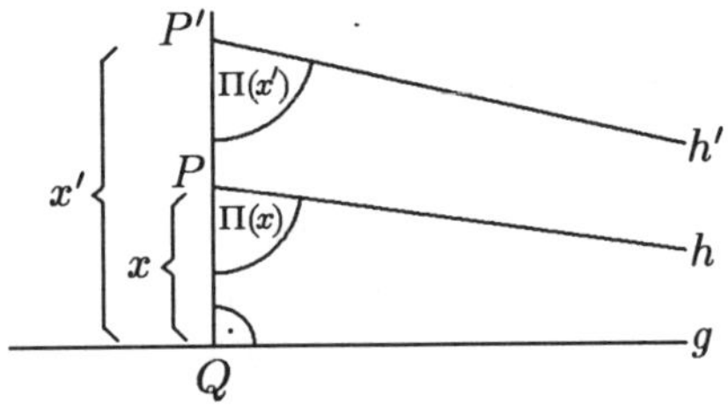

Abbildung 3.40:

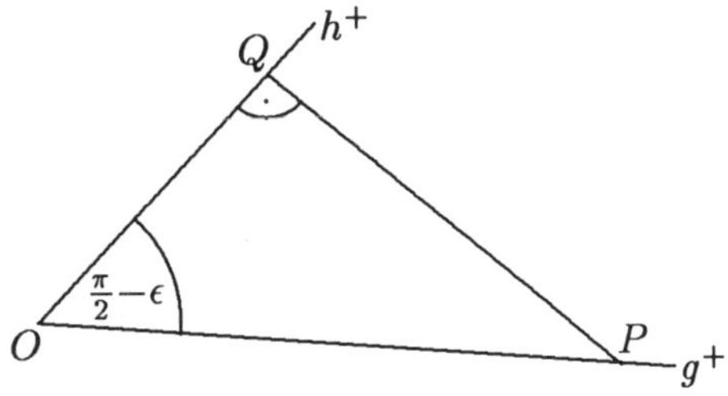

Abbildung 3.41:

$\angle(PQ^+, h)$, da dann die Gerade h' von h auf der Seite der Parallelität zu g noch weiter entfernt wäre, als im Falle $\angle(P'Q^+, h') = \angle(PQ^+, h)$. Es muß also $\angle(P'Q^+, h') < \angle(PQ^+, h)$ und somit $\Pi(x') < \Pi(x)$ sein. □

Satz L14: *Für genügend kleine (aber positive) x nähert sich $\Pi(x)$ beliebig weit der Zahl $\frac{\pi}{2}$ an:*

$$\lim_{x \to 0+} \Pi(x) = \frac{\pi}{2} .$$

Beweis: Es ist zu zeigen, daß für jedes postive ϵ stets ein $x \in \mathbf{R}_*^+$ mit $\Pi(x) > \frac{\pi}{2} - \epsilon$ existiert (wegen der Monotonie ergibt sich daraus die geforderte Grenzwerteigenschaft). Dazu betrachten wir für ein beliebig vorgegebenes ϵ mit $\epsilon > 0$ einen Winkel $\angle(g^+, h^+)$ mit einem Scheitel O und dem Maß $\frac{\pi}{2} - \epsilon$. P sei ein Punkt auf dem Schenkel g^+ dieses Winkels, von dem aus sich das Lot auf den Schenkel h^+ fällen läßt (was keineswegs für alle Punkte von h^+ zutrifft, siehe Satz 6 in Abschnitt 3.1.2) und Q der Fußpunkt dieses Lotes (siehe Abb. 3.41). Da OP^+ die Gerade PQ schneidet, ist der Parallelwinkel in O in Bezug auf PQ kleiner als $\frac{\pi}{2} - \epsilon$. Für $x = |OQ|$ gilt also $\Pi(x) > \frac{\pi}{2} - \epsilon$. □

Satz L15: *Die Funktion Π ist auf ihrem gesamten Definitionsbereich $\mathbf{R}_*^+$ stetig.*

Beweis: Wir müssen zeigen, daß für beliebige $x \in \mathbf{R}_*^+$ der Grenzwert $\lim_{\delta \to 0} \Pi(x + \delta)$ existiert und gleich dem Funktionswert $\Pi(x)$ ist. Wir beweisen dies zunächst für positive δ und betrachten dazu eine Gerade g und zwei Punkte P_1 und P_2, die auf einer Senkrechten zu g liegen (die g in einem Punkt Q schneidet) und die Bedingungen $|QP_1| = x$, $|QP_2| = x + \delta$ erfüllen. Die Geraden h_1 und h_2 seien zu g nach derselben Seite hin parallel, sie schließen daher mit P_1Q+ bzw. P_2Q^+ Winkel mit den Maßen $\Pi(x)$ bzw. $\Pi(x + \delta)$ ein (siehe Abb. 3.42). R sei der Fußpunkt des Lotes von P_2 auf h_1, nach dem Satz IV.18 der absoluten Geometrie gilt (da ein Dreieck mit einem rechten Winkel keinen zweiten rechten Winkel oder gar einen stumpfen Winkel enthalten kann)

$$|P_2R| < |P_1P_2| . \tag{1}$$

Da nach Satz L8 die Geraden h_1 und h_2 zueinander parallel sind (und zwar auf der Seite der Parallelität zu g), ist $\Pi(x+\delta)+\alpha$ Parallelwinkel in P_2 in Bezug auf die Gerade h_1 (wobei mit α der Winkel $\angle(P_1P_2R)$ bezeichnet wurde). Wegen der Monotonie von Π und (1) gilt

$$\Pi(x+\delta)+\alpha = \Pi(|P_2R|) > \Pi(|P_1P_2|) = \Pi(\delta) . \tag{2}$$

Wegen Satz L14 existiert für jedes $\epsilon > 0$ ein $\delta \in \mathbf{R}_*^+$ mit

$$\Pi(\delta) > \frac{\pi}{2} - \epsilon . \tag{3}$$

Da die Innenwinkelsumme des Dreiecks $\overline{P_2RP_1}$ kleiner als π und der Winkel bei R in diesem Dreieck ein Rechter ist, gilt unter Berücksichtigung des Scheitelwinkelsatzes

$$\Pi(x) + \alpha < \frac{\pi}{2} . \tag{4}$$

Aus (2), (3) und (4) folgt schließlich unter Beachtung von $\Pi(x+\delta) < \Pi(x)$ (was wegen Satz L13 gilt):

$$\Pi(x) - \Pi(x+\delta) < \epsilon \tag{5}$$

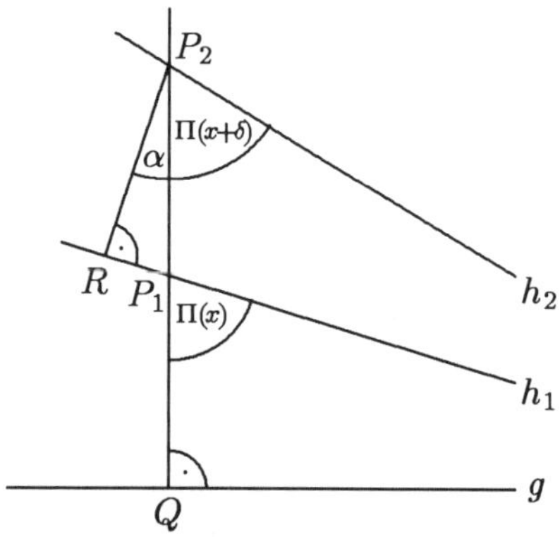

Abbildung 3.42:

für positive δ. Für $\delta < 0$ kann der Beweis völlig analog geführt werden, wobei $|QP_1| = x-\delta$ und $|QP_2| = x$ zu setzen sind. □

Satz L16: *Es gilt* $\lim_{x\to\infty} \Pi(x) = 0$.

Beweis: Da Π monoton fallend und nach unten beschränkt ist (nämlich durch die Null), existiert $\lim_{x\to\infty}\Pi(x)$. Wir beweisen Satz L16 indirekt und nehmen dazu an, es sei $\lim_{x\to\infty}\Pi(x) = \alpha$ mit $\alpha > 0$. Wegen der Monotonie gibt es dann kein x mit $\Pi(x) < \alpha$. Dazu werden wir einen Widerspruch konstruieren. Nach unserer Annahme existiert für jedes $\delta > 0$ ein x_1 mit

$$\Pi(x_1) = \alpha + \delta . \tag{6}$$

Weiterhin existiert nach Satz L14 für jedes $\epsilon > 0$ eine Zahl x_2 mit

$$\Pi(x_2) = \frac{\pi}{2} - \epsilon . \tag{7}$$

Da ϵ und δ frei wählbar sind, können wir sie so wählen, daß sie für ein beliebiges a die Bedingungen

$$\epsilon < \frac{\alpha}{2} \quad \text{und} \quad \delta < \epsilon \tag{8}$$

erfüllen. Wir betrachten nun eine Gerade g und eine zu g senkrechte Halbgerade QP^+ mit $Q \in g$ und $|QP| = x_1$ sowie eine zu g parallele Halbgerade h^+ mit dem Anfangspunkt P (siehe Abb. 3.43). Wegen (6) gilt

$$\angle(PQ^+, h^+) = \Pi(x_1) = \alpha + \delta \ . \tag{9}$$

Weiterhin sei f^+ eine Halbgerade, die mit h^+ auf der Seite von g einen Winkel mit dem Maß 2ϵ einschließt, wir schreiben $\beta := \angle(PQ^+, f^+)$.

Wegen (9) gilt

$$\beta = \alpha + \delta - 2\epsilon \ . \tag{10}$$

Schließlich sei R ein Punkt der Winkelhalbierenden des Winkels $\angle(h^+, f^-)$ mit $|PR| = x_2$, k die Senkrechte in R zu der Winkelhalbierenden PR und S der Schnittpunkt der Geraden k und PQ. Wegen $\angle(h^+, f^-) = \pi - 2\epsilon$ ist $\angle(h^+, PR^+) = \frac{\pi}{2} - \epsilon$. Wegen (7) ist die Gerade k sowohl zu h^+ als auch zu f^- parallel. In dem rechtwinkligen Dreieck $\overline{PRS}$ gilt für den Winkel bei P unter Berücksichtigung von (10)

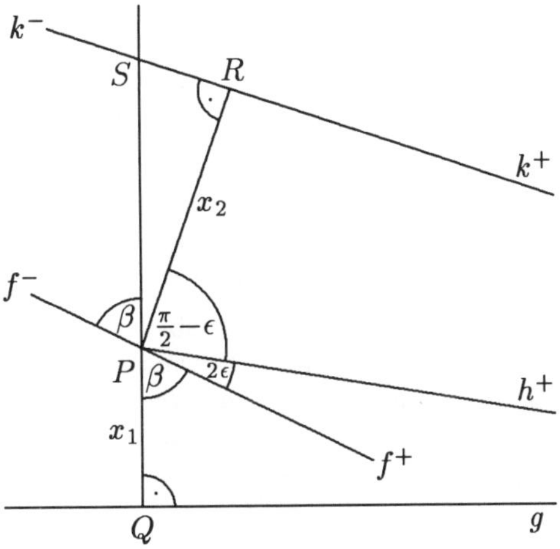

Abbildung 3.43:

$$\angle(SPR) = \pi - \left(\frac{\pi}{2} - \epsilon\right) - 2\epsilon - \beta = \frac{\pi}{2} - \epsilon - (\alpha + \delta - 2\epsilon) = \frac{\pi}{2} + \epsilon - \alpha - \delta . \tag{11}$$

Wegen (8), (11) und des Innenwinkelsatzes der Lobatschewski-Geometrie ist weiterhin

$$\angle(PSR) < \pi - \frac{\pi}{2} - \left(\frac{\pi}{2} + \epsilon - \alpha - \delta\right) = \alpha + \delta - \epsilon < \alpha. \tag{12}$$

Andererseits ist aber, da nach der Transitivität der Parallelität k und g parallel sind, $\angle(PSR)$ Parallelwinkel in S in Bezug auf die Gerade g und somit $\angle(PSR) = \Pi(|QS|)$. Wegen (12) bedeutet dies einen Widerspruch dazu, daß für keine Zahl x der Parallelwinkel $\Pi(x)$ kleiner als α sein kann. □

Satz L17: *Die Funktion* Π *nimmt jede reelle Zahl aus dem offenen Intervall* $(0, \frac{\pi}{2})$ *als Funktionswert an.*

Aufgabe 18: Beweisen Sie den Satz L17!

Satz L18: *Die Funktion* Π *besitzt eine auf dem Intervall* $(0, \frac{\pi}{2})$ *definierte Umkehrfunktion* Π^{-1}. *Diese Funktion* Π^{-1} *ist auf ihrem gesamten Definitionsbereich stetig und streng monoton fallend. Ihr Wertebereich ist das offene Intervall* $(0, \infty)$.

Beweis: Da die Lobatschewskische Funktion Π streng monoton fällt (Satz L13), ist sie eineindeutig und somit umkehrbar. Außerdem folgt daraus die Monotonie der Umkehrfunktion Π^{-1}, ebenso wie sich ihre Stetigkeit aus der Stetigkeit von Π ergibt. Definitions- und Wertebereich von Π^{-1} entsprechen dem Werte- bzw. Definitionsbereich von Π. □

Die Sätze L13 – L18 ermöglichen es, den *qualitativen Verlauf* der Funktionen Π und Π^{-1} graphisch darzustellen (siehe Abb. 3.44). Es sei dazu noch ohne Beweis vermerkt, daß die Funktion Π auf ihrem gesamten Definitonsbereich *konvex* ist. (Der Beweis dieser Tatsache ist allerdings sehr aufwendig, er kann beispielsweise in [30] nachgelesen werden.)

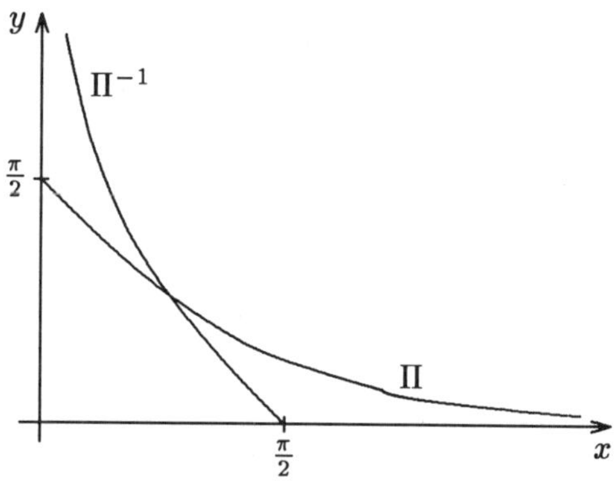

Abbildung 3.44:

3.4.3 Schlußfolgerungen aus den Eigenschaften der Funktion Π

1. Im „Kleinen" nähert sich die Lobatschewski-Geometrie mit allen ihren Eigenschaften der euklidischen Geometrie an.

Diese Schlußfolgerung ergibt sich aus dem Satz L14: Für sehr gering ausgedehnte Bereiche ist der Parallelwinkel nahezu gleich $\frac{\pi}{2}$, damit sind die beiden Parallelen zu einer Geraden durch einen Punkt kaum voneinander zu unterscheiden, für sehr kleine Bereiche läßt sich nur noch eine Parallele erkennen. Alle geometrischen Eigenschaften nähern sich deshalb in sehr kleinen Bereichen denen der euklidischen Geometrie an, da die Unterschiede beider Geometrien nur auf den verschiedenen Parallelenaxiomen beruhen.

Aus der Tatsache, daß sich die Lobatschewski-Geometrie „im Kleinen“ fast wie die euklidische Geometrie verhält, resultiert ein interessanter Gedanke: Es wäre durchaus möglich, daß unser realer Raum eine Struktur besitzt, die der Lobatschewski-Geometrie entspricht, wir aber diese Struktur wegen der sehr kleinen Bereiche, in denen wir uns bewegen, nicht wahrnehmen und nur die euklidischen Eigenschaften erkennen. Eine ähnliche Situation hatten wir bereits bei der Behandlung der sphärischen Geometrie zu verzeichnen. Auch die sphärische Geometrie besitzt für sehr kleine Teile der Kugeloberfläche Eigenschaften, die denen der euklidischen Geometrie sehr nahe kommen. Mit größer werdenden Dimensionen weichen sowohl die sphärische als auch die Lobatschewskische Geometrie immer stärker von der euklidischen Geomtrie ab, und zwar in „entgegengesetzte Richtungen“. Die euklidische Geometrie liegt in all ihren Eigenschaften zwischen der sphärischen (bzw. elliptischen) und der Lobatschewskischen (hyperbolischen) Geometrie. Diese Tatsache legt es nahe, auf alle drei Geometrien noch von einem völlig anderen, höheren Standpunkt zu blicken, was Gegenstand des Abschnitts 3.6 ist.

2. In der Lobatschewski-Geometrie gibt es eine „absolute Länge“. Durch einen gestreckten Winkel (bzw. Teile eines solchen, die beispielsweise durch Halbierung gewonnen werden können) sind in der euklidischen Geometrie ***absolute Winkelgrößen*** gegeben, die sich durch eine abstrakte Vorschrift beschreiben lassen. So ist die Größe eines rechten Winkels durch die Konstruktionsbeschreibung „Errichtung der Senkrechten“ gegeben und bedarf keiner willkürlich festgelegten Eichhilfen, wie des Einheitsmeters. Im Gegensatz dazu gibt es in der euklidischen Geometrie keine absoluten Streckengrößen. Die Länge einer Strecke läßt sich durch keine Konstruktionsvorschrift und keine Formel angeben, wenn nicht schon die Länge einer anderen Strecke festgelegt ist. Die Einheit der Länge ist einer willkürlichen Festlegung unterworfen (im Gegensatz zu den Winkelmaßeinheiten). In der sphärischen Geometrie gibt es demgegenüber sehr wohl eine absolute Länge: die Länge eines Großkreisbogens. Auch in der Lobatschewski-Geometrie existieren absolute Längen. Sie lassen sich aus absoluten Winkeln (die in allen drei Geometrien gleichermaßen existieren) mittels der Funktion Π, genauer ihrer Umkehrfunktion, ermitteln. Beispielsweise wird durch

$$l := \Pi^{-1}\left(\frac{\pi}{4}\right)$$

eine Länge l ausgezeichnet, die keinerlei Willkür unterliegt. Die Existenz einer absoluten Länge ist mit der Nichtexistenz ähnlicher Figuren verbunden. Das Vorhandensein ähnlicher Figuren (die nur in der euklidischen Geometrie existieren) schließt die Möglichkeit der Bestimmung absoluter Längen aus.

3.5 Hyperbolische Trigonometrie

Unter *hyperbolischer Trigonometrie* werden die in der Lobatschewski-Geometrie geltenden trigonometrischen Beziehungen verstanden. Bei der Herleitung dieser Beziehungen gehen wir ähnlich vor wie bei der Behandlung der sphärischen Trigonometrie in den Abschnitten 1.3.1 und 1.3.2: Wir untersuchen zunächst rechtwinklige nichteuklidische Dreiecke und nutzen die dabei gewonnenen Zusammenhänge, um Beziehungen zwischen den Stücken beliebiger (schiefwinkliger) Dreiecke aufzustellen. Zuvor müssen wir jedoch noch einmal auf die Lobatschewskische Funktion Π zurückkommen, die bei der Herleitung der Formeln der nichteuklidischen Trigonometrie von wesentlicher Bedeutung ist.

3.5.1 Gleichungsdarstellung der Funktion Π

Die beiden im letzten Abschnitt gezogenen wichtigen Schlußfolgerungen bedurften keiner Gleichungsdarstellung der Lobatschewskischen Funktion, die mit den Sätzen L13 – L18 hergeleiteten qualitativen Eigenschaften dieser Funktion waren dafür ausreichend. Für die Herleitung der trigonometrischen Formeln werden wir jedoch Gleichungen für die Funktion Π und ihre Umkehrfunktion Π^{-1} benötigen, deren Herleitung allerdings recht langwierig ist. (Sie kann u. a. in [10] und [30] nachgelesen werden.) Wir beschränken uns hier deshalb darauf, die Formeln zu nennen:

$$\Pi(x) = 2 \cdot \arctan \exp\left(-\frac{x}{R}\right) , \tag{1}$$

$$\Pi^{-1}(\phi) = -R \cdot \ln \tan\left(\frac{\phi}{2}\right) = R \cdot \ln \cot\left(\frac{\phi}{2}\right) . \tag{2}$$

Dabei ist R eine Konstante (Krümmungsradius), die mit dem Kugelradius in der sphärischen Geometrie vergleichbar ist (wir gehen darauf in Abschnitt 3.6.1 näher ein). Wie in der sphärischen Geometrie werden wir im folgenden $R = 1$ setzen.

Anhand von Gleichung (1) kann die Funktion $\Pi(x)$ auch für negative x sowie für $x = 0$ betrachtet werden, obwohl diese Funktion zunächst nur für positive Argumente definiert war. Dabei gilt

$$\Pi(-x) = \pi - \Pi(x) \quad \text{und} \quad \Pi(0) = \frac{\pi}{2} . \tag{3}$$

Für die Herleitung der trigonometrischen Beziehungen an rechtwinkligen nichteuklidischen Dreiecken benötigen wir noch einige weitere Gleichungen, denen die Funktionen Π und Π^{-1} genügen. Statt (1) können wir (mit $R = 1$) auch schreiben

$$\tan\frac{\Pi(x)}{2} = \exp(-x) = \frac{1}{\exp x}\,, \tag{4}$$

wegen der für beliebige α geltenden Beziehungen

$$\sin 2\alpha = \frac{2\cdot\tan\alpha}{1+\tan^2\alpha} \quad \text{und} \quad \cos 2\alpha = \frac{1-\tan^2\alpha}{1+\tan^2\alpha}$$

ergeben sich aus (4) die Gleichungen

$$\sin\Pi(x) = \frac{2\cdot\exp(-x)}{1+\exp^2(-x)} = \frac{2}{\exp x + \exp(-x)} \quad \text{und} \tag{5}$$

$$\cos\Pi(x) = \frac{1-exp^2(-x)}{1+\exp^2(-x)} = \frac{\exp x - \exp(-x)}{\exp x + \exp(-x)}\,. \tag{6}$$

Hyperbolische Funktionen

Um die Gleichungen (5) und (6) kürzer formulieren zu können, verwenden wir die sogenannten *hyperbolischen Funktionen* (auch *Hyperbelfunktionen* genannt). Diese Funktionen sind folgendermaßen definiert:

$$\sinh x := \frac{\exp x - \exp(-x)}{2}\,, \quad \cosh x := \frac{\exp x + \exp(-x)}{2}\,,$$

$$\tanh x := \frac{\sinh x}{\cosh x}\,, \quad \coth x := \frac{\cosh x}{\sinh x}\,.$$

Die Funktionsnamen werden als sinus hyperbolicus, cosinus hyperbolicus,... ausgesprochen. Die Bezeichnung "hyperbolische Funktionen" beruht unter anderem darauf, daß diese Funktionen in Parameterdarstellungen von Hyperbeln auftreten:
Durch $x(t) = a\cosh t$ und $y(t) = b\sinh t$ wird eine Hyperbel beschrieben. Analog dazu könnten die gewöhnlichen Winkelfunktionen „elliptische Funktionen" genannt werden, da Ellipsen durch $x(t) = a\cos t$, $y(t) = b\sin t$ darzustellen sind.

Im folgenden sind einige wichtige Eigenschaften der hyperbolischen Funktionen aufgeführt (die alle durch sehr einfache Umformungen verifiziert werden können):

$$\cosh(-x) := \cosh x\,, \quad \sinh(-x) := -\sinh x\,,$$

$$\cosh^2 x - \sinh^2 x = 1\,, \quad \cosh x \pm \sinh x = \exp(\pm x)\,.$$

Wir vermerken weiterhin, daß für die hyperbolischen Funktionen (bis auf das Vorzeichen bei $\cosh(x \pm y)$ die gleichen *Additionstheoreme* gelten, wie für die trigonometrischen Funktionen:

$$\sinh(x \pm y) = \sinh x \cdot \cosh y \pm \cosh x \cdot \sinh y \ ,$$

$$\cosh(x \pm y) = \cosh x \cdot \cosh y \pm \sinh x \cdot \sinh y \ .$$

Unter Verwendung der hyperbolischen Funktionen erhalten die Gleichungen (5) und (6) folgende Gestalt

$$\sin \Pi(x) = \frac{1}{\cosh x} \ , \tag{7}$$

$$\cos \Pi(x) = \tanh x \ . \tag{8}$$

Aus (7) und (8) ergibt sich

$$\tan \Pi(x) = \frac{\sin \Pi(x)}{\cos \Pi(x)} = \frac{1}{\tan hx \cdot \cos hx} = \frac{1}{\sinh x} \ . \tag{9}$$

Durch Einsetzen von y für $\Pi(x)$ und $\Pi^{-1}(y)$ für x in (4), (7), (8) und (9) ergeben sich schließlich noch die folgenden Gleichungen:

$$\exp\left(-\Pi^{-1}(y)\right) = \tan \frac{y}{2} \ , \tag{10}$$

$$\cosh \Pi^{-1}(y) = \frac{1}{\sin y} \ , \tag{11}$$

$$\sinh \Pi^{-1}(y) = \frac{1}{\tan y} = \cot y \quad \text{und} \tag{12}$$

$$\tanh \Pi^{-1}(y) = \cos y \ . \tag{13}$$

3.5.2 Trigonometrische Beziehungen in rechtwinkligen Dreiecken

Es sei $\overline{ABC}$ ein bei C rechtwinkliges Dreieck mit $\alpha := \angle(BAC)$, $\beta := \angle(ABC)$, $a := |BC|$, $b := |AC|$ und $c := |AB|$. Wegen des Innenwinkelsatzes und der Tatsache, daß sich BA^+ und CA sowie AB^+ und CB in A bzw. B schneiden (und somit die Halbgeraden BA^+ und AB^+ zu den Geraden CA bzw. CB weder parallel sein noch divergieren können), müssen folgende Bedingungen erfüllt sein.

$$\alpha + \beta < \frac{\pi}{2} \ , \tag{14}$$

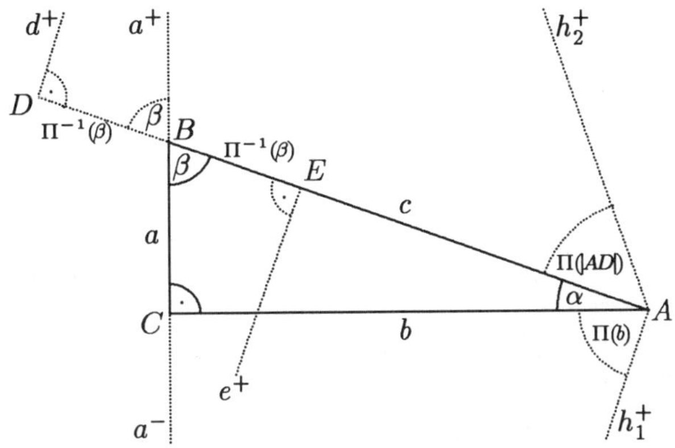

Abbildung 3.45:

$$\alpha < \Pi(b) \quad \text{bzw.} \quad b < \Pi^{-1}(\alpha) \quad \text{und} \tag{15}$$

$$\beta < \Pi(a) \quad \text{bzw.} \quad a < \Pi^{-1}(\beta) \ . \tag{16}$$

Wir bezeichnen die Halbgerade CB^+ mit a^+, die Halbgerade CB^- mit a^-, die zu BC parallelen Geraden durch den Punkt A mit h_1 und h_2 sowie die Halbgeraden dieser beiden Geraden auf der jeweiligen Seite der Parallelität zu BC mit h_1^+ und h_2^+ (siehe Abb. 3.45). Es ist demnach

$$\angle(AC^+, h_1^+) = \angle(AC^+, h_2^+) = \Pi(b) \ . \tag{17}$$

Ist D ein Punkt auf AB^+ mit $|AD| = c + \Pi^{-1}(\beta)$ (also $|BD| = \Pi^{-1}(\beta)$ bzw. $\beta = \Pi(|BD|)$) und d^+ eine zu AD senkrechte Halbgerade mit dem Anfangspunkt D in der Halbebene von ADC^-, so ist d^+ parallel zu a^+ und nach der Transitivität auch parallel zu h_2^+. Es gilt deshalb

$$\angle(AD^+, h_2^+) = \Pi(|AD|) = \Pi\left(c + \Pi^{-1}(\beta)\right) \ , \tag{18}$$

und wegen (17)

$$\Pi(b) = \Pi\left(c + \Pi^{-1}(\beta)\right) + \alpha \ . \tag{19}$$

Ist nun weiterhin $E \in BA^+$ mit $\beta = \Pi(|BE|)$ bzw. $|BE| = \Pi^{-1}(\beta)$ und e^+ die Senkrechte zu AB mit dem Anfangspunkt E in der Halbebene BAC^+, so gilt für den in Abb. 3.45 dargestellten Fall $c > \Pi^{-1}(\beta)$ (also $E \in \overline{AB}$) wegen der Parallelität von e^+ zu a^- (und deshalb auch zu h_1^+)

$$\Pi(b) + \alpha = \Pi\left(c - \Pi^{-1}(\beta)\right) \ . \tag{20}$$

Falls jedoch $\Pi^{-1}(\beta)$ größer ist als c, so liegt der Punkt E außerhalb der Strecke $\overline{AB}$ auf der Halbgeraden AB^- und $\left(c - \Pi^{-1}(\beta)\right)$ ist negativ. Wegen (3) trifft die Gleichung (20) auch für diesen Fall zu.

Aus (19) und (20) ergibt sich nun

$$\Pi\left(c - \Pi^{-1}(\beta)\right) - \Pi\left(c + \Pi^{-1}(\beta)\right) = 2 \cdot \alpha \quad \text{und} \tag{21}$$

$$\Pi\left(c - \Pi^{-1}(\beta)\right) + \Pi\left(c + \Pi^{-1}(\beta)\right) = 2 \cdot \Pi(b) \; . \tag{22}$$

Mit den Gleichungen (21) und (22) haben wir zwei grundlegende Beziehungen zwischen den Stücken rechtwinkliger Dreiecke hergeleitet. Um in diesen Gleichungen die Funktionen Π und Π^{-1} zu eliminieren und die Gleichungen damit in eine aussagekräftigere und übersichtlichere Form zu bringen, greifen wir nun auf die Beziehungen (4) – (13) zurück. Aus (21) folgt zunächst

$$\tan\left(\frac{\Pi\left(c - \Pi^{-1}(\beta)\right)}{2} - \frac{\Pi\left(c + \Pi^{-1}(\beta)\right)}{2}\right) = \tan\alpha \tag{23}$$

und wegen (4) ist

$$\tan\left(\frac{\Pi\left(c - \Pi^{-1}(\beta)\right)}{2}\right) = \exp(-c) \cdot \exp\left(\Pi^{-1}(\beta)\right) \quad \text{sowie} \tag{24}$$

$$\tan\left(\frac{\Pi\left(c + \Pi^{-1}(\beta)\right)}{2}\right) = \exp(-c) \cdot \exp\left(-\Pi^{-1}(\beta)\right) \; . \tag{25}$$

Unter Benutzung des Additionstheorems

$$\tan(x \pm y) = \frac{\tan x \pm \tan y}{1 \mp \tan x \tan y} \tag{26}$$

ergibt sich aus (23) durch Einsetzen von (24) und (25):

$$\begin{aligned} \tan\alpha &= \frac{\exp(-c) \cdot \exp\left(\Pi^{-1}(\beta)\right) - \exp(-c) \cdot \exp\left(-\Pi^{-1}(\beta)\right)}{1 + \exp(-c) \cdot \exp\left(\Pi^{-1}(\beta)\right) \cdot \exp(-c) \cdot \exp\left(-\Pi^{-1}(\beta)\right)} \\ &= \frac{\exp(-c) \cdot \left[\exp\left(\Pi^{-1}(\beta)\right) - \exp\left(-\Pi^{-1}(\beta)\right)\right]}{1 + \exp^2(-c)} \end{aligned}$$

und bei Verwendung der hyperbolischen Funktionen wird daraus

$$\tan\alpha = \frac{2 \cdot \sinh\left(\Pi^{-1}(\beta)\right)}{\exp c + \exp(-c)} = \frac{\sinh\left(\Pi^{-1}(\beta)\right)}{\cosh c} \; .$$

Schließlich ersetzen wir in dieser Gleichung mittels (12) noch $\Pi^{-1}(\beta)$ und erhalten

$$\tan\alpha = \frac{\cot\beta}{\cosh c} \quad \text{beziehungsweise}$$

$$\cosh c = \cot \alpha \cdot \cot \beta \ . \tag{27}$$

Auf analoge Weise kann aus (22) unter Beachtung von (9), (11), (24), (25) sowie des Additionstheorems (26) hergeleitet werden:

$$\sin \beta = \frac{\sinh b}{\sinh c} \ . \tag{28}$$

Durch Vertauschung der Bezeichnungen a und b sowie α und β (was möglich ist, da an diese Seiten bzw. Winkel keine besonderen Bedingungen gestellt waren) kann statt (28) auch

$$\sin \alpha = \frac{\sinh a}{\sinh c} \ . \tag{29}$$

geschrieben werden. Durch elementare Umformungen lassen sich aus (27), (28) und (29) noch folgende Beziehungen herleiten:

$$\cosh c = \cosh a \cdot \cosh b \ , \tag{30}$$

$$\cos \beta = \tanh a \cdot \coth c \tag{31}$$

$$\cos \alpha = \tanh b \cdot \coth c \tag{32}$$

$$\sinh b = \tanh a \cdot \cot \alpha \tag{33}$$

$$\sinh a = \tanh b \cdot \cot \beta \tag{34}$$

$$\cos \beta = \sin \alpha \cdot \cosh b \ , \tag{35}$$

$$\cos \alpha = \sin \beta \cdot \cosh a \ , \tag{36}$$

Die Gleichungen (27) – (36) sind die **Grundformeln der hyperbolischen Trigonometrie für rechtwinklige Dreiecke**. Mit ihrer Hilfe kann jede Berechnung von Größen fehlender Stücke an rechtwinkligen Dreiecken vorgenommen werden, falls (außer dem rechten Winkel) mindestens zwei Stücke gegeben sind. Voraussetzung dafür ist allerdings, daß Dreiecke mit den gegebenen Größen überhaupt existieren, was nur dann der Fall ist, wenn diese den eingangs dieses Abschnitts aufgeführten Bedingungen (14) – (16) genügen. Anderenfalls liefern die Formeln (27) – (36) unmögliche Werte. Dieses Problem ist dem in Abschnitt 1.3.1 für die sphärische Trigonometrie beschriebenen sehr ähnlich. Es bestehen aber noch mehr Parallelen zwischen der sphärischen und hyperbolischen Trigonometrie: Beim Vergleich der in diesem Abschnitt hergeleiteten Formeln (27) – (36) mit den Formeln (11) – (20) des Abschnitts 1.3.1 ist unschwer festzustellen, daß diese bis auf eine „Kleinigkeit" völlig identisch sind: In den Formeln der sphärischen Trigonometrie treten vor den Seitenlängen die „gewöhnlichen“ Winkelfunktionen auf, in (27) – (36) stehen stattdessen die hyperbolischen Funktionen (was leider dazu führt, daß wir für die hyperbolische Geometrie keinen so markanten Merksatz wie die Nepersche Regel formulieren können). In dieser „Kleinigkeit“ kommt jedoch bereits der gesamte qualitative Unterschied zwischen der sphärischen Geometrie und der Lobatschewski-Geometrie quantitativ zum Ausdruck, was wir nach der Herleitung des Sinussatzes und in Abschnitt 3.6 noch näher untersuchen werden.

3.5.3 Trigonometrische Beziehungen in schiefwinkligen Dreiecken

Wir leiten jetzt den Sinussatz und die Kosinussätze der hyperbolischen Trigonometrie her. Es sei $\overline{ABC}$ ein beliebiges Dreieck mit den Seiten a, b und c sowie den jeweils gegenüberliegenden Innenwinkeln α, β und γ. D sei der Schnittpunkt der Höhe h_c mit AB (siehe Abbildung 3.46; der Schnittpunkt D kann auch außerhalb der Strecke $\overline{AB}$ liegen, was aber für die folgende Herleitung des Sinussatzes nicht von Belang ist). Wegen (28) gilt innerhalb der Teildreiecke $\overline{ACD}$ bzw. $\overline{BCD}$

$$\sinh h_c = \sinh a \cdot \sin\beta \;, \qquad (37)$$

$$\sinh h_c = \sinh b \cdot \sin\alpha \;. \qquad (38)$$

Durch Gleichsetzen von (37) und (38) folgt

$$\frac{\sinh a}{\sinh b} = \frac{\sin\alpha}{\sin\beta} \;. \qquad (39)$$

Auf gleiche Weise ergeben sich entsprechende Beziehungen für a, c, α und γ sowie für b, c, β und γ. Es gilt daher der folgende Satz:

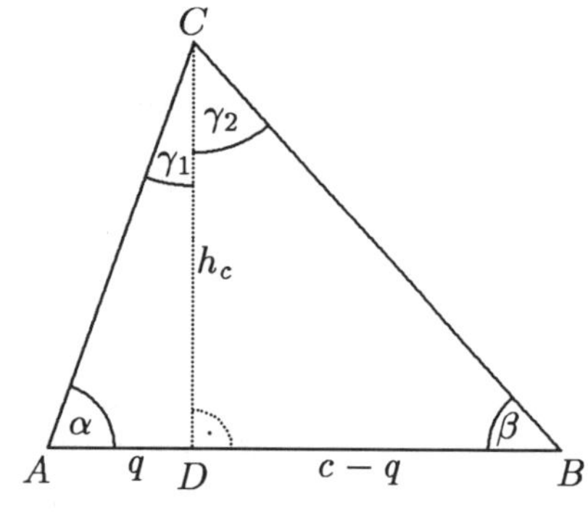

Abbildung 3.46:

Satz L19 (Sinussatz): *In einem beliebigen Dreieck mit den Seiten a, b und c sowie den jeweils gegenüberliegenden Innenwinkeln α, β und γ gilt*

$$\frac{\sinh a}{\sin\alpha} = \frac{\sinh b}{\sin\beta} = \frac{\sinh c}{\sin\gamma} \;.$$

Wie der Sinussatz der sphärischen Trigonometrie geht auch der Satz L19 für sehr kleine Seitenlängen in den Sinussatz der ebenen Trigonometrie über. Dies ergibt sich daraus, daß (analog zu $\lim_{x\to 0}\frac{\sin x}{x} = 1$) auch $\lim_{x\to 0}\frac{\sinh x}{x} = 1$ gilt. Diese Tatsache läßt sich leicht beweisen. Unter Verwendung der Reihendarstellung der Exponentialfunktion ist nämlich

$$\begin{aligned}\frac{\sinh x}{x} &= \frac{\exp x - \exp(-x)}{2x} = \frac{1}{2x}\left(\sum_{k=0}^{\infty}\frac{x^k}{k!} - \sum_{k=0}^{\infty}\frac{(-x)^k}{k!}\right)\\ &= \frac{1}{2x}\sum_{k=0}^{\infty}\frac{2\cdot x^{2k+1}}{(2k+1)!} = \sum_{k=0}^{\infty}\frac{x^{2k}}{(2k+1)!}\ .\end{aligned}$$

Für sehr kleine x strebt demnach $\frac{\sinh x}{x}$ gegen Eins, bleibt dabei aber (wie ebenfalls unschwer zu ersehen ist) stets größer als Eins, was im Gegensatz zum Verhalten der Sinusfunktion steht. Es gilt also für kleine x

$$\lim_{x\to 0}\frac{\sin x}{x} = 1 = \lim_{x\to 0}\frac{\sinh x}{x} \quad \text{und} \quad \frac{\sin x}{x} < 1 < \frac{\sinh x}{x}\ .$$

Der ebene Sinussatz ist somit ein *Grenzfall* sowohl des sphärischen als auch des hyperbolischen Sinussatzes und steht genau *zwischen* beiden. Diese Aussage trifft für alle trigonometrischen Formeln in den drei Geometrien zu. Mehr noch: Die euklidische Geometrie ist, wie wir schon an wichtigen Eigenschaften sehen konnten und in Abschnitt 3.6 noch näher ausführen werden, ein Grenzfall zwischen der sphärisch-elliptischen und der hyperbolischen (Lobatschewski-) Geometrie.

Wir kommen nun zur *Herleitung des Seitenkosinussatzes* und betrachten dazu wiederum ein Dreieck mit den Bezeichnungen entsprechend Abbildung 3.46 auf Seite 210. Wegen (30) gilt für das Teildreieck $\overline{BDC}$

$$\cosh a = \cosh h_c \cdot \cosh(\pm(c-q))\ , \tag{40}$$

wobei $(c-q)$ einzusetzen ist, falls D innerhalb von $\overline{AB}$ liegt (wie in Abb. 3.46 auf Seite 210 dargestellt) und $(q-c)$, falls sich D außerhalb dieser Strecke befindet. Wegen $\cosh(-x) := \cosh x$ ist das Vorzeichen allerdings unerheblich, wir können daher auf die Unterscheidung zwischen den beiden Fällen verzichten und mit $(c-q)$ rechnen. Unter Berücksichtigung des Additionstheorems für $\cosh(c \mp q)$ läßt sich (40) auch in der Form

$$\cosh a = \cosh h_c \cdot \cosh c \cdot \cosh q - \cosh h_c \cdot \sinh c \cdot \sinh q \tag{41}$$

schreiben. Im Teildreieck $\overline{ADC}$ gelten wegen (30), (34) und (29) die Beziehungen

$$\cosh b = \cosh h_c \cdot \cosh q\ , \tag{42}$$

$$\sinh q = \cot\alpha \cdot \tanh h_c = \frac{\cos\alpha}{\sin\alpha}\cdot\frac{\sinh h_c}{\cosh h_c} \quad \text{sowie} \tag{43}$$

$$\sinh h_c = \sin\alpha \cdot \sinh b \ . \tag{44}$$

Aus (43) und (44) folgt

$$\cosh h_c \cdot \sinh q = \sinh b \cdot \cos\alpha \ , \tag{45}$$

und durch Einsetzen von (42) und (45) in (41) ergibt sich schließlich

$$\cosh a = \cosh b \cdot \cosh c - \sinh b \cdot \sinh c \cdot \cos\alpha \ . \tag{46}$$

Durch zyklische Vertauschung der Stücke in (46) erhalten wir analoge Beziehungen für $\cos b$ und $\cos c$. Damit ist der folgende Satz bewiesen:

Satz L20 (Seitenkosinussatz): *In einem beliebigen Dreieck mit den Bezeichnungen der Seiten und Winkel wie in Satz L19 gelten die Beziehungen*

$$\begin{aligned} \cosh a &= \cosh b \cdot \cosh c - \sinh b \cdot \sinh c \cdot \cos\alpha \ , \\ \cosh b &= \cosh a \cdot \cosh c - \sinh a \cdot \sinh c \cdot \cos\beta \quad \text{und} \\ \cosh c &= \cosh a \cdot \cosh b - \sinh a \cdot \sinh b \cdot \cos\gamma \ . \end{aligned}$$

Satz L21 (Winkelkosinussatz): *In einem beliebigen Dreieck mit den Bezeichnungen der Seiten und Winkel wie in Satz L19 gelten die Beziehungen*

$$\begin{aligned} \cos\alpha &= -\cos\beta \cdot \cos\gamma + \sin\beta \cdot \sin\gamma \cdot \cosh a \ , \\ \cos\beta &= -\cos\alpha \cdot \cos\gamma + \sin\alpha \cdot \sin\gamma \cdot \cosh b \quad \text{und} \\ \cos\gamma &= -\cos\alpha \cdot \cos\beta + \sin\alpha \cdot \sin\beta \cdot \cosh c \ . \end{aligned}$$

Aufgabe 19: Beweisen Sie den Winkelkosinussatz!

3.6 Geometrie auf Flächen konstanter Krümmung

Wir haben in den vergangenen Abschnitten mehrfach darauf verwiesen, daß die euklidische Geometrie ein Grenzfall sowohl der sphärischen als auch der Lobatschewskischen Geometrie ist und ihre Eigenschaften und trigonometrischen Formeln zwischen denen dieser beiden Geometrien liegen. Es liegt daher nahe, nach einer übergreifenden Einbettung aller drei Geometrien, einem Parameter, der ihre unterschiedlichen Eigenschaften quantitativ zum Ausdruck bringt, zu suchen. Dazu werden wir ein Modell der Lobatschewski-Geometrie entwickeln, welches sehr gut die Zusammenhänge zwischen der elliptischen (sphärischen) Geometrie, der ebenen euklidischen Geometrie und der hyperbolischen (Lobatschewki-) Geometrie zum Ausdruck bringt. Als Vorbild für ein solches Modell wird uns die Geometrie auf der Kugeloberfläche dienen. Wir beschäftigen uns also mit der Frage:

Kann auch die Lobatschewski-Geometrie als Geometrie auf einer Fläche des Raumes aufgefaßt werden, und wie müßte diese Fläche beschaffen sein?

Aufgrund der Tatsache, daß die Eigenschaften der euklidischen Geometrie zwischen denen der sphärischen und der Lobatschewskischen Geometrie liegen sowie beide letztgenannte Geometrien sich der euklidischen Geometrie „im Kleinen" annähern, können wir uns bei der Suche nach einer derartigen Fläche von zwei Bedingungen leiten lassen:

1. Eine Fläche, auf der die Lobatschewski-Geometrie modelliert werden soll, muß sich in kleinen Umgebungen jedes ihrer Punkte annähernd durch eine euklidische Ebene ersetzen lassen.

2. Die inneren Eigenschaften einer solchen Fläche müssen so beschaffen sein, daß die Eigenschaften einer euklidischen Ebene zwischen denen der Sphäre und denen unserer gesuchten Fläche liegen.

Die erste Bedingung läßt sich leicht erfüllen: Sie ist gegeben, wenn sich in jedem Flächenpunkt eine Tangentialebene an die Fläche legen läßt. Die Existenz einer solchen Tangentialebene an eine Fläche in einem ihrer Punkte hängt, analog zur Existenz der Tangenten an Kurven, von der Differenzierbarkeit der Fläche (genauer: ihrer Parameterdarstellung, siehe Abschnitt 3.6.1) ab.

Um die zweite Bedingung zu erfüllen, befassen wir uns mit der *Krümmung* von Flächen. In der Differentialgeometrie werden mehrere Krümmungsbegriffe untersucht, die miteinander im Zusammenhang stehen. Wir interessieren uns hier für die *Gaußsche Krümmung* von Flächen und werden uns diesen Begriff zunächst anhand der Sphäre und der euklidischen Ebene verdeutlichen. Dabei werden wir feststellen, daß die Ebene eine Fläche der Krümmung Null (in jedem ihrer Punkte) und die Sphäre eine Fläche konstanter positiver Krümmung ist. Daraufhin werden wir nach einer Fläche konstanter negativer Krümmung suchen und die Geometrie auf einer solchen Fläche betrachten.

Die Betrachtungen in den nachfolgenden beiden Abschnitten sollen die Behandlung der Lobatschewski-Geometrie als Geometrie auf einer negativ gekrümmten Fläche des pseudoeuklidischen Raumes in Abschnitt 3.6.3 vorbereiten. Die Krümmungstheorie von Flächen ist ein sehr umfangreiches Teilgebiet der Mathematik und kann in diesem Buch keiner fundierten Behandlung unterzogen werden. Die Ausführungen in Abschnitt 3.6.1 sind daher sehr knapp gehalten, wobei die Ergebnisse in Hinblick auf unsere Problemstellung und nicht die tiefergehenden differentialgeometrischen Zusammenhänge im Mittelpunkt stehen. Leser(innen), die diesbezüglich ein tieferes Verständnis erlangen wollen, können dies mit Hilfe eines einführenden Buches in die Differentialgeometrie der Flächen tun. Auch die Behandlung des pseudoeuklidischen Raumes in Abschnitt 3.6.2 erfolgt nur sehr kurz, Grundkenntnisse über Vektorräume und affine Räume werden dabei als bekannt vorausgesetzt.

3.6.1 Ebene und Sphäre als Flächen konstanter Krümmung

Flächen sind zweidimensional ausgedehnte Gebilde des dreidimensionalen Raumes und können durch *Parameterdarstellungen* beschrieben werden. Parameterdarstellungen von Flächen sind Funktionen Φ, die in Abhängigkeit von zwei Parametern u und v die Koordinatentripel der Punkte einer Fläche angeben:

$$\Phi : \mathbf{R}^2 \to \mathbf{R}^3 \ , \quad (x,y,z) = \Phi(u,v) \ .$$

Parameterdarstellungen von Flächen können auch durch drei einzelne Gleichungen (eine für jede Koordinate) angegeben werden:

$$x = \Phi_1(u,v) \ , \quad y = \Phi_2(u,v) \ , \quad z = \Phi_3(u,v) \ .$$

Eine Parameterdarstellung der x-y-Ebene ist

$$(x,y,z) = \Phi(u,v) = (u,v,0) \ . \tag{1}$$

Dabei ist zu bemerken, daß die Parameterdarstellung einer Fläche keineswegs eindeutig ist. Verschiedene Parameterdarstellungen können durchaus dieselbe Fläche beschreiben (die x-y-Ebene wird z. B. auch durch $(x,y,z) = (2v,4u,0)$ beschrieben). Für die Sphäre bietet es sich an, die Kugelkoordinaten λ und ϕ als Parameter zu verwenden (siehe Abschnitt

1.1.1). Eine Sphäre mit dem Koordinatenursprung als Mittelpunkt und dem Radius R wird damit durch die Parameterdarstellung

$$(x, y, z) = \Phi(\lambda, \phi) = R \cdot (\cos\lambda \cos\phi,\ \sin\lambda \cos\phi,\ \sin\phi) \tag{2}$$

beschrieben.

Falls die Parameterdarstellung Φ einer Fläche F in einem Punkt (u_o, v_o) total differenzierbar ist und die partiellen Ableitungen $\frac{\partial\Phi}{\partial u}(u_o, v_o)$ und $\frac{\partial\Phi}{\partial v}(u_o, v_o)$ (bei denen es sich um Vektoren des $\mathbf{R}^3$ handelt) linear unabhängig sind, so besitzt die Fläche F in ihrem Punkt $(x_o, y_o, z_o) = \Phi(u_o, v_o)$ eine **Tangentialebene**. Die Tangentialebene wird von den Vektoren $\frac{\partial\Phi}{\partial u}(u_o, v_o)$ und $\frac{\partial\Phi}{\partial v}(u_o, v_o)$ aufgespannt. Ein Vektor $\vec{n}$, der auf der Tangentialebene an einen Punkt $(x_o, y_o, z_o) = \Phi(u_o, v_o)$ einer Fläche F senkrecht steht und die Länge Eins hat, heißt **Normaleneinheitsvektor** der Fläche F im Punkt (x_o, y_o, z_o) und läßt sich folgendermaßen berechnen:

$$\vec{n} = \frac{\Phi_u \times \Phi_v}{|\Phi_u \times \Phi_v|} \quad \text{mit} \quad \Phi_u = \frac{\partial\Phi}{\partial u}(u_o, v_o) \quad \text{und} \quad \Phi_v = \frac{\partial\Phi}{\partial v}(u_o, v_o)\ .$$

Die Abbildung 3.47 auf Seite 217 zeigt die Tangentialvektoren Φ_λ und Φ_ϕ, die Tangentialebene ϵ sowie den Normaleneinheitsvektor $\vec{n}$ in einem Punkt P der Sphäre. Natürlich können die Normaleneinheitsvektoren an eine Fläche als Funktion der Parameter u und v aufgefaßt werden:

$$\vec{n} = \vec{n}(u, v)\ .$$

Diese Vektorfunktion kann nun ihrerseits nach den Parametern u und v abgeleitet werden (Voraussetzung dafür ist die zweimalige stetige partielle Differenzierbarkeit der Parameterdarstellung Φ, die wir im folgenden als gegeben annehmen). Die partiellen Ableitungen der Funktion der Tangenteneinheitsvektoren einer Fläche F in einem Punkt $\Phi(u_o, v_o)$ bezeichnen wir mit $\vec{n}_u(u_o, v_o)$ und $\vec{n}_v(u_o, v_o)$. Beide partielle Ableitungen liegen in der linearen Hülle der Tangentialvektoren Φ_u und Φ_v, es gilt also für beliebige (u_o, v_o):

$$\vec{n}_u(u_o, v_o) \times \vec{n}_v(u_o, v_o) \parallel \Phi_u(u_o, v_o) \times \Phi_v(u_o, v_o)\ .$$

Die **Gaußsche Krümmung** k in einem Punkt $(x_o, y_o, z_o) = \Phi(u_o, v_o)$ einer Fläche F wird durch die folgende Gleichung definiert:

$$\vec{n}_u(u_o, v_o) \times \vec{n}_v(u_o, v_o) = k \cdot \Phi_u(u_o, v_o) \times \Phi_v(u_o, v_o)\ . \tag{3}$$

Für Leserinnen und Leser, die über Kenntnisse der Kurventheorie verfügen, sei erwähnt, daß die Gaußsche Krümmung das Produkt der beiden sogenannten Hauptkrümmungen

k_1 und k_2 ist, wobei k_1 und k_2 die Krümmungen in den beiden Hauptkrümmungsrichtungen sind. Dabei handelt es sich um Richtungen, für welche die Krümmung einer Kurve auf der Fläche durch den betrachteten Punkten maximal bzw. minimal ist. Die Gaußsche Krümmung in einem Punkt P einer Fläche ist somit das Produkt der Krümmungen zweier Flächenkurven durch den Punkt P, von denen eine maximal und die andere minimal gekrümmt ist.

Für die *x-y-Ebene* mit der Parameterdarstellung (1) gilt nun in jedem Punkt (wie sich durch Ableiten der Parameterdarstellung sofort ergibt):

$$\Phi_u = \frac{\partial(u,v,0)}{\partial u} = (1,0,0)\ , \quad \Phi_v = \frac{\partial(u,v,0)}{\partial v} = (0,1,0)\ ,$$

$$\vec{n} = \frac{\Phi_u \times \Phi_v}{|\Phi_u \times \Phi_v|} = (0,0,1)\ , \quad \vec{n}_u = (0,0,0)\ , \quad \vec{n}_v = (0,0,0) \quad \text{und}$$

$$\vec{n}_u \times \vec{n}_v = (0,0,0)\ .$$

Die Gaußsche Krümmung ist also (wie anhand von (3) sofort zu sehen ist) in jedem Punkt der x-y-Ebene gleich Null (was auch für jede andere Ebene zutrifft).

Wir kommen zur Untersuchung einer Sphäre mit dem Koordinatenursprung als Mittelpunkt und dem Radius R. Anhand der Parameterdarstellung (2) ergibt sich

$$\begin{aligned}
\Phi_\lambda &= R \cdot \frac{\partial}{\partial \lambda}(\cos\lambda\cos\phi,\ \sin\lambda\cos\phi,\ \sin\phi)\\
&= R \cdot (-\sin\lambda\cos\phi,\ \cos\lambda\cos\phi,\ 0)\ ,\\
\Phi_\phi &= R \cdot (-\cos\lambda\sin\phi,\ -\sin\lambda\sin\phi,\ \cos\phi) \quad \text{sowie}\\
\vec{n} &= \frac{\Phi_\lambda \times \Phi_\phi}{|\Phi_\lambda \times \Phi_\phi|} = (\cos\lambda\cos\phi,\ \sin\lambda\cos\phi,\ \sin\phi)\ .
\end{aligned}$$

Der Normaleneinheitsvektor ist somit in jedem Punkt gleich dem mit $\frac{1}{R}$ multiplizierten Ortsvektor (Radiusvektor) $\vec{r}$ in diesem Punkt, was nicht weiter verwundert, da der Radius senkrecht auf der Tangentialebene in einem Sphärenpunkt steht (siehe Abb. 3.47). Es gilt somit

$$\vec{n}(\lambda,\phi) = \frac{1}{R}\,\Phi(\lambda,\phi)\ , \quad \vec{n}_\lambda = \frac{1}{R}\,\Phi_\lambda \quad \text{und} \quad \vec{n}_\phi = \frac{1}{R}\,\Phi_\phi\ .$$

Anhand von Gleichung (3) ist hieraus sofort ersichtlich, daß die Krümmung der Sphäre in jedem ihrer Punkte den Wert

$$k = \frac{1}{R^2} \tag{4}$$

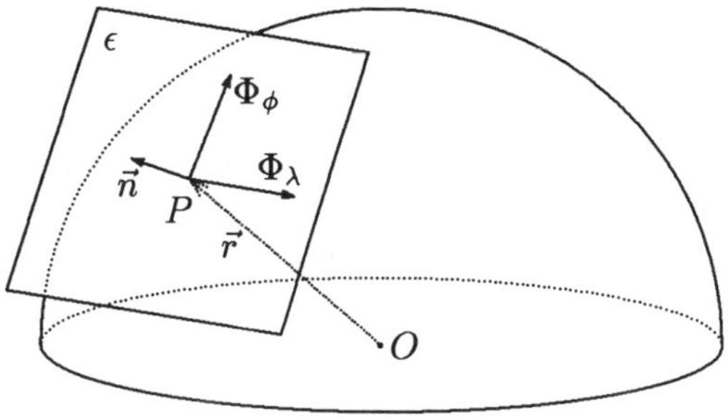

Abbildung 3.47:

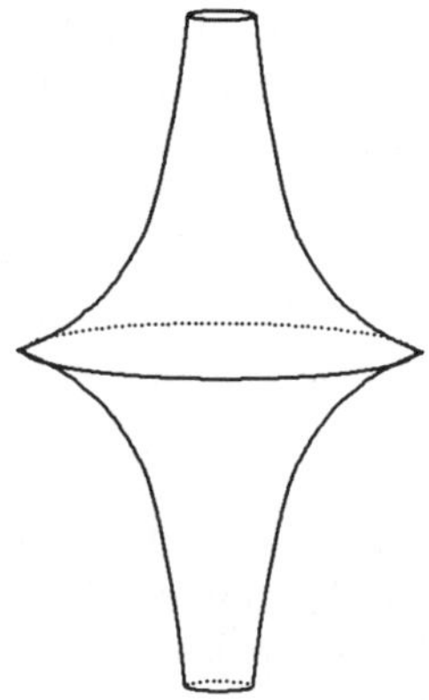

Abbildung 3.48:

hat. Daß eine Fläche in jedem Punkt die gleiche Krümmung hat, ist keineswegs der Normalfall. Für die übergroße Mehrheit der Flächen trifft dies nicht zu.

Wir wissen nun, daß die sphärische und die ebene euklidische Geometrie als Geometrien auf Flächen konstanter Krümmung aufgefaßt werden können. Im folgenden wenden uns der Frage zu, ob eine solche Fläche auch als „Träger" der Lobatschewski-Geometrie existiert, ob also ein Modell der Lobatschewski-Geometrie als Geometrie auf einer Fläche konstanter Krümmung möglich ist. Da die Sphäre eine konstante positive Krümmung besitzt und die Krümmung der Ebene Null beträgt, liegt es nahe, dazu Flächen mit konstanter und dabei negativer Krümmung in Betracht zu ziehen.

Eine Fläche mit konstanter negativer Krümmung innerhalb des euklidischen Raumes ist die **Pseudosphäre** (ihr Name weist schon auf die Verwandtschaft mit der Sphäre als Fläche mit ebenfalls konstanter Krümmung hin). Es handelt sich bei der Pseudosphäre um die Rotationsfläche einer speziellen Kurve, der sogenannten Traktrix (auch als Schleppkurve bekannt). Die Abbildung 3.48 zeigt eine Pseudosphäre, die durch Rotation einer Traktrix um die z-Achse entstand. Diese Pseudosphäre wird durch folgende Parameterdarstellung (mit den Parametern ρ und λ sowie einer Konstante R) beschrieben:

$$x = \rho \cdot \cos \lambda, \;\; y = \rho \cdot \sin \lambda, \;\; z = R \cdot \ln \frac{R + \sqrt{R^2 - \rho 2}}{\rho} - \sqrt{R^2 - \rho 2}.$$

Die Krümmung der Pseudosphäre ist in jedem ihrer Punkte $k = -\frac{1}{R^2}$.

Die Geometrie auf der Pseudosphäre wurde um 1840 durch MINDING eingehend untersucht, ohne daß dieser jedoch einen Bezug zu den Erkenntnissen LOBATSCHEWSKIs hergestellte. BELTRAMI griff auf die Untersuchungen MINDINGs zurück und schuf auf dieser Grundlage 1868 das erste Modell der Lobatschewski-Geometrie. Er trug damit maßgeblich zu einer breiteren Akzeptanz der Lobatschewski-Geometrie bei. Die Modellierung der Lobatschewski-Geometrie auf der Pseudosphäre überzeugte viele Mathematiker davon, daß es eine solche Geometrie überhaupt gibt und ermöglichte, sich unter der Lobatschewski-Geometrie „etwas Konkretes" vorzustellen. Sehr ausführlich wird die Geometrie auf der Pseudosphäre in [39] und [40] behandelt. Wir werden hier nicht näher darauf eingehen und die Lobatschewski-Geometrie auf einer anderen Fläche mit konstanter negativer Krümmung betrachten, die mit der Sphäre noch enger in Beziehung steht als die Pseudosphäre.

Aus (4) wird sofort ersichtlich, daß eine Sphäre eine negative Krümmung hätte, wenn ihr Radius imaginär wäre. Der Radius einer Sphäre kann aber in dem uns vertrauten euklidischen Punktraum keine imaginäre Zahl sein, da Abstände immer nichtnegative reelle Zahlen sind. Wir benötigen daher, um eine Sphäre mit imaginärem Radius (und damit negativer Krümmung) zu betrachten, einen anderen Abstandsbegriff als den gemeinhin verwendeten und somit (da der Abstand auf dem Skalarprodunkt basiert) ein verändertes Skalarprodukt. Ein Raum, dem ein Skalarprodunkt, das imaginäre Abstände zuläßt, zugrundeliegt, ist der pseudoeuklidische Raum.

3.6.2 Der pseudoeuklidische Raum

Unter einem **euklidischen Raum** verstehen wir ein Tripel $(\mathbf{A}, \mathbf{V}, \langle , \rangle)$, wobei $\mathbf{A}$ ein affiner Punktraum, $\mathbf{V}$ ein zugehöriger Vektorraum (wir werden der Einfachheit halber sowohl für A als auch für V den $\mathbf{R}^3$ betrachten) und $\langle , \rangle$ eine *positiv definite symmetrische Bilinearform (Skalarprodukt)* ist. Um zu einem pseudoeuklidischen Raum zu gelangen, müssen wir nur an der Bilinearform $\langle , \rangle$ Veränderungen vornehmen.

Eine positiv definite symmetrische Bilinearform $\langle , \rangle$ ist eine Abbildung $\langle , \rangle : \mathbf{V} \times \mathbf{V} \to \mathbf{R}$, die folgenden Bedingungen genügt:

1. $\langle , \rangle$ ist *bilinear* (linear in beiden Argumenten), d. h. es gilt für beliebige $\vec{x}_1, \vec{x}_2, \vec{y}_1, \vec{y}_2 \in \mathbf{V}$ und $\lambda, \mu \in \mathbf{R}$:

$$\begin{aligned} \langle \lambda\vec{x}_1 + \mu\vec{x}_2, \vec{y}_1 \rangle &= \lambda\langle \vec{x}_1, \vec{y}_1 \rangle + \mu\langle \vec{x}_2, \vec{y}_1 \rangle \quad \text{und} \\ \langle \vec{x}_1, \lambda\vec{y}_1 + \mu\vec{y}_2 \rangle &= \lambda\langle \vec{x}_1, \vec{y}_1 \rangle + \mu\langle \vec{x}_1, \vec{y}_2 \rangle \ . \end{aligned}$$

2. $\langle , \rangle$ ist *symmetrisch*: für beliebige $\vec{x}, \vec{y} \in \mathbf{V}$ gilt $\langle \vec{x}, \vec{y} \rangle = \langle \vec{y}, \vec{x} \rangle$.

3. $\langle , \rangle$ ist *positiv definit*: Für jeden (vom Nullvektor verschiedenen) Vektor $\vec{x} \in \mathbf{V}$ gilt $\langle \vec{x}, \vec{x} \rangle > 0$.

Bezüglich des sogenannten kanonischen Skalarprodukt des $\mathbf{R}^3$, welches eine spezielle positiv definite symmetrische Bilinearform dieses Vektorraums mit

$$\begin{aligned} \langle (1,0,0),(1,0,0) \rangle &= 1, \ \langle (0,1,0),(0,1,0) \rangle = 1, \ \langle (0,0,1),(0,0,1) \rangle = 1, \\ \langle (1,0,0),(0,1,0) \rangle &= 0, \ \langle (1,0,0),(0,0,1) \rangle = 0, \ \langle (0,1,0),(0,0,1) \rangle = 0 \end{aligned}$$

ist, sind die Länge eines Vektors $\vec{x} = (x, y, z)$ beziehungsweise der Abstand zweier Punkte $A = (x_A, y_A, z_A)$ und $B = (x_B, y_B, z_B)$ in der gewohnten Weise zu berechnen:

$$|\vec{x}| = \sqrt{x^2 + y^2 + z^2}\ , \quad |AB| = \sqrt{(x_B - x_A)^2 + (y_B - y_A)^2 + (z_B - z_A)^2}\ .$$

Um zu einem pseudoeuklidischen Raum zu gelangen, betrachten wir ebenfalls eine symmetrische Bilinearform, ersetzen aber die oben genannte Eigenschaft 3. durch

3'. $\langle , \rangle$ ist *indefinit*: Es existieren Vektoren $\vec{x} \in \mathbf{V}$ mit $\langle \vec{x}, \vec{x} \rangle > 0$ und Vektoren $\vec{y} \in \mathbf{V}$ mit $\langle \vec{y}, \vec{y} \rangle < 0$.

Ein Tripel $(\mathbf{A}, \mathbf{V}, \langle , \rangle)$ mit einer indefiniten symmetrischen Bilinearform $\langle , \rangle$ heißt **pseudoeuklidischer Raum**. Eine indefinite symmetrische Bilinearform innerhalb des $\mathbf{R}^3$ wird beispielsweise durch

$$\begin{aligned} \langle (1,0,0),(1,0,0) \rangle &= 1, \ \langle (0,1,0),(0,1,0) \rangle = 1, \ \langle (0,0,1),(0,0,1) \rangle = -1, \\ \langle (1,0,0),(0,1,0) \rangle &= 0, \ \langle (1,0,0),(0,0,1) \rangle = 0, \ \langle (0,1,0),(0,0,1) \rangle = 0 \end{aligned}$$

gegeben. Bezüglich dieser Bilinearform ergibt sich für das Produkt zweier Vektoren $\vec{x}_1 = (x_1, y_1, z_1)$ und $\vec{x}_2 = (x_2, y_2, z_2)$

$$\langle \vec{x}_1, \vec{x}_2 \rangle = x_1 x_2 + y_1 y_2 - z_1 z_2\ . \tag{5}$$

Die Länge eines Vektors $\vec{x} = (x, y, z)$ sowie der Abstand zweier Punkte A, B mit $A = (x_A, y_A, z_A)$ und $B = (x_B, y_B, z_B)$ werden dann durch folgende Gleichungen bestimmt:

$$|\vec{x}| = \sqrt{x^2 + y^2 - z^2}\ , \tag{6}$$

$$|AB| = \sqrt{(x_B - x_A)^2 + (y_B - y_A)^2 - (z_B - z_A)^2}\ . \tag{7}$$

Die Definition des Winkels ϕ zweier Vektoren $\vec{x}_1$ und $\vec{x}_2$ im pseudoeuklidischen Raum unterscheidet sich formal nicht von der im euklidischen Raum:

$$\cos\phi = \cos\angle(\vec{x}_1, \vec{x}_2) = \frac{\langle \vec{x}_1, \vec{x}_2 \rangle}{|\vec{x_1}| \cdot |\vec{x_2}|}\ . \tag{8}$$

Jedoch kann (im Gegensatz zum euklidischen Raum) sich nun aus (8) durchaus für $\cos\phi$ ein Wert ergeben, der größer ist als Eins. Da dies für den Kosinus eines reellen Winkels nicht zutreffen kann, ist ϕ in diesem Falle imaginär, es gilt also $\phi = \psi \cdot i$, wobei $\psi \in \mathbf{R}$ und i die imaginäre Einheit ist. Da für reelle ψ stets gilt

$$\cos(\psi \cdot i) = \cosh \psi$$

(wobei der Kosinus Hyperbolicus einer reellen Zahl stets größer oder gleich Eins ist, siehe die Definition dieser Funktion in Abschnitt 3.5.1) kann für diesen Fall der Winkel ϕ zwischen den Vektoren $\vec{x}_1$ und $\vec{x}_2$ durch

$$\angle(\vec{x}_1, \vec{x}_2) = \psi \cdot i \qquad \text{mit} \qquad \cosh\psi = \frac{\langle \vec{x}_1, \vec{x}_2 \rangle}{|\vec{x}_1| \cdot |\vec{x}_2|} \tag{9}$$

errechnet werden.

Aus (7) geht hervor, daß der Abstand zweier Punkte eine positive reelle Zahl, Null oder eine imaginäre Zahl sein kann. Wir untersuchen im folgenden, für welche Punkte der Abstand vom Koordinatenursprung Null, für welche er reell positiv oder imaginär ist. Damit ein Punkt A vom Koordinatenursprung $O = (0,0,0)$ den Abstand Null hat, muß wegen (7)

$$x_A^2 + y_A^2 - z_A^2 = 0 \quad \text{bzw.} \quad z_A = \pm\sqrt{x_A^2 + y_A^2}$$

gelten. Dies bedeutet, daß die Punkte, die von O den Abstand Null haben, auf der Mantelfläche eines Kegels liegen, dessen Spitze der Koordinatenursprung O und dessen Achse die z-Achse ist. Dieser Kegel heißt **isotroper Kegel** (siehe Abb. 3.49). Natürlich handelt es sich dabei nur aus äußerer (euklidischer) Sicht um einen Kegel. Aus innerer, pseudoeuklidischer Sicht ist der isotrope Kegel eine Sphäre mit dem Radius Null. Für alle Punkte, deren Abstand zu O positiv ist, muß

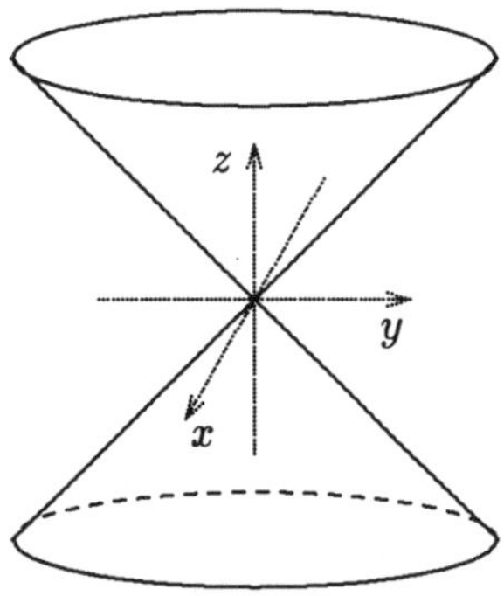

Abbildung 3.49:

$$z_A^2 < x_A^2 + y_A^2$$

und für alle Punkte, deren Abstand zu O imaginär ist,

$$z_A^2 > x_A^2 + y_A^2$$

zutreffen. Somit liegen alle Punkte mit imaginärem Abstand zu O innerhalb und alle Punkte mit positivem reellen Abstand zu O außerhalb des isotropen Kegels. Bei der Suche nach einer Sphäre mit imaginärem Radius (also einer Menge von Punkten, die alle von O denselben imaginären Abstand haben) werden wir also zu einer Punktmenge innerhalb des isotropen Kegels gelangen. Im Abschnitt 3.6.3 wird sich herausstellen, daß eine solche Sphäre die Gestalt eines zweischaligen Rotationshyperboloids hat und auf dieser Fläche alle Eigenschaften der Lobatschewski-Geometrie erfüllt sind. Zuvor jedoch wollen wir uns kurz die Bedeutung des pseudoeuklidischen Raumes (der auch als *Minkowski-Raum* bezeichnet wird) für die spezielle Relativitätstheorie vor Augen führen.

Die 1905 von ALBERT EINSTEIN begründete *spezielle Relativitätstheorie* ist eine Theorie über die Struktur von Raum und Zeit, die auf folgender Grundannahme beruht:

Relativitätsprinzip: Alle Inertialsysteme sind gleichberechtigt. Durch kein Experiment kann ein Inertialsystem ausgezeichnet werden. In allen Inertialsystemen breitet sich das Licht im Vakuum mit derselben Vakuumlichtgeschwindigkeit c aus.

Unter Inertialsystemen versteht man Bezugssysteme (Koordinatensysteme), in denen ein Körper, auf den keine Kraft einwirkt, ruht oder sich geradlinig gleichförmig bewegt. Das Relativitätsprinzip widerspricht der klassischen (NEWTONschen) Mechanik, in der sich Geschwindigkeiten stets addieren.

Physikalische Ereignisse lassen sich durch drei Raumkoordinaten x, y und z sowie eine Zeitkoordinate t beschreiben. Der $\mathbf{R}^4$, d. h. die Menge der Quadrupel (x, y, z, t) kann daher als *Ereignisraum* angesehen werden. In diesem Raum sind verschiedene Inertialsysteme zu betrachten. Der Übergang von einem Inertialsystemsystem K zu einem anderen Inertialsystemsystem K', das sich in Bezug auf K geradlinig, gleichförmig bewegt, erfolgt durch eine affine Koordinatentransformation, die sich durch

$$\begin{pmatrix} x' \\ y' \\ z' \\ t' \end{pmatrix} = \begin{pmatrix} a_{11} & a_{12} & a_{13} & a_{14} \\ a_{11} & a_{22} & a_{23} & a_{24} \\ a_{11} & a_{32} & a_{33} & a_{34} \\ a_{41} & a_{42} & a_{43} & a_{44} \end{pmatrix} \cdot \begin{pmatrix} x \\ y \\ z \\ t \end{pmatrix}$$

beschreiben läßt, wobei (x, y, z, t) die Koordinaten eines Ereignisses bezüglich K und (x', y', z', t') die Koordinaten desselben Ereignisses bezüglich K' sind. H. A. LORENTZ folgerte aus dem Relativitätsprinzip, daß bei einem Übergang zwischen zwei derartigen Inertialsystemen die Bedingung

$$x'^2 + y'^2 + z'^2 - c^2t'^2 = x^2 + y^2 + z^2 - c^2t^2$$

erfüllt sein muß. Da sich Längen und Skalarprodukte von Vektoren (Ereignissen) bei einem Wechsel des Bezugssystems nicht ändern sollen, ist es aus dieser Bedingung heraus naheliegend, im Ereignisraum das Produkt zweier Vektoren $\vec{x}_1 = (x_1, y_1, z_1, t_1)$ und $\vec{x}_2 = (x_2, y_2, z_2, t_2)$ folgendermaßen zu definieren:

$$\langle \vec{x}_1, \vec{x}_2 \rangle = x_1 x_2 + y_1 y_2 + z_1 z_2 - c^2 t_1 t_2 \ .$$

Die Verwandtschaft dieses Produkts zum Produkt zweier Vektoren des dreidimensionalen pseudoeuklidischen Raumes (siehe Gleichung (5)) ist sofort sichtbar. Durch Einführung einer leicht veränderten Basis, bezüglich der die Ereignisse $\vec{x}_1$ und $\vec{x}_2$ durch die Koordinaten x_1, y_1, z_1, u_1 sowie x_2, y_2, z_2, u_2 beschrieben werden (wobei $u_1 = ct_1$ und $u_2 = ct_2$ ist), erhält das Produkt die Gestalt

$$\langle \vec{x}_1, \vec{x}_2 \rangle = x_1 x_2 + y_1 y_2 + z_1 z_2 - u_1 u_2$$

und ist damit bis auf die höhere Dimension mit (5) identisch. Der Ereignisraum der speziellen Relativitätstheorie ist also ein vierdimensionaler pseudoeuklidischer (Minkowski-) Raum.

Der Minkowski-Raum und seine Anwendungen in der speziellen Relativitätstheorie konnten hier nur sehr knapp behandelt werden. Ausführlichere Darstellungen dieser Problematik finden sich u. a. in [38] und [22].

3.6.3 Die Geometrie auf einer Sphäre mit imaginärem Radius als Modell der Lobatschewski-Geometrie

Nach dem Poincaré-Modell in den Abschnitten 3.3.2 – 3.3.6 und dem Kleinschen Modell in Abschnitt 3.3.7 behandeln wir nun ein weiteres Modell der Lobatschewski-Geometrie, welches die Analogien zur sphärischen Geometrie sehr gut verdeutlicht. Da wir dieses Modell innerhalb des dreidimensionalen pseudoeuklidischen Raumes aufbauen, nennen wir es *pseudoeuklidisches Modell*. Wir betrachten dazu eine Sphäre mit imaginärem Radius iR ($R \in \mathbf{R}$) und dem Koordinatenursprung O als Mittelpunkt, also eine Menge von Punkten, die von O denselben imaginären Abstand iR haben. Wegen der Gleichung (7) auf S. 219 gilt für die Koordinaten (x, y, z) beliebiger Punkte X auf dieser Sphäre

$$|OX|^2 = x^2 + y^2 - z^2 = -R^2 \ , \tag{10}$$

Die Gleichung (10) beschreibt im euklidischen Raum (bei Zugrundelegung des „gewöhnlichen“ Skalarprodukts) ein zweischaliges Rotationshyperboloid mit der z-Achse als Rotationsachse (siehe Abb. 3.50). Da wir auf dieser Fläche ein Modell der Lobatschewski-Geometrie konstruieren wollen, betrachten wir sie aus insgesamt drei verschiedenen Sichtweisen heraus:

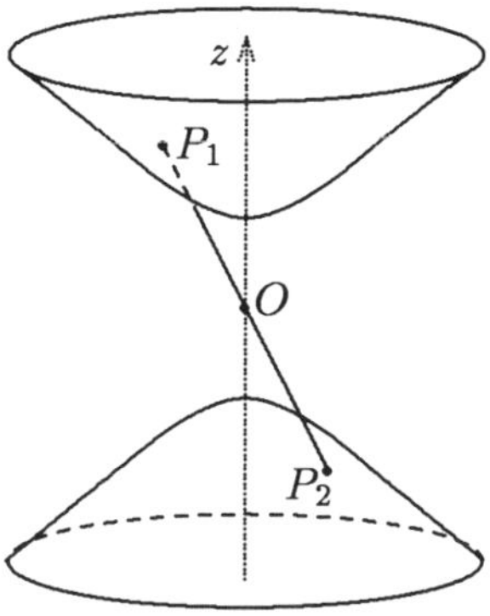

Abbildung 3.50:

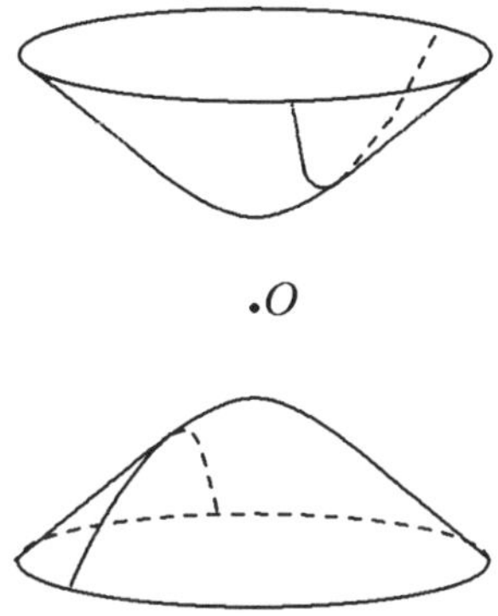

Abbildung 3.51:

- als *zweischaliges Rotationshyperboloid* aus der Sicht der euklidischen Geometrie,
- als *Sphäre mit imaginärem Radius* aus Sicht der pseudoeuklidischen Geometrie und schließlich
- als *Ebene* im Sinne der Lobatschewski-Geometrie.

Im folgenden interessiert uns vorrangig der dritte Aspekt. Wir nennen die Sphäre mit imaginärem Radius, auf der wir die hyperbolische Geometrie (Lobatschewski-Geometrie) betrachten, künftig **H-Ebene** (hyperbolische Ebene) und bezeichnen sie mit H.

Als **H-Punkte** (hyperbolische, also nichteuklidische Punkte) bezeichnen wir alle diametralen Punktepaare auf H. Dabei handelt es sich um Paare von Punkten, die auf einer Geraden durch den Koordinatenursprung liegen (siehe Abb. 3.50 — die euklidischen Punkte P_1 und P_2 werden als ein H-Punkt identifiziert).

H-Geraden sind alle Schnittfiguren der hyperbolischen Ebene H mit (euklidischen) Ebenen, die durch den Mittelpunkt bzw. Koordinatenursprung O verlaufen. Pseudoeuklidisch gesehen handelt es sich bei den H-Geraden also um Großkreise und euklididisch um Hyperbeln (siehe Abb. 3.51).

Die Bezeichnungen „diametrales Punktepaar“ und „Großkreis“ erfolgen aus der pseudoeuklidischen Sichtweise heraus, nach der H eine Sphäre mit dem Mittelpunkt O ist. Geraden, die durch O verlaufen, können demnach als Durchmesser dieser Sphäre aufgefaßt werden.

Zur *Gültigkeit der Inzidenzaxiome* bei dieser Definition der Punkte und Geraden ist nur soviel zu sagen, daß Axiom I/2 erfüllt ist, weil durch zwei vorgegebene H-Punkte und den Koordinatenursprung genau eine euklidische

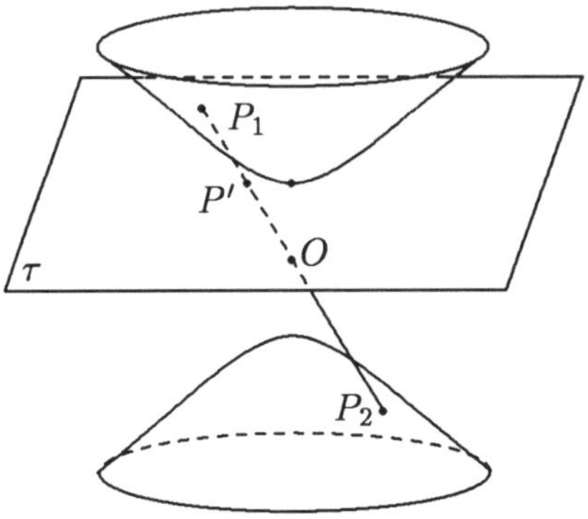

Abbildung 3.52:

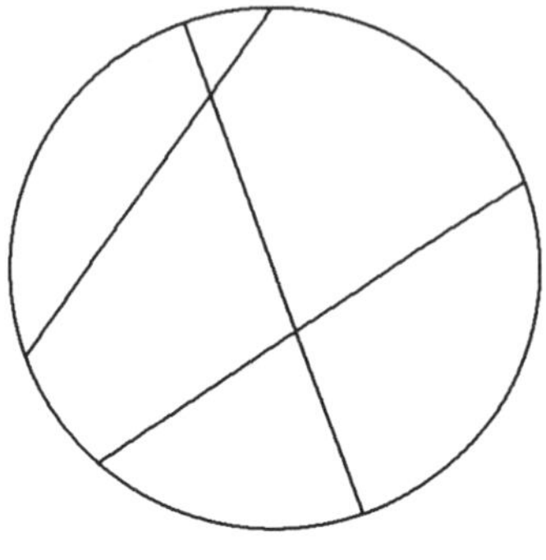

Abbildung 3.53:

Ebene verläuft. Die Gültigkeit von I/1, I/3 und I/4 ist noch unmittelbarer einzusehen.

Wir betrachten nun die Tangentialebene τ im Punkt $(0, 0, R)$ des Rotationshyperboloids H und ordnen jedem H-Punkt $P = (P_1, P_2)$ den Punkt P' auf τ zu, der sich als Schnittpunkt des durch P verlaufenden Durchmessers mit der Tangentialebene τ ergibt (siehe Abb. 3.52). Bei dieser Abbildung (Projektion) wird die H-Ebene auf eine offene Kreisscheibe abgebildet, die vom Schnittkreis der Tangentialebene mit dem isotropen Kegel begrenzt wird. H-Geraden werden auf Sehnen dieser Kreisscheibe projiziert (Abb. 3.53). Ohne Beweis sei erwähnt, daß durch die Projektion das pseudoeuklidische Modell der Lobatschewski-Geometrie in das Kleinsche Modell (siehe Abschnitt 3.3.7) übergeht (was für die Punkte und Geraden offensichtlich ist, aber auch für Abstände, Winkelmaße und alle anderen geometrischen Objekte zutrifft). Da bei der betrachteten Projektion die Bildgeraden von sich schneidenden Geraden ebenfalls einen Schnittpunkt besitzen müssen, haben umgekehrt Geraden, deren Bilder sich nicht schneiden, keinen gemeinsamen Punkt. Die *Gültigkeit des Lobatschewskischen Parallelenaxioms* im pseudoeuklidischen Modell liegt damit auf der Hand.

Hyperbolische (H-) Abstände von H-Punkten definieren wir — in Analogie zu den sphärischen Abständen in Abschnitt 1.1.2 — als Längen von Großkreisbögen, welche die entsprechenden Punkte miteinander verbinden (wobei es sich bei diesen Großkreisbögen euklidisch gesehen um Hyperbelbögen handelt). Wie in der sphärischen Geometrie besteht ein Zusammenhang zwischen der Länge des Großkreisbogens, der zwei H-Punkte P und Q verbindet, und dem Winkel zwischen den Radiusvektoren $\overrightarrow{OP}$ und $\overrightarrow{OQ}$ dieser beiden Punkte, wobei hier die Winkel pseudoeuklidisch zu messen sind (siehe Gleichungen (8) und (9) auf Seite 219f).

Streng genommen, ist es nicht korrekt, von derartigen Radiusvektoren zu sprechen, da H-Punkte diametrale Punktepaare sind. Wir betrachten deshalb im folgenden von H-Punkten jeweils nur den euklidischen Punkt auf der oberen Schale von H, für die anderen „Hälften" der H-Punkte (die euklidischen Punkte auf der unteren Schale) gelten natürlich dieselben Eigenschaften.

Für den H-Abstand $|PQ|_H$ zweier H-Punkte P und Q gilt

$$|PQ|_H = R \cdot i \cdot \angle(\overrightarrow{OP}, \overrightarrow{OQ}) \ ,$$

da das Maß des Winkels $\angle(\overrightarrow{OP}, \overrightarrow{OQ})$ imaginär ist, wird der H-Abstand reell. Die Berechnung von $\angle(\overrightarrow{OP}, \overrightarrow{OQ})$ muß nach der Formel (9) erfolgen, so daß sich (da P und Q von O die Entfernung iR haben)

$$\begin{aligned}\cosh \frac{|PQ|_H}{R} &= \frac{\langle \overrightarrow{OP}, \overrightarrow{OQ} \rangle}{|\overrightarrow{OP}| \cdot |\overrightarrow{OQ}|} = \frac{\langle \overrightarrow{OP}, \overrightarrow{OQ} \rangle}{i^2 \cdot R^2} \\ &= -\frac{\langle \overrightarrow{OP}, \overrightarrow{OQ} \rangle}{R^2} = -\frac{x_P x_Q + y_P y_Q - z_P z_Q}{R^2}\end{aligned}$$

ergibt. Mit Hilfe dieser Darstellung des hyperbolischen Abstands ließe sich nun die Gültigkeit der Abstands- und Anordnungsaxiome im pseudoeuklidischen Modell nachweisen, worauf wir aber — wie auch auf den Nachweis der Gültigkeit des Bewegungsaxioms — verzichten. Eine wesentlich ausführlichere Behandlung des pseudoeuklidischen Modells der Lobatschewski-Geometrie findet sich u. a. in [40] und [38].

3.7 Ausblick

Die Lösung des Parallelenproblems sowie die infolgedessen entstandenen nichteuklidischen Geometrien trugen zu einem gewaltigen Innovationsschub gegen Ende des 19. / Beginn des 20. Jahrhunderts sowohl in der Mathematik (speziell der Geometrie) als auch in der Physik bei. Die Wissenschaften, ja das gesamte Weltbild unseres Jahrhunderts wurden durch diese Entwicklungen maßgeblich beeinflußt. Dabei haben die entscheidenden Anwendungen in der Physik weiterentwickelte und verallgemeinerte geometrische Strukturen zur Grundlage, deren Entwicklung ohne die Vorleistungen GAUSS', BOLYAIs und LOBATSCHEWSKIs kaum möglich gewesen wäre.

3.7.1 Entwicklung der Geometrie nach der Herausbildung nichteuklidischer Geometrien

Wie bereits erwähnt, fanden die Erkenntnisse zur nichteuklidischen Geometrie zu Lebzeiten von GAUSS, BOLYAI und LOBATSCHEWSKI nur geringe Beachtung (auf die Ursachen wurde bereits in Abschnitt 3.2.1 verwiesen). Der erste führende Mathematiker, der die Bedeutung der neuen Geometrie erkannte, war BERNHARD RIEMANN (1826–1866). Dieser beschäftigte sich auch mit der sphärischen Geometrie unter völlig neuem Aspekt und entwickelte diese zu einer eigenständigen nichteuklidischen Geometrie, welche als elliptische oder Riemann-Geometrie bekannt ist. Vor allem aber schuf er mit seiner **allgemeinen Theorie der Mannigfaltigkeiten** (1854) ein theoretisches Gebäude, das zu einer Systematisierung der bereits bestehenden Geometrien führte und weitere geometrische Systeme hervorbrachte. Ausgangspunkt für die Theorie der Mannigfaltigkeiten ist der von GAUSS eingeführte Begriff der inneren Geometrie einer Fläche. (Bereits GAUSS befaßte sich umfassend mit der Theorie der Flächen und charakterisierte diese durch ihre Krümmung, siehe Abschnitt 3.6.1.)

In seiner berühmten Vorlesung „Über die Hypothesen, welche der Geometrie zugrundeliegen“ führte RIEMANN aus, daß die innere Geometrie einer Fläche durch das sogenannte Linien- bzw. Bogenelement ds charakterisiert wird. Für die Kenntnis der inneren Geometrie ist nicht die äußere Form oder die Gleichung einer Fläche erforderlich, sondern es genügt, die Koeffizienten E, F und G zu kennen, die das Bogenelement mittels der Gleichung

$$ds^2 = Edu^2 + 2Fdudv + Gdv^2$$

bestimmen (wobei u und v Parameter der Fläche sind). Die Krümmung und alle anderen interessierenden Größen auf einer Fläche können anhand des Bogenelements berechnet werden. RIEMANN untersuchte eingehend die

Geometrien auf *Flächen konstanter Krümmung*, die sich — wie wir aus dem Abschnitt 3.6 wissen — in drei Kategorien einordnen lassen:

1. *Riemannsche bzw. elliptische Geometrie* als Geometrie auf einer Fläche konstanter positiver Krümmung,

2. *Euklidische Geometrie* als Geometrie auf einer Fläche der Krümmung Null,

3. *Lobatschewskische bzw. hyperbolische Geometrie* als Geometrie auf einer Fläche konstanter negativer Krümmung.

Für die Beantwortung der Frage nach der realen Struktur unseres Raumes hat die innere Geometrie von Mannigfaltigkeiten eine grundlegende Bedeutung, da sich nicht nur für zweidimensionale Mannigfaltigkeiten (Flächen) Bogenelemente und Krümmungsverhalten untersuchen lassen. Derartige Untersuchungen sind auch für drei- oder höherdimensionale Mannigfaltigkeiten (Räume) möglich. Die Bedeutung der von RIEMANN hervorgebrachten Untersuchungsmethoden ergibt sich daraus, daß für die Untersuchung der Struktur von Räumen nur von innen heraus meßbare Werte von Belang sind und äußere Faktoren (wie die eventuelle Einbettung der untersuchten Mannigfaltigkeiten in Räume höherer Dimension) nicht bekannt sein müssen.

Die Arbeiten RIEMANNs stellten somit einen wichtigen Meilenstein in der Entwicklung der Geometrie dar, hatte er doch neben der Systematisierung bereits bekannter und der Hervorbringung neuer Geometrien mit seiner Theorie der linearen Mannigfaltigkeiten eine neue, äußerst fruchtbare, *Herangehensweise* an die Behandlung geometrischer Probleme geschaffen, die sich auch für die Physik als nützlich erweisen sollte. Für die Schaffung der mathematischen Grundlagen der Relativitätstheorie bedurfte es jedoch noch einer Verallgemeinerung in Bezug auf die zugrundeliegende Metrik. Während Riemann ausschließlich mit einer positiv definiten Metrik operierte, war dafür die Nutzung indefiniter Bilinearformen erforderlich (siehe Abschnitt 3.6.2).

Eine andere wegweisende Entwicklungsrichtung der Geometrie nach GAUSS, BOLYAI und LOBATSCHEWSKI wurde von FELIX KLEIN (1849–1925) hervorgebracht: die **Geometrie der Transformationsgruppen**, deren Grundgedanken er 1872 in seinem „Erlanger Programm" darlegte. Seine grundlegende Herangehensweise besteht darin, daß Geometrie letztendlich nichts anderes ist, als die Untersuchung von Invarianten (unverändert bleibenden Eigenschaften) geometrischer Figuren gegenüber Transformationsgruppen (Gruppen von Abbildungen). Geometrie ist demnach die Lösung folgender Aufgabe:

Es ist eine Mannigfaltigkeit und eine Transformationsgruppe gegeben. Man entwickle die auf diese Gruppe bezügliche Invariantentheorie.

Das Herangehen von FELIX KLEIN an die Geomtrie ist also ein *abbildungsgeometrisches.* Die euklidische Geometrie ist danach als Lehre von den Eigenschaften der Figuren des Raumes, welche bei Kongruenztransformationen (Bewegungen) unverändert (invariant) bleiben, aufzufassen. Betrachtet man als Transformationsgruppe die Gruppe der Zentralprojektionen, die eine Ebene auf eine andere Ebene projizieren (die sogenannte Gruppe der projektiven Transformationen), so ist die Geometrie, welche dieser Gruppe entspricht (also die Theorie der Invarianten gegenüber projektiven Transformationen), die *projektive Geometrie.* Des weiteren ergibt sich die *affine Geometrie* durch Betrachtung der Gruppe der affinen Abbildungen usw.. Besteht zwischen zwei Transformationsgruppen eine Isomorphie, so stimmen die beiden dadurch gegebenen Geometrien überein, d. h. es handelt sich dabei nur um verschiedene Modelle ein und derselben Theorie.

Indem KLEIN diejenige Untergruppe der projektiven Transformationsgruppe untersuchte, die einen gegebenen Kreis auf sich abbildet, gelangte er zu seinem (in Abschnitt 3.3.7 behandelten) Modell der Lobatschewski-Geometrie. Dieses war also nur ein spezielles „Abfallprodukt“ der sehr weittragenden von KLEIN entwickelten Herangehensweise an die Geometrie und seiner Beschäftigung mit der projektiven Geometrie.

FELIX KLEIN zählte zu den Mathematikern, die sich besonders für die Entwicklung des mathematischen Unterrichts engagierten. Seine Herangehensweise an die Geometrie schlug sich in der Gestaltung des Mathematikunterrichts vieler Länder nieder, wo die axiomatisch-euklidische Behandlung der Geometrie einer abbildungsgeometrischen Herangehensweise wich. Die Behandlung der Kongruenz und Ähnlichkeit auf der Grundlage von Bewegungen und Ähnlichkeitsabbildungen in der Schule geht wesentlich auf ihn zurück.

Die Ideen von BERNHARD RIEMANN und die von FELIX KLEIN beinhalten völlig verschiedene Herangehensweisen an die Geometrie: aus der Sicht der inneren Metrik von Mannigfaltigkeiten (RIEMANN) und durch Betrachtung der Invarianten bezüglich Transformationen (KLEIN). Beide Herangehensweisen sind sinnvoll und erlangten eine entscheidende Bedeutung für die Entwicklung der Geometrie in unserem Jahrhundert. Sie erfuhren zahlreiche Weiterentwicklungen und Verallgemeinerungen (auf die wir hier nicht weiter eingehen können). Ohne eine unmittelbare Kausalität herbeireden zu wollen, erscheint es doch naheliegend, daß die Lösung des über zwei Jahrtausende schwelenden Parallelenproblems und die damit verbundene Hervorbringung einer nichteuklidischen Geometrie durch GAUSS, BOLYAI und LOBATSCHEWSKI, indem sie „Dämme einriß“, den Boden für diese äußerst fruchtbaren Ideen bereitete.

Wenn von „Spätfolgen“ der Arbeiten GAUSS', BOLYAIs und LOBATSCHEWSKIs die Rede ist, muß nicht zuletzt auf die Entwicklung der **Grundlagen der Mathematik** eingegangen werden. Die Ausarbeitung der nichteuklidischen Geometrie und die Beweise ihrer Widerspruchsfreiheit, u. a. durch BELTRAMI, KLEIN und POINCARÉ, trugen dazu bei, die *Axiomatik der euklidischen Geometrie* auf exaktere Grundlagen zu stellen. Wie wir wissen, hat das System von EUKLID (siehe Abschnitt 2.1.1) erhebliche Mängel in Bezug auf seine logische Exaktheit. Bei der Beschäftigung mit logischen Fragen wie Widerspruchsfreiheit, Vollständigkeit und Unabhängigkeit mußten diese Mängel zu Problemen führen. Die Arbeiten zur Vervollständigung und Präzisierung der Axiomatik der euklidischen Geometrie wurden 1899 durch DAVID HILBERT abgeschlossen, der in seinem Werk „Grundlagen der Geometrie“ das erste logisch völlig exakte Axiomensystem vorstellte (siehe Abschnitt 2.7.2). Wenige Jahre später erschienen Axiomensysteme von SCHUR und KAGAN, die sich in ihrem Aufbau grundlegend von dem Hilbertschen unterscheiden. Das Bemühen, exakte Grundlagen zu schaffen, war in anderen Teilgebieten der Mathematik ebenso ausgeprägt (wobei die Geometrie aber seit jeher eine gewisse „Vorreiterrolle“ spielte). So wurden zu Anfang unseres Jahrhunderts Axiomensysteme der Arithmetik und später der Wahrscheinlichkeitstheorie entwickelt. Die **mathematische Logik** wurde zu einer eigenständigen Wissenschaftsdisziplin und erlebte in der ersten Hälfte unseres Jahrhunderts eine stürmische Entwicklung.

Die Herausbildung der Lobatschewski-Geometrie übte auch auf andere Teilgebiete der Mathematik einen Einfluß aus, insbesondere wurde die Bearbeitung spezieller Themen der **Analysis** dadurch gefördert. So konnte bereits LOBATSCHEWSKI, der auch auf dem Gebiet der Analysis intensiv arbeitete, durch Anwendung seiner Geometrie zu einer Reihe von Formeln der Integralrechnung gelangen. Eine weitere Anwendung der Lobatschewski-Geometrie auf die Analysis gelang POINCARÉ bei der Untersuchung der sogenannten *automorphen Funktionen* (spezielle Funktionen einer komplexen Veränderlichen). Diese Anwendung steht im Zusammenhang mit POINCARÉs Modell der Lobatschewski-Geometrie, (siehe Abschnitte 3.3.2 – 3.3.6) welches er als Modell in der komplexen Ebene entwickelte.

3.7.2 Nichteuklidische Geometrien und unser realer Raum

Solange die euklidische Geometrie das einzig bekannte geometrische System darstellte, schien die Frage nach der geometrischen Struktur des Raumes geklärt (bzw. wurde überhaupt nicht aufgeworfen). Es war selbstverständlich, daß die Struktur des Raumes unserer Anschauung (und somit der euklidischen Geometrie) entspricht, oder aber der Raum wurde nur als Produkt unserer Vorstellung angesehen (siehe Bemerkungen zur KANTschen Philosophie in Abschnitt 3.2.1). Mit dem Aufkommen nichteuklidischer Geometrien stellte sich jedoch sofort die Frage, ob diese den realen Raum besser beschreiben, als die euklidische Geometrie. Bereits LOBATSCHEWSKI versuchte durch Messung der Innenwinkelsumme eines Dreiecks, von dem zwei Eckpunkte auf gegenüberliegenden Punkten der Erdbahn lagen und der dritte durch einen Fixstern gebildet wurde, diese Frage zu beantworten. Die Abweichung seines Meßergebnisses von dem Wert 180° lag jedoch unterhalb der Meßfehlergrenze. Das Problem bei der Beantwortung der Frage, welche Geometrie unseren realen Raum beschreibt, besteht somit nicht zuletzt darin, daß sich sowohl die elliptische als auch die hyperbolische Geometrie „im Kleinen" wie die euklidische Geometrie verhalten. Aufgrund der ungeheuren Größe unseres Universums kann auch die Entfernung der Erde zu einem Fixstern als „sehr klein" gelten.

Die Frage, welches geometrische System die Struktur des Universums beschreibt, läßt sich auf die Frage nach der *Krümmung des realen Raumes* (siehe Abschnitte 3.6.1 und 3.7.1) zurückführen. Besäße dieser überall die Krümmung Null, so wäre er ein euklidischer Raum, bei konstanter positiver bzw. negativer Krümmung würde der reale Raum durch die elliptische bzw. hyperbolische Geometrie beschrieben. Die wirklichen Verhältnisse sind jedoch weitaus komplizierter, da schon die Konstanz der Krümmung des realen Raumes keinesfalls als gegeben angenommen werden kann. So muß durchaus die Möglichkeit betrachtet werden, daß die Krümmung des Raumes an verschiedenen Orten unterschiedlich ist, und somit an verschiedenen Stellen des Raumes unterschiedliche geometrische Verhältnisse herrschen. Diese Probleme verdeutlichen bereits, daß die Frage nach der geometrischen Struktur unseres Universums eine äußerst komplexe ist. Die Komplexität dieser Frage wurde noch vergrößert durch die Erkenntnis der Relativitätstheorie, daß der *Raum* der Realität nicht von der *Zeit* zu trennen ist.

Die Antwort der *speziellen Relativitätstheorie* auf die Frage nach der Struktur unseres Universums war, daß die *Raum-Zeit-Welt* ein vierdimensionaler pseudoeuklidischer (Minkowski-) Raum ist (siehe Abschnitt 3.6.2). Die

Geometrie dieses Raumes wird (entsprechend dem Erlanger Programm von FELIX KLEIN, siehe 3.7.1) durch die Invarianten der Gruppe der Transformationen der speziellen Relativitätstheorie (der sogenannten *Lorentz-Transformationen*) charkterisiert. KLEIN wies nach, daß die Gruppe der Lorentz-Transformationen die gleiche Struktur besitzt wie eine Transformationsgruppe des hyperbolischen (Lobatschewskischen) Raumes.

Mit der *allgemeinen Relativitätstheorie* EINSTEINS, mit der er seine spezielle Reltivitätstheorie präzisierte und ergänzte, stellte sich heraus, daß die Geometrie des realen Raumes als die einer allgemeinen vierdimensionalen Riemannschen Mannigfaltigkeit mit variabler Krümmung anzusehen ist. Die Krümmung dieser Mannigfaltigkeit (Raum-Zeit-Welt) in einem ihrer Punkte hängt von der Dichte der Materie in der Umgebung dieses Punktes ab (je größer die Dichte, desto größer die Krümmung). In einer hinreichend kleinen Umgebung eines jeden Punktes ist die Raum-Zeit-Welt ein vierdimensionaler pseudoeuklidischer Raum, so daß die Verhältnisse in derartigen „kleinen Bereichen“ (die wir allerdings bereits als unermeßlich groß empfinden) durch die spezielle Relativitätstheorie beschrieben werden können. In noch kleineren Teilen und bei geringen Geschwindigkeiten ist zudem eine gute Annäherung durch die klassische (NEWTONsche) Physik gegeben, der die euklidische Geometrie entspricht.

Die Frage nach der geometrischen Struktur unserer realen Welt ist keinesfalls abschließend beantwortet. Mit dem Fortschritt der Wissenschaft werden wir immer größere Raum-Zeit-Gebiete erfassen und zu beschreiben versuchen. Dazu wird es neuer, verallgemeinerter und präzisierter physikalischer Erklärungen und geometrischer Modelle bedürfen. Die Mathematik (speziell die Geometrie) und die Physik sind dabei derart stark miteinander verwoben, daß eine Trennung in vielen Bereichen kaum möglich ist und durch die Begriffe „Geometrie“ und „Physik“ lediglich unterschiedliche Sichtweisen auf dieselben Probleme zu kennzeichnen sind. Die Geometrie schafft mathematische Modelle, auf deren Grundlage physikalische Theorien formuliert werden können, wird dabei aber gleichzeitig von physikalischen Erkenntnissen inspiriert, bestimmte Entwicklungsrichtungen zu verfolgen.

Ohne die im vorangegangenen Abschnitt beschriebenen Entwicklungen in der Geometrie wäre die stürmische Entwicklung der Physik Ende des 19. / Anfang des 20. Jahrhunderts und damit die moderne Physik unseres Jahrhunderts nicht möglich gewesen. Voraussetzung für diese neuen geometrischen Herangehensweisen war jedoch die Überwindung der Denkfessel, die euklidische Geometrie als einziges geometrisches System, als *die* Geometrie anzusehen. In diesem Sinne riefen die Erkenntnisse von GAUSS, BOLYAI und LOBATSCHEWSKI tatsächlich eine „Revolution in unserer Auffassung vom Kosmos“ hervor (um auf das Eingangszitat dieses Kapitels auf S. 143 zurückzukommen).

Die Entstehung nichteuklidischer Geometrien und die darauf aufbauenden neuen physikalischen Erkenntnisse konnten nicht ohne gravierende **Auswirkungen auf die Philosophie** bleiben. Die noch in der ersten Hälfte des 19. Jahrhunderts dominierende KANTsche Philosophie wurde durch die beschriebenen Entwicklungen der Geometrie in wesentlichen Grundfesten in Frage gestellt (siehe Abschnitt 3.2.1). Allerdings erfaßte die Mehrheit der Philosophen die sich daraus für sie ergebenden Probleme erst mit großer Verspätung. Die Ausarbeitung der nichteuklidischen Geometrie durch GAUSS, BOLYAI und LOBATSCHEWSKI gelangte zunächst nicht in ihr Blickfeld und erst die darauf fußenden Neuerungen in der Physik um die Jahrhundertwende fanden größere Aufmerksamkeit. Die Ursache hierfür dürfte darin liegen, daß die großen Philosophen — anders als in früheren Jahrhunderten — mit ihrem mathematischen Wissen nicht mehr auf der Höhe der Zeit waren und sich Naturwissenschaften und Philosophie zunehmend voneinander entfernten. (Eine Ausnahme bildeten Wissenschaftler wie HENRI POINCARÉ, siehe Seite 175, sowie der Physiker und Philosoph ERNST MACH, 1838 – 1916.) Um die Jahrhundertwende war den Philosophen die neue naturwissenschaftliche Sachlage, die eine Reihe philosophischer und erkenntnistheoretischer Erklärungsmuster (nicht nur die der KANTschen Philosophie) grundlegend in Frage stellte, voll bewußt geworden, und es setzten Bemühungen ein, den Entwicklungen in der Mathematik und Physik durch die Verallgemeinerung philosophischer Kategorien oder die Entwicklung neuer erkenntnistheoretischer Herangehensweisen Rechnung zu tragen. Dabei wurden von den verschiedenen philosophischen Schulen Konsequenzen gezogen, die in unterschiedlichste — zum Teil konträre — Richtungen gingen. Es ist im Rahmen dieses Buches nicht möglich, diese Richtungen, zu denen u. a. der *Neopositivismus* und eine wesentlich verallgemeinerte Materieauffassung der *materialistischen Strömung* innerhalb der Philosophie gehören, zu beschreiben, da die Komprimierung der wesentlichen philosophischen Entwicklungen eines halben Jahrhunderts auf wenige Seiten unweigerlich zu Sinnentstellungen führen muß. Interessierte Leser(innen) seien daher auf einschlägige Literatur, beispielsweise auf die sehr kompakte Darstellung des Problemkreises in [46] verwiesen.

Anhang A

Lösungen der Aufgaben

A.1 Lösungen der Aufgaben des 1. Kapitels

Um den Lösungsteil (der nur zur Kontrolle dienen soll) so kurz wie möglich zu halten, werden bei Berechnungsaufgaben lediglich die Ergebnisse angegeben, in einigen Fällen ergänzt durch knappe Bemerkungen zur grundlegenden Vorgehensweise bei der Lösung. Bei Beweisaufgaben erfolgt eine Beschränkung auf eine kurze Schilderung der Beweisidee. Falls im Zusammenhang mit den entsprechenden Aufgaben bereits diesbezügliche Hinweise gegeben wurden sowie in Fällen, bei denen die Vorgehensweise auf der Hand liegt, wird auf die Angabe der Lösung ganz verzichtet.

1. a) Die Gültigkeit der Bedingungen a) und b) von Def. 2 ergibt sich für die angegebene Abstandsfunktion unmittelbar. Die der Bedingung c) ließe sich durch (recht umfangreiche) Rechnungen ebenfalls zeigen. Da der definierte Abstand zweier Punkte A und B aber gerade der Norm des Verbindungsvektors dieser beiden Punkte entspricht, folgt die Bedingung c) auch aus der Gültigkeit der Dreiecksungleichung in euklidischen Vektorräumen (siehe z.B. [13], S. 97f).

   b) Als Gleichung der Sphäre mit den Mittelpunktskoordinaten (x_m, y_m, z_m) ergibt sich

   $$(x - x_m)^2 + (y - y_m)^2 + (z - z_m)^2 = R^2 ,$$

   falls der Mittelpunkt der Sphäre der Koordinatenursprung ist, gilt die Gleichung

   $$x^2 + y^2 + z^2 = R^2 .$$

2. Es gilt

$$
\begin{aligned}
x &= r \cdot \cos\lambda \cdot \cos\phi\,, \\
y &= r \cdot \sin\lambda \cdot \cos\phi\,, \\
z &= r \cdot \sin\phi\,,
\end{aligned}
\qquad
\begin{aligned}
\phi &= \arcsin\frac{z}{r}\,, \\
\lambda &= \arccos\frac{x}{r\cdot\cos\phi} \quad \text{und} \\
\lambda &= \arcsin\frac{y}{r\cdot\cos\phi}\,.
\end{aligned}
$$

Damit λ eindeutig bestimmt ist, müssen beide Gleichungen herangezogen werden. Durch eine Gleichung für $\tan\lambda$ erfolgt keine eindeutige Festlegung dieses Winkels.

3. a) Der maximale Radius eines sphärischen Kreises beträgt 180°. In diesem Fall besteht der Kreis nur aus einem Punkt.

   b) Es kann leicht gezeigt werden, daß die Projektion auf die Verbindungsgerade des Mittelpunktes der Sphäre mit dem Mittelpunkt des sphärischen Kreises für alle Punkte eines sphärischen Kreises gleich ist und diese Punkte somit in einer Ebene liegen.

4. Der Abstand eines Punktes P von einer S-Geraden g wird als der kürzere Bogen (zwischen P und einem Punkt von g) des Großkreises durch P, der auf g senkrecht steht, definiert. Abstandslinien sind in der sphärischen Geometrie i. allg. Kleinkreise, also keine S-Geraden.

6. Die Abbildung, die jedem Punkt der Sphäre seinen diametralen Punkt zuordnet, kann als Hintereinanderausführung einer Drehung um 180° (mit beliebigem Drehzentrum Z) und einer Spiegelung an dem zu Z polaren Großkreis dargestellt werden.

8. Für ein Viereck mit den Innenwinkeln α, β, γ und δ und ein n-Eck mit den Winkeln $\alpha_1 \ldots \alpha_n$ gelten die Flächeninhaltsformeln

$$F = R^2 \cdot \left(\hat{\alpha} + \hat{\beta} + \hat{\gamma} + \hat{\delta} - 2\pi\right) \text{ bzw. } F = R^2 \cdot \left(\sum_{i=1}^{n} \hat{\alpha}_i - (n-2)\pi\right).$$

9. Die Behauptung ergibt sich unter Nutzung von Satz 11 durch Anwendung der Dreiecksungleichung (Satz 7) auf das Polardreieck.

10. Die Herleitung der Gleichungen (14) - (20) kann völlig analog zur Herleitung der Gleichungen (11) - (13) unter Nutzung von (1) - (10) erfolgen. Die Äquivalenz zu Satz 13 folgt durch elementare Umformungen.

11. $\epsilon = 72,3^o$, $F = 1,26$.

12. Unter Anwendung der Polarbeziehung ergibt sich für rechtseitige Dreiecke eine Regel die dem Satz 13 entspricht, wobei im Neperschen Ring (Abb. 1.19) $90^o - a$ durch $\alpha - 90^o$, $90^o - b$ durch $\beta - 90^o$, α durch $180^o - a$ sowie β durch $180^o - b$ zu ersetzen ist.

13. $\alpha = \beta = 53,7^o$, $\gamma = 93,2^o$.

14. Der Neigungswinkel beträgt $109,5^o$.

15. Als einzige Veränderung gegenüber der Herleitung im Abschnitt 1.3.2 ergibt sich, daß in Gleichung (5) $\cos(c-q)$ durch $\cos(q-c)$ zu ersetzen ist. Da jedoch für alle reellen Zahlen x die Gleichheit $\cos x = \cos(-x)$ gilt, kann die weitere Herleitung völlig analog erfolgen.

16. Der Beweis des Winkelkosinussatzes kann durch die Anwendung des Seitenkosinussatzes auf das Polardreieck des betrachteten Dreiecks erfolgen. Aus dem Sinussatz entsteht bei einem derartigen Vorgehen der Sinussatz selbst.

17. Es ergibt sich $\gamma = 57,0^o$, $\gamma' = 144,7^o$, $\beta = 76,0^o$ und $\beta' = 104,0^o$. Ein Widerspruch zu einem der genannten Sätze besteht nicht. Die Ursache dafür, daß ein Dreieck durch die angegebenen Stücke nicht eindeutig bestimmt ist, besteht darin, daß der durch b und α vorgegebene Großkreis (auf dem B liegen muß) und der sphärische Kreis um C mit dem (sphärischen) Radius a (auf dem B ebenfalls liegen muß) zwei Schnittpunkte haben.

18. Nach dem Seitenkosinussatz ist $\alpha = 50,0^o$, $\beta = 64,7^o$ sowie $\gamma = 85,8^o$.

19. Die Winkelmaße der Schnittgeraden betragen $88,2^o$, $121,0^o$ und $55,8^o$.

20. Die Seitenlänge ist $42,0^o$.

21. Aufgrund des Winkelkosinussatzes ist der noch fehlende Winkel eindeutig bestimmt, so daß der Kongruenzsatz *www* greift. Eine andere Möglichkeit des Beweises besteht darin, den betrachteten Fall durch Anwendung der Polarbeziehung auf den Fall *sws* zurückzuführen.

22. Unter Nutzung sowohl des Seiten- als auch des Winkelkosinussatzes ergeben sich die Gleichungen

$$\cos c = \frac{\cos a \cos b - \sin a \sin b \cos\alpha \cos\beta}{1 - \sin a \sin b \sin\alpha \sin\beta} \quad \text{und}$$

$$\cos\gamma = \frac{-\cos\alpha \cos\beta + \sin\alpha \sin\beta \cos a \cos b}{1 - \sin a \sin b \sin\alpha \sin\beta}.$$

23. Die einzige widerspruchsfreie Lösung ist $\beta = 64^o$, $c = 113^o$ und $\gamma = 120^o$.

24. $\cos l_{ort} = \sin\phi_A \sin\phi_B + \cos\phi_A \cos\phi_B \cos(\lambda_B - \lambda_A)$.

25. $l_{ort} = 27,7^o \mathrel{\hat{=}} 3081\,km = 1663\,sm$.

26. Die Kurswinkel können nach folgenden Gleichungen berechnet werden:

$$\cos\alpha = \frac{\sin\phi_B - \cos l_{ort} \sin\phi_A}{\sin l_{ort} \cos\phi_A} , \quad \cos\beta = \frac{\sin\phi_A - \cos l_{ort} \sin\phi_B}{\sin l_{ort} \cos\phi_B} .$$

Für das konkrete Beispiel ergibt sich daraus $l_{ort} = 16000\,km$, $\alpha = 87^o$ und $\beta = 51^o$.

27. $l_{ort} = 10630\,km$, $l_{lox} = 13260\,km$.

28. Aus der Neperschen Regel ergibt sich:

$$\cos\phi_s = \cos\phi_1 \cdot \sin\alpha \quad \text{und} \quad \cos(\lambda_s - \lambda_1) = \cot\phi_s \cdot \tan\phi_1 .$$

29. $\phi_s = 52,6^o N$, $\lambda_s = 17,3^o O$.

30. $l_{ort} = 71,2^o \mathrel{\hat{=}} 7914\,km$, $\alpha = 52,4^o$, $\beta = 49,1^o$, $\phi_s = 51,3^o N$, $\lambda_s = 27,6^o W$.

31. Es sind zunächst Gleichungen für $\angle(AFB)$ und $\overline{AF}$ herzuleiten:

$$\begin{aligned} \cos\angle(AFB) &= -\cos(\alpha - \delta_1)\cos(\beta - \delta_2) \\ &\quad + \sin(\alpha - \delta_1)\sin(\beta - \delta_2)\cos l_{ort} , \\ \cos\overline{AF} &= \frac{\cos(\beta - \delta_2) + \cos(\alpha - \delta_1)\cos\angle(AFB)}{\sin(\alpha - \delta_1)\sin\angle(AFB)} . \end{aligned}$$

Daraus ergeben sich durch die folgenden Gleichungen die gesuchten Koordinaten:

$$\begin{aligned} \sin\phi_F &= \sin\phi_1 \cos\overline{AF} + \cos\phi_1 \sin\overline{AF} \cos\delta_1 , \\ \cos(\lambda_F - \lambda_1) &= \frac{\cos\overline{AF} - \sin\phi_F \sin\phi_1}{\cos\phi_F \cos\phi_1} . \end{aligned}$$

32. $\phi_F = 57,4^o N$, $\lambda_F = 26,9^o W$.

33. $\phi = 24,6^o N$, $\lambda = 9,1^o W$.

A.2 Lösungen der Aufgaben des 2. Kapitels

1. Die Eindeutigkeit der Zuordnung einer Geraden zu zwei Punkten (Axiom I/2) läßt sich bei dem angegebenen Modell nur erreichen, falls alle auftretenden Geraden als identisch betrachtet werden, was jedoch Axiom I/4 widerspricht.

2. Die Gültigkeit der Axiome in Modell 3 ergibt sich unmittelbar. Wegen I/3 ist eine geringere Anzahl von Punkten sowie wegen I/2 und I/3 eine geringere Anzahl von Geraden nicht möglich.

3. Nichttrivial ist lediglich der Nachweis der Gültigkeit von Axiom I/2. Dieser entspricht der Herleitung der Zweipunktegleichung einer Geraden und erfolgt durch Einsetzen der Koordinaten der beiden gegebenen Punkte in die angegebene Geradengleichung, wodurch sich ein Gleichungssystem mit zwei Gleichungen ergibt, dessen Lösung zu der Zweipunktegleichung führt.

4. Vergleiche Teil a) mit Aufgabe 1. im 1. Kapitel, Teil b) läßt sich auf dieselbe Art nachweisen.

5. Geraden werden als Vereinigungsmengen von Strecken definiert, die entweder parallel zur x-Achse oder zur y-Achse sind. Dabei muß gefordert werden, daß jeder Endpunkt einer Strecke stets Endpunkt noch genau einer weiteren Strecke ist (dadurch wird sowohl die „Ununterbrochenheit" als auch die Unendlichkeit von Geraden gesichert). Weiterhin ist zu fordern, daß für die Koordinaten der Endpunkte zweier Strecken a und b einer Geraden stets entweder alle x-Koordinatenwerte der Endpunkte von a kleiner oder gleich allen x-Werten der Endpunkte von b *und* alle y-Werte von a kleiner oder gleich allen y-Werten von b sind oder umgekehrt. (Durch die letztgenannte Bedingung wird erreicht, daß der Streckenzug eine „aufsteigende" Form erhält.)

6. Beide Folgerungen ergeben sich aus der Def. II.1 und dem Axiom II/3.

7. In den Modellen 2 und 3 existieren keine Punktetripel, welche die Zwischenrelation erfüllen. Somit sind alle offenen Strecken mit der leeren Menge identisch, die Menge der abgeschlossenen Strecken entspricht der Menge der Geraden.

8. Das Axiom III/1 kann nachgewiesen werden, indem die Existenz von genau zwei Lösungen eines Gleichungssystems gezeigt wird, das aus einer linearen Gleichung (Geradengleichung) und einer quadratischen

Gleichung (Abstandsbedingung) besteht. Die lineare Gleichung ist dazu in die quadratische Gleichung einzusetzen. Für den Nachweis von III/2 sind die offenen Halbebenen bezüglich einer Geraden g als Lösungsmengen von Ungleichungen darzustellen, die sich aus der Gleichung von g ergeben, indem das Gleichheitszeichen durch „<" bzw. „>" ersetzt wird.

9. Aus der Abstandstreue von Bewegungen ergibt sich die Invarianz der Zwischenrelation bei Bewegungen und damit die Strecken- und Halbgeradentreue (Teile b) und c) von Satz IV.2). Teil d) folgt unmittelbar aus a) - c).

12. Der Beweis kann in völliger Analogie zu dem von Satz IV.5 geführt werden.

13. Nach dem Kongruenzsatz *sws* sind die Dreiecke $\overline{ABC}$ und $\overline{BAC}$ kongruent, woraus die Behauptung unmittelbar folgt.

16. Teil a) der Behauptung folgt aus Satz IV.13 a). Für den Nachweis von Teil b) sei angenommen, daß $\angle(g', h') \equiv \angle(g, h)$ und dabei $\angle(g', h')$ ein rechter Winkel sowie $\angle(g, h)$ (mit dem Scheitel O) kein rechter Winkel sei. Dann existiert ein Strahl h'' in derselben Halbebene bzgl. g wie h, so daß $\angle(g, h'')$ ein rechter Winkel ist. Es werden nun die Punkte P, Q, R mit $|OP| = |OQ| = |OR|$, $P \in g$, $Q \in h''$ und $R \in g^-$ sowie der Schnittpunkt S von h mit der Geraden RQ betrachtet. Dann kann nachgewiesen werden, daß $\overline{ORQ} \equiv \overline{OPQ}$ sowie $\overline{ROS} \equiv \overline{POS}$ gilt, woraus sich die Behauptung leicht ableiten läßt.

17. Für den Nachweis, daß jeder stumpfe Winkel $\angle(g, h)$ einen rechten Winkel enthält (Teil a)) ist eine Halbgerade h' in derselben Halbebene bzgl. g wie h und mit dem Anfangspunkt O (Scheitel von $\angle(g, h)$) zu betrachten, die mit g einen rechten Winkel einschließt. Da $\angle(g, h)$ kein stumpfer und kein rechter Winkel ist, liegt h nicht im Innern von $\angle(g, h')$ und ist auch nicht mit h' identisch. Um den Beweis zu vollenden, ist für zwei Punkte $A \in h$ und $B \in g$ sowie den Schnittpunkt C von AB mit h' nachzuweisen, daß C zwischen A und B liegt, woraus folgt, daß h' im Innern von $\angle(g, h)$ liegt. Der Beweis von b) erfolgt ähnlich, währendgegen c) erst mit dem schwachen Außenwinkelsatz (Satz IV.20) effektiv nachgewiesen werden kann. (Für den Beweis von Satz IV.20 wird die Folgerung IV.3 nicht benötigt.)

18. Für $P \in g$ folgt die Eindeutigkeit des Lotes aus der Eindeutigkeit der Winkelantragung. Ansonsten seien A und B die Fußpunkte zweier Lote von P auf g und $D \in BP^-$ mit $|BD| = |PB|$. Nach dem

Kongruenzsatz *sws* sind die Dreiecke $\overline{ABP}$ und $\overline{ABD}$ kongruent, insbesondere gilt also $\angle(BAP) \equiv \angle(BAD)$, woraus sich ergibt, daß P, A und D kollinear sind, was wiederum sehr schnell zu $A = B$ führt.

22. Falls in einem Dreieck $\overline{ABC}$ $|AC| < |BC|$ ist, so existiert ein Punkt $D \in \overline{BC}$ mit $|CD| = |CA|$ und daher (wegen des Basiswinkelsatzes) $\angle(CAD) \equiv \angle(CDA)$. Es bleibt nachzuweisen, daß $\angle(CAD) < \angle(CAB)$ (was sich sehr schnell ergibt) und $\angle(CBA) < \angle(CDA)$ ist. Die zweite Ungleichung kann unmittelbar bewiesen werden, was etwas aufwendiger ist, oder es wird der erst im Abschnitt 2.5.5 formulierte Satz IV.20 benutzt. Dies ist legitim, da der Beweis von Satz IV.20 nicht auf dem Satz IV.18 aufbaut. Für den Nachweis der umgekehrten Richtung (Voraussetzung $\angle(CAB) > \angle(CBA)$) wird in B an BA^+ ein zu $\angle(CAB)$ kongruenter Winkel $\angle(ABD)$ angetragen, der Schnittpunkt von BD und AC betrachtet und die Dreiecksungleichung angewendet.

23. Es genügt, die Gültigkeit der Bedingungen 1. und 3. nachzuweisen, da die der 2. Bedingung daraus folgt. Während der Beweis für Bedingung 1. keine Probleme bereitet, ist der von Bedingung 3. etwas komplizierter. Dazu seien zwei Winkel $\angle(p,q)$ und $\angle(r,s)$ gegeben, $\angle(p,q')$ sei ein zu $\angle(r,s)$ kongruenter Winkel mit demselben Scheitel wie $\angle(p,q)$, wobei sich q' in der Halbebene bezüglich p befindet, in der q nicht liegt (eine solche Halbgerade q' existiert nach Folgerung IV/2). Es ist nun zu zeigen, daß

$$m(\angle(q,q')) = m(\angle(p,q)) + m(\angle(r,s)) = m(\angle(p,q)) + m(\angle(p,q'))$$

gilt. Dazu seien $\angle(p,p_1) \equiv \angle(p_1,p_2) \equiv \ldots \equiv \angle(p_{n-1},p_n)$ sowie $\angle(p,p'_1) \equiv \angle(p'_1,p'_2) \equiv \ldots \equiv \angle(p'_{n-1},p'_n)$ Winkel, die zu einem Winkel kongruent sind, der sich durch Unterteilung des gestreckten Winkels in 2^n kongruente Teile ergibt. Dann existieren natürliche Zahlen k und l mit

$$\angle(p,p_k) \leq \angle(p,q) < \angle(p,p_{k+1}) \quad \text{und} \quad \angle(p,p'_l) \leq \angle(p,q') < \angle(p,p'_{l+1})$$

und es gilt nach Eigenschaft 1.

$$\frac{k}{2^n} \leq m(\angle(p,q)) < \frac{k+1}{2^n} \quad \text{sowie} \quad \frac{l}{2^n} \leq m(\angle(p,q')) < \frac{l+1}{2^n}$$

und somit

$$\frac{k+l}{2^n} \leq m(\angle(q,q')) < \frac{k+l+2}{2^n} \,,$$

woraus sich

$$|m(\angle(p,q)) + m(\angle(p,q')) - m(\angle(q,q'))| < \frac{2}{2^n}$$

und daher (da n beliebig gewählt werden kann) die Behauptung ergibt.

24. Beide Behauptungen können unmittelbar durch Anwendung des schwachen Außenwinkelsatzes bewiesen werden.

25. Für den Nachweis werden der Stufenwinkelsatz und der Scheitelwinkelsatz angewendet.

26. Vergleiche zu Satz V.2 mit Aufgabe 7. im 1. Kapitel. Der Satz V.3 ergibt sich als unmittelbare Folgerung aus Satz V.2 und dem Nebenwinkelsatz.

30. Es seien O, A_1, A_2, B_1 und B_2 Punkte entsprechend der Voraussetzung von Satz V.12 sowie B_2' ein Punkt auf p_2 mit $A_1B_1 \parallel A_2B_2'$ Nach Satz V.10 und Axiom III/1 sind die Punkte B_2 und B_2' identisch, woraus die Behauptung folgt. Eine andere Möglichkeit der Umkehrung von Satz V.10 besteht darin, die Parallelität *und* die Gültigkeit der Gleichung aus Satz V.10 vorauszusetzen und zu behaupten, daß der Anfangspunkt der Strahlen p_1 und p_2 identisch ist. Der Beweis dieser Umkehrung verläuft ähnlich dem hier kurz beschriebenen Beweis von Satz V.12.

31. Die Reflexivität gilt trivialerweise (da die Identität eine Ähnlichkeitsabbildung ist) und die Symmetrie folgt aus der Bijektivität (und damit Umkehrbarkeit) der Ähnlichkeitsabbildungen (die sich ihrerseits wiederum aus der Bijektivität der Bewegungen und der zentrischen Streckungen ergibt) sowie der leicht zu begründenden Tatsache, daß die Inverse einer Ähnlichkeitsabbildung ebenfalls eine Ähnlichkeitsabbildung ist. Für den Nachweis der Transitivität muß noch gezeigt werden, daß die Hintereinanderausführung zweier Ähnlichkeitsabbildungen eine Ähnlichkeitsabbildung ist, was unter Verwendung von Satz V.16 relativ einfach ist.

A.3 Lösungen der Aufgaben des 3. Kapitels

1. Die eine Richtung von Satz 2 wurde mit Satz V.1 in Abschnitt 2.6.1 bereits nachgewiesen. Gilt umgekehrt der Stufenwinkelsatz, so folgt (als Kontraposition daraus), daß nur solche Geraden parallel sein können, die mit einer beliebigen dritten Geraden kongruente Stufenwinkel einschließen. Aus der Eindeutigkeit der Winkelantragung ergibt sich wie im Beweis von Satz 1 die Eindeutigkeit der Parallelen.

2. Es empfiehlt sich, den Hilfssatz zunächst für den Fall zu beweisen, daß ein Dreieck $\Delta = \overline{ABC}$ in *zwei* Teildreiecke $\Delta_1 = \overline{BCD}$ und $\Delta_2 = \overline{ACD}$ zerlegt ist. Die Behauptung (die dann lautet $\pi - IWS(\overline{ABC}) = \pi - IWS(\overline{BCD}) + \pi - IWS(\overline{ACD})$) läßt sich durch einfaches Rechnen unter Berücksichtigung des Nebenwinkelsatzes und der Tatsache, daß einer der Winkel von $\overline{ABC}$ aus jeweils einem der Winkel der beiden Teildreiecke zusammengesetzt ist, zeigen. Für die Zerlegung in n Teildreiecke kann die Behauptung des Satzes dann sehr leicht mittels vollständiger Induktion nachgewiesen werden.

3. Nach dem Kongruenzsatz sws sind die Dreiecke $\overline{ACB}$ und $\overline{BDA}$ kongruent, somit gilt $\angle(ACB) \equiv \angle(BDA)$, $\overline{AC} \equiv \overline{BD}$ und $\angle(ABD) \equiv \angle(BAC)$ sowie wegen letztgenanntem und der rechten Winkel des Vierecks $\overline{ABCD}$ bei A und B auch $\angle(CBD) \equiv \angle(DAC)$. Somit sind auch die Dreiecke $\overline{DAC}$ und $\overline{CBD}$ kongruent, woraus die Behauptung folgt.

4. Der Beweis erfolgt völlig analog zu dem von Satz 7 durch Zerlegung in Teildreiecke und die Anwendung der Sätze 3 – 5.

5. Aus der Existenz einer Geraden g und eines Punktes A, durch den nur eine Parallele zu g verläuft, läßt sich zeigen, daß diese Parallele und g mit einer dritten Geraden (die ebenfalls durch A verläuft) kongruente Stufenwinkel bilden. (Der Beweis hierfür erfolgt wie der Beweis des Stufenwinkelsatzes.) Damit läßt sich die Existenz eines Dreiecks mit einer Innenwinkelsumme von 180° nachweisen (analog zum Beweis des Innenwinkelsatzes der euklidischen Geometrie), woraus nach den Sätzen 3 und 5 die Gültigkeit des Parallelenaxioms folgt. Die umgekehrte Richtung (1. $\Rightarrow$ 2.) gilt trivialerweise.

6. Nach dem Nebenwinkelsatz addiert sich ein beliebiger Außenwinkel eines Dreiecks mit dem anliegenden Innenwinkel zu zwei Rechten. Wegen Satz L4 (Innenwinkelsatz) muß daher die Summe der beiden anderen Innenwinkel kleiner als der Außenwinkel sein.

7. Nach dem Innenwinkelsatz muß wegen des rechten Winkels bei A das Maß jedes der Winkel $\angle(APA_1)$ und $\angle(APA_2)$ für beliebige Punkte $A_1, A_2 \in a$ stets echt kleiner als 90° sein. Ihr Grenzwert kann daher höchstens diesen Wert annehmen.

8. Wären die beiden Parallelwinkelwinkel gleich, so würde nach dem Nebenwinkelsatz ein Viereck mit einer Innenwinkelsumme von 360° entstehen, woraus die Existenz zweier Dreiecke mit einer Innenwinkelsumme von jeweils 180° folgt, was im Widerspruch zu Satz L4 steht.

9. Wegen der ersten Voraussetzung ist keine der gerichteten Streckenlängen $|AU|$, $|BU|$, $|AV|$ und $|BV|$ gleich Null und somit auch das Doppelverhältnis von Null verschieden. Da die Punkte A und B zwischen den Punkten U und V liegen, ist entweder $|AU| < 0$, $|BU| < 0$, $|AV| > 0$ und $|BV| > 0$ oder umgekehrt. In beiden Fällen ist (A, B, U, V) positiv. Damit ist die Eigenschaft 1. nachgewiesen. Der Nachweis der Eigenschaft 2. erfolgt durch unmittelbaren Rückgriff auf die Definition, 3. ergibt sich durch einfaches Ausrechnen:

$$(A, B, U, V) \cdot (B, C, U, V) = \frac{\frac{|AU|}{|BU|}}{\frac{|AV|}{|BV|}} \cdot \frac{\frac{|BU|}{|CU|}}{\frac{|BV|}{|CV|}} = \frac{\frac{|AU|}{|CU|}}{\frac{|AV|}{|CV|}} = (A, C, U, V) .$$

10. Falls die Punkte A und B identisch sind, gilt $(A', B', U, V) = 1$, falls C und D identisch sind, $\frac{|CW|}{|DW|} = 1$, der natürliche Logarithmus ist in beiden Fällen Null. Ist umgekehrt $|AB|_N = 0$ bzw. $|CD|_N = 0$, so muß $(A', B', U, V) = 1$ bzw. $\frac{|CW|}{|DW|} = 1$ sein, woraus die Identität von A und B sowie von C und D folgt. Die Gültigkeit des Axioms II/1 ist somit gesichert. Die des Axioms II/2 ergibt sich für Punkte auf N-Geraden des Typs 2 unmittelbar und auf solchen des Typs 1 aus der Eigenschaft 2 des Doppelverhältnisses:

$$|BA|_N = \frac{|\ln(B', A', U, V)|}{2} = \frac{\left|\ln \frac{1}{(A', B', U, V)}\right|}{2} = \frac{|-\ln(A', B', U, V)|}{2} = |AB|_N .$$

11. Der Nachweis kann analog zu dem für drei Punkte auf einer N-Geraden vom Typ 1 geführt werden: Falls B zwischen A und C liegt, so sind die Logarithmen $\ln \frac{|BW|}{|AW|}$ und $\ln \frac{|CW|}{|BW|}$ entweder beide negativ oder beide positiv, die Summe der Absolutbeträge beider Logarithmen ist somit gleich dem Betrag ihrer Summe. Wegen $\frac{|BW|}{|AW|} \cdot \frac{|CW|}{|BW|} = \frac{|CW|}{|AW|}$ ergibt sich dann die Behauptung.

12. Ist O ein Punkt auf einer N-Geraden vom Typ 2 mit dem uneigentlichen Punkt W, so ist $\ln\frac{|QW|}{|OW|}$ für alle Punkte Q „oberhalb" von O positiv und $\ln\frac{|PW|}{|OW|}$ für alle Punkte „unterhalb" von O negativ. Es existieren also genau zwei Punkte P und Q, die von O den nichteuklidischen Abstand a haben. Diese Punkte werden durch $\frac{|QW|}{|OW|} = e^a$ und $\frac{|PW|}{|OW|} = e^{-a}$ festgelegt. Daß sich P und Q auf unterschiedlichen Halbgeraden bezüglich O befinden, liegt auf der Hand.

13. Daß alle drei im Satz genannten Arten von Abbildungen die nichteuklidische Ebene auf sich abbilden, ist leicht einzusehen. Es bleibt zu zeigen, daß sie N-Abstände unverändert lassen. Nach Definition P2 und der Definition des Doppelverhältnisses ergibt sich sofort, daß Abbildungen, die euklidische Abstände unverändert lassen, diese Bedingung erfüllen. Nach Satz V.14 (5.) in Abschnitt 2.6.3 bleiben Streckenverhältnisse bei zentrischen Streckungen unverändert, woraus (da Doppelverhältnisse Quotienten von Streckenverhältnissen sind) wegen Definition P2 sofort die (nichteuklidische) Abstandstreue der zentrischen Streckungen folgt.

14. Das Bild P'' eines beliebigen Punktes P bei der Hintereinanderausführung zweier Inversionen mit dem gemeinsamen Inversionspol M und den Inversionsradien r_1 und r_2 liegt auf der Geraden MP und hat von M den Abstand $|MP''| = \frac{r_2^2}{r_1^2} \cdot |MP|$. Die Hintereinanderausführung dieser beiden Inversionen ist somit eine zentrische Streckung mit dem Zentrum M und dem Streckungsfaktor $\frac{r_2^2}{r_1^2}$. Umgekehrt läßt sich jede zentrische Streckung mit einem Streckungsfaktor k als Hintereinanderausführung zweier Inversionen darstellen, für deren Inversionsradien $\frac{r_2^2}{r_1^2} = k$ gilt. Die beiden Inversionen sind also durch die gegebene zentrische Streckung nicht eindeutig bestimmt.

15. Das Lot von einem Punkt P auf eine N-Gerade g vom Typ 2 mit dem uneigentlichenPunkt W ist Teil eines Kreises durch P mit dem Mittelpunkt W. Ist g eine N-Gerade vom Typ 2 (also euklidisch ein Halbkreis) und ist der (euklidische) Lotfußpunkt von P auf die Randgerade u der Mittelpunkt dieses Halbkreises, so ergibt sich das Lot von P auf g durch das Fällen des euklidischen Lotes von P auf u. Ist schließlich g (euklidisch) ein Halbkreis mit dem Mittelpunkt M und der Lotfußpunkt von P auf u nicht der Mittelpunkt dieses Halbkreises, so errichten wir in P die Senkrechte zu MP und konstruieren den (euklidischen) Mittelpunkt N der Strecke $\overline{MQ}$, wobei Q der Schnittpunkt der Senkrechten mit der Randgeraden u ist. Um N zeichnen

wir einen Kreis k, der durch M (und damit auch durch Q) verläuft. Der Schnittpunkt dieses Kreises mit g sei S. Da $\angle(MPQ)$ nach unserer Konstruktion ein rechter Winkel ist, liegt P auf dem Kreis k (Umkehrung des Satzes des Thales). Weiterhin ist nach dem Satz des Thales $\angle(MSQ)$ ebenfalls ein rechter Winkel ($\overline{MQ}$ ist Durchmesser von k und die Punkte P und S liegen auf der Peripherie von k). Die durch den Kreis gegebene N-Gerade verläuft also durch P und schneidet g im Punkt S unter einem rechten Winkel.

16. Es sei g eine N-Gerade vom Typ 1 und h eine N-Gerade vom Typ 2. (Durch geeignete N-Bewegungen, welche ja die Eigenschaft des Senkrechtstehens erhalten, läßt sich jeder mögliche Fall darauf zurückführen.) Ist W der uneigentliche Punkt von h, so legen wir von W aus die euklidische Tangente an den Halbkreis g. Diese Tangente berühre g in einem Punkt P. Der Halbkreis um W durch den Punkt P ist sowohl zu g als auch zu h senkrecht. Die durch diesen Halbkreis gegebene N-Gerade ist also eine gemeinsame Senkrechte von g und h. Mehr als eine gemeinsame Senkrechte können zwei nichteuklidische Geraden nicht besitzen, da sonst ein Viereck mit einer Innenwinkelsumme von 360° entstünde, was dem Lobatschewskischen Parallelenaxiom widerspricht.

17. Der N-Abstand des Punktes P von der Geraden g entspricht dem N-Abstand zwischen P und dem Fußpunkt A des (nichteuklidischen) Lotes von P auf g. Die Punkte P und A liegen auf einem (euklidischen) Kreis mit dem Mittelpunkt W. Ist Q ein beliebiger Punkt, der auf der euklidischen Halbgeraden WP^+ liegt, und B der Fußpunkt des (nichteuklidischen) Lotes von Q auf g, so liegen Q und B ebenfalls auf einem Kreis um W. Es existiert somit eine N-Bewegung (zentrische Streckung mit dem Zentrum W), die P auf Q und A auf B abbildet und es gilt daher $|AP|_N = |BQ|_N$. P und Q haben also den gleichen Abstand von der N-Geraden g. Da Q auf WP^+ beliebig gewählt war, trifft dies für alle Punkte dieser Halbgeraden zu.

18. Nach den Sätzen L14 und L16 existieren in jeder noch so kleinen Umgebung sowohl von 0 als auch von $\frac{\pi}{2}$ Zahlen, die als Funktionswerte von Π angenommen werden. Wegen der Stetigkeit von Π folgt durch Anwendung des Zwischenwertsatzes die Behauptung.

19. Aus (31) folgt

$$\cos\alpha \cdot \cos\beta = \tanh q \cdot \coth b \cdot \tanh(\pm(c-q)) \cdot \coth a \ ,$$

wegen (30) wird daraus

$$\cos\alpha \cdot \cos\beta = \pm\frac{\sinh q \sinh(c-q)}{\sinh a \sinh b} \cdot \cosh^2 h_c \; .$$

Weiterhin ergibt sich aus (28) und (31) unter Anwendung des Additionstheorems für den Kosinus

$$\cos\gamma = \cos(\gamma_1 \pm \gamma_2) = \frac{\tanh^2 h_c}{\tanh a \tanh b} \mp \frac{\sinh q \sinh(c-q)}{\sinh a \sinh b}$$

und somit

$$\cos\gamma + \cos\alpha\cos\beta = \frac{\sinh^2 h_c}{\sinh a \sinh b}\left(\frac{\cosh a \cosh b}{\cosh^2 h_c} \pm \sinh q \sinh(c-q)\right) .$$

Durch Einsetzen der aus (28) folgenden Beziehungen

$$\sin\alpha = \frac{\sinh h_c}{\sinh b} \quad \text{und} \quad \sin\beta = \frac{\sinh h_c}{\sinh c}$$

sowie der wegen (30) geltenden Gleichungen

$$\cosh q = \frac{\cosh a}{\cosh h_c} \quad \text{und} \quad \cosh(c-q) = \frac{\cosh b}{\cosh h_c}$$

ergibt sich schließlich nach einigen Umformungen die Behauptung

$$\cos\gamma = -\cos\alpha \cdot \cos\beta + \sin\alpha \cdot \sin\beta \cosh c \; .$$

Literaturverzeichnis

[1] Athen H., Bruhn J., *Trigonometrie und Kugelgeometrie in vektorieller euklidischer und nichteuklidischer Darstellung*, Unterrichtshefte zur Mathematik von heute, Heft Z.1, Schroedel/Schöningh, Hannover, Paderborn, 1960

[2] Athen H., *Zweidimensionale nichteuklidische Geometrie in der Kugelfläche*, in: Der Mathematikunterricht 14 (1967), 1, S. 37ff

[3] Baldus R., Löbell F., *Nichteuklidische Geometrie (Hyperbolische Geometrie der Ebene)*, Walter de Gruyter & Co., Berlin, 1953

[4] Bogomolov S. A., *Vvedenije v neevklidovu geometriju rimana*, Ontu gosudarstvennoe techniko-teoretitscheskoe isdatelstvo, Moskau, Leningrad, 1934

[5] Böhm I. u.a., *Geometrie I - Axiomatischer Aufbau der euklidischen Geometrie*, Deutscher Verlag der Wissenschaften, Berlin, 1974

[6] Bolyai J., *Appendix, scientiam spatii absolute veram exhibens*, in: Reichardt H.: Gauß und die Anfänge der nicht-euklidischen Geometrie, Teubner–Archiv zur Mathematik, Band 4, Leipzig, 1985

[7] Dieudonne J., *The universal domination of geometry*, in: Zentralblatt für Didaktik der Mathematik, 13 (1981), 1, S. 5 - 7

[8] Choquet G., *Neue Elementargeometrie*, Fachbuchverlag, Leipzig, 1969

[9] Choquet G., *Untersuchung einer für den Erstunterricht in Geometrie bequem zugänglichen Axiomatik*, in: Der Mathematikunterricht, 13(1967), 1, S. 5 - 44

[10] Efimow N. W., *Höhere Geometrie*, Deutscher Verlag der Wissenschaften, Berlin, 1960

[11] Euklid, *Die Elemente* (nach Heibergs Text aus dem Griechischen übersetzt und herausgegeben von Clemens Thar), Teile 1 - 5 (Bücher 1 - 13), Ostwalds Klassiker der exakten Wissenschaften, Akademische Verlagsgesellschaft, Leipzig, 1933 - 1937

[12] Gonseth F., *Elementare und nichteuklidische Geometrie (in axiomatischer Darstellung und ihr Verhältnis zur Wirklichkeit)*, Orell Füssli, Zürich, 1960

[13] Flachsmeyer J., Prohaska L., *Algebra*, Deutscher Verlag der Wissenschaften, Berlin, 1980

[14] Fladt K., *Die Geometrie auf der Kugel*, in: Der Mathematikunterricht, 13 (1966), 1, S. 71 - 78

[15] Griesel H., *Lokales Ordnen und Aufstellen einer Ausgangsbasis - Ein Weg zur Behandlung der Geometrie in der Unter- und Mittelstufe*, in: Der Mathematikunterricht, 9 (1963), 4, S. 55 - 65

[16] Hajos G., *Einführung in die Geometrie*, Teubner, Leipzig, 1983

[17] Halameisär A., Seibt H., *Nikolai Iwanowitsch Lobatschewski*, Teubner, Leipzig, 1978

[18] Hilbert D., *Grundlagen der Geometrie*, (1. Auflage 1899) 12. Auflage, Teubner, Stuttgart, 1968

[19] Kagan B., *Ein System von Postulaten, welche die euklidische Geometrie definieren*, in: Jahresbericht der Deutschen Mathematikervereinigung, 11, 1902, S. 403 - 424

[20] Kirsch A., *Ein didaktisch orientiertes Axiomensystem der Elementargeometrie*, in: Der mathematische und naturwissenschaftliche Unterricht, 25 (1972), 3, S. 139 - 145

[21] Klotzek B., *Geometrie*, Deutscher Verlag der Wissenschaften, Berlin, 1971

[22] Klotzek B., Quaisser E., *Nichteuklidische Geometrie*, Deutscher Verlag der Wissenschaften, Berlin, 1978

[23] Kolmogorov A. N., *Geometrija 8*, Prosweschtschenije, Moskau, 1977

[24] Lambacher Schweizer Mathematisches Unterrichtswerk: *Kugelgeometrie*, 3. Auflage, Klett - Verlag, Stuttgart, 1955

[25] Lobatschewski N. I., *Geometrische Untersuchungen zur Theorie der Parallellinien*, in: Reichardt H.: Gauß und die Anfänge der nicht-euklidischen Geometrie, Teubner–Archiv zur Mathematik, Band 4, Leipzig, 1985

[26] Meschkowski H., *Nichteuklidische Geometrie*, Friedrich Vieweg & Sohn, Braunschweig, 1954

[27] Moise E. E., Downs F. L. jr., *Geometry*, Addison-Wesley Publishing Company Inc., Reading, Palo Alto, London, 1964

[28] Norden A.P., *Elementare Einführung in die Lobatschewski-Geometrie*, Deutscher Verlag der Wissenschaften, Berlin, 1958

[29] Papy G., *Die Geometrie im modernen Mathematikunterricht*, in: Der mathematische und naturwissenschaftliche Unterricht, 19(1966/67), 7, S. 199 - 202

[30] Perron O., *Nichteuklidische Elementargeometrie der Ebene*, B. G. Teubner Verlagsgesellschaft, Stuttgart, 1962

[31] Pickert G., *Ebene Inzidenzgeometrie*, 2. Auflage Otto Salle Verlag, Frankfurt/Main, Hamburg, 1969

[32] Quaisser E., *Bewegungen in der Ebene und im Raum*, Mathematische Schülerbücherei Nr. 116, Deutscher Verlag der Wissenschaften, Berlin, 1983

[33] Reichardt H., *Gauß und die Anfänge der nicht-euklidischen Geometrie, mit Originalarbeiten von J. Bolyai, N. I. Lobatschewski und Felix Klein*, Teubner–Archiv zur Mathematik, Band 4, Leipzig, 1985

[34] Rixecker H., *Ein Plädoyer für die sphärische Trigonometrie*, in: Praxis der Mathematik, 20 (1978), 12

[35] Rixecker H., *Moderne Trigonometrie*, in: Der Mathematikunterricht, 30 (1984), 3, S. 6 - 25

[36] Rosenfeld B. A., *Axiome und Grundlagen der Geometrie*, in Enzyklopädie der Elementarmathematik, Band IV, S. 3 -44, Deutscher Verlag der Wissenschaften, Berlin, 1969

[37] Rosenfeld B. A., *Die Grundbegriffe der sphärischen Geometrie*, in Enzyklopädie der Elementarmathematik, Band IV, S. 529 - 572, Deutscher Verlag der Wissenschaften, Berlin, 1969

[38] Rosenfeld B. A., Jaglom I.M., *Nichteuklidische Geometrie*, in Enzyklopädie der Elementarmathematik, Band V, S. 387 - 470, Deutscher Verlag der Wissenschaften, Berlin, 1971

[39] Schilling F., *Die Pseudosphäre und die nichteuklidische Geometrie*, Teubner, Leipzig, 1935

[40] Schilling F., *Pseudosphärische, hyperbolisch-sphärische und elliptisch-sphärische Geometrie*, Teubner, Leipzig, 1937

[41] Schupp H., *Alternativgeometrien im Unterricht der Sekundarstufe I*, in: Der Mathematikunterricht, 30 (1984), 2, S. 37 - 48

[42] Schur F., *Grundlagen der Geometrie*, Teubner, Leipzig, 1909

[43] Smith D.E., *History of mathematics*, Bände 1 und 2, Dover publ. inc., New York, 1958

[44] Stäckel P., *Die Theorie der Parallellinien von Euklid bis auf Gauß - eine Urkundensammlung zur Vorgeschichte der nichteuklidischen Geometrie*, Teubner, Leipzig, 1895

[45] Steinert K. G., *Sphärische Trigonometrie*, Teubner, Leipzig, 1977

[46] Störig H. J., *Kleine Weltgeschichte der Philosophie*, 15. Auflage (1. Auflage 1950), Verlag W. Kohlhammer, Stuttgart, Berlin, Köln, 1990

[47] Struik D. J., *Abriß der Geschichte der Mathematik*, Deutscher Verlag der Wissenschaften, Berlin, 1980

[48] Weißleder B., *Der Geometrielehrgang in der UdSSR, Klasse 6; Vergleich der Axiomensysteme von Hilbert und Kolmogorov*, Diplomarbeit, Humboldt-Universität zu Berlin, Sektion Mathematik, 1977

[49] Zacharias M., *Das Parallelenproblem und seine Lösung*, BSB B.G. Teubner Verlagsgesellschaft, Leipzig, 1951

[50] Zeitler H., *Anregungen zur Oberstufengeometrie*, in: Praxis der Mathematik, 12 (1970), 9, S. 237 - 241

[51] Zeitler H., *Inzidenzgeometrie*, Bayerischer Schulbuchverlag, München, 1972

[52] Zeitler H., *Modelle der euklidischen und nichteuklidischen Geometrie*, in: Praxis der Mathematik, 12 (1970), 2, S. 33 - 38

[53] Zeitler H., *Nichteuklidische Geometrie — was ist das?*, in: Praxis der Mathematik, 28 (1986), 5, S. 257 - 265

Stichwortverzeichnis

Abbildung
  Ähnlichkeits-, 117
  eineindeutige, 83
  inverse, 83
  isometrische, 128
  konforme, 191
  Umkehr-, 83
absolute Länge, 203
Abstand, 2, 73
  Einführung mit Hilfe von Stetigkeitsaxiomen, 133
  im Poincaré-Modell, 178
  orientierter, 136
  pseudoeuklidischer, 219
  Punkt - Gerade, 106
  sphärischer, 7
Abstandsaxiome, 63, 73, 125
  von MOISE, DOWNS, 126
Abstandsfunktion, 3
Abstandslinie, 112, 113, 158
  im Poincaré-Modell, 193
ähnlich, 117, 120
Ähnlichkeit, 117, 120
  und Parallelenaxiom, 159
  von Dreiecken, 122
Ähnlichkeitsabbildung, 117, 119
Anfangskurswinkel, 34
Anfangspunkt
  einer Halbgeraden, 78
Anordnung
  lineare, 127
Anordnungsaxiome, 63, 80, 127
  im Axiomensystem von HILBERT, 130
Anordnungsgeometrie, 80
Anschauungsgeometrie, 59, 76
Äquatorsysteme, 38, 39
Äquivalenzklasse
  kongruenter Winkel, 97
  rechter Winkel, 94
  von Strecken, 78, 131
Äquivalenzrelation, 89, 120
ARISTOTELES, 42
astrologische Zeichen, 40
astronomische Jahrbücher, 38
astronomische Koordinaten, 37
  Azimut, 38, 39
  beobachterunabhängige, 38
  Deklination, 39
  Höhe, 38, 39
  Rektaszension, 39
  Stundenwinkel, 39
Außenwinkel eines Dreiecks, 105
Außenwinkelsatz
  euklidische Geometrie, 111
  Lobatschewski-Geometrie, 168
  schwacher, 105
Aussagen
  ableitbare, 61
  unbewiesene, 61
Axiom
  der linearen Vollständigkeit, 133
  des Senkrechtstehens, 135
  von ARCHIMEDES, 131

von CANTOR, 103, 131
von DEDEKIND, 133
von PASCH, 81, 127, 132
Axiome, 13, 61
bei EUKLID, 53
der affinen Struktur, 134
der Anordnung, 63, 80, 127
der Bewegungen, 63
der Inzidenz, 62
der metrischen Struktur, 135, 136
der Winkelmessung, 126
des Abstands, 63, 73
Axiomensystem
algebraisch orientiertes, 134
der euklidischen Geometrie, 61
der Raumgeometrie, 137
Anordnungsaxiome, 138
Bewegungsaxiom, 138
Inzidenzaxiome, 137
der sphärischen Geometrie, 139
Anordnungsaxiome, 139
Bewegungsaxiom, 140
Inzidenzaxiome, 139
didaktisch orientiertes, 126
von CHOQUET, 134
von EUKLID, 55
von HILBERT, 130
Varianten, 132
von MOISE, DOWNS, 126, 127
Azimut, 38

Basiswinkelsatz, 92
Begriffe
definierte, 57, 61
nichtdefinierte, 57
BELTRAMI, 175, 217
Bewegung, 61, 83
auf der Sphäre, 10
Drehung, 87
Gleichungsdarstellung, 86
Gruppeneigenschaften, 89
im Poincaré-Modell, 182
physikalische, 89
Spiegelung, 87
Verschiebung, 87
Bewegungsaxiom, 63, 86, 119
Bewegungsaxiome, 127, 132
von GRIESEL, 128
von Kirsch, 128
Bild
einer Geraden
bei Bewegungen, 84
bei zentrischen Streckungen, 118
einer Halbebene
bei Bewegungen, 85
bei zentrischen Streckungen, 118
einer Halbgeraden
bei Bewegungen, 84
bei zentrischen Streckungen, 118
einer Strecke
bei Bewegungen, 84
bei zentrischen Streckungen, 118
eines Winkels
bei Bewegungen, 85
bei zentrischen Streckungen, 118
Bilinearform
indefinite, 219
positiv definite, 218
Bogenelement, 226
Bogenlänge, 6
Bogenmaß, 104
BOLYAI, FARKAS, 163
BOLYAI, JANOS, 163, 165
Breite, 4
Breitenkoordinate, 4

Breitenkreis, 4

CAVALIERI, 44

Definition, 56
axiomatische, 13, 57
bei EUKLID, 53
diametral, 6, 9
diametrales Punktepaar, 6
divergierende Geraden, 173, 196
im Poincaré-Modell, 191
Doppelverhältnis, 178
Drehung, 11, 87, 128
um ein diametrales Punktepaar, 11
Dreieck, 81, 89, 105, 106
Eulersches, 15, 16
nautisches, 40, 41
Polar-, 20, 21
sphärisches, 15, 16
Flächeninhalt, 18, 19
Winkelsumme, 19
Dreiecksungleichung
in der sphärischen Geometrie, 16
Dreikant, 17, 22, 26

Ebene, 65
Einheitssphäre, 7
EINSTEIN, ALBERT, 221
Elementbeziehung, 124
ELEMENTE, 53, 148
Ellipsoid, 33, 141
Endkurswinkel, 34
Entfernung
loxodrome, 34, 35
orthodrome, 33
Ereignisraum, 221
EUKLID, 53
euklidischer Raum, 218
EULER, 44
Eulersches Dreieck, 15, 16
Seitensumme, 21

Fahne, 86
Figur (geometrische), 89
Fixstern, 40, 41
Flächeninhalt
sphärischer Dreiecke, 18, 19
sphärischer Zweiecke, 13, 15
von Figuren der Sphäre, 13
Flächenmaß, 13
Flächen
konstanter Krümmung, 214
Forderungen
an ein Axiomensystem, 58
Frühlingspunkt, 39
Fußpunkt
des Lotes, 95, 106
Fundamentalkreis, 194
V. Postulat, 145
Funkpeilung, 36
Funktion
hyperbolische, 205
Lobatschewskische, 196
Gleichung, 204
Grenzwerte, 199
Monotonie, 198
Stetigkeit, 199
Umkehrfunktion, 202

GAUSS, 163, 165
Geometrie
absolute, 105, 108
affine, 135
auf Flächen konstanter Krümmung, 213
elliptische, 141
euklidische, 60, 105
Axiomensystem der, 61
hyperbolische, 143
innere, 6, 226
lineare, 62
Lobatschewski-, 143

nichteuklidische, 143
projektive, 195, 228
Riemannsche, 226
Gerade, 6, 57, 65, 68
im Poincaré-Modell, 176
in der Taxigeometrie, 76
orientierte, 134
sphärische, 7, 9
Geradenspiegelung, 128
Geschichte
der Geometrie, 51, 144, 145, 148, 162, 175, 226
der sphärischen Geometrie, 42
GIRARD, ALBERT, 44
Größe
eines Winkels, 97
Gradmaß, 104
Grassmann-Identität, 47
Grenzgerade, 171
Grenzwinkel, 169
Großkreis, 6, 10
Großkreisbogen, 6, 7
Grundaussagen, 53, 61
Grundbegriffe, 57, 61, 68
Gruppe, 83

Halbebene, 82
offene, 80
Halbgerade, 76
abgeschlossene, 78
Anfangspunkt einer, 78
offene, 78
Halbkreis
eines Großkreises, 6
Halbsphäre, 19
HILBERT, DAVID, 55
Himmelsäquator, 38
Himmelskugel, 37
Himmelspol, 37
Himmelssphäre, 37
Hintereinanderausführung
einer Bewegung und einer zentrischen Streckung, 119
von Bewegungen, 83
HIPPOKRATES, 53
Höhe, 38
eines Dreiecks, 112
Höhensatz, 122
Umkehrung, 123
Höhenschnittpunktsatz, 112
Homologie, 194
Horizont, 37, 38
Horizontalsystem, 37, 38
hyperbolische Funktionen, 205
hyperbolische Trigonometrie, 204
rechtwinkliger Dreiecke, 206
schiefwinkliger Dreiecke, 210
Seitenkosinussatz, 212
Sinussatz, 210
Winkelkosinussatz, 212
Hypotenuse, 122
Hypothenusenabschnitt, 122
Hypothese
vom rechten Winkel, 156
vom spitzen Winkel, 156
vom stumpfen Winkel, 156

Inertialsystem, 221
Innenwinkel eines Dreiecks, 105
Innenwinkelsatz
absolute Geometrie, 152
euklidische Geometrie, 111
Lobatschewski-Geometrie, 168
sphärische Geometrie, 19
und Parallelenaxiom, 149
Innenwinkelsumme, 149
innere Geometrie, 226
der Sphäre, 6
Inneres eines Winkels, 82
Interpretation
der Grundbegriffe, 68

modellbezogene, 68
Intervallschachtelung, 133
Invarianten, 228
Inversion, 183
Inversionspol, 183
Inversionsradius, 183
Inzidenz, 62, 65, 124
Inzidenzaxiome, 62, 65, 124, 125, 134, 137
im Axiomensystem von HILBERT, 130
Modelle der, 67
Strecke als Grundbegriff, 125
von KIRSCH, 125
von SCHUR, 125
Inzidenzgeometrie, 64
Inzidenzrelation, 124
inzidiert, 65
irreflexiv, 100
Isometrie, 128
Isomorphie, 125
isotroper Kegel, 220

KANT, IMMANUEL, 163
Kathete, 122
Kathetensatz, 122
Umkehrung, 123
KLEIN, FELIX, 227
Kleinkreis, 6
Kleinsches Modell, 194
kollinear, 66
Kollinearität, 66
von Strecken, 125
konform, 191
Kongruenz, 61, 89
in der sphärischen Geometrie, 12
von Strecken, 90
Kongruenzaxiome, 129
im Axiomensystem von HILBERT, 131
Kongruenzklasse, 97
Kongruenzsatz
sss, 95
sphärische Geometrie, 29
ssw, 107
sws, 91
sphärische Geometrie, 17
wsw, 91
sphärische Geometrie, 32
www
Lobatschewski-Geometrie, 168
sphärische Geometrie, 29
konnex, 100
Koordinatenlinie, 4
Koordinatentransformation, 221
KOPERNIKUS, 43
Krümmung
der Ebene, 216
der Pseudosphäre, 217
der Sphäre, 216
des Raumes, 230
Gauß'sche, 213, 216
Hauptkrümmungen, 216
von Flächen, 213, 216, 226
von Kurven, 216
von Mannigfaltigkeiten, 227
Kreis
auf der Sphäre, 5
Sätze am, 123
sphärischer, 8, 31
Kugel, 2
Kugelkoordinaten, 3
Kugelkoordinatensystem, 38
Kugeloberfläche, 2, 6
Kurswinkel, 34
Kurve
nichtrektifizierbare, 7
stetige, 7
Kurvenstück, 6

Lagrange-Identität, 47

LAMBERT, 158
Lambertsches Viereck, 158
Länge, 4
absolute, 203
einer Strecke, 77
eines Großkreisbogens, 7
Maßzahl der, 78
pseudoeuklidische, 219
Längenkoordinate, 4
Längenmaß
einer Strecke, 78
Längenverhältnis, 122
LEGENDRE, 149
Linienelement, 226
LOBATSCHEWSKI, 143, 163–165
Lobatschewski-Geometrie, 166
Entstehungsgeschichte, 162
Lobatschewskische Funktion, 196
Gleichung, 204
Grenzwerte, 199
Monotonie, 198
Stetigkeit, 199
Umkehrfunktion, 202
Lobatschewskisches Parallenaxiom, 166
Logik, mathematische, 59
Lorentz-Transformation, 230
Lot, 95, 106
Loxodrome, 34, 35
loxodrome Entfernung, 34, 35

Maßzahl
der Streckenlänge, 78
eines gestreckten Winkels, 101
eines Winkels, 100
Majorantenkriterium, 103
Mannigfaltigkeit, 226, 228
Materialismus, 232
mathematische Geographie, 33
MENELAOS, 42
Mengen
disjunkte, 79, 80
nichtleere, 79, 80
total geordnete, 132
unbegrenzte, 132
Mengenlehre, 124, 132
Mengenprodukt, 83
Mercatorentwurf, 35
Meridian, 4
Minimalität eines Axiomensystems, 58, 130
Minkowski-Raum, 222
Mittellotensatz, 111
Mittelpunkt einer Strecke, 92
Mittelsenkrechte, 96, 111
Modelle, 64
der Axiomengruppen I – III, 80
der Inzidenz- und Abstandsaxiome, 73–75
der Inzidenzaxiome, 67
der Lobatschewski-Geometrie, 174
Cayley-Kleinsches Modell, 194
Kleinsches Modell, 194
konformes Modell, 191
Poincaré-Modell, 174
pseudoeuklidisches Modell, 222
einer mathematischen Theorie, 67

$\mathbf{N}^2$, 75
N-Abstand, 178
N-Bewegung, 182
N-Gerade, 176
N-Punkt, 176
Nadir, 37, 38
NAPIER, JOHN, 44

nautische Jahrbücher, 38
nautisches Dreieck, 40, 41
Nebenwinkel, 93
Neopositivismus, 232
Nepersche Regel, 24
Nichtableitbarkeitsaussage, 70
nördlichster Punkt, 35
Nordpol, 4
Normaleneinheitsvektor, 215
Nullwinkel, 81

Oberbegriff, 56
Oktaeder, 26
Ordnung
 lineare, 139
 totale irreflexive, 100
 totale reflexive, 134
 zyklische, 139, 140
Ordnungsrelation, 134
Ordnungsstruktur, 134
Orthodrome, 33
orthodrome Entfernung, 33
Orthogonalprojektion, 135
Ortsmeridian, 38
Ortsvektor, 136

parallel, 66, 108, 171
Parallele
 Existenz, 109
Parallelenaxiom, 63, 109, 110, 129, 131, 134, 145
 Beweisversuche für das Parallelenaxiom, 148
 der Lobatschewski-Geometrie, 166
 und Ähnlichkeit, 159
Parallelenpostulat, 145
Parallelenproblem, 145
Parallelität
 von Geraden, 108
Parallelität, 108
 im Poincaré-Modell, 191
 in der Lobatschewski-Geometrie, 171
 Symmetrie, 173
 Transitivität, 173
Parallelogrammregel, 111
Parallelprojektion
 senkrechte, 136
Parallelverschiebungen, 130
Parallelwinkel, 169
Parameterdarstellung
 von Flächen, 214
PASCH
 Axiom von, 127
 Satz von, 81
Peripheriewinkelsatz, 123
Philosophie, 232
 KANT'sche, 163
Π, 196
Poincaré-Modell, 174
 Abstand, 178
 Bewegungen, 182
 Geraden, 176
 Parallelitat, 191
 Punkte, 176
 Winkelmaß, 191
POINCARÈ, HENRI, 175
Polardreieck, 20, 21, 48, 49
polare Homologie, 194
Poldreieck, 33
Polygonzug, 7
Postulat
 von der Zahlengeraden, 126
Postulate, 53
Projektionsmaßstab, 136
projektive Geometrie, 195
pseudoeuklidischer Raum, 218
pseudoeuklidisches Modell, 222
Pseudosphäre, 217
PTOLOMÄUS, 42
Punkt, 55, 57, 65, 68, 69

gemeinsamer, 66
im Poincaré-Modell, 176
uneigentlicher, 176
Punktepaar
diametrales, 6
Punktmenge, 58, 89
PYTHAGORAS
Satz des, 122
Umkehrung, 123
Satzgruppe des, 121
PYTHAGOREER, 123

$\mathbf{R}^2$, 71
diskrete Teilmengen, 75
Randgerade, 176
einer Halbebene, 80
Raum
euklidischer, 218
pseudoeuklidischer, 218
Raum-Zeit-Welt, 231
rechtwinklig, 95
REGIOMONTANUS, 44
Regula Sex Quantitatum, 42
Rektaszensionssystem, 39
Relativitätstheorie
allgemeine, 231
spezielle, 221, 230
RIEMANN, BERNHARD, 226
Rotationshyperboloid, 222

S-Gerade, 7, 10
S-Strecke, 7
SACCHERI, 156
Saccherisches Viereck, 156
Satz, 61
des PYTHAGORAS, 122
Umkehrung, 123
des THALES, 123
von PASCH, 81
Satzgruppe
des PYTHAGORAS, 121
Scheinbeweise für das
Parallelenaxiom, 148
Scheitelpunkt, 35
Scheitelwinkel, 93
Schenkel
eines Winkels, 81
Schnittpunkt, 66
der Höhen, 112
der Mittelsenkrechten, 111
der Seitenhalbierenden, 112
der Winkelhalbierenden, 112
Schulgeometrie, 110
Seiten eines Dreiecks, 81
Seitenhalbierende
eines Dreiecks, 112
Seitenkosinussatz, 29
hyperbolische
Trigonometrie, 212
vektorieller Beweis, 50
Seitensumme
Eulerscher Dreiecke, 21
senkrecht, 95
Sinussatz
hyperbolische
Trigonometrie, 210
sphärische Trigonometrie, 28
vektorieller Beweis, 50
Skalarprodukt, 47, 134, 136
SOPHISTEN, 53
Sphäre, 2
mit imaginärem Radius, 222
sphärische Astronomie, 37
sphärische Bewegungen, 10
sphärische Drehung, 11
sphärische Geometrie
differentialgeometrische
Behandlung, 46
elementargeometrisch-
euklidische
Behandlung, 45
Geschichte der, 42

nichteuklidische synthetische Behandlung, 45
nichteuklidischer Aufbau, 139–141
vektorielle Behandlung, 46, 48–50
vektorielle euklidische Behandlung, 45
vektorielle nichteuklidische Behandlung, 46
sphärische Gerade, 7
sphärische Koordinaten, 4
sphärische Spiegelung, 11
sphärische Strecke, 7, 15
sphärische Trigonometrie, 22
Nepersche Regel, 24
Seitenkosinussatz, 29
vektorieller Beweis, 50
Sinussatz, 28
vektorieller Beweis, 50
Winkelkosinussatz, 29, 50
sphärischer Abstand, 7
sphärischer Exzeß, 19
sphärischer Kreis, 31
sphärischer Winkel, 10
sphärisches Dreieck, 15, 16
Flächeninhalt, 18, 19
Polardreieck, 20, 21
rechtwinkliges, 22
schiefwinkliges, 27
Winkelsumme, 19
sphärisches Zweieck, 13
Flächeninhalt, 13
Spiegelung, 11, 87, 128
an einem Großkreis, 11
stetige Kurve, 7
Stetigkeitsaxiome, 131
Strahl, 78
Strahlensatz
erster, 113
Umkehrung, 116
zweiter, 116
Umkehrung, 117
Strecke, 6, 76
abgeschlossene, 77
als Grundbegriff, 125
Endpunkte einer, 77
Länge einer, 77
offene, 77
sphärische, 7, 15
Streckung
zentrische, 117
Streckungsfaktor, 118
Struktur
affine, 135
metrische, 135, 136
Stufenwinkel, 108
Stufenwinkelsatz, 110, 147
Umkehrung, 108
Stundenwinkelsystem, 39
südlichster Punkt, 35
Südpol, 4
Symmetrieaxiom, 136

Tangentialebene, 37, 213, 215
Taxigeometrie, 75
Tetraeder, 26
THALES VON MILET, 52
Transformationsgruppe, 228
transitiv, 100
Translation, 135

Umkehrabbildung, 83
Umkehrung
des 1. Strahlensatzes, 116
des 2. Strahlensatzes, 117
des Höhensatzes, 123
des Kathetensatzes, 123
des Satzes des PYTHAGORAS, 123
des Stufenwinkelsatzes, 108
des Wechselwinkelsatzes, 109
Unabhängigkeit

eines Axiomensystems, 58
uneigentlicher Punkt, 176
Urbild, 89

Vektorprodukt
Eigenschaften, 47
Vektorraum, 134, 135, 218
Verbindung
kürzeste, 6
Verbindungsstrecke, 77
Vergleich
von Winkelgrößen, 99
Verschiebung, 11, 87, 128
Vollständigkeit
eines Axiomensystems, 55, 58, 59

WALLIS, JOHN, 159
Wechselwinkel, 109
Wechselwinkelsatz, 111, 147
Umkehrung, 109
Weltbild
geozentrisches, 43
heliozentrisches, 43
Widerspruchsfreiheit, 68
absolute, 175
der euklidischen Geometrie, 175
der Lobatschewski-Geometrie, 174
eines Axiomensystems, 58, 59
relative, 175
Winkel, 81
-addition, 90
-antragung, 90
-subtraktion, 91
gerichteter, 81
gestreckter, 81
Inneres eines, 82
Neben-, 93
Null-, 81
orientierter, 81
rechter, 82, 93
Scheitel-, 93
Schenkel eines, 81
sphärischer, 10
spitzer, 82, 94
Stufen-, 108
stumpfer, 82, 94
überstumpfer, 82
Wechsel-, 109
Winkelgröße, 97
Repräsentanten einer, 98
Summe von, 98
Winkelhalbierende, 92
eines Dreiecks, 112
Winkelkosinussatz, 29, 50
hyperbolische Trigonometrie, 212
Winkelmaß
Additivität, 100
Bogenmaß, 7, 104
eines sphärischen Winkels, 10
Einführung, 100
Gradmaß, 104
im Poincaré-Modell, 191
pseudoeuklidisches, 219
sphärischer Geraden, 10
zweier Ebenen, 10
Winkelsumme
sphärischer Dreiecke, 19

Zahlengerade, 126
Zenit, 37, 38
zentrische Streckung, 117
Zwischenrelation, 77, 139